JOHN DEERE

DIE TRAKTOREN AUS MANNHEIM

Peter Schneider

Motor buch Verlag

IMPRESSUM

Einbandgestaltung: Frank Zähringer.

Bild- und Quellennachweis: Die Text-Quellen und die zur Illustration dieses Buches verwendeten Aufnahmen stammen – wenn nicht anders vermerkt ist – aus dem Konzernarchiv der John Deere GmbH & Co, KG Mannheim und von Public Relations der John Deere GmbH & Co, KG Mannheim, © Deere & Company.

ISBN: 978-3-613-04145-5

1. Auflage 2019

Sie finden uns im Internet unter www.motorbuch-verlag.de

Lektorat: Joachim Kuch
Innengestaltung: ERWE-Werbung Ralf Weinreich
Druck und Bindung: Conzella, 85609 Aschheim-Dornach
Printed in Germany

Foto: © Ralf Weinreich

INHALT

INHALT

Foto: © Ralf Weinreich

LIEBE LESER

Seit der Übernahme vor nahezu 60 Jahren schaffte John Deere den Sprung vom einst eher »belächelten Neuankömmling« zum führenden Anbieter, der weite Kreise der Landtechnik immer wieder durch Innovationen, eine durchdachte Investitions- und Modellpolitik sowie ein Netz von hochkarätigen Vertriebspartnern fasziniert. Vom kleineren Gemischtbetrieb bis hin zu großen Ackerbaubetrieben und Lohnunternehmen. Unbeirrt hat John Deere seinen Weg fortgesetzt, um zum führenden Landtechnikanbieter in Europa zu avancieren. Heute gehört John Deere zur Adelsklasse der Mannheimer Unternehmen – ein echtes Vorzeigeunternehmen mit hohem sozialem Verantwortungsbewusstsein und gleichzeitig mit prächtigen Verkaufs- und Umsatzzahlen.

Dieses Buch ist darauf ausgelegt, die Typengeschichte und Typenkunde, die Fahrzeugtechnik im Detail und das einmalige Programm von Auswahl- und Zusatzausrüstungen der Mannheimer John Deere Traktoren aufzuzeigen. Das Buch versteht sich auch als eine Art »verlängerte Werkbank des John Deere Archivs Mannheim«, das alle in Mannheim gefertigten John Deere Traktoren seit 1960 beinhaltet. Einmalig ist auch das technische Zahlenwerk, das detailgenaue Informationen über das gesamte Mannheimer Modellprogramm seit 1960 vermittelt. Vor allem ist es die große Menge an Daten und Zahlen aus der Zeit der ersten Produktionsjahren – und darüber hinaus -, in denen auch im John Deere-Archiv nur analog gesammelt und danach erst mit der modernen digitalen Bild- und Datenerfassung gearbeitet und archiviert wurde. Dank langjähriger Recherchen ist dieses Buch zu einer hervorragenden Dokumentation eines wichtigen Sektors der John Deere Firmengeschichte geworden und macht somit viele verborgene Schätze auf einen Blick wieder sichtbar.

Fehler sind angesichts der Fülle der Zahlenangaben nicht auszuschließen, sachliche Korrekturen sind darum erwünscht.

Das vorliegende Druckwerk hätte ohne die Unterstützung hilfsbereiter und versierter Experten nicht realisiert werden können. Besonderer Dank gebührt den Mitarbeitern der John Deere Presseabteilung und vor allem des John Deere Archivs Mannheim, die dieses Buchprojekt von Anfang an unterstützten und mir den Zugang zu vielen wohl gehüteten Schätzen mit seltenem Bildmaterial ermöglichten. Ihnen allen an dieser Stelle ein sehr herzliches Dankeschön.

DIE GESCHICHTE

Zwei Kontinente – eine Vision

Die Eroberung der Landwirtschaft durch die moderne Technik ist eines der erregendsten Kapitel im Buche der Menschheit und sicher noch längst nicht zu Ende geschrieben. Die landwirtschaftlichen Verhältnisse um 1800 hatten sich seit biblischen Zeiten nur unwesentlich verändert. Trotz der Hilfe von Tieren konnte ein Bauer gerade seine Familie und zusätzlich 3 Menschen ernähren. Heute erledigt das ein einziger Landwirt für 124 Menschen. Erst zu Beginn des 19. Jahrhunderts bahnte sich ein tief greifender Wandel in den Arbeitsweisen und Werkzeugen der Bauern an, der zur Mechanisierung in der Landwirtschaft und damit zu einer enormen Steigerung der Erträge führte.

In den Anfängen der industriellen Revolution sorgten immer wieder einzelne Köpfe durch ihre Ideen und ihren Einsatz für rasante Erneuerungen in der Technik. Ohne Zweifel sind Heinrich Lanz in Europa und John Deere in den USA die Wegbereiter bei der Entwicklung fortschrittlicher Technik in der Landwirtschaft. John Deere gründete seine Firma 1837 in Grand Detour in Illinois und Heinrich Lanz 1859 in Mannheim. Beide Unternehmen begannen mit der Herstellung einer Reihe pferdebespannter landwirtschaftlicher Geräte. Schon bald wurden stationäre Zugmaschinen mit Dampfbetrieb gebaut und schließlich die Traktoren.

John Deere

Gründerjahre

Für amerikanische Verhältnisse geradezu ein Methusalem ist das 1837 von dem Hufschmied John Deere gegründete Unternehmen, aus dem später Deere & Campany hervorging. Der Hufschmied hatte einen selbst reinigenden Stahlpflug entwickelt. Hoher Tongehalt machte den zähen Prärieboden im so genannten »Mittleren Westen« der USA damals schwer und klebrig. Alle paar Meter musste der Pflug saubergemacht werden. Ein glatt poliertes Sägeblatt sorgte schließlich dafür, dass keine Erde mehr hängen blieb. 1847 legte er den Grundstein zum größten Landmaschinenunternehmen der Welt.

Wie John Deere in Amerika gehört Heinrich Lanz (1838-1905) in Europa zu den großen Unternehmerpersönlichkeiten des ausgehenden 19. Jahrhunderts. Unter seiner Leitung entwickelte sich das Werk Mannheim aus einer anfänglichen Vertretung britischer Landmaschinen in überraschend kurzer Zeit zum größten Landmaschinenhersteller auf dem europäischen Kontinent. Die beiden Pioniere des Landmaschinenbaus ahnten bei Gründung ihrer Firmen wohl kaum, dass ihre beiden Unternehmen eines Tages zusammenarbeiten würden: unter einer Führung und unter demselben Motto: »Ich werde niemals meinen Namen auf ein Gerät setzen, in dem nicht das Beste ist, was ich geben kann.« Man kann es nicht oft genug wiederholen. Mannheim und seine Erfinder haben der Welt die Mobilität geschenkt. In diese Reihe gehören natürlich Carl Benz mit seinem Automobil und Freiherr von Drais mit der Draisine. In diese Reihe gehört aber natürlich auch Heinrich Lanz und sein genialer Ingenieur Dr. Fritz Huber, der 1921 den legendären Lanz-Bulldog erdachte und baute. Mit seinem Ausspruch, dass »ein Motor für die Landwirtschaft gar nicht einzylindrig genug sein kann«, schrieb er Technikgeschichte.

Mit der Übernahme der Waterloo Gasoline Engine Company (Waterloo-Boy-Traktoren) kurz nach dem Ersten Weltkrieg war John Deere in das Traktorengeschäft eingestiegen und hatte sich bald zum Landmaschinengiganten entwickelt. Im Gegensatz

Heinrich Lanz

Dr. Fritz Huber

zu Deutschland, wo viele Unternehmen mit zerstörten Produktionsstätten und weggebrochenen Absatzmärkten nach dem Krieg konfrontiert waren, kannte die amerikanische Industrie bis auf die Rezession in der Weltwirtschaftskrise keine wesentlichen Wachstumsstörungen. In Amerika standen die Zeichen auf Expansion, die Grenzen des eigenen Marktes galt es mit gezielten Strategien in Richtung Europa zu überwinden.

2,25 Mio. US-Dollar hat John Deere 1918 für die Übernahme der Waterloo Gasoline Engine Company gezahlt. Eine für damalige Verhältnisse hohe und nicht ganz unumstrittene Investition. Denn viele Kritiker gaben dem Traktor keine Zukunft und setzten weiterhin auf die Pferdeanspannung. Niemand ahnte damals, dass sich der Traktorenbereich zu einer tragenden Säule des Unternehmens entwickeln würde.

Der Waterloo Boy »N« war mit 12 PS Leistung der erste Traktor, der von John Deere selber gebaut und bis 1924 vermarktet wurde. Der Nachfolger »Modell D« kam 1923 auf den Markt und trug erstmalig die bis heute einzigartige grün-gelbe Lackierung. In den darauffolgenden Jahren begann der Siegeszug der Traktoren. Für John Deere entwickelte sich das »Modell B« mit 300.000 Stück zum absoluten Bestseller, gefolgt vom späteren 4020, der mit 175.000 Schleppern in die Geschichte einging. Zum weltweiten Marktführer entwickelte sich das Unternehmen 1963.

Den ersten mit Rohöl angetriebenen Traktor brachte Lanz 1921 auf den Markt. Die eigenartige Form des Zylinderkopfes und der Kühlöffnungen seines Fahrzeuges erinnerte an eine Bulldogge, daher der Name »Lanz-Bulldog«. Die Ära der Mannheimer Traktorenproduktion begann mit dem von Dr. Fritz Hu-

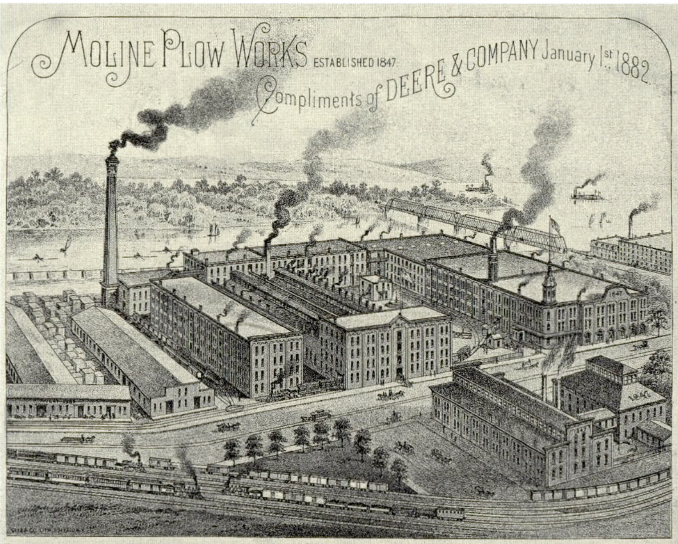

John Deere-Werk Monline/USA 1882

Typ Waterloo Boy 1918, Werbung

Typ Waterloo Boy 1918 (Foto: Randy Leffingwell)

ber entwickelten LANZ Bulldog HL12 mit 12 PS Leistung im Jahr 1921. Ohne jegliches Getriebe und mit Eisenrädern ausgestattet, waren diese Bulldogs mit ihren 1-Zylinder Rohölmotoren bedeutende Pioniere bei der Mechanisierung der europäischen Landwirtschaft. Der 1-Zylindermotor, der mittels einer Lötlampe in Gang gesetzt werden musste, galt als äußerst robust und tolerant gegenüber verschiedensten Kraftstoffen. Erst 1952 wurde dieser Motor durch einen moderneren Dieselmotor abgelöst. Bis zur endgültigen Einstellung der Bulldogproduktion im Jahr 1960 durch das Unternehmen John Deere, das 1956 die Aktienmehrheit der Heinrich Lanz AG übernommen hatte, waren in Mannheim insgesamt 220.000 Traktoren gebaut worden.

Bis zur Übernahme der Mannheimer Schlepper-Schmiede 1956 verfügte John Deere über keine Auslands-Erfahrungen und galt im Vergleich zu anderen Mitbewerbern eher als Spätstarter auf dem europäischen Markt. Schon lange zuvor waren andere nordamerikanische Unternehmen angetreten, in Europa Produkte zu fertigen bzw. zu vermarkten. John Deere hat es vor allem der großen Unternehmerpersönlichkeit William A. Hewitt zu verdanken, dass es heute weltweit eine derart herausragende Rolle spielt. Als Hewitt Anfang der 1950er Jahre seine Laufbahn bei John Deere begann, war klar, dass das eher bodenständig orientierte Unternehmen aus dem Mittelwesten eine Hinwendung auf die weltweiten Märkte vollziehen musste, wollte es langfristig im Konzept der Großen erfolgreich mitspielen. Angesichts der technologischen und vor allem politischen Entwicklungen (bevorstehende Gründung der Europäischen Wirtschaftgemeinschaft) lag es dabei nahe, sich zunächst auf Europa zu konzentrieren. Wer hier ein gewichtiges Wort würde mitreden wollen, musste über entsprechende Fertigungskapazität, aber auch über ein leistungsfähiges Vertriebsnetz verfügen können. Angesichts einer Vielzahl von Traktorenanbietern auf dem europäischen Markt, u.a. so prominenter Adressen wie Porsche, Hanomag oder Eicher, fiel die Entscheidung für ein Engagement nicht

Den Lanz Bulldog Typ HL von 1921 gab es auch mit Hartgummi-Speichenrädern. Typisch war auch die große Riemenscheibe mit einem Durchmesser von 680 mm.

Auch bei Lanz in Mannheim erwachte 1945 der Wille zum Wiederaufbau. Schutt wurde weggeräumt und man begann, wieder an die Zukunft zu glauben.

eben leicht und war aus Sicht des eher konservativ agierenden Unternehmens John Deere mit erheblichen Risiken behaftet. Mit der Übernahme der Aktienmehrheit der Heinrich Lanz AG im Herbst 1956 vollzog John Deere also den Schritt nach Europa und steckte mit einem Engagement in Mexiko parallel dazu die Fühler in Richtung Lateinamerika aus.

Zur Grundausstattung des D 8500 Acker-Bulldog 30 PS Typ HR 7 in einfacher Bauweise mit Dreigang-Getriebe zählte auch die Eisenbereifung und die ungefederte Vorderachse.

Mit John Deere in eine neue, gemeinsame Zukunft

Das traditionsreiche Unternehmen Heinrich Lanz hatte unter den Kriegsfolgen sehr gelitten und musste unmittelbar nach dem Zweiten Weltkrieg massiv in den Wiederaufbau der Mannheimer Fabrik investieren, die zu Kriegsende zu 90% zerstört worden war. Parallel dazu waren durch die Errichtung des Eisernen Vorhangs traditionelle Märkte in Osteuropa verloren gegangen. All dies ging in erheblichem Maße zu Lasten der Produktentwicklung, sodass Traktoren der Heinrich Lanz AG gegenüber dem Wettbewerb technisch ins Hintertreffen geraten waren und ihr Marktanteil dramatisch sank, obwohl die Landmaschinenindustrie in den 1950er Jahren eine massive Mechanisierungswelle ihrer Kundschaft erfreuen konnte. In dieser schwierigen Situation entwickelten sich auf der Suche nach einer strategischen Partnerschaft zwischen der Heinrich Lanz AG und dem US-Landmaschinenhersteller Deere & Company durch Vermittlung der Deutschen Bank erste Gespräche um eine Übernahme.

In den darauffolgenden Jahren konnte John Deere die starke Position im Traktorenbau weiter ausbauen. Unter anderem durch richtungsweisende Innovationen. Die Erfindung des Überrollschutzes setzt Maßstäbe in der Fahrersicherheit. Die Sound-Gard Kabinen bot erstmalig eine Klimaanlage und perfekten Schutz gegen Lärm sowie Staub. Mit dem unter lastschaltbaren Power Shift Getriebe konnten der Schaltkomfort und die Flächenleistung der Traktoren deutlich gesteigert werden.

1956 war es dann soweit. Ein unscheinbarer Aushang an den schwarzen Brettern der Mannheimer Heinrich Lanz AG verkündete am 12. September 1956 den Beginn einer beachtlichen Erfolgsgeschichte: die Übernahme der Aktienmehrheit der Hein-

Die neuen »Schlepper mit Zukunft« bestimmten das Bühnenbild im Mannheimer »Rosengarten« am 28. Und 29. April 1960.

rich Lanz AG mit ihren Werken in Mannheim, Zweibrücken und Getafe (Spanien) durch die amerikanische Deere & Company aus Moline, Illinois – die Entscheidung des Konzern, sich erstmals auf anderem Kontinent niederzulassen. Damit begann die Erfolgsgeschichte von John Deere in Europa. Doch wurde der Bulldog noch bis zum Jahre 1960 weitergebaut, der mittlerweile in seinen Verwendungsmöglichkeiten immer vielseitiger geworden war. Er konnte u. a. mit Kriechgang für Lege- und Pflanzarbeiten, kupplungsunabhängiger Zapfwelle, hydraulischem Kraftheber und Differenzialsperre ausgerüstet werden.

Die Übernahme löste damals in Mannheim nicht nur Jubel aus. Im Gegenteil: In Deutschland war bereits die Wirtschaftswunderzeit mit Vollbeschäftigung angebrochen. Und man war sich nicht ganz sicher, was da aus dem Land der unbegrenzten Möglichkeiten nach Mannheim Lindenhof herüberschwappen würde. Prompt ging die Mitarbeiterzahl im Mannheimer Werk nach der Übernahme zunächst krass nach unten. Von 7216 Mitarbeitern im Jahr 1955 waren 1960 gerade noch 4100 am Standort beschäftigt. Allerdings, so meint man heute rückblickend bei John Deere in Mannheim, täuschte hier die Statistik und gaukelte etwas Falsches vor, auch wenn bei vielen Unternehmensübernahmen ein Personalabbau zum üblichen Szenario gehörte. Tatsache ist, so beschreibt man die damalige Situation heute bei den »Grün-Gelben«, dass es sich die Mitarbeiter in jener Zeit der Vollbeschäftigung aussuchen konnten, wo sie arbeiten wollten. Und den »Amerikanern« mit völlig anderen Geschäftspraktiken und kulturellen Gepflogenheiten traute man in der Arbeitnehmerschaft nicht so ganz über den Weg. »Wer weiß, wie das noch wird mit den Amis«, dachte man sich da und suchte sich einen anderen Arbeitgeber. Außerdem fühlte man sich auch ein wenig degradiert. Wer damals

So präsentierte sich John Deere-Lanz Anfang der 1960er Jahre auf den internationalen Märkten.

Blick in die Montage der neuen Schlepper-Generation von John Deere-Lanz 1960/61.

nämlich beim »Lanz schaffen« ging, der gehörte zur Adelsklasse der Mannheimer Arbeiter. Da kamen nur noch die »Ben'zler« oder die »BBCler« mit. Aber wer war schon John Deere & Company aus dem amerikanischen Städtchen Moline am Mississippi.

Die deutsch-amerikanische Annäherung erfuhr im Herbst 1958 durch die einheitliche Farbgebung aller Schlepper und Landmaschinen in grün-gelb einen ersten bescheidenen Anfang auf dem beschwerlichen »gemeinsamen Weg« beider Unternehmen. Die schrittweise Umstellung des amerikanischen Zollsystems auf das vollmetrische System bedeutete dabei nur einen Problembereich, auch unterschiedliche Lebensphilosophien und Mentalitäten bei Deutschen und Amerikanern führten bisweilen zu kuriosen »Urständen«.

Neue Marke: John Deere-Lanz

Entsprechend langsam gestaltete sich das Zusammenwachsen in den Jahren von 1956 bis 1960. Die Vereinigung der beiden Namen zur neuen Marke John Deere-Lanz Ende 1959 markierte dann einen wichtigen Meilenstein auf dem Weg zu einer eigenen europäischen John-Deere-Identität. Diese Änderung wurde vom Landmaschinenhandel wie von den Kunden gleichermaßen positiv aufgenommen und bereitete vor allem den neuen grün-gelben Traktoren aus der nun modernisierten Fabrik in Mannheim den Weg auf die Höfe Europas. Der neue Markenname sollte den Neuanfang zum Ausdruck bringen und dazu beitragen, dass das Unternehmen verloren gegangenes Terrain auf dem Markt zurück gewinnen konnte. Dazu gehörten unter anderem, das bisherige Lanz Vertriebssystem von Grund auf zu erneuern, und zwar von einigen wenigen dominierenden Großhändlern in leistungsfähige und kundenorientierte Handelsbetriebe, die von eigenständigen Unternehmern geführt wurden.

Abgestimmt auf den deutschen, wie auch internationalen Markt, spezialisierte man sich in Mannheim auf die Konstruktion und Produktion von leichteren Traktoren. Die schweren, großen und auch teueren Schlepper blieben bis heute die Domäne der Amerikaner. Durch diese sinnvolle Aufteilung war eine wirtschaftliche Produktion gewährleistet und man konnte dazu jedem Kunden seinen gewünschten Traktor anbieten. Die neuen, grün-gelb lackierten Traktoren mit dem »springenden Hirsch«

im Logo sollten bald das Mannheimer John Deere Unternehmen kontinuierlich nach oben führen.

Als erstes Produkt verließ eine Baumaschine, der Raupenschlepper 440 IC, die Hallen des neuen Unternehmens. Schon bald folgten die ersten landwirtschaftlichen Traktoren von John Deere-Lanz, die am 28. und 29. April 1960 im Mannheimer »Rosengarten« erstmals der Belegschaft und der Öffentlichkeit vorgestellt wurden. Die von 1960 bis 1964 gebauten John Deere-Lanz Dieselschlepper Typ 300 und Typ 500 mit Vierzylinder-Dieselmotor von 28 PS bzw. 36 PS. Sie waren mit einem 3-Gruppen-Getriebe mit zehn Geschwindigkeiten, Scheibenbremsen, Zugwiderstandsregelung und einem bis dahin unbekannten Bedienkomfort ausgestattet. Von 1957 bis 1963 wurden noch über 9.000 John Deere-Lanz Mähdrescher der

Blick in die Montage der neuen Schlepper-Generation von John Deere-Lanz 1960/61. Die neuen Scheppertypen entsprachen den Vorstellungen der damaligen Zeit.

Überzeugte das Fachpublikum: der John Deere-Lanz Typ 500 auf Demonstrationsfahrt.

So wurden die neuen Schlepper von John Deere-Lanz in der Werbung gezeigt.

Typen 18 S und 25 S in Mannheim gebaut. Bereits 1959 hatte das Unternehmen entschieden, das Werk in Zweibrücken für die Mähdrescherproduktion auszubauen. Als 1962 das Verwaltungsgebäude in Zweibrücken einem Großbrand zum Opfer fiel, wurde im Rahmen dessen Wiederaufbaus die Entwicklung und Produktion der europäischen Mähdrescher komplett nach Zweibrücken verlagert.

Um seine Präsenz auf Europas größtem Landtechnikmarkt, Frankreich, zu verbessern, übernahm John Deere 1959 Anteile der französischen Compagnie Continentale de Motoculture (CCM). Deren Niederlassungen wurden später durch die John Deere Werke Saran ergänzt. Diese Fabrik auf der »grünen Wiese«, unweit von Orléans, nahm 1965 die Fertigung von 3-, 4- und 6-Zylinder-Dieselmotoren für die europäischen John Deere Traktoren und Mähdrescher auf.

Um die Wünsche einzelner Märkte und deren Kunden besser erfüllen zu können, stellte John Deere den bis dahin praktizierten Vertrieb »ab Werk« auf einen stärker kundenorientierten Vertrieb über Verkaufshäuser um. Im Zuge dieser Veränderungen richtete John Deere Verkaufsniederlassungen in Spanien (1963), England und Irland (1966), Frankreich und Deutschland (1967) bzw. Schweden (1968) ein, die jeweils ihr eigenes Vertriebspartnernetz erweiterten und pflegten. Um die Belange kleinerer Märkte der damaligen EWG, in Afrika und im Mittleren Osten abdecken zu können, wurde 1967 der John Deere Export in Mannheim gegründet, der seither vorwiegend mit Generalimporteuren in den jeweiligen Ländern zusammen arbeitet.

Mit der Vorstellung neuer Produkte in Mannheim schien 1967 die Marke John Deere-Lanz mitsamt ihren grün-gelben Farben derart gefestigt, dass man sie künftig als John Deere allein laufen lassen konnte. Das Unternehmen trug jetzt den Namen »John Deere Werke Mannheim«. Die neue Marke sollte allein für wachsende Kundenorientierung durch noch bessere Produkte stehen, die jetzt in umfassend modernisierten Fabriken gefertigt wurden.

Neue Modelle und Märkte

In den frühen 1960er Jahren entwickelte die John Deere-Lanz AG laufend neue Traktorenmodelle mit kraftvolleren Motoren, modernen Getrieben und einer hoch entwickelten Hydraulik. Dies machte die Traktoren produktiver und immer erfolgreicher. Allein im Jahr 1961 konnten ein neuer Schlepper-Typ, ein neuer Mähdrescher-Typ und zwei neue Schlegelfeldhäcksler-Ausführungen vorgestellt werden. Dazu kamen auf der DLG erstmalig gezeigte starke 65 PS Schlepper, eine vollständig neue Gerätereihe und der neue Zapfwellen-Sternrad-Rechwender. Die mit den beiden Kombinations-Regelhydraulik-Schleppern Typ 300 und Typ 500 begonnene erfolgreiche Entwicklung zeigte sich an den Abschlusszahlen. Mit 165 Mio DM lag der Netto-Umsatz um 26 Mio oder 18% über dem Nettoumsatz des Vorjahres (1960); sowohl im Inland als auch im Ausland stieg der Umsatz erheblich. Diese Umsätze waren die höchsten seit 1956, als die Gesellschaft in enge Verbindung zu Deere & Co. trat. Der Gewinn betrug 2,5 Mio DM. Investiert wurden 9,8 Mio DM, das Produktionsvolumen wuchs um 24%. Dadurch konnten die Lieferfristen verringert werden, was den Landwirten besonders beim Schlepper zugute kam. In Zukunft lief das Geschäftsjahr jeweils vom 1. November bis 31. Oktober. Somit konnte sich John Deere-Lanz noch stärker an den Saisonablauf der landwirtschaftlichen Praxis in der EWG anpassen.1961 wurden von den Mannheimer Modellen 5.141 Traktoren verkauft. 34% im Ausland, 66% im Inland.

Auch per Bahn verließen die neuen Schlepper das Mannheimer John Deere-Lanz Werk.

Mit drei neuen Traktoren (100, 700 und 3010) baute John Deere-Lanz 1962/63 sein Schlepperprogramm weiter aus. Der Typ 100 besaß einen Zweizylinder-Viertakt-Dieselmotor, der 18 PS leistete. Er war mit einem Schubradgetriebe mit 6 Vorwärtsgängen, einem Rückwärtsgang und einer Differenzialsperre ausgerüstet. Der Typ 700 hatte einen Vierzylinder-Dieselmotor mit einer maximalen Leistung von 50 PS. Die Kraftübertragung erfolgte durch ein Klauenschaltgetriebe mit 10 Vorwärts- und 3 Rückwärtsgängen. Kennzeichnend für die Schlepperreihe 100 bis 700 war die elastische Motoraufhängung. Für den europäischen Markt nahm das Werk Mannheim die Montage des Traktors 3010 auf. Sein Vierzylinder-Dieselmotor leistete 65 PS. Der 3010 besaß ein neues Synchron-Gruppenschaltgetriebe mit 8 Vorwärts- und 3 Rückwärtsgängen, eine motorhydraulisch gesteuerte Bremsanlage, hydraulische Lenkung und Regelhydraulik mit Unterlenker-Steuerung und 3 kupplungsunabhängige Motorzapfwellen. Auf dem Baumaschinensektor brachte John Deere-Lanz 1963 eine neue Raupe mit der Bezeichnung 2010 auf den Markt. Die 2010 mit 52 PS wurde als Lade- oder Planierraupe geliefert.

1964 wurden eine neue Gießereikranhalle und das Kupolofenhaus mit zwei Schmelzanlagen eingeweiht. Die vier Heißwindkupolöfen hatten eine Schmelzleistung von 8 bzw. 16 to/h. Die kleine Anlage wurde mit basischer Schlackenführung betrieben, um einen hohen Entschwefelungsgrad zu erzielen und so die Voraussetzung zur Magnesium-Behandlung d.h. zur Erzeugung von Sphäroguss zu geben. Die größere Anlage wurde mit saurer Schlackenführung zur Deckung des Bedarfs an Grauguss gefahren. Die in den Öfen entstehenden Gichtgase wurden abgesaugt und vor der Verwertung zur Winderhitzung in einer Venturi-Nass-Entstaubungsanlage gereinigt.

1965 stellte John Deere-Lanz abermals eine neue Schlepperreihe vor. Sie bestand aus den Modellen: 310, Dreizylinder-Dieselmotor mit 32 PS, 510, Dreizylinder-Dieselmotor mit 40 PS, 710, Vierzylinder-Dieselmotor mit 50 PS, 3020 Vierzylinder-Dieselmotor mit 75 PS. Diese Traktoren besaßen einen vollkommen neuen Motor mit Verteilereinspritzpumpe und Bleistiftdüsen. Im Jahre 1965 wurden 8.571 Traktoren verkauft, 20% im Export und 74% im Inland. 1965 konnten die neuen Härterei-Anlagen in Betrieb genommen werden. Sie waren in einer neu errichteten 4.200 qm

Auch die Schifffahrt zählte zu den wichtigen Verkehrswegen des John Deere Versandes in alle Welt.

Gruppenbild: Die Modelle der John Deere 20er Serie.

großen Halle installiert worden. Zur Modernisierung der Härteverfahren und Qualitätssteigerung der warmbehandelten Bauteile waren modernste Ofen-Konstruktionen eingekauft worden, wie z.B. Topföfen, automatische Kammer-Kohlungsöfen, Durchlauföfen mit gesteuerter Atmosphäre sowie Anlassöfen und Waschmaschinen. Die Öfen wurden mit Schutzgas gefahren, um das Verzundern der Bauteile zu verhindern. Im Bereich der Oberflächenhärtung verfügte man über Induktions-Härtemaschinen mit automatischer Abschreck-Einrichtung.

Auf der DLG-Schau 1966 in Frankfurt zeigte John Deere-Lanz den neuen Dieselschlepper 200. Sein wassergekühlter Zweizylinder-Viertakt-Motor leistete 25 PS. Er wurde als Grünlandschlepper mit Mähwerk oder mit der, bei den größeren Typen, serienmässigen Regelhydraulik geliefert.

Immer besser: die 20er Serie

1967 präsentierte John Deere Mannheim ihren in- und ausländischen Händlern eine völlig neue Traktorenreihe mit den Dreizylinder-Modellen 820 (32 PS), 920 (38 PS). Beide besaßen ein 7-Gang-Schubradgetriebe und offenes Hydrauliksystem. Ergänzt wurden die Dreizylinder-Modelle durch den Typ 1020 mit 44 PS, der auch als Obstplantagenschlepper oder als Weinbauschlepper gefertigt wurde, sowie durch den Typ 1120 mit 49 PS. Der Typ 2020 hatte einen Vierzylinder-Dieselmotor mit 60 PS. Auch er wurde in einer Spezialausführung als Obstplantagenschlepper geliefert. Ab dem 1020 beinhaltete die Serienausrüstung: 8-Gang-Muffenschaltgetriebe, geschlossenes Hydrauliksystem, hydraulische nasse Scheibenbremsen, Kombinations-Regelhydraulik mit Steuerung über die Unterlenker und als Wahlausrüstung ein unter Last schaltbares HILO. Mit der Einführung der 20er Traktorenreihe wurde nur noch auf Festauftrag produziert. Für die dadurch notwendige Gemischtbauweise hatte man das Werk von Grund auf um- und ausgebaut. Schwerpunkte der neuen Werksanlagen waren eine neue Gießerei – sie galt als eine der modernsten in Europa – die für die Versorgung aller John Deere Werke in Europa verantwortlich war, die vollautomatischen, computergesteuerten Transferstraßen für die Bearbeitung von Getriebegehäuse, Kupplungsgehäuse, Vorderachstragbock, Hinterachsgehäuse, Vorderachse, Hydraulikbock und Hydraulikzylinder, die Zahnradfertigung, in der Schmiederohlinge gedreht, geräumt, verzahnt und geschabt wurden, die Härterei, in der die Warmbehandlung von Werkstücken durch Gasaufkohlen und Induktionshärten erfolgte, die Getriebemontage mit Überkopfförder- und Montagebändern in einem klimatisierten, staubfreien Raum, die Traktoren-Endmontage mit neuem Plattenband, neuer Farbgebung und Überkopfendmontage. Von 1956 bis 1967 investierte John Deere 150 Millionen DM in die Modernisierung der Fertigungsanlagen.

Innerhalb einer Arbeitstagung im Werk Mannheim stellte John Deere 1968 den neuen Schleppertyp 2120 vor. Er besaß einen Vierzylinder-Dieselmotor und leistete 68 PS. Mit Wirkung vom 1. Januar 1968 hatte John Deere nun auch für Schlepper das System der empfohlenen Richtpreise eingeführt. Die neuen Preise, die zum Teil erheblich unter den alten Listenpreisen lagen, waren beim Bundeskartellamt angemeldet und galten im Bereich der Bundesrepublik Deutschland. Die Verbraucher-Preis-Empfehlung des Herstellers an den Handel hatte den Übergang zur Preisklarheit und die Abkehr von durch den Wettbewerb erzwungenen Verkaufshilfen zum Ziel. Dem klaren Preis bei neuen Maschinen standen echte Preise für Altmaschinen gegenüber, zu denen der Händler nun Gebrauchtschlepper in Zahlung nahm. Durch das neue Preissystem wurde die Funktionsfähigkeit des Handels in Kunden- und Reparaturdienst nicht beeinträchtigt. Mit dem Übergang zum System der empfohlenen Richtpreise führte John Deere ein »Gebrauchtschlepper-Garantie-Siegel« ein, das den funktionsfähigen Schlepper zu vernünftigem Preis gewährleistete. Mit dem neuen Traktor 3120 rundete John Deere 1969 das Mannheimer Schlepperprogramm nach oben hin ab. Der Typ 3120 hatte einen 6-Zylinder-Dieselmotor und leistete 81 PS.

Seit 1956 war die Verkaufsorganisation systematisch ausgebaut und der Export schwerpunktmäßig erweitert worden. Zur besseren Auslastung der Fertigungskapazität des Werkes Mannheim erschloss sich John Deere immer neue Absatzmärkte im Ausland. 1970 verkaufte John Deere Mannheim insgesamt 15.649 Traktoren. Davon gingen 78% ins Ausland, 22% blieben im Inland. 1965 war es noch umgekehrt, wo der größte Teil der Mannheimer Produktion noch in Deutschland verkauft wurde und lediglich 26% der Traktoren in den Export gingen.

Die 1970er Jahre: ein Technologie-Jahrzehnt

Neue und weiter entwickelte Motoren für Traktoren und Mähdrescher, lastschaltbare Getriebe, unabhängige Zapfwellen, neue Frontantriebskonzepte und die Einführung der ersten integrierten Traktor-Fahrerkabine mit nur 86 dB(A) Geräuschpegel kennzeichneten den technischen Fortschritt der 1970er Jahre. Die Mannheimer Traktoren der 30er Baureihe (39-92 PS) wurden um drei Maschinen aus Waterloo (110-145 PS) ergänzt. Und die neuen 900er Mähdrescher aus Zweibrücken boten deutlich mehr Leistung als ihre Vorgänger. Gleichzeitig konzentrierte die Motorenfabrik in Saran – unter anderem als Folge der Ölkrise des Jahres 1974 – ihre Entwicklungsanstrengungen auf die Verringerung des Kraftstoffverbrauches.

Dank des Erfolges deutscher John-Deere-Technik auch auf Auslandsmärkten wurden die John Deere Werke Mannheim 1972 erstmals Deutschlands größter Hersteller und Exporteur landwirtschaftlicher Traktoren, eine Position, die das Unternehmen bis heute inne hat. Im gleichen Jahr, 1972, erweiterte das Werk Mannheim sein Schlepperprogramm um die Traktoren 2030 mit 68 PS, 2130 mit 75 PS und 3130 mit 89 PS. Die neuen 30er Motoren erhielten ein neues Verbrennungssystem durch einen besonders geformten Kolbenboden und eine Vier-Loch-Einspritzdüse. Die Typen 2030, 2130 und 3130 verfügten über eine kupplungsunabhängige Zapfwelle, die unter voller Last hydraulisch ein- und ausschaltbar war. Der 3130 wurde serienmäßig mit dem LS-Getriebe (HILO) geliefert. Durch eine Hydromagnet-Schaltung konnte unter Last und ohne zu kuppeln die Geschwindigkeit um 21% reduziert und damit die Durchzugskraft um 27% erhöht werden. Durch die sinnvolle Getriebeabstufung erreichte man in Verbindung mit dem LS-Getriebe eine Verdoppelung der Gänge.

Auf der DLG-Schau 1974 in Frankfurt stellte John Deere vier neue Schlepper aus: den Typ 830 mit 35 PS, 930 mit 41 PS, 1030 mit 46 PS und den Typ 1130 mit 51 PS. Als erster deutscher Traktorenhersteller zeigte John Deere eine integrierte, komfortable, OECD geprüfte Kabine mit einem Geräuschpegel von nur 86 dB(A), die so genannte Fahrer-Sicherheitskabine (FSC). Sie wurde zuerst für die Typen 2130 und 3130 angeboten. Der 3130

Die Mannheimer Traktoren der 30er Serie glänzten nicht nur durch neues Kompakt-Styling, auch eine vorbildliche Produktliteratur beeindruckte.

konnte außerdem mit dem exklusiv von John Deere gebauten hydrostatischen Frontantrieb (Hydostatic Front Wheel Drive = HFWD) ausgerüstet werden.

1975 erhielten sämtliche Modelle der Mannheimer Schlepperreihe ein neues Kompakt-Styling. Mit Fertigungsbeginn des Typs 1630 mit 56 PS war die letzte Lücke in der Mittelklasse geschlossen. Zur weiteren Erhöhung von Sicherheit, Komfort und Leistungsvermögen der John Deere Schlepper wurden der Typ 2030 mit Fahrersicherheitskabine und der Typ 2130 mit HFWD angeboten. Im Verlaufe des Jahres 1975 konnten 33.394 in Mannheim gebaute Schlepper verkauft werden. Davon gingen 86% ins Ausland, 14% blieben im Inland.

Nach knapp fünfmonatiger Bauzeit konnte am 7. Januar 1975 in der Mannheimer Gießerei eine neue Gichtgasfilteranlage in Betrieb genommen werden. Sie arbeitete nach einem speziellen Trocken-Gasreinigungsverfahren. Aus dem 40 m hohen Kamin entwich das gesäuberte Reingas der Kupolöfen mit einem Reststaubgehalt, der weit unter dem Wert lag, den das Bundesemmissionsschutzgesetz damals vorschrieb.

1976 führte John Deere den mechanischen Frontantrieb (Mechanical Front Wheel Drive = MFWD) für die Schleppermodelle 1030, 1130, 1630 und 2030 ein. Die Traktoren 2130 und 3130 wurden weiterhin mit dem hydrostatischen Frontantrieb HFWD angeboten. Um dem gestiegenen Leistungsbedarf in der

Landwirtschaft besser gerecht zu werden, wurde am 3130 eine Leistungssteigerung von 89 PS auf 92 PS vorgenommen. Die Angebotspalette an landwirtschaftlichen Traktoren wurde um die Modelle 4230 mit 118 PS und 4430 mit 145 PS erweitert. Die Montage dieser Typen erfolgte auf einem neu eingerichteten Band.

In der Klasse über 100 PS brachten die John Deere Werke Mannheim 1977 drei neue Traktoren auf den Markt: Der Typ 4040 mit 110 PS, 4240 mit 128 PS und der Typ 4440 mit 155 PS. Sie wurden serienmäßig mit einer klimatisierten Komfort-Kabine (Sound-Gard) ausgerüstet, die nach OECD einen Geräuschpegel von nur 80 dB(A) aufwies. Im gleichen Jahr wurden die Dreizylinder-Modelle 1030, 1130 und 1630 mit FSC-Kabine ausgestattet. Als Sonderausrüstung wurden diese Modelle auch mit einer Kriechganggruppe geliefert.

Im Kalenderjahr 1977 verkauften die John Deere Werke Mannheim 41.204 Traktoren und lagen weiterhin mit Abstand an der Spitze der deutschen Traktorenhersteller. Auch mit der Zahl exportierter Maschinen stand das Unternehmen, wie bisher, eindeutig an erster Stelle im Traktorenexport der Bundesrepublik.

Eine weitere Neuheit im Mannheimer Schlepperprogramm stellte das 1978 auf den Markt gebrachte Modell 3030 mit 89 PS dar. Es wurde in der gleichen Ausrüstung wie sein größerer »Bruder«- der 3130 ausgeliefert.

Während John Deere in den 1970er Jahren von den boomenden Märkten in Westeuropa erheblich profitierte, investierte das Unternehmen in die nachhaltige Verbesserung seines Vertriebspartnernetzes. Gleichzeitig verbesserte das Unternehmen die Ersatzteilversorgung, die Ausbildung von Verkäufern und Kundendienstfachleuten und ergänzte diese Bemühungen durch vorbildliche Produktliteratur. Nahezu jeder zweite im Jahr 1978 aus Deutschland exportierte Traktor kam aus dem John Deere Werk Mannheim. Wie aus der Statistik der Landmaschinen und Agrarschleppervereinigung (LAV) hervorging, stellte John Deere 49,2% des Gesamtexportes (59.810 Stück) und war damit mit Abstand größter Exporteur der Bundesrepublik. Mit einem Anteil von 31,7% am Gesamtschlepperumsatz (107.693 Stück) der Bundesrepublik war das John Deere Werk Mannheim auch 1978 führender Traktorhersteller.

Seit Ende 1981 werden im John Deere Werk Bruchsal die Kabinen, Mähdrescher und selbstfahrenden Häckslern produziert.

Anhaltende Investitionen trotz Konsolidierung der Branche

Nachdem der westeuropäische Traktorenmarkt 1979 mit 300.000 Einheiten seinen Höchststand erreicht hatte, begann die Nachfrage nach Traktoren und Erntemaschinen rapide zu sinken, vor allem infolge von Überproduktion landwirtschaftlicher Rohstoffe und des damit einher gehenden Verfalls der Erzeugerpreise. Diese Entwicklung gefährdete vor allem kleinere und mittlere Betriebe. Sie traf John Deere in weit geringerem Maße, weil das Unternehmen vor allem größere Betriebe zu seinen Kunden zählte. Unter anderem deshalb konnte John Deere in den 1980er Jahren seine Marktanteile kontinuierlich ausbauen, während andere traditionsreiche europäische Hersteller strategische Partnerschaften eingingen, sich mit anderen Unternehmen zusammen schlossen oder Fabriken stilllegen mussten.

In den USA präsentierte John Deere 1979 seinen Händlern aus aller Welt eine neue Traktorenreihe, die 40er Serie mit den Dreizylinder-Modellen 840 mit 38 PS, 940 mit 44 PS, 1040 mit 50 PS und 1140 mit 56 PS sowie den Vierzylinder-Modellen 1640 mit 62 PS, 2040 mit 70 PS, 2140 mit Turbolader und 82 PS, und den Sechszylinder-Modellen 3040 mit 90 PS und 3140 mit 97 PS. Die wichtigsten Merkmale der 40er Serie waren Leistungssteigerung, Standardisierung der Motorenreihe, synchronisiertes Getriebe »Synchro« mit höheren Rückwärtsgeschwindigkeiten, synchronisiertes Getriebe in Verbindung mit HILO »Power Synchro«, synchronisiertes Kriechgang-Vorschaltgetriebe, stärkeres und verbessertes HILO, neue Wahlausrüstung 540/1000 umschaltbare Zapfwelle, höhere Hydraulik-Hubleistungen, hydrostatische Lenkung, einheitlicher mechanischer Frontantrieb vom Typ 1040 bis Typ 3140, größerer Radstand, größere Kraftstofftanks, zentrales Kontrollgerät mit 18 Überwachungsfunktionen und neues Styling.

Der 600.000ste Traktor seit Produktionsaufnahme 1910 rollte am 28.11.1979 vom Montageband der John Deere Werke Mannheim, dem größten Traktorenwerk in der Bundesrepublik Deutschland. Unter dem Namen Lanz verließen bis 1956, also in 46 Jahren 200.000 Traktoren die Mannheimer Werkshallen, während seit der Übernahme durch John Deere im Jahre 1956 bis Ende 1979, also in 23 Jahren 400.000 Traktoren produziert wurden.

Nach umfangreichen Investitionen in Forschung und Entwicklung Ende der 1970er Jahre war John Deere nun gut darauf vorbereitet, die Anforderungen seiner Kunden in Europa und auf dem weltweiten Markt zu erfüllen, z.B. mit neuen Traktoren der 40er Serie, Mähdreschern der Baureihe 905, neuen Ballenpressen und den ersten selbstfahrenden Feldhäckslern aus Ottumwa. Trotz des sich verändernden Investitionsklimas hielt John Deere an seinen Expansionsplänen fest. Nachdem man sich entschieden hatte, die SG2-Kabine in Europa zu bauen, ging 1981 in Bruchsal die Kabinenfabrik mit einem Aufwand von 80 Millionen DM in Betrieb. Das gesamte Betriebsgelände umfasst 75 ha, davon entfielen 3,62 ha auf das Kabinenwerk. Es wurden ca. 400 Mitarbeiter beschäftigt. Mit einem »Tag der offenen Tür« wurde das neue Werk am 3. Oktober 1981 der Öffentlichkeit vorgestellt. Die Flexibilität der John Deere Werke Bruchsal erlaubte die Produktion von unterschiedlichen Kabinen für Traktoren, Mähdreschern und selbstfahrenden Feldhäckslern. An später vier Montagebändern wurden Kabinen mit einem Höchstmaß an Qualität gefertigt. Zusammen mit der neuen SG2-Kabine wurde der für Deere & Company patentierte mechanische Frontantrieb mit übergroßem Nachlaufwinkel von 13° an den Modellen 4040 und 4240 eingeführt. Um seine Ersatzteilversorgung noch wettbewerbsfähiger zu gestalten, errichtete John Deere das Europäische Ersatzteilvertriebszentrum in Bruchsal (EPDC), das 1983 seinen Betrieb aufnahm.

Auch die Modelle der 40er Serie erhielten ein Jahr später, 1982, den mechanischen Frontantrieb, allerdings mit 12° Nachlaufwinkel. 1984 wurde das Modell 3640 mit 112 PS und 16/8 Power Synchron Getriebe als neues Flaggschiff der John Deere Werke Mannheim vorgestellt. Ein Jahr später wurde der Frontkraftheber eingeführt. 1985 feierte das Werk in Mannheim sein 125jähriges Bestehen mit einer historischen Bulldog- und Traktorenparade durch die Stadt. Die Fabrik hatte eine Fertigungskapazität von 43.000 Traktoren pro Jahr. Es wurden 4.300 Mitarbeiter beschäftigt. Innerhalb der letzten fünf Jahre wurden mehr als 250 Millionen DM in moderne computergesteuerte Maschinen investiert, mit der Absicht, höchste Genauigkeit und Zuverlässigkeit zu erzielen.

In der zweiten Hälfte des Jahrzehnts wurde kräftig in neue Produkte investiert, wie etwa in die Traktoren der 50er Baureihe, die sich bei ihrer Markteinführung 1986, als eine wesentliche Verbesserung, durch eine weitere Senkung des Kraftstoffverbrauchs auszeichneten. Die neuen John Deere Constant-Power-Motoren warteten mit einer verbesserten Motorcharakteristik auf. Sie verfügten über einen extrem hohen Drehmomentanstieg und arbeiteten dadurch über einen weiten Drehzahlbereich hinweg auf nahezu gleich bleibend hohem Leistungsniveau. Weitere Veränderungen waren die neuen Leichtlaufgetriebe, die verbesserte Kraftheber-Leistung, eine neue Lastschaltstufe mit Anschleppfunktion und die Einführung von Geschwindigkeiten bis zu 40 km/h.

Neben Wirkungsgrad-Verbesserung und Senkung des Kraftstoffverbrauchs wurde bei der Entwicklung der 50er Serie besonderen Wert auf die Langlebigkeit und Zuverlässigkeit der einzelnen Komponenten gelegt. So mussten Betriebsbremsen und die Kupplungen für die Lastschaltstufe, Zapfwellen und den Allradantrieb nicht nachgestellt werden. Ihre Ölkühlung sorgte für geringen Verschleiß und lange Lebensdauer. Die Fahrwerkskomponenten wurden wesentlich verstärkt, um die Nutzlast zu erhöhen. Fronthydraulik und Frontzapfwelle ermöglichten den kombinierten Geräteanbau. Für den Fahrerplatz bot John Deere drei Varianten an. Optionen waren die offene Fahrerplattform mit integriertem Überrollbügel und Sonnenschutzdach sowie die Modulkabine MC 1 (3- und 4-Zylinder-Modelle) mit breitem Ein- und Durchstieg. Die ergonomisch beste Lösung stellte die SG2-Kabine (4- und 6-Zylinder-Modelle) dar, die sich durch den niedrigen Geräuschpegel von 79 dB(A) auszeichnete.

Der größte Landmaschinenhersteller der westlichen Welt, John Deere, feierte 1987 sein 150jähriges Jubiläum. In Europa wurden rund 6.600 Mitarbeiter beschäftigt. Im 30. Jahr ihrer Geschäftstätigkeit erzielten die deutschen John Deere-Unternehmensteile einen Umsatz von 1,65 Milliarden DM. Von den im Jahr 1988 in der Bundesrepublik produzierten knapp 70.000 Schleppern wurden über 40% von den John Deere Werken produziert. Jeder zweite aus der Bundesrepublik exportierte Traktor kam so-

Auf dem Weg zum Rollenprüfstand: Der Typ 2140 bei der Endkontrolle am Fertigungsband im Mannheimer John Deere Werk.

mit aus Mannheim. Im selben Jahr boten die John Deere Werke Mannheim für die Traktoren von 62 bis 86 PS einen Kriechgang in Verbindung mit dem Power Synchro-Getriebe an.

1989 begannen die intensiven Baumaßnahmen in Vorbereitung für die künftige 6000er Serie mit dem Umbau von Bau 12 zum Getriebebau. In diesem Traditionsbau wurden bereits Lanz Bulldogs, Raupen und Großtraktoren aus USA montiert. Mit der Einführung der CC2-Kabine im Jahre 1990 wurde für die 3- und 4-Zylinder-Traktoren ein neuer Standard im Bereich Kabinenkomfort erzielt. Die 4-Zylinder-Modelle waren wahlweise mit der SG2-Kabine verfügbar.

Eine Idee wird 70

1991 wurde im Mannheimer John Deere Unternehmen gefeiert. Gleich zwei Anlässe ließen die Sektkorken knallen: Vor 35 Jahren übernahm das amerikanische Unternehmen Deere & Company die Mehrheit an der Mannheimer Lanz AG, deren Aktien bis zu diesem Zeitpunkt in Familienbesitz gewesen waren. Zugleich wurde der legendäre Bulldog 70 Jahre alt.

Inzwischen hatte Deere in der deutschen Landmaschinenindustrie einen Anteil am Gesamtumsatz von rund 25 Prozent und war der größte Hersteller und Exporteur landwirtschaftlicher Traktoren in Deutschland. Mit über 4.400 Beschäftigten in Mannheim war Deere viertgrößter Arbeitgeber der Quadratestadt. Auf fünf Kontinenten erwirtschafteten im Jahr 1990 rund 38.500 Beschäftigte des Deere-Konzerns einen Umsatz von knapp acht Milliarden Dollar. Die deutsche Niederlassung des Konzerns war daran als größter Hersteller von John Deere-Fabrikaten außerhalb Amerikas mit über zwei Milliarden DM beteiligt. In Mannheim wurden derzeit 19 verschiedene Traktorenversionen in einer Vielzahl von Ausrüstungsvarianten in der Klasse von 44 bis 114 PS hergestellt. Zur Produktpalette des Konzerns gehörten auch bis zu 370 PS starke Schlepper. Diese für den großflächigen Betrieb ausgelegten Maschinen kamen aber vor allem auf den riesigen Anbauflächen in den USA zum Einsatz und wurden daher auch dort gebaut.

High-Tech für die Landwirtschaft

Von der Gießerei über die Metallbearbeitung, Veredlung, Montage bis hin zur Endabnahme kamen bei John Deere nur ausgereifte und bewährte Präzisionswerkzeuge und Techniken zum Einsatz. Hochentwickelte Kommunikations- und Informationstechnologie vernetzte die Fertigungsingenieure in Mannheim mit den John Deere-Konstruktionszentren in den USA. Modernste Prozeß- und Fabrikautomation überwachte und steuerte die kompliziertesten Werkzeugmaschinen. Fertigungssynchrone Materialwirtschaft – »just in time« – senkte die Lagerkosten. Bis zu 1.000 Tonnen Druck entstand, wenn die hydraulischen Pressen Motorhauben und Kotflügel für die Traktoren formten. Präzisionsmaschinen fräsen Spiral- und Schrägverzahnungen vollautomatisch und absolut exakt, denn engste Toleranzgrenzen mussten eingehalten werden. In der Härterei wurden Räder, Wellen und Bolzen anschließend durch Anreicherung der Oberfläche mit Kohlenstoff gehärtet. Auf die Fertigung des Getriebes, seit jeher einer Spezialität der Firma Lanz, wurde besonders Wert gelegt. Seit nahezu 25 Jahren wurde das so genannte Power-Synchron-Getriebe in die Schlepper eingebaut. Es enthielt eine Lastschaltstufe, die es ermöglichte, ein größeres Drehmoment zu erzielen ohne die Kupplung zu treten. Damit wurde die Durchzugskraft erhöht und vermieden, dass der Traktor beim Umschalten während des Pflügens in schwerem Boden stehen blieb.

Stolz war man im Mannheimer Werk auch darauf, dass der einzelne Mitarbeiter mehrere Fertigungsschritte übernahm und ganze Teile selber herstellte. So wurde eine Hubwelle beispielsweise nur von einer Person gefertigt. Die Folge: kürzere Durchlaufzeiten und weniger Ausschuss. Ein Prägestempel auf den Endprodukten sollte garantieren, dass sorgfältig gefertigt wurde. Durch die seit 1967 in Mannheim praktizierte Auftragsfertigung konnten beim Zusammenbau besondere Wünsche des Kunden und technische Richtlinien anderer Länder berücksichtigt werden.

In Mannheim befindet sich nicht nur das Traktorenwerk. Auch die europäische Bereichsleitung des Konzerns und das Verkaufshaus für Deutschland sind hier angesiedelt. Der Export in europäische Länder, nach Afrika sowie nach Nah- und Mittelost – sofern Deere dort nicht über eigene Verkaufshäuser verfügt – wird ebenfalls von Mannheim aus betreut. Neben den Niederlassungen beschäftigte die deutsche John Deere noch knapp 2.000 Personen in Bruchsal und Zweibrücken.

Das von der Autobahn aus nicht zu übersehende Werk Bruchsal wurde vor gut zehn (1980) Jahren errichtet. Im Just-in-time-Verfahren werden von hier die Fahrerkabinen für die Traktoren ins 45 Kilometer entfernte Mannheim geliefert und dort nach dem Einbau der aus Frankreich angelieferten Motoren montiert. In Bruchsal ist zudem das Europäische Ersatzteilezentrum von Deere & Company. Vertragshändler aus ganz Europa können dort via Bildschirm rund 110.000 verschiedene Ersatzteilpositionen bestellen – in ihrer Muttersprache.

Das Mannheimer Traktorenprogramm der 40er Serie umfasste Ende der 1970er Jahre 11 Grundmodelle mit Motorleistungen zwischen 38 PS bis 155 PS.

Neue Konzepte eröffnen neue Perspektiven

Nachdem John Deere die ersten europäischen selbstfahrenden Feldhäcksler aus Zweibrücken vorgestellt hatte, fand in Mannheim 1992 die bislang umfassendste Präsentation neuer Produktkonzepte statt: die Vorstellung der neuen 6000er und 7000er Traktoren in der einzigartigen Rahmen- und Modulbauweise, die mehr Zuladung bei gleichzeitig geringerem Traktorgewicht zuließ, eine Vielzahl von Wahlausrüstungen ermöglichte und neue Maßstäbe in punkto Fahrkomfort und Kraftstoffersparnis setzte. All diese Produkte standen rechtzeitig zur Erholung des westeuropäischen Marktes zur Verfügung, der 1993 seinen Tiefpunkt durchschritten hatte, sowie für die sich nach Öffnung des Eisernen Vorhangs frei entwickelnden Märkte in Zentraleuropa. Anschließend investierte das Unternehmen erhebliche Summen vor allem in die Modernisierung seiner europäischen Fabriken und die Erweiterung seines Produktangebotes um neue Wahlausrüstungen, je nach finanziellen Möglichkeiten des Kunden. Gleichzeitig ersetzte John Deere seine bisherigen IT-Anwendungen durch Internet-Systeme.

Die wesentliche Neuerung der 6000er Serie war dabei der Wechsel von der herkömmlichen Blockbauweise zu einem völlig neuartigen Ganzstahl-Brückenrahmen-Konzept mit Modulbauweise. Da dieser Rahmen die Lasten aufnimmt, erfordern Motor und Getriebegehäuse zu Gunsten höherer Nutzlasten weniger Eigengewicht. Alle Arbeitsgeräte, Frontlader oder Frontkraftheber können direkt am Stahlrahmen angebaut werden. Die Hydraulikanlage wurde durch Druck- und Mengenregelung effizienter und leistungsfähiger. Die neue Serie ist an dem veränderten Design und einer neuen Kabine zu erkennen. Die neue TechCenter-Fahrerkabine war weiter nach vorne gesetzt und bietet dem Fahrer auf beiden Seiten einen bequemen Ein- und Ausstieg, gute Rundumsicht und einen bis auf 73,5 dB verringerten Geräuschpegel. Zur Wartungsvereinfachung kann die TechCenter-Kabine gekippt werden. Die neue Baureihe umfasste zunächst vier 4-Zylinder-Traktoren mit einer Leistung von 75 bis 100 PS (55-73 kW).

Als Getriebevarianten wurden ein Vollsynchrongetriebe – SynchroPlus – und ein vierstufiges Lastschaltgetriebe mit lastschaltbarer Reversierung und Neutralstellung – PowrQuad – angeboten. Alle Getriebeversionen wurden mit der John Deere-Perma Kupplung II ausgestattet, deren Lebensdauer auf die des Traktors ausgelegt ist.

Trotz unverändert angespannter Lage auf den weltweiten Landtechnikmärkten konnten die John Deere Werke Mannheim im zwanzigsten Jahr in Folge ihre Rolle als Deutschlands führender Hersteller und Exporteur landwirtschaftlicher Traktoren behaupten. Von den 1992 insgesamt in Deutschland gefertigten 52.141 Traktoren stammen 23.410 (= 44,9%) aus Mannheim. Als gleichzeitig größter Exporteur unter den in Deutschland produzierenden Herstellern lieferte die Mannheimer Fabrik mit 21.133 Einheiten 58% der 1992 insgesamt ausgeführten 36.408 Maschinen. Auf dem mit 30.689 Traktoren gegenüber 1991 um 0,3% rückläufigen Inlandsmarkt konnte John Deere seinen Marktanteil auf 12,1% (Rang drei) gegenüber 11,7% (Platz 4) verbessern. Nach Angaben des Geschäftsführers des deutschen John Deere Verkaufshauses, Ottokar Böhnisch, würden die kürzlich vorgestellten neuen Traktorenbaureihen in Rahmenbauweise vom Markt uneingeschränkt akzeptiert. Im Hinblick auf die

Auswirkungen des sich beschleunigenden Strukturwandels in der Landwirtschaft werde der Inlandsmarkt in diesem Jahr allerdings nur noch zwischen 26.000 und 27.000 Traktoren aufnehmen, wobei rund 6.000 Einheiten (1992: 7.019) auf die neuen Bundesländer entfallen dürften. Nach Einschätzung des Unternehmens wird sich der westeuropäische Traktorenmarkt im laufenden Jahr schneller als erwartet von zuletzt 150.000 Einheiten auf unter 130.000 Maschinen abschwächen.

Fortschritte am Beispiel des Traktors

Auf erhebliche Fortschritte im Hinblick auf den Umweltschutz an Traktoren und Landmaschinen verwies 1993 Prof. Dr. Klaus Höhn, Entwicklungschef der John Deere Werke Mannheim, anlässlich der ersten Freigabe eines neuen umweltschonenden Getriebe- und Hydrauliköls auf Pflanzenbasis. Umweltschutz in der Landtechnik, so Höhn, müsse ganzheitlich betrachtet werden und sei Sache von Maschinenherstellern und Anwendern. So müssten etwaige Umweltbelastungen von Maschinen bereits im Entwicklungsstadium erkannt und reduziert werden. Gleichzeitig müsse der Herstellungsprozess auf umweltverträgliche Technologien zurückgreifen und schließlich sei es auch Aufgabe der landwirtschaftlichen Praxis, umweltrelevante Maßnahmen beim Betrieb von Maschinen zu treffen. Gerade in jüngster Zeit seien im Hinblick auf diese Forderungen erhebliche Fortschritte erzielt worden.

Als Schnittstelle der Übertragung hoher Kräfte verwende das Mannheimer Werk in den Traktoren bereits seit 1984 asbestfreie Kupplungen und Bremsen. Deren geschlossene Bauweise schütze vor einer Belastung der Umwelt durch Abrieb. Zusätzlich seien Kupplungen und Bremsen nach einem Langzeitkonzept auf lange Lebensdauer ausgelegt, damit verringerten sich auch die Entsorgungsmengen. Darüber hinaus würden asbestfreie Materialien auch als Dichtungen für Auspuff und Zylinderkopf eingesetzt. Seit 1989 verließen Mannheimer Traktoren ausschließlich »asbestfrei« das Werk.

Fortschritte habe man in jüngster Zeit auch auf dem Sektor der Klimatisierung von Fahrerkabinen erzielt. Die Klimaanlagen der neuen Mannheimer Baureihen, aber auch der Mähdrescher und Feldhäcksler aus Zweibrücken arbeiten mit dem chlorfreien Kältemittel R134a, das die Ozonschicht entscheidend weniger belaste als die bislang eingesetzten R12-haltigen Kältemitteln.

Bei der Verwendung von Kunststoffen, so Höhn, habe man zwei Wege gleichzeitig beschritten. Neben einer Verringerung der Vielfalt von Kunststoffgruppen sei man zu einer Kennzeichnung der verwendeten Materialien übergegangen, mit deren Hilfe sich die Teile sortenrein zuordnen ließen. Damit würden diese Materialien Recycling-fähig. Gleichzeitig bemühe man sich aktiv darum, Recycling-Kunststoffe auch im Produkt selbst wieder einzusetzen. Die Kabinendächer der in Bruchsal gefertigten CC2-Kabinen für Traktoren z.B. bestünden bereits zu 40% aus derartigen Recycling-Materialien.

Die Weiterentwicklung der Motoren, so Höhn, habe auch zu einer nachhaltigen Reduzierung des Vorbeifahrgeräusches geführt, was dem Traktor auch als Transportfahrzeug in ländlichen Wohngebieten mehr Akzeptanz verschaffe. Die Optimierung der Verbrennung habe eine massive Herabsetzung des spezifischen Kraftstoffverbrauches bewirkt und damit auch der Emissionen. Wo vor Jahren noch Werte von 240 g pro Kilowatt und Stunde als Standard galten, sei es mit der jüngsten Traktorengeneration ge-

Die 50er Traktoren mit 3-, 4- und 6-Zylinder-Motoren lösten 1986 die John Deere 40er Baureihe ab.

70 Jahre Mannheimer Traktoren-Tradition: Vom 12 PS Lanz-Bulldog Urahn von 1921 bis zum 116 PS starken High-Tech Traktor John Deere Typ 3650 von 1991.

lungen. das Niveau auf 200 g/kWh zu senken. Durch eine nachhaltige Anhebung der Ölwechselintervalle sei es zudem gelungen, den Verbrauch an Schmierstoffen und damit die laufenden Betriebskosten erheblich zu senken. Statt bisher nach 1.000 Betriebsstunden müsse das Getriebeöl jetzt erst nach 1.500 Stunden getauscht werden, ein Motorölwechsel sei erst nach 250 Stunden statt bisher nach 200 Betriebsstunden erforderlich. Bei der Nutzung von Rapsmethylester (RME) als Dieselersatz habe sich die Anpassung des Kraftstoffes an den Motor als mittelfristig effizienteste Lösung erwiesen. Heute könnten rund die Hälfte der 8 Millionen Traktoren in der EG mit RME betrieben werden. John Deere habe bereits 1990 diesen Kraftstoff für alle Traktoren und Mähdrescher rückwirkend ab Baujahr 1967 freigegeben, ohne dass Umbau- oder Nachrüstarbeiten erforderlich wären.

Zum besseren Schutz von Boden und Gewässern können John Deere Kunden seit einiger Zeit ein biologisch abbaubares Schmierfett auf Rapsölbasis erhalten, mit dem Verlustschmierstellen versorgt werden können, wie Achsen, Antriebswellen und Hubwerkgestänge. Die Belastung von Boden und Gewässern durch Schmierstoffe infolge von Leckagen an Getriebe- und Hydrauliksystemen sei keineswegs zu unterschätzen, sagte Professor Höhn, und verwies dabei auf die neueren Entwicklungen bei Hydraulikölen. Die hier vielfach eingesetzten synthetischen »Bio-Öle« seien in aller Regel zwar biologisch abbaubar, keineswegs aber aus nachwachsenden Rohstoffen hergestellt. Mit der Freigabe des ersten rapsbasischen Getriebe- und Hydrauliköls für einen breiten Anwendungsbereich habe John Deere einen weiteren wichtigen Schritt im Hinblick auf die »Symbiose« zwischen Landtechnik und Natur vollzogen.

1 Million Traktoren aus Mannheim

Zweiundsiebzig Jahre nach der Vorstellung ihres ersten landwirtschaftlichen Traktors, des von Dr. Fritz Huber entwickelten legendären Glühkopf-Bulldogs HL mit 12 PS, hatte die traditionsreiche Mannheimer »Traktorenschmiede« am 28. September 1993 mit einem John Deere 6400 (100 PS) ihren Millionsten Schlepper gefertigt. Nach über 219.000 Lanz-Traktoren liefen 1960 die ersten John Deere Modelle 300 und 500 in Mannheim vom Band. Seither erblickten hier bereits sechs neue Traktorengenerationen das »Licht der Welt«. Mit einem wettbewerbsfähigen Produkt, »schlankerer« Produktion und den beiden neuen Modellen 6600 und 6800 im Wachstumssegment über 100 PS, sah Geschäftsführer Hannes Kremkau das Mannheimer Werk trotz nach wie vor rückläufiger Märkte in Westeuropa für die künftigen Herausforderungen gut gerüstet. Die Entwicklung der Marktanteile in Deutschland und dem übrigen Westeuropa zeige, dass John Deere hier auf dem richtigen Weg sei.

Allein neun von insgesamt 50 Neuentwicklungen, die die Fachzeitschrift Agricultural Engineering, ein Organ der American Society of Agricultural Engineers (ASAE) 1993 als »besonders wertvoll« würdigte, stammten aus dem Hause John Deere. Neben innovativen Entwicklungen auf den Sektoren Bestell- und Erntetechnik fanden vor allem die Neuerungen bei den Traktorenbaureihen 6000 aus den John Deere Werken Mannheim und den Großtraktoren der Serie 7000 die Anerkennung der ASAE-Juroren. Das richtungweisende Konzept der Rahmen- und Modulbauweise ermöglichte hohe Nutzlasten und biete parallel dazu ein hohes Maß an Flexibilität bei der Ausrüstung des Traktors. Mit ihrer TechCenter-Kabine setzten diese Maschinen zudem Maßstäbe in punkto Fahr- bzw. Arbeitskomfort und Produktivität, so die ASAE.

Die Mitarbeiter von John Deere waren von Anfang an durch großes Engagement beim Bau der qualitativ hochwertigen Traktoren maßgeblich beteiligt.

Auf höchstem Niveau: Der John Deere Traktorenbau mit innovativer und wirtschaftlicher Technik.

Eine besondere Würdigung »erfuhr« der John Deere Traktor 6400 aus Mannheimer Fertigung auch in Australien, wo er in der Endausscheidung unter elf internationalen Wettbewerbern von der dortigen Fachzeitschrift Power Farming zum »Traktor des Jahres 1993« gekürt wurde.

Auf dem deutschen Markt war John Deere 1993 mit einem Anteil von 15,5% in diesem Jahr Marktführer. Als einer der ersten Traktorenhersteller fertigten die John Deere Werke Mannheim und Bruchsal ihre Produkte gemäß der international anerkannten Norm DIN / ISO 9001, die die Kriterien für die Fertigungsqualität verbindlich festlegt. Ein biologisch abbaubares neues Getriebe- und Hydrauliköl für Landmaschinen stellte John Deere in Hockenheim vor. Nach Einführung der Traktoren 6100 bis 6400 vervollständigte John Deere 1994/95 die 6000er Serie zusätzlich mit drei neuen Sechszylinder-Turbo-Modellen: den Typ 6600 mit 110 PS, 6800 mit 120 PS und den Typ 6900 mit 130 PS.

Mit ihren neuen Traktoren der Baureihe 6000 konnten die John Deere Werke Mannheim 1993 ihre Position als Deutschlands

Fahrer-Arbeitsplatz in der John Deere SG2-Kabine komfortabel, ruhig und bequem, griffgünstig angeordnete Bedienungshebel und mit gutem Blick nach allen Seiten.

größter Hersteller und Exporteur landwirtschaftlicher Traktoren weiter ausbauen. Von den im vergangenen Jahr in Deutschland insgesamt gefertigten 44.877 Traktoren stammten 21.618 (=48,2%) aus Mannheim. Als gleichzeitig größter Exporteur unter den in Deutschland produzierenden Herstellern lieferte allein die Mannheimer Fabrik 60,7% (=19.070 Einheiten) der insgesamt 1993 ausgeführten 31.423 Maschinen. Auf dem mit 28.656 Traktoren gegenüber dem Vorjahr um 7,2% rückläufigen Inlandsmarkt konnte sich John Deere 1993 mit 15,5% Marktanteil erstmals als Marktführer etablieren (1992: Rang drei mit 12,1%).

Bereits eineinhalb Jahre nach der Vorstellung der Traktorenbaureihe 6000 mit Rahmen- und Modulbauweise lief in den John Deere Werken Mannheim im April 1994 die 25.000ste Maschine dieser Serie vom Band. Erst zu Jahresbeginn war die zunächst vier Modelle umfassende Baureihe um zwei 6-Zylindertraktoren ergänzt worden. Nach Angaben des Unternehmens verlangsame sich in Deutschland zwar derzeit der Trend zu immer höheren Maschinenleistungen, mit Blick auf den Fahr- und Arbeitskomfort gingen die Kunden jedoch keinerlei Kompromisse ein. So wurde bereits jeder vierte Mannheimer 6000er Traktor für den deutschen Markt mit Klimaanlage ausgerüstet, zwei Drittel der Maschinen verfügten über einen luftgefederten Komfortsitz und vier von fünf Kunden bestellten das vierstufige Lastschaltgetriebe mit Reversiereinrichtung und Neutralstellung.

1992: So präsentierten die Mannheimer John Deere Werke dem internationalen Handel ihre neuen Produktkonzepte.

Herzlichen Glückwunsch: Am 28. September 1993 verließ der 1 Millionste in Mannheim gebaute Traktor, ein John Deere Typ 6400 das Montageband.

Den 250.000sten Traktor des Mannheimer Werkes für den nordamerikanischen Markt übergaben im Juli 1994 Geschäftsführer Hannes Kremkau und Verkaufsleiter Ulrich Wuttke an den Verwaltungsratsvorsitzenden von Deere & Company, Hans W. Becherer, anlässlich dessen Besuchs im größten außeramerikanischen Werk des Konzerns. Die Maschine, ein 100 PS-Allradtraktor der Baureihe 6000 mit klimatisierter TechCenter-Kabine aus dem Werk Bruchsal, war für einen Händler des John Deere Verkaufshauses in Kansas City bestimmt. Die USA und Kanada gehörten seit geraumer Zeit zu den wichtigsten Absatzgebieten der Mannheimer Traktorenschmiede. Mit einem 50 PS Traktor vom Typ 710 »Made in Germany«, begann das Mannheimer Traktorenwerk 1967 die Belieferung des nordamerikanischen Marktes. Die einsatzbereiten Traktoren werden von Mannheim aus auf dem Rhein nach Antwerpen, Rotterdam oder Amsterdam verschifft und gelangen von dort aus mit Ro-Ro-Transportern (Roll-on-Roll-off) in die jeweiligen nordamerikanischen Bestimmungshäfen.

Seit der Vorstellung der Traktorenbaureihe 6000 im Herbst 1992 hatten die John Deere Werke Mannheim bis 1995 bereits 50.000 Einheiten dieser Serie in Rahmen- und Modulbauweise gefertigt. Den 50.000sten Traktor, einen 6300 mit 90 PS, erhielt Landwirt Josef Sperl aus der Hand von Konrad Templin, Marketingdirektor bei John Deere Vertrieb Deutschland. Das innovative Konzept, das über einen robusten Brückenstahlrahmen verfügt und je nach betrieblichen Erfordernissen mit verschiedenen Getriebevarianten (PowrQuad, SynchroPlus, Kriechgang) ausgestattet werden kann, wird von Praktikern wie Technik-Experten weltweit anerkannt. 1995 rollte auch der letzte 50er Serie-Traktor, ein Modell 2850, in Mannheim vom Band. Gleichzeitig wurde im Herbst als »kleiner« 6-Zylinder-Traktor das Modell 6505 mit 105 PS vorgestellt.

Am 7. Juni 1996 feierte das Werk Mannheim 75 Jahre Traktorenbau mit einer Jubiläumsansprache von Dr. Herrmann, Landwirtschaftsmuseum Hohenheim, und einer Parade aller bisherigen Baureihen. Das 2. Mannheimer Bulldog- und Schleppertreffen, veranstaltet vom Landesmuseum für Technik und Arbeit, begann mit einem Korso von über 100 Oldtimern und John Deere-Traktoren durch das Stadtzentrum Mannheim. 1996 ist das Werk Mannheim die größte John Deere Fabrik außerhalb der Vereinigten Staaten. Es beschäftigte insgesamt rund 2.500 Mitarbeiter. Das Werksgelände umfasste 46 ha, wovon etwa 20 ha unter Dach sind. Das Produktionsprogramm für den weltweiten Markt umfasste 8 Grundmodelle von 75 bis 130 PS mit zahlreichen Ausrüstungsvarianten für unterschiedlichste Einsätze, u. a. auch in der Forstwirtschaft und im Kommunalbereich. Die John Deere Werke Mannheim – großzügig angelegt und mit modernster Technik ausgestattet – sind ein wichtiges Glied in der Kette der weltweiten John Deere Organisation. Deere & Co. beschäftigt weltweit über 33.000 Mitarbeiter in 34 Werken und

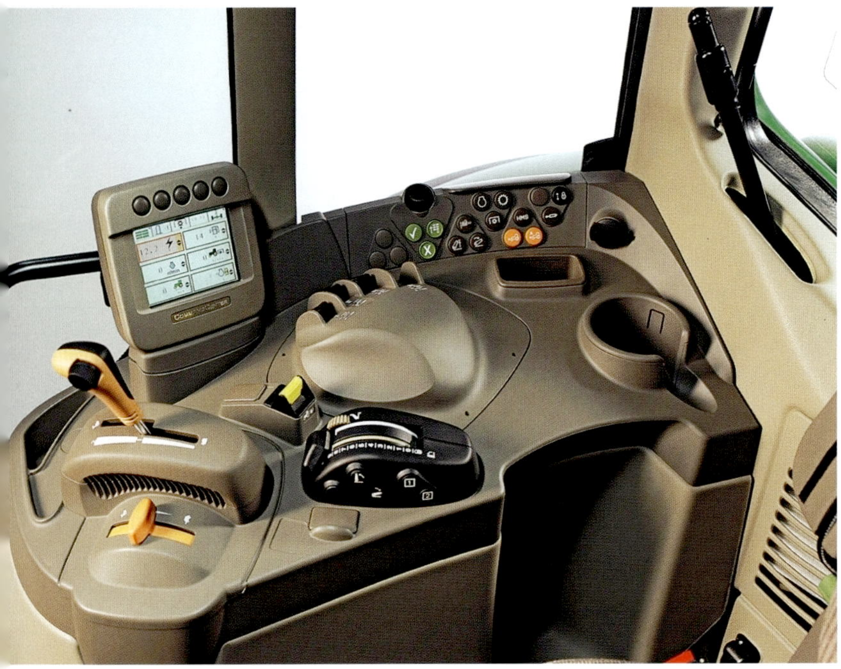

High-Tech am Arbeitsplatz: Mit dem neuen GreenStar 2 Farbmonitor lassen sich die verschiedensten Funktionen der modernen Lenksystemen programmieren.

21 Verkaufshäusern. Es werden hauptsächlich Traktoren, Erntemaschinen und Bodenbearbeitungsgeräte aber auch Baumaschinen, Golfplatzpflegegeräte, Motoren und Antriebskomponenten hergestellt.

Die John Deere Werke Mannheim erhielten für den weltweiten Markterfolg ihrer Traktoren in Rahmen- und Modulbauweise den internationalen Design-Preis 1997 des Landes Baden-Württemberg. 190 Firmen hatten sich mit insgesamt 300 Produkten an dem Wettbewerb beteiligt. Neben dem John Deere Traktor wurden drei weitere Produkte ausgezeichnet, darunter auch der SLK Roadster von Mercedes-Benz. Neunzig weitere Erzeugnisse erhielten eine Anerkennung, unter anderem auch ein John Deere Rasentraktor.

Mit den neuen Modellen der Baureihe 6010 stellte John Deere 1997 die in vielen Punkten weiterentwickelte zweite Generation der Traktoren in Rahmen- und Modulbauweise vor. Zum 25. Mal in Folge konnten die John Deere Werke Mannheim 1997 ihre Rolle als Deutschlands führender Hersteller und Exporteur landwirtschaftlicher Traktoren behaupten. Angesichts des anhaltenden Konsolidierungsprozesses in der Landtechnikindustrie, der auch im vergangenen Jahr durch Übernahmen und Standortaufgaben gekennzeichnet war, stieg der Anteil der in Mannheim gefertigten Traktoren mit 23.998 Einheiten (23.809) an der deutschen Gesamtproduktion von 45.758 (1996: 53.910) auf 52,4% (1996: 44,2%). Als größter Exporteur unter den in Deutschland produzierenden Herstellern lieferte das Mannheimer Werk 1997 mit 21.972 (21.138) Maschinen 64% (51,7%) der aus Deutschland ausgeführten Traktoren.

Die John Deere Werke Mannheim lieferten im Juni 1999 den 150.000sten Traktor der Baureihe 6000/6010, einen 135 PS-Traktor vom Typ 6910 an einen Kunden des spanischen John Deere Verkaufshauses aus. Der in Rahmen- und Modulbauweise gefertigte 6910 war 1998 Europas meistverkauftes Traktorenmodell. Die seit 1992 in Mannheim vom Band laufende Baureihe umfasste insgesamt neun verschiedene 4- und 6-Zylindermodelle von 75-140 PS und deckte die ganze Bandbreite von Ausrüstungsvarianten für den weltweiten Bedarf ab, vom hinterradgetriebenen Traktor mit offener Fahrerplattform und robustem Getriebe bis hin zum Premiumtraktor mit vollklimatisierter Kabine, PowerShift-Getriebe und gefederter Frontachse. »Heute können wir alle Vorteile der noch immer einzigartigen Rahmen- und Modulbauweise voll nutzen und damit in kürzester Zeit auf Veränderungen bei Kundenwünschen reagieren«, so Marketingleiter Stefan von Stegmann anlässlich der Übergabe des 6910 an Luis G. Chavarri, der einen 1.300 ha Betrieb im Nordosten Spaniens besitzt.

Standortsicherung:
Das neue John Deere Office 2007

Führungsanspruch auf wichtigen Märkten

Im Jahr 2000 hatte John Deere angekündigt, seine landwirtschaftlichen Produktlinien bis zum Jahr 2005 so umfassend zu erneuern, dass 95% des europäischen Produktangebotes nicht älter als drei Jahre alt sein würde. Anlässlich seiner Produktpräsentation 2001 in Sevilla (Spanien) stellte John Deere insgesamt 63 neue Maschinen vor, in deren Mittelpunkt die anspruchsvollen Traktoren der neuen 6020er Serie standen. Ihren ersten Auftritt in Europa hatten in Sevilla auch die AMS-Produkte (Agrarmanagement-Systemlösungen), die landwirtschaftlichen Betrieben wie Lohnunternehmen neue Perspektiven eröffneten. Nach der Produktpräsentation in Sevilla folgten zwei weitere Wellen mit neuen Maschinen, so dass John Deere sein 95%-Ziel 2005 erreicht hatte. Seither konzentrierte sich das Unternehmen vorrangig auf die Expansion in zentral- und osteuropäischen Ländern, z.B. dem Ausbau seiner Zweigniederlassung in Posen (Polen), der Einrichtung eines Verkaufshauses in Moskau, Russland, und einer Montagefabrik für Saatgeräte in Orenburg, unweit der kasachischen Grenze. Zu diesen Expansionsplänen gehört auch die erfolgreiche Ausweitung des Geschäftes in der Türkei.

Im April 2004 bezogen die 120 gewerblich-technischen Azubis der John Deere Werke Mannheim die neue Ausbildungswerkstatt. Die moderne Schulungseinrichtung verfügt neben Werkbänken und konventionellen Werkzeugmaschinen auch über moderne CNC-Maschinen, Labore für Automatisierungs- und Steuerungstechnik sowie eigene Bereiche für die Elektro- und KFZ-Ausbildung.

Um die Fertigungsqualität und Kundenzufriedenheit noch weiter zu steigern, nimmt die Endmontage 2005 einen neuen Online-Test-Stand in Betrieb. Auf dieser bisher einzigartigen Anlage testen Mitarbeiter der Qualitätssicherung jede zehnte Maschine der laufenden Produktion unter realistischen Einsatzbedingungen. Dazu verfügt der 2,6 Mio. € teure Prüfstand über fünf Generatoren mit einer Leistungsaufnahme von jeweils 250 kW zur Überprüfung der Zapfwellen- und Zugleistung. Um Bremsen und Parksperre zu testen, lassen sich die vier Generatoren an den Rädern als Motoren einsetzen. Somit sind Zug- und Bremskräfte von je bis zu 14600 N sowie Geschwindigkeiten von 70 km/h möglich. Für eine bessere Energie-Effizienz wird er von den Generatoren erzeugte Strom ins Netz eingespeist.

Satelliten lenken den modernen Traktor

Über 3.100 Mitarbeiter sind 2006 am Standort Mannheim beschäftigt – etwa 2.800 in der Fabrik und 300 in der Bereichsleitung. Mit einer effizienten und für den Kunden praktischen Modulbauweise hat man es in Mannheim geschafft, aber auch in den beiden anderen deutschen Werken in Bruchsal und Zweibrücken, konkurrenzfähige Produkte der Marke John Deere für den Weltmarkt zu produzieren. Die Fertigungstiefe in Mannheim ist hoch, baut man doch die Getriebe und den Rahmen hier am Standort, die Motoren kommen aus Frankreich aus dem Werk Saran in der Nähe von Orleans und die Kabinen aus Bruchsal.

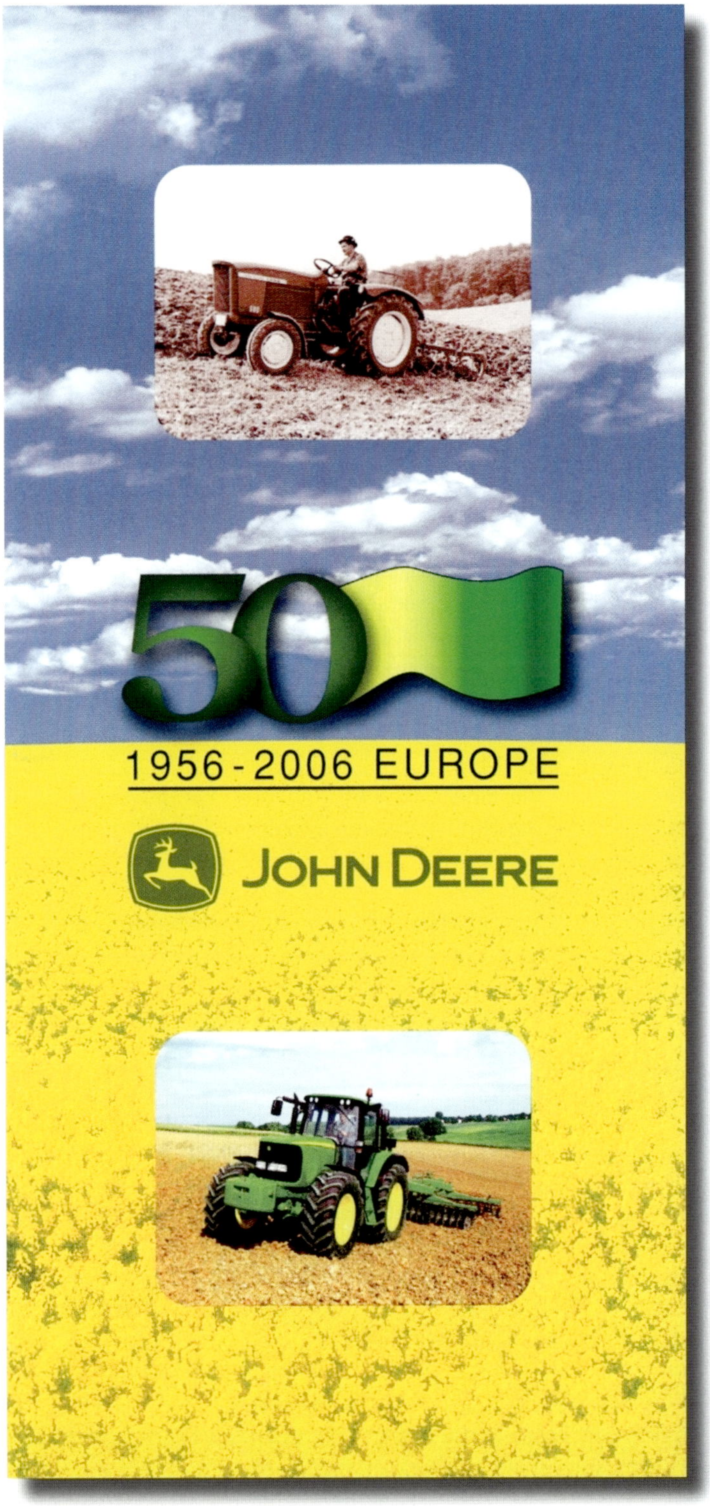

Wenn der Kunde es wünscht, bekommt er aber auch einen Traktor ohne Kabine und stattdessen mit einer offenen Fahrerplattform. Er kann spezielle Breitreifen ordern, wenn er sich auf druckempfindlichen Böden bewegen muss oder Schmalreifen für den Obst- oder Weinbau. Die Kabine mit Klimaanlage oder Rundum-Lautsprecherbeschallung oder eben mit beidem ist lieferbar. Selbst die High-Tech-Variante mit dem automatischen Lenksystem AutoTrac ist im Programm. Sie verfügt über ein differentielles Global Positioning System (DGPS). Der Fahrer lenkt sein Gefährt nur noch an der Wendemarke, justiert seine neue Spur und schon macht der Traktor den Rest alleine – überlappungsfreies Arbeiten mit einer Genauigkeit von zwei Zentimetern spart Zeit, eingesetztes Saatgut, Düngemittel oder Pflanzenschutzmittel und senkt den Spritverbrauch. Auf einem 1.000 Hektar Betrieb lassen sich rund 4.000 Euro an Spritkosten jährlich einsparen.

Im Vorfeld der Einführung der Traktoren der Serie 6030 fanden 2005/2006 im Kabinenwerk Bruchsal umfangreiche Umbaumaßnahmen statt. Die neue Lackiererei erfüllte aktuelle Umweltstandards ebenso wie höchste Qualitätsansprüche. Dank der Pulverbeschichtung bietet der Decklack eine hochglänzende glatte Oberfläche und ist widerstandsfähiger gegen Kratzer oder aggressive Chemikalien. Sämtliche Traktorenkabinen, offene Fahrerplattformen und Kabinen für selbstfahrende Pflanzenschutzspritzen werden auf einem neuen Schubpalettenband montiert. Für eine bessere Ergonomie verfügen die Paletten über Holzböden mit antistatischer Beschichtung zum Schutz sensibler elektronischer Bauteile während des Einbaus. Mit der speziellen Einspannvorrichtung können die Kabinen gekippt werden, um so Komponenten an Dach und Boden zu montieren.

Insgesamt hat der Kunde mehrere tausend Wahlmöglichkeiten, kann seinen auf ihn zugeschnittenen Traktor individuell auswählen. Möglich wird dies durch die Modulbauweise im Mannheimer Werk, wo auf einen standardisierten Traktorenrahmen die unterschiedlichsten Bauteile montiert werden können. Etwa alle drei Minuten läuft in Mannheim ein grün-gelber Traktor vom Band. Grün-Gelb war schon immer die Unternehmensfarbe von Deere & Company. Heute ist die Marke John Deere mit ihren Farben zu einer Kultmarke bei Jugendlichen geworden und US-Filmstar George Clooney machte die John-Deere-Kappe sogar in Hollywood salonfähig.

90 Prozent der in Mannheim gefertigten Traktoren sind für den Export bestimmt. Asien und die zukünftigen EU-Mitgliedsländer Osteuropas, aber auch der amerikanische Markt bilden dabei

Jubiläums-Prospekt: John Deere 1956-2006 Europe.

Schwerpunkte. In Mannheim werden vor allem die mittel-großen Traktoren der 5020er und 6020er Baureihe, die zwischen 80 und 160 PS Motorstärke liegen, gefertigt. Die »kleinen« 5020er mit ihren 72 bis 88 PS, die 2003 eingeführt wurden und die nur in Mannheim produziert werden, erwiesen sich dabei als echter Renner. Das große Geschäft wurde zwar immer noch mit den 6020ern gemacht, wobei der 6320er der meistverkaufte Traktor in Deutschland war, doch die »5020er Babies« wurden innerhalb der letzten zwei Jahre immerhin 10.000mal gefertigt und bescherten dadurch dem Unternehmen im Jahr 2004 eines der besten Ergebnisse seiner Geschichte.

Die ganz großen Ungetüme der 7000er und 8000er Baureihe kommen aus amerikanischen Werken. Die Produktpalette ist jedoch noch viel weiter gefasst. In Zweibrücken werden Feldhäcksler und Mähdrescher gebaut, in Spanien kleine Maschinen für Obst- und Weinbau, in Enschede Profi-Rasenmäher für Großflächen. »Auch in der Allianz Arena mähen unsere Maschinen«, so der Sprecher des Unternehmens, Dr. Oliver Neumann. 45 Prozent der Mannheimer Produktion wird verschifft. Zum Großteil geschieht dies über die RoRo-Anlage im Rheinauer Hafen. Der Rest wird über die Straße zum Kunden gebracht.

Ein Jahr nach der Grundsteinlegung öffnete im Juli 2007 das John Deere Forum, und im Herbst 2007 die neue Konzernzentrale ihre Pforten. Darin eingebunden ist auch das Museum.

»Die besten Jahre liegen noch vor uns«

Im Sommer 2006 feierte John Deere Mannheim seinen 50. Geburtstag. John Deere´s 50jähriges Engagement in Europa ist eine Geschichte des Dazulernens, kontinuierlicher Verbesserungen, zielgerichteter Expansion und planvollem Wachstums. Dabei stützte sich das Unternehmen auf seine seit 169 Jahren geltenden Grundwerte: Qualität, Innovation, Integrität und Engagement. »Bei der Betrachtung der in den letzten 10 Jahren erzielten Fortschritte wird deutlich, dass wir über eine solide und wettbewerbsfähige Position in Europa verfügen. Auf dieser Grundlage können wir weiteres Wachstum erzielen, weil die Nachfrage nach qualitativ hochwertiger Technik in den neuen Mitgliedsländern der EU, in Südosteuropa und den GUS Staaten weiter anwachsen wird. Wir sind in allen Produktsparten bestens auf dieses Wachstum vorbereitet, auch auf dem Finanzierungssektor. Deshalb sind wir zuversichtlich, dass nach diesen ersten 50 Jahren die besten Zeiten noch vor uns liegen« so Senior Vice President für Marketing und Product Support, Markwart von Pentz.

Trotz umfangreicher Wachstumsinitiativen in Südamerika und Asien setzte John Deere auch weiterhin auf Europa. So hatte der Deere & Company Verwaltungsrat bereits auf seiner Sitzung am 30. November 2005 die Weichen für weitere Investitionen am Standort Mannheim gestellt. Im Zusammenhang mit der Erneuerung des Mannheimer Stadtquartiers »Mannheim 21«, südlich des Hauptbahnhofes der Quadratestadt, will John Deere jetzt einen Ausstellungspavillon errichten. Dort möchte das Unternehmen künftig seine Produkte zeigen und damit einer breiten Öffentlichkeit zugänglich machen. Unmittelbar daneben soll ein neues Bürogebäude entstehen, das die europäische Bereichsleitung beherbergen wird.

Luftaufnahme vom John Deere Werk Mannheim aus dem Jahre 2007.

Zeitgleich mit dem Serienstart am 6. November 2006 präsentierten sich unter dem Motto »50 Jahre John Deere in Deutschland – auch 50 Jahre in Europa« in einer rasanten Auftaktveranstaltung im Warschauer Messezentrum erstmals die neuen Traktorenmodelle 6030 und 7030 aus den John Deere Werken Mannheim der internationalen Presse. Danach gingen die John Deere Neuheiten auf Deutschlandtournee und wurden u.a. in Leipzig, Ulm, Hannover und Münster (Westfalen) im Rahmen einer äußerst informativen und unterhaltenden Show den insgesamt über 15.000 Landwirten, Lohnunternehmen und Interessenten präsentiert.

Am 28. Juli 2006 fand die feierliche Grundsteinlegung für den Neubau der europäischen Konzernzentrale und des John Deere Forums als neuer großzügiger Besucherpavillon statt. Damit bekannte sich das Unternehmen Deere & Company im Jahr des Jubiläums zu seiner Zukunft an Standort Mannheim. Nach etwa einjähriger Bauzeit öffnen im Juli 2007 das John Deere Forum und im Herbst 2007 die neue Konzernzentrale für die Region Europa, Afrika und den Mittleren Osten, das sogenannte European Office, ihre Pforten. Im John Deere Forum präsentiert das Unternehmen seinen Besuchern auf 1000 m^2 aktuelle Produkte sowie eine Auswahl historischer Maschinen.

Im November 2008 lief der 1,5 Millionste Traktor seit dem ersten Lanz Bulldog im Jahre 1921 vom Montageband. In einer kleinen Feier wird die Maschine Simon Morgan, einen Farmer aus der englischen Grafschaft Worcestershire, übergeben. Der John Deere 7530 Premium versieht seinen Dienst auf dem 300-ha-Betrieb des Besitzers.

Neue Modellbezeichnungen

Mit der Vorstellung seiner neuen 5R Traktoren Ende 2008 änderte John Deere jetzt das System der Modellbezeichnungen für seine künftigen Traktorenbaureihen. Das neue System soll die Identifizierung der Baureihe, der Motorleistung und der Ausstattung vereinfachen, indem all diese Informationen die Modellbezeichnung an der Motorhaube einfließen. Die erste Ziffer der Modellbezeichnung steht für die Baureihe. Die nächsten drei Ziffern geben die Motorleistung bei Nenndrehzahl gemäß 97/68/EC-Standard an. Die Modellbezeichnung wird abschließend mit einem Buchstaben versehen, der über das Ausstattungspaket des Traktors Auskunft gibt. Je weiter hinten der Buchstabe im

Produktion der John Deere 7030er-Baureihe: Mit dem Typ 7530 ab Ende 2007 lief zum ersten Mal in der Mannheimer Unternehmensgeschichte ein Traktor mit über 200 PS vom Band.

Alphabet angesiedelt ist, umso hochwertiger ist die Ausstattung der Maschine. Für eine Reihe von Spezialmodellen wird ein zweiter Buchstabe hinzugestellt. So weist der Buchstabe »N« darauf hin, dass es sich um einen Schmalspurtraktor handelt, der Buchstabe »F« steht für den Einsatz im Obstbau und der Buchstabe »V« für den Einsatz im Weinbau. Mit dieser neuen Modellbezeichnung steht der jetzt vorgestellte John Deere 5100R als Vertreter der 5er Baureihe mit 100 PS Motorleistung und Premiumausstattung »R« an der Spitze dieser neuen Serie. Als Schmalspurtraktor trägt er die Bezeichnung 5100RN.

Mit der Serie 5R präsentierten die John Deere Werke Mannheim eine neue Baureihe mit Traktoren von 80 bis 100 PS. Die drei Modelle bieten Premium-Technologie in der Kompaktklasse. Dank elektronisch geregelter John Deere PowerTech Motoren mit Commonrail-Einspritzung erfüllen diese Schlepper die Abgasnorm der Stufe III bei geringem Verbrauch. Eine besondere Innovation dieser Baureihe ist der elektronisch angetriebene separate Lüfter des Ladeluftkühlers. Für den Einsatz in Plantagen und Weinbergen ist mit der Serie 5RN auch eine Schmalspurvariante verfügbar. Diese Serie umfasst drei Modelle mit 4-Zylinder-Motor und 4,5 Liter Hubraum.

Anlässlich der Agritechnica 2009 stellte John Deere die Traktoren 5M vor. Diese neuen Kompakttraktoren aus Mannheim runden das Angebot im mittleren Ausstattungssegment ab. Aufgrund ihres günstigen Preis-Leistungs-Verhältnisses sind die Schlepper besonders für kleinere Betriebe oder einfachere Arbeiten interessant. Alle Traktoren der Serie 5M sind mit einem zuverlässigen und effizienten John Deere PowerTech-Motor mit Ladeluftkühlung ausgestattet. Der Hubraum der 4-Zylinder-Aggregate liegt bei 4,5 Liter. Optional können diese Traktoren mit einer Wegezapfwelle zum Antrieb von Triebachs-Anhängern ausgestattet werden, wie sie in einigen Gebirgsregionen verbreitet sind.

Schaltzentrale: Bei der Programmierung der 6030er Traktoren steht der Mensch im Mittelpunkt.

Als weitere Neuheit stellte John Deere 2008/2009 die Traktoren 6534 und 6534 Premium vor. Sie sind mit einem 4-Zylinder-Motor auf einem 6-Zylinder-Chassis ausgestattet. Dadurch vereint diese Maschine die Vorteile des längeren Radstandes vom 6-Zylinder-Schlepper mit der höheren Kraftstoffeffizienz eines 4-Zylinder-Motors. Die Nennleistung der Premium-Ausführung beträgt 145 PS mit IPM.

Mit seinen neuen 5000er Nachfolger der Serie 5R und 5RN stellt John Deere neue Traktoren für mittelgroße Gemischbetriebe, kleinere Ackerbaubetriebe und Spezialbetriebe vor. Auf Basis der bewährten Brückenstahlrahmen-Bauweise bieten diese neuen Premium Traktoren mit 80, 90 und 100 PS gegenüber ihren Vorgängern mehr Leistung, höhere Nutzlast, zusätzlichen Fahrkomfort, verbesserte Ergonomie und noch mehr Wirtschaftlichkeit.

Im April 2010 jährte sich in Mannheim eine denkwürdige Premiere: denn vor 50 Jahren rollten die ersten grün-gelben John Deere-Traktoren vom Band der traditionsreichen Landmaschinenfabrik auf dem Lindenhof – damals noch unter dem Markennamen John Deere-Lanz. Einerseits besiegelten die beiden ersten Modelle, der John Deere-Lanz 300 mit 28 PS und der John Deere-Lanz 500 mit 36 PS, die Geschichte des mittlerweile technisch veralteten Lanz-Bulldogkonzeptes, andererseits markierten sie vier Jahre nach der Übernahme der Heinrich Lanz AG den kompletten Neuanfang des Traktorbaus in der Quadratestadt – in der Rückschau betrachtet: eine Erfolgsgeschichte.

Flaggschiff des Mannheimer Werkes im Jubiläumsjahr 2010 war der 7530E Premium, ein »Mikrohybrid-Traktor«, dessen Kurbelwellengenerator bis zu 20 kW elektrische Leistung erzielte, um damit Nebenaggregate wie den Kühler-Lüfter und die Kompressoren für Druckluft- bzw. Klimaanlage wirtschaftlicher betreiben zu können. Damit ließen sich nicht nur bis zu 13% Kraftstoff einsparen – mit seinen 230 V und 400 V Steckdosen konnte der Traktor auch als Energiequelle für handelsübliche Elektrogeräte und -werkzeuge fungieren. Dafür wurde das Konzept auf der Agritechnica 2007 mit einer Goldmedaille sowie zahlreichen internationalen Auszeichnungen prämiert.

Fit für die moderne Präzisionslandwirtschaft

Zur geplanten Einführung der neuen 6R-Schleppermodelle 2010 wurden einige Umbaumaßnahmen in der Traktoren-Montage vorgenommen. Eine neue Roboter-Anlage montiert alle Chassis-Rahmen vollautomatisch. Damit werden erstmals 20 mm-Schrauben von einem Roboter geschraubt. Ein neues mittels elektronischer Induktion gesteuertes Förderband transportiert den Zusammenbau aus Chassis und Getriebe zum Endmontageband. Auf dem Weg dorthin werden Komponenten wie Ölleitungen und Kabinenfederung vormontiert. Auf einem weiteren Fördersystem mit Induktionssteuerung findet die Motorenvormontage statt. Hier werden Nebenaggregate, wie z.B. der Ladeluftkühler, Partikelfilter mit Diesel-Oxydationskatalysator und das Kühlerpaket mit dem Motorblock verbaut. Anschließend erfolgt die Montage der kompletten Motorbaugruppe auf dem Chassis-Rahmen des Traktors.

Auf der Agritechnica 2011 präsentierte John Deere die neuen Mannheimer Premium-Traktoren der Serie 6R. Aufgrund des Partikelfilters und der gekühlten Abgasrückführung erfüllen die Traktoren die aktuelle Abgasnorm der Stufe IIIb. Ein großer Vorteil dieser Technik: Die Motoren haben sehr gute Motoreigenschaften und eine hohe Kraftstoffeffizienz, ohne das Harnstoff als zusätzlicher Betriebsstoff notwendig ist. Darüber bieten die neuen Traktoren eine um 20% größere Panorama-Kabine mit besserer Rundumsicht, optimal mit neuer adaptiver Federung und Panorama-Dach für Frontladerarbeiten. Ab November 2011 wurden die drei großen 6-Zylinder-Modelle mit 6,8 Liter Hubraum produziert. Zusätzlich zur Nennleistung liefern die neuen

Im neu gestalteten Kabineninnenraum der 6030er Serie lässt sich das neue Armaturenbrett samt Lenksäule und Reversierer wunschgerecht einstellen.

John Deere PowerTech PVX-Motoren 22 kW (30 PS) bei Zapfwellen- und Transportarbeiten.

Im Frühjahr 2012 wird die 6R-Serie um sechs zusätzliche Modelle im Leistungsbereich von 105 PS bis 150 PS erweitert. Alle Traktoren sind mit modernsten John Deere PowerTech PVX-Motoren ausgestattet. Zur Verfügung stehen vier neue 4-Zylinder-Modelle mit 4,5 Liter-Hubraum und zwei Modelle mit 6-Zylinder-Motor und 6,8 Liter-Hubraum. Dank des intelligenten Leistungsmanagements stehen bei Transport- und Zapfwellenarbeiten zusätzlich 15 kW (20 PS) zur Verfügung. Zur besseren Übertragung der Zugkräfte verfügt das Modell 6130R über das längere Chassis der 6-Zylinder-Traktoren, während die Modelle 6140R und 6150R mit einem 6-Zylinder-Motor ausgestattet sind.

Auch im Jahr 2015 konnte John Deere in Deutschland seine marktführende Position bei landwirtschaftlichen Traktoren behaupten. In einem um 6,9 % rückläufigen Markt von 32 220 Einheiten (Vorjahr: 34 611 Einheiten) erzielten John Deere Traktoren einen Marktanteil von 19,5 % (19,4 %) und konnten dabei einen Vorsprung von 2,5 % Prozentpunkten gegenüber dem nächsten Mitbewerber erzielen. »Angesichts der rückläufigen Einkommensentwicklung in Teilen der Landwirtschaft sank die Gesamtnachfrage nach Traktoren erwartungsgemäß«, so Dr. Olaf Turß, Geschäftsführer der deutschen Vertiebs- und Marketingorganisation John Deere Vertrieb. »Dass wir Landwirten und Lohnunternehmern in vielen Leistungsbereichen wettbewerbsfähige Technik und die Anbindung an intelligente Lösungen für die Präzisionslandwirtschaft anbieten konnten, hat John Deere genutzt.«

Als größter Landtechnikhersteller in Deutschland beschäftigt John Deere über 6.600 Mitarbeiter an sechs Standorten in der Bundesrepublik. Die deutschen John Deere Unternehmensteile erzielten im Geschäftsjahr 2015 einen Umsatz von über 3,17 Milliarden Euro, 6 % weniger als im Vorjahr.

Der John Deere Traktor feiert 100. Geburtstag

Auch die Mannheimer Fabrik als die größte John Deere Fertigungsstätte außerhalb Nordamerikas mit über 6600 Mitarbeitern und einer Traktorenproduktion von 27100 Stück im Jahre 2017 feierte am 14. März 2018 den 100. Geburtstag des John Deere Traktors. Vor genau 100 Jahren, ist John Deere in den Traktorenbereich eingestiegen. Was mit dem Waterloo Boy im mittleren Westen der USA begann, entwickelte sich zur größten Erfolgsgeschichte in der Landtechnik. Heute ist John Deere der weltweit führende Traktorenhersteller und produziert »intelligente« Schlepper in 12 Fabriken.

1956 übernahm John Deere den deutschen Landmaschinenhersteller Heinrich Lanz in Mannheim und hat damit nach Europa expandiert. Lanz produzierte damals den Bulldog und blickte auf eine ähnlich lange Tradition im Traktorenbau zurück – 1921 verließ der erste Traktor die Mannheimer Fabrik.

In den darauffolgenden Jahren konnte John Deere die starke Position im Traktorenbau weiter ausbauen. Unter anderem durch richtungsweisende Innovationen. Die Erfindung des Überrollschutzes setzt Maßstäbe in der Fahrersicherheit. Die Sound-Gard Kabinen bot erstmalig eine Klimaanlage und perfekten Schutz gegen Lärm sowie Staub. Mit dem unter lastschaltbaren PowerShift Getriebe konnten der Schaltkomfort und die Flächenleistung der Traktoren deutlich gesteigert werden.

Der Traktor ist aber längst keine reine Zugmaschine mehr, vielmehr sind die Landmaschinen untereinander vernetzt. In der digitalen Landwirtschaft steuert beispielsweise das Anbaugerät die Geschwindigkeit des Traktors, abhängig von der Auslastung des Gerätes. Sämtliche Verfahrensdaten von der Saat bis zur Ernte werden dokumentiert und lassen sich für die weitere Verarbeitungskette der Lebensmittel bis hin zum Verbraucher darstellen. Der Landwirt nutzt die Daten für seine Anbauplanung und kann so den Dünger- und Pflanzenschutzmittelaufwand reduzieren.

Die hundertjährige Erfolgs- und Innovationsgeschichte vom 12 PS Waterloo Boy bis zum intelligenten Traktor wurden von den John Deere Traktoren-Werke mit einem »Tag der offenen Tür« gefeiert. Die Familien der Mitarbeiter und viele weitere Gäste erhielten einen Blick hinter die Kulissen der Traktorenproduktion. Die Auftaktveranstaltung für das Jubiläum fand am 14. März 2018 im John Deere Forum in Mannheim statt. Mit einer großen Traktorenparade am Mannheimer Wasserturm feiert das John Deere Werk das 100-jährige Traktorenjubiläum. Über 30 Traktoren starten am Samstag den 16. Juni 2018 am Werkstor und fuhren über die Augustaanlage zum Wasserturm.

Dass das Mannheimer John Deere Werk und seine Mitarbeiter nicht aus dem Feiern herauskommen, dafür sorgt am 28. und 29. April 2020 der 60ste Produktions-Geburtstag des John Deere Traktors aus Mannheimer Fertigung. Im Mannheimer

Produktion der John Deere 6030er Serie: Bei seiner Premiere 2006 war der 6430 Premium mit 125 PS, später 140 PS das größte Vierzylindermodell der neuen Baureihe.

Im John Deere Forum Mannheim präsentiert das Unternehmen seinen Besuchern aus aller Welt aktuelle Produkte sowie eine Auswahl historische Maschinen.

»Rosengarten« erstmals der Belegschaft und der Öffentlichkeit vorgestellt, begann damit der großartige Siegeszug der ersten landwirtschaftlichen Traktoren von John Deere-Lanz mit den Dieselschleppern Typ 300 und Typ 500 mit Vierzylindermotor von 28 PS bzw. 36 PS.

Heute haben die John Deere-Traktoren kaum noch etwas mit dem einzylindrigen Ungetüm des Bulldog gemeinsam. Heute gehört John Deere zur Adelsklasse der Mannheimer Unternehmen – ein echtes Vorzeigeunternehmen mit hohem sozialem Verantwortungsbewusstsein und gleichzeitig mit prächtigen Verkaufs- und Umsatzzahlen.

Produktion der John Deere 6R-Baureihe: Ab November 2011 wurden die drei großen 6-Zylinder-Modelle mit 6,8 Liter Hubraum produziert.

JOHN DEERE
TRACTORS
100
YEARS

Logo »100 YEARS«.

Der erste Traktor von John Deere war der Waterloo Boy, das Ergebnis einer Übernahme der Waterloo Gasoline Engine Company am 14. März 1918. (Foto: Randy Leffingwell).

Als erster Traktor wurde von John Deere der Waterloo Boy »N« mit 12 PS am Zugpendel und 25 PS am Antriebsriemen über den Zeitraum 1917-1924 gefertigt und vermarktet.

Am 16. Juni 2018 feierte das John Deere Werk Mannheim mit einer Traktorenparade zum Mannheimer Wasserturm das 100-jährige Traktorenjubiläum.

DIE FAHRZEUGE

John Deere-Lanz 0er Serie Typ 300 (1960-1965)
John Deere-Lanz 0er Serie Typ 500 (1960-1965)
John Deere-Lanz 0er Serie Typ 700 (1963-1965)

Typ 300 John Deere-Lanz. Zügige Bodenbearbeitung dank der automatischer Kombinations-Regelhydraulik.

Mit der Übernahme der Traditionsfirma Heinrich Lanz AG durch die John Deere & Company, die gleichzeitig das Ende der einst beherrschenden Rolle des klassischen »Einzylinders« auf dem deutschen Schleppermarkt bedeutete, erfolgte ein epochaler Wandel in allen Bereichen der Unternehmensführung. Aufgrund veralteter Technik und rückläufigen Absatzzahlen erklärten die Amerikaner bereits mit der Übernahme der Aktienmehrheit bei Lanz im Jahre 1956 den Bulldog intern zum »Auslaufmodell«. Schon zu diesem Zeitpunkt fiel im Stammwerk Moline der Startschuss für die Entwicklung eines neuartigen Vierzylinder-Viertakt-Dieselschleppers für den deutschen Markt. Deutsche und amerikanische Konstrukteure begannen in einer Koproduktion zwei Schleppertypen nach modernsten Erkenntnissen der Landtechnik bis zur Serienreife zu entwickeln. Während deren Motoren in den USA aufgelegt, sollten wesentliche Bauteile des Getriebes sowie des Fahrwerks aber in Mannheim gefertigt und montiert werden. Doch bevor die neuen John Deere-Lanz Traktoren in Mannheim in Serie gingen, durchliefen sie ein aufwändiges Entwicklungs- und Testprogramm. Sie wurden in Deutschland, in den Niederlanden und Italien, sowie im Waterloo Engineering Center getestet und einer »gnadenlosen« Schlepperprüfung unterzogen. Als »Erlkönige« mit Tarnverkleidung versehen und streng von der Konkurrenz und der Öffentlichkeit abgeschirmt, erprobte man die Prototypen in schwerster Feld- und Pflugarbeit.

Der amerikanische John Deere Traktor wurde nun zum Vorbild der künftigen Mannheimer Produkte. Und mit der Vorstellung der neuen »Schlepper mit Zukunft« im Jahre 1960 begann in der langen Geschichte der Mannheimer Traktorenfabrik eine neue Epoche. Die Vereinigung der beiden Namen zur neuen Marke

Einmannbetrieb beim Heuernteeinsatz: Der John Deere-Lanz Dieselschlepper 300 vor gezogenem Erntewagen.

John Deere-Lanz markierte einen wichtigen Meilenstein auf dem Weg zu einer eigenen europäischen John-Deere-Identität. Diese Änderung wurde vom Landmaschinenhandel wie von den Kunden gleichermaßen positiv aufgenommen und bereitete vor allem den neuen Traktoren aus Mannheim den Weg auf die Höfe Europas. Mit den ersten typischen John-Deere-Modellen aus Mannheim vollzog sich auch ein Quantensprung in Sachen »Akzeptanz«. Auffälligstes Merkmal einer weitreichenden Konsequenz war die Einstellung der gesamten nach dem historischen Konzept hergestellten Bulldog-Schlepperbaureihe inklusive des Geräteträgers Alldog.

Und dann waren sie da. Mit enormem Werbeaufwand angekündigt, wurden die neuen Modelle mit der offiziellen Bezeichnung Typ 300 und Typ 500 am 28. und 29. April 1960 im Mannheimer »Rosengarten« anlässlich einer Händlertagung erstmals der Belegschaft und der Öffentlichkeit vorgestellt. Auf der DLG in Köln überraschten die neuen John Deere-Lanz Schlepper nicht nur das Fachpublikum, von der Fachpresse wurden sie als Sensation der Messe hoch gelobt.

Obwohl den amerikanischen John Deere-Traktoren vom Konzept her ähnlich, waren die neuen Modelle vollständige Neuentwicklungen. Den Anfang machten die Typen 300 und 500. Die neuen, grün-gelb lackierten Traktoren mit dem »springenden Hirsch« im Logo, nach dem Baukastenprinzip gebaut, waren

Erfreute den Landwirt: Der Typ 300 mit 28 PS war gut, wirtschaftlich und bequem.

moderne Universalschlepper mit neuem Erscheinungsbild. Charakteristisch war die für diese Zeit futuristisch anmutende, stromlinienförmige Gestaltung von Motorhaube mit seitlichen Abdeckungen und Radverkleidung. Die markante Kühlermaske in filigraner »Lochblechoptik« sollte auch für die nachfolgenden Typen zum besonderen äußeren Merkmal dieser neuen Schlepper-Generation werden. Auch im Vergleich zu dem Angebot

Vom Typ 300 John Deere-Lanz wurden insgesamt 10.308 Fahrzeuge gebaut. 1963 betrug der Grundpreis DM 10.220.--.

zahlreicher europäischer Wettbewerber waren diese modernen Traktoren hervorragend ausgerüstet. Die Kotflügel waren mit einem Scheinwerfer, einem Griff zum Aufsteigen und einem Beifahrersitz mit Rückenbügel auf dem linken Kotflügel ausgestattet, wie dies in Europa üblich war. Äußerliches Merkmal im Erscheinungsbild der neuen Mannheimer Schlepper war auch der knallgelb lackierte neue Fahrersitz mit gepolsterter Rückenlehne, der zusammen mit dem übersichtlichen modernen »Cockpit« mit griffgünstiger Anordnung aller Bedienungs- und Schaltelemente dominierte und zudem nach damals neuesten ergonomischen Prinzipien gestaltet war. Ein Traktormeter war in der Mitte des schräg angeordneten Armaturenbrettes angebracht. Dank dem mit tiefer gelegtem Dreispeichenkranz ausgelegten Lenkrad, ähnlich wie beim kleinen Massay Ferguson MF 25, war es dem Fahrer möglich, den Schlepper in ermüdungsfreier »Reitsitzposition« zu lenken. Ebenfalls zur Standardausstattung zählten kombinierte Schluss- und Bremsleuchten sowie eine Steckdose für die elektrische Beleuchtung der Anhänger. Einmalig dagegen waren die doppelte Teleskop-Federung der Rohrpendel-Vorderachse und die serienmäßigen Kotflügel für die Vorderräder, die ebenfalls zum erhöhten Fahrkomfort beitrugen.

Mit 28 PS bei 2000/min bzw. 36 PS bei 2400/min lagen die beiden Vierzylinder-Motoren, vom 1010er aus Dubuque/USA abgeleitet, im oberen Bereich der in Deutschland und Europa zu dieser Zeit am häufigsten verbreiteten mittleren Leistungsklasse. Der wassergekühlte Vierzylinder-Dieselmotor arbeitete nach dem Wirbelkammerverfahren mit hängenden, obengesteuerten Ventilen und besaß zwei Kühlkreisläufe. Selbst der Zylinderkopfdeckel war zur zusätzlichen Kühlung mit einer Wasserkammer versehen. Dies garantierte, vor allem bei Lanz-Besitzern, eine bislang unbekannte Laufkultur und Vibrationsfreiheit. Ausgestattet mit einem sehr günstigen Verlauf des Drehmoments, der von den Amerikanern mit »Büffelcharakteristik« bezeichnet wurde, waren die elastischen Vierzylinder-Dieselmotoren gummigelagert und in einem Halbrahmen aufgehängt.

Ein Gruppenschaltgetriebe mit zehn Vorwärts- und drei Rückwärtsgängen ermöglichte ein effizientes Arbeiten und ergänzte so das moderne Konzept der neuen John Deere-Lanz Schlepper. Dabei floss das vom ehemaligen Lanz-Chefkonstrukteur Anton Lenz patentierte und bei Lanz eingesetzte Sechs-Gang-Gruppengetriebe richtungweisend in diese aufwändige Mannheimer

Der neue Weg: Die John Deere-Lanz Typen 300 und 500 waren von Grund auf neue Traktoren.

Getriebeentwicklung ein. Das Besondere an dem 10-Gang-Getriebe mit Synchronwirkung war auch, dass die Kraft des Motors bei jeder Geschwindigkeit von 0,4 bis 20 km/h und in den 3 Rückwärtsgängen voll zur Geltung kam, dabei waren alle Getrieberäder permanent im Eingriff. Auch konnten die unangenehmen Sprünge von »Gang zu Gang« vermieden werden. Ein Kriechgang für die Boden- und Feldarbeit vervollständigte dieses moderne Getriebekonzept.

Scheibenbremsen, Differenzialsperre, schmale oder breite Hinterradreifen und die Verstellbarkeit der Spurweite von 1250 auf 1500 mm verbesserten die vielseitigen Einsatzmöglichkeiten.

Ausgelegt als Motor-, Getriebe- und Wegezapfwelle verfügten die neuen Mannheimer Schlepper über drei Zapfwellen im Normdrehzahlbereich von 540 und 1000/min; beim Typ 500 waren alle Zapfwellen fahrunabhängig schaltbar. Mit einer Besonderheit wartete die nach vorn eingebaute 1000er-Welle auf, die nicht nur ein völlig neuartiges Mähwerk mit Schwingenantrieb und 1000 Schnitten in der Minute ermöglichte, auch erlaubte sie bisher unbekannte Arbeitsgeschwindigkeiten.

Auch sonst wies die Konstruktion zahlreiche Vorzüge und Neuerungen auf, die die notwendige Einmannarbeit auf dem Bauernhof wesentlich erleichterte. So geriet bei diesen Schleppern der serienmäßig gelieferte hydraulische 3-Punkt-Kraftheber mit automatischer Regelung nach Lage, Zugwiderstand, Mischregelung beider Systeme und Schwimmstellung zum großen Wurf. Neu war, dass sich in der Mischregelposition der patentierten John Deere-Lanz-Regelhydraulik die Vorteile von Zugwiderstands- und Lageregelung kombinieren ließen. Eine geniale Erfindung, die zum Musterbeispiel moderner Schlepperhydraulik avancierte.

Ein Frontlader konnte leicht angebaut werden, verschiedene andere Hydraulikgeräte waren mit Schnellkupplungen anzuschließen. Zugpendel oder hydraulische Zughaken für Einachser, Aufbockvorrichtung und viele andere Geräte – speziell zur Erleichterung der Einmannarbeit – standen ebenfalls zur Verfügung.

Der außergewöhnliche Fahrkomfort, die leichte Handhabung, die gute Übersicht, der geräumige und geschützte Fahrerplatz sowie der bequeme Sitz machten auch deutlich, dass die guten alten Lanz Bulldogs Ende der fünfziger Jahre in den Augen der Landwirte mit modernen Schleppern einfach nicht mehr mithalten konnten. So hatten zum Beispiel die ersten, in Mannheim gefertigten John Deere-Lanz Traktoren bereits die modernen hydraulischen Scheibenbremsen, wie sie zeitgleich in der Automobilindustrie serienmäßig zum Einsatz kamen. Auch der Sitzkomfort der Schlepper aus der ersten John Deere-Lanz Generation stand den damaligen modernen Autos in nichts nach.

Typ 300 in Standard-Ausrüstung mit Pendelachse, Einzelrad-Doppelfederung und Vorderradkotflügeln.

Der robuste Vierzylinder-Viertakt-Kurzhub-Dieselmotor für die John Deere-Lanz Traktoren »300« und »500«.

Volle Kraft voraus: Der Typ 500 mit 36 PS bei der Bodenbearbeitung mit einem Dreischarpflug.

Der Typ 500 John Deere-Lanz war ein moderner Universalschlepper mit neuem Erscheinungsbild und wurde 1963 zu einem Grundpreis von DM 14.620.-- angeboten.

Als besonders brauchbar für schweren Zug und zum Aufsatteln größerer Lasten hatte sich eine Anhängevorrichtung an den John Deere-Lanz Schleppern erwiesen: das Zugpendel. Den Zug von schweren Acker- und Zapfwellengeräten erleichterte es erheblich, da sein Anlenkpunkt tief und weit vor der Triebachse saß und der Anhängepunkt für das Gerät dicht am Schlepperheck lag. Es hatte sich in dieser Hinsicht der bisher gebräuchlichen Ackerschiene überlegen gezeigt. Das Zugpendel hatte einen Pendelausschlag von 20 Grad nach rechts und links. Das wirkte sich besonders vorteilhaft beim Rundumarbeiten mit schweren Ackergeräten auf dem Feld aus. Der hierbei sonst vorhandene seitliche Zug wurde vermieden, die seitliche Belastung der Hinterräder entfiel und die volle Lenkfähigkeit blieb beim Kurvenfahren erhalten. Bei Bedarf ließ sich das Zugpendel jedoch auch in verschiedenen Stellungen arretieren. Hierzu ließ man einen Verriegelungsbolzen in das vordere Loch am Zugpendel-Gleitschuh einrasten. Ferner konnte es durch Ausziehen oder Einschieben in Fahrtrichtung verstellt werden. Schließlich ließ sich durch Umdrehen auch die Höhe des Anhängepunktes verstellen. Das Zugpendel sollte in Zukunft, den bisherigen Erfahrungen nach, vor allem bei Arbeiten mit schwerem Zug, bei einseitig wirkender Anhängung noch an Bedeutung gewinnen.

Obwohl die bäuerliche Kundschaft der »Grün-gelben«-Innovation skeptisch-neugierig begegnete, kam das neue moderne Programm in der Praxis gut an. Mit zukunftsweisenden Merkmalen ausgestattet, wie die Kombinations-Regelhydraulik, waren diese Schlepper der heimischen Konkurrenz sogar überlegen. Die mit dem Typ 300 und Typ 500 begonnene erfolgreiche Entwicklung zeigte sich auch an den Abschlusszahlen, denn sowohl im Inland als auch im Ausland konnte der Umsatz und das Produktionsvolumen erheblich gesteigert werden. Dadurch konnten die Lieferfristen verringert werden, was den Landwirten besonders beim Schlepper zugute kam. Mit insgesamt 5.141 Einheiten starteten sie 1961 in ihr erstes, volles Produktionsjahr. Dabei hatte der Typ 500 mit 2.730 Einheiten die »Nase« leicht vorn gegenüber dem kleineren Typ 300, von dem 2.406 Maschinen hergestellt wurden. Am Produktionsende lagen die beiden Neuen gleichauf: Vom Typ 300 wurden von 1960 bis 1965 insgesamt 10.308 Maschinen und vom Typ 500 insgesamt 10.379 Einheiten hergestellt. Mit diesem Ergebnis trugen sie wesentlich zum Starterfolg der John Deere-Lanz 0er Serie bei, die auf insgesamt 27.319 Maschinen kam.

Nach oben wurde das Programm von John Deere-Lanz durch den Typ 700 mit 50 PS abgerundet.

Einsatz in der Getreideernte: Der 50 PS starke »700« vor gezogenem John Deere Mähdrescher.

Innerhalb von zwei Jahren bekam das Traktoren-Programm der John Deere-Lanz AG in Mannheim deutliche Konturen und hatte durch etliche Nachbesserungen, Weiter- und Neuentwicklungen wieder eine Bereicherung erfahren. Bereits im Februar 1963 wurde, für größere landwirtschaftliche Betriebe oder für Lohnunternehmen gedacht, der Typ 700 mit Vierzylinder-Dieselmotor und einer maximalen Leistung von 50 PS auf den Markt gebracht. Gleichzeitig hatte das Unternehmen die Motorleistung beim Typ 300 auf 30 PS und Typ 500 auf 38 PS erhöht. Neu an den Schleppern war eine serienmäßig ausziehbare Vorderachse für Spurweiten bis zu zwei Metern, eine hydraulische Lenkung, die wesentlich leichtgängiger war, als die bisherige mechanische, ein Schnellgang, drei serienmäßig verfügbare Hinterreifengrößen, ein großer 70 Liter Kraftstoffbehälter und ein stabiler Frontlader. Die Regelhydraulik dieser Schlepper verfügte über das System der Mischregelung, das vor geraumer Zeit zum Patent angemeldet wurde. Für die neue Baureihe stand umfangreiches Zubehör zur Verfügung wie etwa ein Mähwerk mit Böschungsneigung, ein Zugpendel, eine Riemenscheibe und ein Frontlader, der den Schlepper zu einer universellen Arbeitsmaschine machte. Auch beim Typ 700, von dem insgesamt 3.021 Maschinen das Mannheimer Fließband verließen, wurde die Halbrahmenkonstruktion beibehalten.

Der größere Typ hatte serienmäßig ein Polstersitz mit gefe-

Leistete gute Arbeit auf dem Feld: Der John Deere-Lanz 700 mit Kombinations-Regelhydraulik.

Typ 700. Für die neue John Deere-Lanz Baureihe stand eine umfangreiche Gerätereihe zur Verfügung.

Leistungsstark mit großen Kraftreserven: Der 50 PS-Schlepper Typ 700 für schwere Arbeit und hohe Anforderungen.

Auch für den »kleinen« Typ 100 stand umfangreiches Zubehör zur Verfügung.

derter Rückenstütze, der genau auf Größe und Gewicht des Fahrers einstellbar war; ein besonderer Federmechanismus bewirkte ein automatisches Vor- und Rückgleiten des Sitzes je nach Belastung.

1964 gab es an den John Deere-Lanz Schleppern 500 und 700 weitere Neuerungen: So die hydraulische Lenkung, die eine wesentliche Erleichterung darstellt, insbesondere bei Frontlader-Arbeiten und in aufgeweichtem oder losem Boden. Auch rüstete John Deere-Lanz jetzt seine Schlepper 500 und 700 mit Schnellgang aus, die damit eine Geschwindigkeit von 26,5 bzw. 28,5 km/h erreichten. Damit war es dem Bauer möglich, seine zahlreichen Transportarbeiten auf festen Wegen mit größeren Geschwindigkeiten zu erledigen. Für Betriebe, die nur einen Schlepper besitzen und mit diesem auch schwere Arbeiten machen mussten, brachte man jetzt auch ein 6`-Mähwerk zur Auslieferung. Es konnte, wie das 5`-Mähwerk, als Normal- oder als Mittelschnitt, mit glatten oder gerippten Klingen geliefert werden.

Mit einem Grundpreis in Höhe DM 16.165,-- stand 1963 der Typ 700 in seiner Ausführung »A« mit der Bereifung 6.50-16 vorn und 11-32 hinten auf dem Hof bei den John Deere-Lanz Händlern. Für DM 14.620,-- gab es den Typ 500 Ausführung »A« und für DM 10.220,-- den preiswerten Typ 300.

John Deere-Lanz 0er Serie Typ 100 (1961-1966)
John Deere-Lanz 0er Serie Typ 200 (1966-1968)

Was bereits im Mai 1960 auf der DLG bei der Präsentation der neuen John Deere-Lanz Schlepper-Generation als Prototyp-Schlepper »T 100« zu sehen war, stand im April 1962 als Neuheit auf dem Messestand 368 in der DLG-Halle 19: Der Typ 100 mit den technischen Neuerungen der Typen 300 und 500 ausgestattet, erweiterte die Baureihe der »Schlepper mit Zukunft« in der unteren Leistungsklasse um einen leichten Bauernschlepper.

Als ein vielseitiger Universalschlepper war der Typ 100 vor allem für den kleinbäuerlichen Ein-Schlepper-Betrieb gedacht und entsprechend seiner Leistungsklasse mit einem Zweizylinder-Viertakt-Dieselmotor ausgerüstet, der 18 PS leistete. Er verfügte über ein Schubradgetriebe mit 6 Vorwärtsgängen, einem Rückwärtsgang und einer Differenzialsperre. Die in doppelter Teleskop-Federung an der Rohrpendelachse schwebenden Vorderräder trugen zur Verbesserung des Fahrkomforts bei. Auch wurde der Typ 100 mit einem neuen Mähwerk mit Schwingenantrieb ausgerüstet.

1964 gab es bei John Deere-Lanz den 18 PS Schlepper vom Typ 100 auch mit Regelhydraulik. Diese Neuigkeit bedeutete für

Typ 100. Das kleinste Mannheimer Modell der »Neuen Generation« war der Typ 100 mit Zweizylinder-Dieselmotor.

diese Schlepperklasse außerordentlich viel: Neben seinen ungewöhnlichen Ausrüstungsmöglichleiten war der Schlepper Typ 100 auch in technischer Hinsicht so hervorragend ausgestattet, dass man ihn als einen der vielseitigsten seiner Leistungsklasse bezeichnen konnte. Der Schlepper Typ 100 konnte in drei Varianten geliefert werden: Zunächst, um wiederholten Wünschen nachzukommen, ohne Hydraulik aber mit einem zusätzlichen Zugpendel. Das war mit 8.548,-- Mark (1966) eine besonders preiswerte Ausführung für jene Betriebe, die keinen Schlepper für schwere Pflugarbeit benötigten. Zusätzlich und insbesondere für Grünlandbetriebe gedacht, konnte der Schlepper Typ 100 mit einem 5"-Mähwerk mit Handaushebung versehen werden. Weiterhin war die bisherige Normalausführung mit kupplungsunabhängiger Kombinationshydraulik zu einem Grundpreis von DM 9.645,-- lieferbar. Die Hydraulik arbeitete mit Schwimmstellung und Lageregelung. Die dritte Variante – der mit Regelhydraulik ausgerüstete Typ 100 – war der ideale John Deere-Lanz Schlepper für alle kleineren Betriebe, die viel Ackerbau betrieben und bei denen schwere Pflugarbeit geleistet werden musste. Die vier Regelfunktionen der Kombinationsregelhydraulik mit Mischregelung ermöglichten mit diesem Schlepper das einwandfreie Pflügen auch auf welligem Gelände und bei wechselnden Böden. Hier wurde das Mähwerk, wie bei dem mit Kombinationshydraulik ausgerüsteten Typ 100, über ein Zusatzsteuergerät motorhydraulisch betätigt. Der Grundpreis für den Typ 100 mit Regelhydraulik betrug DM 10.078,-- in der Ausführung »A« mit einer Bereifung 4.50-16 vorn und 8-28 hinten. Mit der Bereifung 5.50-16 vorn und 9-28 hinten in der Ausführung »B«kam der Typ 100 im Jahr 1966 auf DM 10.323,--.

Auf der DLG-Schau 1966 in Frankfurt zeigte John Deere-Lanz den Typ 200, der den Typ 100 aus dem Jahre 1962 ersetzte. Dieser Bauernschlepper entsprach in abgewandelter Form seinem Vorgänger Typ 100. Sein wassergekühlter Zweizylinder-Viertakt-Dieselmotor leistete 25 PS, die er durch einen vergrößerten Hubraum erhielt. Neu für dieses Modell war das Gruppenschaltgetriebe mit sechs Vorwärts- und zwei Rückwärtsgängen. Er kam in abgespeckter Standardausrüstung zu den Händlern und wurde als Grünlandschlepper nur in Sonderausrüstung mit Mähwerk oder mit der, bei den größeren Typen serienmäßigen, Regelhydraulik geliefert. Auch diese Neukonstruktion trug den

Im Vergleich zum Typ 100 wurde der John Deere-Lanz Typ 200 mit einem zweiten Rückwärtsgang ausgestattet.

Forderungen des Landmaschinenhandels nach Vereinfachung der Ersatzteillagerung durch erhöhte Standardisierung dadurch Rechnung, dass die meisten Teile der verschiedenen Typen untereinander austauschbar waren. Wie der Typ 100, war auch der Typ 200 ein solider Gebrauchsschlepper zu einem Grundpreis von DM 10.900,-- ohne besonderen hervorstehenden Merkmale und brachte es aber nur auf insgesamt 1.249 Einheiten, beim Typ 100 waren es immerhin 2.362 Maschinen.

Noch innerhalb der laufenden Serie, kurz bevor das Produktionsende für den Typ 200 im August 1968 kam, wurde der Schlepper in John Deere 200 umbenannt, denn zeitgleich mit der Umwandlung der John Deere-Lanz AG in die John Deere-Werke Mannheim im Juni 1967 verschwand der legendäre Name »Lanz« vom Markt und somit auch von den Motorhauben der Schlepper aus Mannheim.

Produktion John Deere-Lanz 0er Serie (1960-1968)										
Typ	1960	1961	1962	1963	1964	1965	1966	1967	1968	Gesamt
300	1.118	2.408	2.033	1.862	2.701	186				10.308
500	1.118	2.730	2.688	1.598	1.972	273				10.379
100		3	324	776	780	425	54			2.362
700				933	1.945	143				3.021
200							781	214	254	1.249
Gesamt	2.236	5.141	5.045	5.169	7.398	1.027	835	214	254	27.319

Löste den Typ 100 ab: Beim Typ 200 wurde die Motorleistung von 18 PS auf 20 PS angehoben.

Programmübersicht John Deere-Lanz 0er-Serie							
Typ Modell	Ausführung	Getriebe	Motor			Stückzahl	Bauzeit
			Typ	Zylinder	PS (kW)		
300	Hinterrad-Traktor	Grupenschaltgetr. 10 V/3 R	401	4	28/30 (20/22)	10.308	1960-1965
500	Hinterrad-Traktor	Grupenschaltgetr. 10 V/3 R	402	4	36/38 (26/28)	10.379	1960-1965
700	Hinterrad-Traktor	Grupenschaltgetr. 10 V/3 R	405	4	50 (37)	3.021	1963-1965
100	Hinterrad-Traktor	Schubradgetriebe 6 V / 1 R	204	2	18 (13)	2.367	1961-1966
200	Hinterrad-Traktor	Grupenschaltgetr. 6 V / 1 R	205	2	25 (18,5)	1.249	1966-1968

	John Deere-Lanz 0er Serie Typ 300 1960-1965				John Deere-Lanz 0er Serie Typ 500 1960-1965				John Deere-Lanz 0er Serie Typ 700 1963-1965			
Motor												
Typ:	Typ 401				Typ 402				Typ 405			
Bauart:	Vierzylinder-4-Takt-Dieselmotor unquatratisch ausgel., gummigelagert											
Bohrung x Hub (mm):	92 x 89								984 x 88,9			
Hubraum (cm³):	2367								2705			
Leistung (PS/kw):	28 / 20,5 bei 2000/min ab 1963: 30 / 22 bei 2000/min				36 / 26,5 bei 2400/min ab 1963: 38 / 28 bei 2400/min				50 / 37 bei 2400/min			
Verdichtung:	17,5 : 1											
Gemischbereitung:	Bosch Kraftstoffeinspritzpumpe											
Schmierung:	Druckumlaufschmierung											
Inhalt:	5,5 Liter Öl											
Kühlung:	Wasserkühlung, Zweikreis-Umlauf mit Pumpe, Thermostat geregelt											
Inhalt:	12 Liter Kühlwasser											
Elektrische Anlage:	Drehstrom-Lichtmaschine 12 V, 130 W Batterie 12 V / 90 Ah, Anlasser 3 PS											
Kraftübertragung												
Antrieb:	Antrieb auf Hinteräder											
Kupplung:	Einscheiben-Kupplung											
Getriebe:	Gruppenschaltgetr. mit Klauenschaltg. 10 Vorwärts- und 3 Rückwärtsgänge, Differenzialsperre											
Gangabstufung:	km/h bei 2000/min						km/h bei 2400/min					
	Gr.I	Gr.II	Gr. III	Rückw.	Gr.I	Gr.II	Gr. III	Rückw.	Gr.I	Gr.II	Gr. III	Rückw.
1. Gang	1,34	3,47	4,90	1,81	1,35	3,49	4,92	1,82	1,3	3,4	4,7	1,8
2. Gang	2,43	6,27	8,86	3,28	2,44	6,30	8,89	3,29	2,4	6,2	8,6	3,3
3. Gang	4,40	11,37	16,05	5,94	4,42	11,41	16,11	5,97	4,3	11,2	15,6	6,0
4. Gang		19,48	19,48			19,56	19,56			18,7	18,7	
Inhalt:	33 Liter Getriebeöl											
Zapfwellen vorn:	1 Getriebe- bzw. Motorzapfwelle 1000/min (Profil ASAE 1 3/8")											
Zapfwellen hinten:	2 Getriebe- bzw. Motorzapfwellen 540/min (Profil A DIN 9611) und											
Hydraulischer Kraftheber:	1000/min (Profil ASAE 1 3/8") kupplungsunabhängige Kombinations-Regelhydraulik mit 4 Regelfunktionen und Aufhängung für Geräte der Kat. I und II verwendbar. 1) Zugwiderstandsregelung, 2) Lageregelung, 3) Mischregelung, 4) Schwimmstellung Pumpenantrieb direkt am Motor, Einhebelbedienung. Arbeitsvermögen 800 mkg, Hubkraft 1300 kg											
Inhalt:	10 Liter Hydraulik-Öl											
Fahrwerk												
Bauart:	Halbrahmen-Konstruktion											
Vorderachse:	Pendel-Rohrachse mit Einzelrad-Doppelfederung											
Bremsen:	Doppelscheiben-Fußbremse auf Differenzial-Vorgelege, als Bremse einzeln abbremsbar, Hand-Feststellbremse als eigene Scheibenbremse											
Lenkung:	Spindellenkung											
Bereifung vorn:	5,00-16 AS		6,00-16 AS		6,00-16 AS		6,50-16 AS		6,00-16 AS		6,50-16 AS	
Bereifung hinten:	10-28	11-28	8-32	9-32	11-28	9-32	9-36	11-32	11-32	11-36	13-28	14-30
Allgemeine Daten												
Radstand (mm):	1885; ab 1963: 1950				1885; ab 1963: 1950				1950			
Länge (mm):	3325				3325				3390			
Breite (mm):	1525				1552				1650			
Höhe über Haube (mm):	1300				1374				1395			
Höhe über Lenkrad (mm):	1520				1550				1585			
Bodenfreiheit (mm):	390				383				385			
Spurweite vorn (mm):	1250 und 1500				1250 und 1500				1250 bis 2100			
Spurweite hinten (mm):	1250 - 2000				1250 - 2000				1360 - 1500			
Wendekreis (Meter):	5,7				5,7				5,7			
Gewicht (kg):	1750 (bei Bereifung 11-28)				1800 (bei Bereifung 9-32)				2300 (bei Bereifung 11-32)			
zul. Gesamtgewicht (kg):	400				400				3500			
Stützlast Anh.kuppl. (kg):	800				800				800			
Höchstgeschw. (km/h):	20				20				20			
Tankinhalt (Liter):	41,5				51				70			

	John Deere-Lanz 0er Serie Typ 100 1961-1966			John Deere-Lanz 0er Serie Typ 200 1966-1968	
Motor					
Typ:	Typ 204			Typ 205	
Bauart:	Zweizylinder-4-Takt-Kurzhub-Dieselmotor gummigelagert				
Bohrung x Hub (mm):	92 x 89			98,4 x 88,9	
Hubraum (cm³):	1183			1350	
Leistung (PS/kw):	18 / 13 bei 2500/min			25 / 18,5 bei 2500/min	
	ab 1963: 30 / 22 bei 2000/min			ab 1963: 38 / 28 bei 2400/min	
Verdichtung:	17,5 : 1			16,5 : 1	
Gemischbereitung:	Bosch Kraftstoffeinspritzpumpe				
Schmierung:	Druckumlaufschmierung				
Inhalt:	3,5 Liter Öl			5,0 Liter Öl	
Kühlung:	Wasserkühlung, Zweikreis-Umlauf mit Pumpe, Thermostat geregelt				
Inhalt:	7,0 Liter Kühlwasser			7,3 Liter Kühlwasser	
Elektrische Anlage:	Drehstrom-Lichtmaschine 12 V, 90 W Batterie 12 V / 70 Ah, Anlasser 1,8 PS				
Kraftübertragung					
Antrieb:	Antrieb auf Hinteräder				
Kupplung:	Einscheiben-Kupplung				
Getriebe:	Gruppenschaltgetriebe, 6 Vorwärts- und 2 Rückwärtsgänge, Differenzialsperre				
Gangabstufung:	km/h bei 2500/min				
	8-28 AS		10-24 AS	10-28 AS	
1. Gang	1,5		1,5	1,65	
2. Gang	3,1		3,1	3,62	
3. Gang	4,9		4,9	5,05	
4. Gang	7,8		7,7	6,55	
5. Gang	12,5		12,4	11,06	
6. Gang	19,6		19,3	19,95	
Rückwärtsgang	4,1		4,1	2,90	
Inhalt:	20 Liter Getriebeöl				
Zapfwellen vorn:	1 Getriebe- bzw. Motorzapfwelle 1000/min (Profil ASAE 1 3/8") für Mähwerksantrieb				
Zapfwellen hinten:	2 Getriebe- bzw. Motorzapfwellen 540/min und 1000/min				
Hydraulischer Kraftheber:	mit DreipunktAufhängung für Geräte Kat. I, auf Wunsch: kupplungsunabhängige Kombinations-Regelhydraulik mit 4 Regelfunktionen, 1) Zugwiderstandsregelung, 2) Lageregelung, 3) Mischregelung, 4) Schwimmstellung Arbeitsvermögen 800 mkg, Hubkraft 1300 kg				
Inhalt:	10 Liter Hydraulik-Öl				
Fahrwerk					
Bauart:	Halbrahmen-Konstruktion				
Vorderachse:	Pendel-Rohrachse mit Einzelrad-Doppelfederung				
Bremsen:	Doppelscheiben-Fußbremse auf Differenzial-Vorgelege, als Bremse einzeln abbremsbar, Hand-Feststellbremse als eigene Scheibenbremse				
Lenkung:	Spindellenkung				
Bereifung vorn:		4,50-16 AS	5,50-16 AS	5,50-16 ASF	
Bereifung hinten:	8-28 AS	9-28 AS	10-24 AS	9-30 AS	10-28 AS
Allgemeine Daten					
Radstand (mm):	1860			1930	
Länge (mm):	3120			3120	
Breite (mm):	1470			1430 - 1930	
Höhe über Haube (mm):	1200			1200	
Höhe über Lenkrad (mm):	1388			1388	
Bodenfreiheit (mm):	375			375	
Spurweite vorn (mm):	1212 bis 1460			1220 bis 1720	
Spurweite hinten (mm):	1250 bis 1500			1250 bis 1500	
Wendekreis (Meter):	6,8			6,8	
Gewicht (kg):	1230 (bei Bereifung 10-28)			1475 (bei Bereifung 9-30)	
zul. Gesamtgewicht (kg):	2000			2000	
Stützlast Anh.kuppl. (kg):	500			500	
Höchstgeschw. (km/h):	20			20	
Tankinhalt (Liter):	30			36	

Preise / Ausrüstungen Typ 300

Listenpreise für Serienausrüstung						(Preise in DM ohne Umsatzsteuer)
	09/1960	11/1963	09/1960	11/1963	09/1960	11/1963
Ausführung	A	A	B	B	C	C
Bereifung vorn	5.00-16 ASF	6.00-16 AS	5.00-16 ASF	6.00-16 AS	6.00-16 ASF	6.00-16 AS
Bereifung hinten	10-28 AS	11-28 AS	8-32 AS	9-32 AS	10-28 AS	10-28 AS
DM	**11.400,--**	**10.220,--**	**11.240,--**	**10.050,--**	**11.520,--**	**10.010,--**

Standard-Ausrüstung (Mindestlieferumfang)			**Stand 09/1960**
Motor:	4-Zylinder-4-Takt-Dieselmotor Typ 401, 28 PS bei 2.000/min, Wasserumlaufkühlung, Druck-Umlaufschmierung, Ölbad-Luftfilter, Auspuff nach unten.		
Elektr. Anlage:	12 Volt-Anlage mit Starter, Batterie und Beleuchtung.		
Getriebe:	Gruppenschaltgetriebe mit Klauenschaltung, 10 Vorwärts- und 3 Rückwärtsgänge.		
Antrieb:	Einscheibenkupplung, Differenzialsperre, 2 Getriebezapfwellen hi. 540 und 1.000/min, 1 Zapfwelle vorn 1000/min für Mähwerk.		
Federung:	Pendelachse vorn, Einzelrad-Doppelfederung.		
Bremsen:	Fuß- und Lenkbremse, Handbremse als 2. Bremse auf Vorgelege wirkend.		
Hydraulik:	Kupplungsunabhängiger AUTOMATIC-Kraftheber mit Zugkraft-, Lage- und Mischregelung und Schwimmstellung einschließlichDreipunkt-Aufhängung (für Geräte Kat. I und II).		
Karosserie:	Vorderradkotflügel, Hinterradkotflügel mit Beifahrersitz links, verstellbarer Wannschwingsitz mit Sitzkissen, Wagenanhängevorrichtung seitlich ausschwenkbar und drehbar, Drückevorrichtung vorn, Traktometer, Scheibenräder vorn und hinten einschl. Bereifung, Spurweite feststellbar auf 1.250 und 1.500 mm.		
Sonderausrüstung (nur Werksanbau anstelle der Serienausstattung)		**09/1960**	**11/1963**
	Kombinations-Regelhydraulik, kupplungsunabhängig mit 3-Punkt-Aufhängung für Geräte Kategorie I und II		**1.400,--**
AL 10413 L	Motorzapfwelle (Lamellenkupplung) kupplungsunabhängig	**400,--**	**425,--**
AL 11326 L	Zapfwelle mit Profil B 1 3/4" 540/min	**ohne**	**ohne**
AL 10423 L	Polstersitz (DE LUXE-Sitz)	**100,--**	**50,--**
AL 15002 L	Spurverstellfelgen hinten (von 1.275 bis 1.775) für Ausführung A		**125,--**
AL 15000 L	Spurverstellfelgen hinten (von 1.275 bis 1.775) für Ausführung C		**125,--**
Zusatzausrüstungen		**09/1960**	**11/1963**
AL 10429 L	Mähwerkantrieb (durch Zapfwelle vorn) kompl. mit Hydr.-Aushebung mit Einfachsteuergerät und Schnellkupplung (AL 11317 L)	**470,--**	
AL 11102 L	zusätzlich mit Schneidapparat 5` Normalschnitt oder	**290,--**	
AL 10905 L	zusätzlich mit Schneidapparat 5` Mittelschnitt oder	**290,--**	
AL 12307 L	Riemenscheibe hinten (Zapfwelle 1000/min) 280 mm Durchmesser		**420,--**
AL 11579 L	Verlängerte Anhängeschiene (Kategorie I und II)	**67,--**	**67,--**
AL 11612 L	Anhängeschiene für Kategorie II	**wahlweise**	
AL 10826 L	Aufbock-Vorrichtung vorn und hinten (hydr. betätigt)	**130,--**	
AL 10427 L	Zusatzgewichte vorn, 1 Gewicht auf Vorderachse 70 kg	**100,--**	
AL 14180 L	Zusatzgewichte vorn, 1 Grundplatte 70 kg, 2 Einzelgew. a` 25 kg		**190,--**
AL 10442 L	Zusatzgewichte hinten, je Radgewicht á 80 kg (pro Satz)	**250,--**	**250,--**
AL 11551 L	Zweiter Beifahrersitz (rechts)	**16,--**	**20,--**
AL 11958 L	Sitzkissen zum Beifahrersitz		**20,--**
AL 11742 L	Gerätescheinwerfer	**42,--**	**45,--**
AL 15145 L	Kaltstartanlage		**72,--**
AL 14136 L	Hydraulik-Steuergerät mit 1 Schnellkupplung vorn	**140,--**	**150,--**

Preise / Ausrüstungen Typ 500

Listenpreise für Serienausrüstung						(Preise in DM ohne Umsatzsteuer)	
	09/1960	09/1960	11/1963	11/1963	11/1963	11/1963	11/1963
Ausführung	A	B	A	B	C	D	E
Bereifung vorn	6.00-16 ASF	6.00-16 ASF	6.00-16 AS	6.00-16 AS	6.00-16 AS	6.00-16 AS	6.50-16 AS
Bereifung hinten	11-28 AS	9-32 AS	11-32 AS	9-36 AS	9-32 AS	11-28 AS	13-28 AS
DM	13.600,--	13.400,--	14.620,--	14.335,--	14.255,--	14.425,--	15.125,--

Standard-Ausrüstung (Mindestlieferumfang)	Stand 09/1960
Motor:	4-Zylinder-4-Takt-Dieselmotor Typ 402, 36 PS bei 2.400/min, Wasserumlaufkühlung, Druck-Umlaufschmierung, Ölbad-Luftfilter, Auspuff nach unten.
Elektr. Anlage:	12 Volt-Anlage mit Starter, Batterie und Beleuchtung.
Getriebe:	Gruppenschaltgetriebe mit Klauenschaltung, 10 Vorwärts- und 3 Rückwärtsgänge.
Antrieb:	Einscheibenkupplung, Differenzialsperre, zwei Zapfwellen hinten 540 und 1.000/min als Motorzapfwelle geschaltet, eine Zapfwelle vorn 1000/min für Mähwerk.
Federung:	Pendelachse vorn, Einzelrad-Doppelfederung.
Bremsen:	Fuß- und Lenkbremse, Handbremse als 2. Bremse auf Vorgelege wirkend.
Hydraulik:	Kupplungsunabhängiger AUTOMATIC-Kraftheber mit Zugkraft-, Lage- und Mischregelung und Schwimmstellung einschl. Dreipunkt-Aufhängung (für Geräte Kategorie I und II).
Karosserie:	Vorderradkotflügel, Hinterradkotflügel mit Beifahrersitz links, in Fahrtrichtung und Höhe verstellbarer gepolterter Schiebesitz mit, Traktometer, Wagenanhängevorrichtung seitlich ausschwenkbar und drehbar, Drückevorrichtung vorn, Scheibenräder vorn und hinten einschließlich Bereifung, Spurweite feststellbar auf 1.250 und 1.500 mm.

Sonderausrüstung (nur Werksanbau anstelle der Serienausstattung)		09/1960	11/1963
AL 11326 L	Zapfwelle mit Profil B 1 3/4" 540/min	ohne	ohne
AL 13957 L	Schnellgang 26,5 km/h für Ausführung A und B		340,--
AL 13957 L	Schnellgang 24,5 km/h für Ausführung C und D		340,--
	Breite Hinterradkotschützer (Ausf. A, B, C und D)		165,--
AL 13935 L	Vorderrad-Bereifung (6.50 - 16 / 6 PR)		35,--
AL 14977 L	Spurverstellfelgen hinten (von 1.275 bis 1.775 mm) für Ausführung A		125,--
AL 14974 L	Spurverstellfelgen hinten (von 1.275 bis 1.775 mm) für Ausführung B		125,--
AL 15002 L	Spurverstellfelgen hinten (von 1.275 bis 1.775 mm) für Ausführung D		125,--
AL 15128 L	Hydraulische Lenkung (Power Steering)		490,--
Zusatzausrüstungen		**09/1960**	**11/1963**
AL 10429 L	Mähwerkantrieb (durch Zapfwelle vorn) kompl. mit Hydr.-Aushebung mit Einfachsteuergerät und Schnellkupplung (AL 11317 L)	470,--	
AL 11102 L	zusätzlich mit Schneidapparat 5` Normalschnitt oder	290,--	
AL 10905 L	zusätzlich mit Schneidapparat 5` Mittelschnitt oder	290,--	
AL 12307 L	Riemenscheibe hinten (Zapfwelle 1000/min) 280 mm Durchm.		420,--
AL 11579 L	Verlängerte Anhängeschiene (Kategorie I und II)	67,--	67,--
AL 11612 L	Anhängeschiene für Kategorie II	wahlweise	wahlweise
AL 11256 L	Zugpendel		135,--
AL 10826 L	Aufbock-Vorrichtung vorn und hinten (hydr. betätigt)	130,--	155,--
AL 10427 L	Zusatzgewichte vorn, 1 Gewicht auf Vorderachse 70 kg	100,--	
AL 14180 L	Zusatzgewichte vorn, 1 Grundplatte 70 kg, 2 Einzelgew. a` 25 kg		190,--
AL 10442 L	Zusatzgewichte hinten, je Radgewicht á 80 kg (pro Satz)	250,--	250,--
AL 11551 L	Zweiter Beifahrersitz (rechts)	16,--	20,--
AL 11958 L	Sitzkissen zum Beifahrersitz		20,--
AL 11742 L	Gerätescheinwerfer	42,--	45,--
AL 15145 L	Kaltstartanlage		72,--
AL 14136 L	Hydraulik-Steuergerät mit 1 Schnellkupplung vorn	140,--	150,--

Preise / Ausrüstungen Typ 700

Grundpreis	Stand: 11/1963 (Preise in DM ohne Mehrwertsteuer)	
Ausf. A	mit Bereifung 6.50-16 vorn und 11-32 hinten	16.165,--
Ausf. A	mit Bereifung 6.50-16 vorn und 11-32 hinten	16.165,--
Ausf. B	mit Bereifung 6.00-20 vorn und 11-36 hinten	16.400,--
Ausf. C	mit Bereifung 6.50-16 vorn und 13-28 hinten	16.635,--
Ausf. D	mit Bereifung 6.00-20 vorn und 13-30 hinten	16.825,--
Ausf. E	mit Bereifung 6.00-20 vorn und 14-30 hinten	16.995,--
Wahl- und Zusatzausrüstungen anstelle der Grundausrüstung		
AL 11326 L	Zapfwelle mit Profil B 1 3/4" 540/min	ohne
AL 13959 L	Schnellgang 26,5 km/h für Ausf. A und C	340,--
AL 13959 L	Schnellgang 28,5 km/h für Ausf. B, D und E	340,--
AL 15282 L	Breite Hinterrad-Kotschützer für Ausf. A u. B	165,--
AL 15128 L	Hydraulische Lenkung (Power Steering)	490,--
AL 14977 L	Spurverstellfelgen hinten für Ausführung A	125,--
AL 14980 L	Spurverstellfelgen hinten für Ausführung B	125,--

Grundpreis	Stand: 11/1963 (Preise in DM ohne Mehrwertsteuer)	
	Vorderräder 7,50-16 anstelle 6.00-20 für Ausführung B, D und E	65,--
	Vorderräder 7,50-16 anst. 6.50-16 für Ausf. C	135,--
AL 12307 L	Riemenscheibe hinten, Drehzahl 1.430/min	420,--
AL 14914 L	Verlängerte Anhängeschiene für Kat. I und II	67,--
AL 14832 L	Zugpendel	135,--
AL 14180 L	Zusatzgewicht vorn, 1 Grundplatte 70 kg / 2 Gewichte á 25 kg	190,--
AL 10442 L	Zusatzgewicht hi., je 1 Radgew. á 80 kg	250,--
AL 11551 L	Zweiter Beifahrersitz (rechts)	20,--
AL 11958 L	Sitzkissen zum Beifahrersitz	20,--
AL 11742 L	Gerätescheinwerfer	45,--
AL 15145 L	Kaltstart-Anlage	42,--
AL 14136 L	Hydr.-Steuergerät komplett mit Schnellkupplung vorn	150,--

Preise / Ausrüstungen Typ 100		
Grundpreis	**Stand: 02/1966** (Preise in DM ohne Mehrwertsteuer)	
	Typ 100 ohne hydr. Kraftheber	
Ausf. A	mit Bereifung 4.50-16 vorn und 8-28 hinten	**8.548,--**
Ausf. B	mit Bereifung 5.50-16 vorn und 9-28 hinten	**8.793,--**
	Typ 100 mit hydr. Kraftheber	
Ausf. A	für Kategorie I mit Anhängeschiene	**9.645,--**
Ausf. B	für Kategorie I mit Anhängeschiene	**9.890,--**
	Typ 100 mit Regelhydraulik	
Ausf. A	Komb. Regelhydr. mit 4 Regelfunktionen, Kat. I	**10.078,--**
Ausf. B	Komb. Regelhydr. mit 4 Regelfunktionen, Kat. I	**10.323,--**
Wahl- und Zusatzausrüstungen anstelle der Grundausrüstung		
	5`Mähwerk Nr. 15 A-1 komplett	**995,--**
	5`Mähwerk Nr. 15-1 kompl. mit hydr. Aushebung	**995,--**
	5`Mähwerk Nr. 15-2 kompl. mit hydr. Aushebung,	
AL15666L	Zusatzsteuergerät u. Schnellkupplung,	
	Schneidapparat, nicht angebaut	**1.055,--**
	oder nur mit hydr. Handpumpe, Schneidapp.	**1.055,--**
AL10269L	Motorzapfwelle	**395,--**
AL11254L	Minderpreis für Zugpendel	**78,--**
AL12352L	Riemenscheibe, hinten mit Antrieb	**450,--**
AL14384L	Kotflügel vorn	**58,--**
AL14914L	Längere Ackerschiene Kat. I	**75,--**
AL11254L	Zugpendel nur für Hydr.-Maschinen	**145,--**
AL10826L	Aufbockvorrichtung (nur für Hydr.-Maschinen)	**180,--**
AL11551L	Beifahrersitz, Hinterrad rechts	**22,--**
AL11958L	Sitzkissen zum Beifahrersitz	**21,--**
AL10389L	Vorderachs-Zusatzgewicht 35 kg	**60,--**
AL11470	Vorderachs-Zusatzgewichte 70 kg	**120,--**
AL10390L	Hinterachs-Zusatzgewichte á 38 kg	**264,--**
AL14717L	Hinterradspur-Verbreiterung 1250 auf 1326	**125,--**
AL15666L	1 Zusatzsteuergerät mit hydr. Schnellkuppl.	**160,--**
AL15778L	je 2 kompl. Vorderräder 4.50-16 (4 PR)	**187,--**
AL16523L	je 2 kompl. Vorderräder 5.00-16 (4 PR)	**210,--**
AL13934	je 2 kompl. Vorderräder 5.50-16 (4 PR)	**242,--**
AL14567L	je 2 kompl. Hinterräder 8-28 (4 PR)	**785,--**
AL15758L	je 2 kompl. Hinterräder 9-28 (4 PR)	**975,--**
AL14568L	je 2 kompl. Hinterräder 10-24 (6 PR)	**938,--**
AL16088L	je 2 kompl. Hinterräder 10-24 (4 PR)	**895,--**
	Allwetterverdeck mit Fronteinstieg, hochschwenkbarer Großpanoramascheibe aus Sicherheitsglas, Dachbezug aus PVC-beschichtetem Perlonstoff, Parallelogramm-Federung, elektr. Scheibenwischer, Rückspiegel	**608,--**
	Seitenverkleidung aus PVC-beschichtetem Perlonstoff mit eingeschweißten Freisichtfenstern aus biegsamem Kunststoffglas	**105,--**
	Rückenteil, Stoffmaterial wie oben mit Rückspiegel	**52,--**
	Mehrpreis für Anbau im Werk	**45,--**

Preise / Ausrüstungen Typ 200		
Grundpreis	**Stand: 02/1966** (Preise in DM ohne Mehrwertsteuer)	
	Typ 200 bei Bereifung vorn 5.50-16 AS (4 PR)	
20004	mit Bereifung 10-28 (6 PR)	**10.900,--**
20302	mit Spurverstellrädern 10-28 (6 PR)	**11.020,--**
20310	mit Spurverstellrädern 9-30 (6 PR)	**11.010,--**
20301	mit Spurverstellrädern 9-32 (6 PR)	**11.070,--**
Wahl- und Zusatzausrüstungen anstelle der Grundausrüstung		
21307	Hydr. Kraftheber, 3-Punkt-Aufhängung Kat. I	
	mit Ackerschiene	**1.395,--**
22521	5`Mähwerk Nr. 25 mit hydr. Aushebung	**1.095,--**
22522	5`Mähwerk Nr. 25 mit hydr. Handpumpe	**1.095,--**
21204	Motorzapfwelle	**260,--**
23004	Luxussitz, gepolstert, verstellbar, gefedert	**150,--**
07501	Ackerschiene Kat. I	**47,--**
23403	längere Ackerschiene zu Kat. I	**75,--**
	Zusatzsteuergeräte für Hydraulikanschlüsse	
	mit je 1 Schnellkupplung (max. 2 vo., 2 hi.)	**je 160,--**
22203	Vorderradkotflügel	**50,--**
25902	Zusatzgewichte in der Vorderachse (40 kg)	**65,--**
26002	für Hinterräder (4 Stück á 38 kg)	**280,--**
26201	Beifahrersitz auf Hinterradkotflügel rechts	**26,--**
26301	Sitzkissen zum Beifahrersitz	**21,--**
26401	Gerätescheinwerfer	**50,--**
09001	Aufbockvorrichtung	**180,--**
23101	Rückspiegel links / rechts	**je 15,--**
Zusatzausrüstungen		
	Allwetterverdeck mit Fronteinstieg, hochschwenkbarer Großpanoramascheibe aus Sicherheitsglas, Dachbezug aus PVC-beschichtetem Perlonstoff, Parallelogramm-Federung, elektr. Scheibenwischer, Rückspiegel	**608,--**
	Seitenverkleidung aus PVC-beschichtetem Perlonstoff mit eingeschweißten Freisichtfenstern aus biegsamem Kunststoffglas	**105,--**
	Rückenteil, Stoffmaterial wie oben mit Rückspiegel	**52,--**
	Mehrpreis für Anbau im Werk	**45,--**

John Deere-Lanz 10er Serie Typ 3010 (1962-1964)

Der stärkste kam aus Amerika: Der John Deere Typ 3010 entsprach den Vorschriften der Berufsgenossenschaft und des TÜV.

Mit der 10er Serie vollzog die John Deere-Lanz AG einen weiteren Schritt zur Anpassung ihrer Gesamtproduktion an die Bedürfnisse des europäischen Marktes und einer Reihe von Exportmärkten außerhalb Europas. Eine Vorreiterrolle spielte dabei das amerikanische Modell 3010, das den Mangel an einem geeigneten Modell aus Mannheim für landwirtschaftliche Großbetriebe und Lohnunternehmen in Europa ausgleichen sollte. Außerdem reichte das Marktvolumen für eine Entwicklung in Deutschland noch nicht aus. Aus den USA von 1962 bis 1964 importiert, avancierte der 65 PS starke 3010 zum damaligen neuen Flaggschiff und verhalf so den Mannheimern zum Einstieg in die Oberklasse der Traktor-Branche. Für den europäischen Markt modifiziert, wurden die Hauptkomponenten, Einzelteilen und Baugruppen des 3010 vom amerikanischen Stammwerk aus Waterloo/USA angeliefert und in Mannheim montiert und zusammengebaut. Mit dem 65 PS starken Typ 3010, der die Schlepperserie nach oben abrundete, verfügte John Deere-Lanz nun bereits über 5 Schleppertypen (Typ 300, 500, 700, 100 und 3010) für jede Betriebsgröße.

Damals neu für Europa: Der John Deere-Lanz Traktor 3010 war serienmäßig ausgerüstet mit vollhydraulischer Servolenkung, einem synchronisierten Getriebe mit 7 bzw. 8 Vorwärtsgängen und drei Rückwärtsgängen, hydraulischen Scheibenbremsen und mit einer kupplungsunabhängigen Kombinationsregelhydraulik mit Unterlenksteuerung. Damit war dieser Traktor für schwere Feldarbeiten bestens geeignet.

An diesem modernen Schlepper wurden manche neuen Ideen verwirklicht. Besonders sein hoher Fahrkomfort. Der 4,16-Liter-Vierzylinder-Dieselmotor – mit Direkteinspritzung übrigens ein guter Kaltstarter – hatte an der Kurbelwelle einen zusätzlichen Schwungausgleich, zwei Wellen mit je 2 entgegengesetzt laufenden Schwungrädern. Hierdurch wurde die Laufruhe eines 6-Zylinder-Motors erzielt. Beachtung fand auch das neuartige Synchrongetriebe, bei dem in vier Schaltgruppen 8 Vorwärts- und 3 Rückwärtsgänge zusammengefasst waren und die vollkommene Synchronisierung durch Anwendung so genannter Synchronisationskupplungen erreicht wurde. Bei der Auslegung des Getriebes hatte man auch an die Vorschriften der STVZO gedacht: für Führerscheininhaber Klasse IV blieb der 8. Gang blockiert, die Höchstgeschwindigkeit betrug dann 19,7 km/h; für Inhaber der Klasse II wurde der 8. Gang mit einer Geschwindigkeit von 32 km/h freigegeben.

Außerdem gab es eine »Parkstellung«, in der das Getriebe als Standbremse wirkte. Der Starter wurde übrigens gesperrt, solange ein Gang eingelegt war. Für Frontladereinsatz war der Umkehreffekt des Getriebes wichtig: Mit einem Zug konnte der Schalthebel von Vorwärts- in Rückwärtsgang und umgekehrt eingelegt werden, und zwar auch dann, wenn der Schlepper noch in entgegen gesetzter Richtung rollte.

Auch die Ausführung der Hydraulik zeigte manches Neue. Sie nannte sich »kupplungsunabhängige Kombinationsregelhydraulik (3 Regelsysteme) mit Unterlenkersteuerung«. Eine »Unterlenkersteuerung« war besonders für den Einsatz mit langen und schweren Bodenbearbeitungsgeräten vorteilhaft. Als Arbeitsflüssigkeit der Hydraulik diente über eine Zahnradpumpe im Getriebegehäuse das Getriebeöl des Schleppers. Weitere Merkmale waren die motorhydraulisch gesteuerte Lenkung und Bremsanlage. Ohne großen Kraftaufwand und ohne Beanspruchung des Lenkgestänges konnte man den Schlepper mit engem Lenkeinschlag wenden, so dass er unter Zuhilfenahme der Einzelradbremsen z.B. nur ein relativ kleines Vorgewende benötigte. Die 3 Zapfwellen waren übrigens alles Motorzapfwellen. Sie arbeiteten voll kupplungsunabhängig, d.h. auch beim Ein- und Ausschalten während der Arbeit. Technisch war das so gelöst, dass die Motorkupplung mit Fußhebel, und die Zapfwellenkupplung über Handhebel unabhängig voneinander betätigt wurden.

Der Sitzkomfort der Schlepper von John Deere-Lanz brauchte sich vor der automobilen Konkurrenz nicht verstecken. So verfügte der große Typ 3010 serienmäßig über einen Polstersitz mit gefederter Rückenstütze, der genau auf Größe und Gewicht des Fahrers einstellbar war; ein besonderer Federmechanismus bewirkte ein Vor- und Rückgleiten des Sitzes je nach Belastung. Traktormeter und Zigarrenanzünder taten ein Übriges, um dem Schlepperfahrer anno 1962 die Arbeit so bequem wie möglich zu machen.

Dafür musste der Käufer für den Typ 3010 wesentlich mehr bezahlen, der 1963 mit 25.774 Mark in der Ausführung F zu haben war. Den 65 PS starken Typ 3010 gab es in drei verschiedenen Ausführungen (A, E, F) als 7- oder 8-Gang-Schlepper und mit

In Amerika konstruiert und in Mannheim für den deutschen Markt zusammengebaut: Der John Deere Typ 3010 mit 65 PS.

Den 3010 gab es auf Wunsch für 810 Mark mit Allwetterverdeck, Seitenverkleidung und hochschwenkbarer Panorama-Windschutzscheibe aus Sicherheitsglas. Ebenso Gitterräder mit Schnellverschluss.

drei Reifenkombinationen (6,50-16 mit 11-38; 7,50-16 mit 12-36; 7,50-16 mit 15-30). Außerdem gab es den 3010 mit Zusatzausrüstungen und Anbaugeräten für die unterschiedlichsten Anwendungsbereiche. Mit dem Serienstart der Mannheimer John Deere-Lanz 10er Serie lief die deutsch-amerikanische Co-Produktion des Typ 3010 aus, der es in der Zeit von 1962-1964 lediglich auf insgesamt 141 Exemplare brachte.

Bei der Feldarbeit kam die Motorleistung von 65 PS des John Deere Typ 3010 voll zum Einsatz.

John Deere-Lanz 10er Serie Typ 310 (1965-1968)
John Deere-Lanz 10er Serie Typ 510 (1965-1969)
John Deere-Lanz 10er Serie Typ 710 (1965-1968)

Mit der Vorstellung des neuen 10er-Schlepper-Programms im Jahre 1964 machte die John Deere-Lanz AG einen weiteren, entscheidenden Schritt zur Anpassung an die Bedürfnisse des europäischen Marktes. Gleichzeitig begann ein beispielloses Investitionsprogramm in Mannheim zu greifen, das den Ausbau der traditionsreichen »Lanz-Schmiede« zu einem rationellen europäischen Schlepperwerk mit Großserienherstellung zum Ziel hatte. Der nachhaltige Aufstieg zu einem der führenden Schlepperhersteller in Deutschland gelang John Deere in seinem neu gestalteten Mannheimer Werk nach einer dreijährigen Umbauphase. Die Umstellung der Produktion auf das Baukastenprinzip wurden durch die weiterentwickelte »starken Schlepperreihe«- mit den Typenbezeichnungen 310, 510, 710 eingeleitet, deren innovatives Motorenkonzept neue Standards im Schlepperbau setzte. Die drei Nachfolgetypen, die 1964 auf den Markt kamen, lagen leistungsmäßig über dem Bundesdurchschnitt und waren damit, dem Trend entsprechend, die Antwort auf die Forderung der Kunden nach besonders robusten und vor allem stärkeren Schleppern. Neu: Von nun an wurden die Motoren vom neu errichteten John Deere Werk in Saran, Frankreich geliefert.

Die von dem deutschen Ingenieurteam des Mannheimer Werkes speziell für Europa entwickelten Modelle 310 und 510 erfuhren eine kleine Leistungssteigerung auf 32 bzw. 40 PS. Das Modell 710 wurde jedoch weiter mit 50 PS angeboten. Alle drei Modelle boten eine Getriebeauswahl mit einer Höchstgeschwin-

Mit dem Typ 3010 gelang dem Mannheimer John Deere-Lanz Werk der Einstieg in die Oberklasse der Traktoren-Branche.

John Deere-Lanz Traktoren vom Typ 310 mit Mähdreschern beim Ernteeinsatz.

digkeit von 27 km/h. Mit dem 50 PS Traktor Typ 710, »Made in Germany«, begann auch für das Mannheimer Traktorenwerk die Belieferung des nordamerikanischen Marktes, der zu einem der wichtigsten Absatzgebiete werden sollte.

Hauptmerkmal und wesentliche technische Innovation der 10er-Baureihe war der Übergang zu einem neuen Schlepperchassis in stabiler Blockbauweise, das selbst den härtesten Einsatzbedingungen gewachsen ist. Durch den Wegfall der bisherigen Halbrahmenbauweise wurde der Motorblock zu einem Teil der Schlepperstruktur. Vom Vorderachsträger über Motor, Zwischengehäuse, Getriebegehäuse bis zum Endantrieb entstand eine starre Verbindung. Das neue Chassis zeichnete sich weiterhin durch eine größere Bodenfreiheit und einen längeren Achsabstand aus. Besonderen Wert wurde auf eine gute Gewichtsverteilung gelegt, die für das Arbeiten mit schweren Front- und Dreipunktgeräten von Bedeutung war.

Die treibende Kraft der neuen Schlepperreihe war ein wassergekühlter 4-Takt-Dieselmotor mit Direkteinspritzung als 3-Zylinder (Typ 310, 510) bzw. 4-Zylinder (Typ 710) mit neuartiger Verteilerspritzpumpe nach dem Drehkolbenprinzip mit bisher unerreichten Spitzenwerten im Verhältnis von Leistung zum Verbrauch. Die auf breiter Basis erprobten und speziell für die Landwirtschaft entwickelten Motoren waren im Gesamtaufbau einfach, übersichtlich und robust. 88,4% der Teile der neuen 3- und 4-Zylindermotoren waren gleich, was einen wesentlichen Vorteil für die Ersatzteillager-Haltung bedeutete. Dabei entsprach der Vierzylinder-Dieselmotor im Typ 710 im besonderen Maße dem Trend zum stärkeren Schlepper. Die Direkteinspritzung auf eine muldenförmige Vertiefung im Kolbenboden sorgte mit einer entsprechenden Anordnung der Einlassventile für eine intensive Durchwirbelung von Kraftstoff und Luft, und somit für eine vollkommene Verbrennung. Die besonderen Vorteile: Leichter und sicherer Start, kein Vorglühen, sparsamer Kraftstoffverbrauch, niedrige Verdichtung und große Laufruhe. Eine eingehende Prüfung durch das Schlepper-Prüffeld Darmstadt bescheinigte den neuen Motoren ausgezeichnete Werte. So konnte am 4-Zylinder-Motor ein optimaler Brennstoffverbrauch von 162 g/PS/h sowie ein Drehmomentanstieg von über 21% gemessen werden. Dieser günstige Drehmomentanstieg ergab eine hohe Elastizität der Motoren und eine gute Beschleunigung. Eine neue Doppelscheibenkupplung übertrug die Motorenkraft auf das Schaltgetriebe, Differenzial, Endantrieb und Zapfenwelle und trug besonders zur leichteren Bedienung von zapfwellengetriebenen Geräten bei.

Das Klauenschaltgetriebe mit 10 Vorwärts- und 3 Rückwärtsgängen war so abgestuft, dass alle vorkommenden landwirtschaftlichen Arbeiten mit größter Präzision und Wirtschaftlichkeit durchgeführt werden konnten. Diese günstige Abstufung des Getriebes in Verbindung mit dem hohen Drehmoment des Motors ermöglichte eine lückenlose Überdeckung der Geschwindigkeiten. Alle 3 Schleppertypen konnten mit einem Normalgetriebe bis 20 km/h oder als Sonderausrüstung mit einem Schnellganggetriebe von 25 – 27 km/h geliefert werden. Die Schlepper wurden mit einer vorderen Zapfwelle mit 1000/min und zwei hinteren Zapfwellen mit 540 und 1000/min ausgerüstet.

Den Schubrechwender »Heuberg« in der Ausführung als Dreipunktmaschine gab es für den Typ 310 ab DM 1660.--, als Anhängermaschine an DM 1780.--.

Typ 310 bei der Heuernte.

John Deere-Lanz Typ 310, ausgerüstet mit 3-Furchen Beetpflug ST 300, der für DM 1050.-- angeboten wurde.

Die neue 10er-Serie entsprach ganz den Anforderungen jener Zeit, den Schlepper immer mehr als Mehrzweckmaschine einzusetzen. In Anpassung an das wachsende Bedürfnis der Landwirte nach weiteren Verbesserungen des Bedienungs- und Fahrkomforts erhielten die neuen Typen einen neuen Schleppersitz mit komfortablen Sitzkissen, Arm- und Rückenlehnen, die mit Schaumgummi gefüllt und mit einem dauerhaften synthetischen Material überzogen waren. Das Sitzgestell war eine Parallelogrammkonstruktion. Die Federung unter dem Sitz bestand aus einer Spiralfeder und einem Stoßdämpfer und konnte entsprechend dem Gewicht des Fahrers eingestellt werden. Die Lage des Sitzes befand sich in bequemer Relation zur Plattform, den Kupplungs- und Bremspedalen und den Bedienungshebeln.

Auch die neue 10er-Schlepper-Baureihe wies den seit Jahren bewährten Kraftheber mit Regelhydraulik und Mischregelung auf, die John Deere-Lanz bereits 1960 als erster deutscher Schlepperhersteller eingeführt hatte. Zu dieser Zeit befanden sich nur zwei Konkurrenzfabrikate mit ähnlichen Einrichtungen auf dem Markt, die jedoch außerhalb Deutschlands hergestellt wurden. Doch Mitte der 1960er Jahre begann sich die Regelhydraulik in Deutschland durchzusetzen. Die außerordentlichen Vorteile der Regelhydraulik beim Pflügen wurden allgemein anerkannt und die bedeutenden Schlepperhersteller boten jetzt verschiedene Einrichtungen zur Widerstands- und Lagenregelung an. Der wesentliche Vorteil der John Deere-Lanz-Konstruktion lag in der Möglichkeit der Kombinations- oder Mischregelung und war daher für alle vorkommenden Bodenverhältnisse und Arbeitsbedingungen besonders anpassungsfähig. Diese Regelhydraulik zeichnete sich durch höhere Leistung, schnelles Ansprechen der Regelimpulse und vereinfachte Einstellung und Bedienung aus. Eine durch den Motor angetriebene Zahnradpumpe war die hydraulische Kraftquelle für den Kraftheber mit Regelhydraulik, für die Mähwerksaushebung, den Frontlader, die Servolenkung und für alle anderen hydraulisch betätigten Geräte. Die Servolenkung war für die Schlepper 510 und 710 als Sonderausrüstung verfügbar. Für die Betätigung von verschiedenen Geräten waren hydraulische Steueraggregate vorgesehen, die wahlweise mit dem Hydrauliksystem verbunden werden konnten.

Eine verstärkte Dreipunktaufhängung ermöglichte die Verwendung schwerer Geräte und konnte mit wenigen Handgriffen durch Umdrehen der unteren Lenker und Einsetzen bzw. Herausnehmen von Büchsen wahlweise für Kategorie I und II benutzt werden. Die bisherigen Kreuzgelenke an den Hubarmen wurden durch stabile Kugelgelenke ersetzt. Die Kugelgelenke und die Hubspindel waren durch Kunststoffüberzüge gegen Schmutz und Wasser geschützt.

Eine wesentliche Verlängerung der Lebensdauer von Verschleißteilen und hoch beanspruchten Schlepperteilen sowie eine Vereinfachung der Wartung und Instandhaltung wurden durch entsprechende konstruktive Maßnahmen erzielt. Hierbei wurde auf die leichte Zugänglichkeit von Schlepperteilen, die periodische Wartung erforderten, und auf einfache Durchführung von Instandhaltung besonderen Wert gelegt.

Von der 10er-Serie, die in den Versionen Standard (S) und Hochrad (H) angeboten wurde, liefen von 1965-1969 insgesamt 22.828 Fahrzeuge von den Mannheimer Fließbändern. Spitzenreiter war der Typ 310 mit 8.621 Exemplaren vor dem 510 (7.245) und dem 710, der es auf die Stückzahl von 6.962 brachte. Reichhaltig war auch die Preisliste für die drei John Deere-Lanz Typen der 10er-Serie. So musste der Kunde im Februar 1966 für den Typ 310 Standard DM 14.715,-- bezahlen, in Hochradausführung kostete er 14.850,--. Wer den 50 PS Traktor Typ 710, »Made in Germany« orderte, kam in der Standardausführung auf DM 18.190,--. Für DM 608,-- gab es die Traktoren der 10er-Serie als Zusatzausrüstung u. a. auch mit Allwetterverdeck mit Fronteinstieg und hochschwenkbarer Großpanoramascheibe.

Ebenfalls stand für die neue Baureihe ein umfangreiches Geräte-Programm zur Verfügung. Die »10er« konnten mit Zusatzausrüstungen und Anbaugeräten für die unterschiedlichsten Anwendungsbereiche zur universellen Arbeitsmaschine ausgerüstet werden. Wie etwa mit einem Mähwerk für DM 1.040,-- oder mit einem Frontlader, der als Typ 30 für den 310 und 510 zu einem Preis von DM 1.740,-- und als Typ 40 für den 710 (DM 2.130,--) angeboten wurde. Das reichhaltige Geräteprogramm für die John Deere-Lanz Traktoren der 10er Serie umfasste Beetpflüge für 2-, 3-, 4- und 5-Furchen, Drehpflüge für 1- oder 2-Furchen, Anbau-Grubbern, Federzinkeneggen, Drillmaschinen mit 13 bis 23 Scharen, Halmfrucht-, Hackfrucht- und Mähdrescher-Erntemaschinen.

Wie der kleine Zweizylinder-Schlepper Typ 200, so wurde auch die John Deere-Lanz 10er Serie mit den Modellen 310, 510 und 710 noch innerhalb der laufenden Serie ab Juni 1967 in John Deere 310, 510 und 710 umbenannt.

Vom Typ 310 John Deere-Lanz wurden insgesamt 8621 Fahrzeuge gebaut und wurde 1966 zu einem Grundpreis von DM 14.715.-- angeboten.

Der John Deere-Lanz Typ 510 als Hochrad-Traktor (H) war wahlweise mit 11-32, 9-36 und 13-28 Hinterradbereifung und auch mit Spurverstellrädern lieferbar.

Typ 710 John Deere-Lanz mit Frontlader 30 (DM 1740.--) und Stalldunggabel mit 5 Zinken, für die zusätzlich DM 360.-- bezahlt werden musste.

John Deere-Lanz Traktor Typ 710 mit Anbau-Grubber »Cultifor 275« (DM 1200.--) bei der Bodenbearbeitung.

Der John Deere-Lanz 710 in der Ausführung Standard (S) gab es serienmäßig mit Hinterradbereifung 11-32, 6 PR und mit Spurverstellrädern 11-32, 6 PR.

Typ John Deere-Lanz Typ 710, ausgerüstet mit 3-Furchen Beetpflug ST 350, der für DM 1070.-- angeboten wurde.

Programmübersicht John Deere-Lanz 10er-Serie							
Typ Modell	Ausführung	Getriebe	Motor			Stückzahl	Bauzeit
			Typ	Zylinder	PS (kW)		
3010	Dieselschlepper	Schubradgetriebe 7/8 V / 3 R		4	65 (48)	141	1962-1964
310	Dieselschlepper Standard/Hochrad	Grupenschaltgetriebe 10 V/3 R	152 D 25 L	3	32 (23,5)	8.621	1965-1968
510	Dieselschlepper Standard/Hochrad	Grupenschaltgetriebe 10 V/3 R	152 D 22 L	3	40 (29,5)	7.245	1965-1969
710	Dieselschlepper Standard/Hochrad	Grupenschaltgetriebe 10 V/3 R	202 D 22 L	4	50 (37)	6.962	1965-1968

Produktion John Deere-Lanz 10-Serie									
Typ	1962	1963	1964	1965	1966	1967	1968	1969	Gesamt
310				3.379	2.847	2.280	115		8.621
510				2.179	2.878	1.998	159	31	7.245
710				1.950	2.969	1.983	60		6.962
3010	31	59	51						141
Gesamt	31	59	51	7.508	8.694	6.261	334	31	22.969

John Deere-Lanz 10er Serie Typ 3010 1962-1964			
Motor			
Bauart:	John Deere 4-Zylinder-4-Takt-Diesel mit Direkteinspritzung, Kaltstart-Anlage, Ölbad-Luftfilter		
Bohrung x Hub (mm):	105 x 120		
Hubraum (cm³):	4164		
Leistung (PS/kw):	65 / 48 bei 2500/min		
Verdichtung:	16,5:1		
Drehmoment (mkg):	23,6		
Gemischbereitung:	Bosch Kraftstoffeinspritzpumpe		
Schmierung:	Druckumlaufschmierung		
Inhalt:	8 Liter Öl (Ölwechsel alle 250 Betr.-Std.)		
Kühlung:	Zweikreis-Wasserkühlung mit Pumpe, Thermostat, Gerfrier- /Korrosionsschutz		
Inhalt:	16 Liter Kühlwasser		
Elektrische Anlage:	Drehstrom-Lichtmaschine 12 V, 280 W 2 Batterien á 12 V / 70Ah		
Kraftübertragung			
Antrieb:	Antrieb auf Hinteräder		
Kupplung:	Einscheiben-Trockenupplung		
Getriebe:	vollsynchronisiertes Getriebe, wahlweise 7 oder 8 Vor- und 3 Rückwärtsgänge, Differenzialsperre		
Gangabstufung (km/h):	12-36	11-38	15-30
1. Gang	3,6	3,6	3,6
2. Gang	5,6	5,7	5,7
3. Gang	7,3	7,5	7,4
4. Gang	9,4	9,6	9,5
5. Gang	11,5	11,7	11,6
6. Gang	15,4	15,7	15,6
7. Gang	19,3	19,7	19,5
8. Gang	31,6	32,3	32,0
1.Rückw.-Gang	7,1	7,3	7,2
2.Rückw.-Gang	11,2	11,4	11,3
3.Rückw.-Gang	18,8	19,2	19,0
Inhalt:	36 Liter Getriebeöl (incl. Hydraulik)		
Zapfwelle vorn:	1 Motorzapfwelle 1000/min		
Zapfwelle hinten:	2 Motorzapfwellen 540/min und 1000/min		
Hydraulik:	kupplungsunabhängige Kombinations-Regel-Hydraulik mit 4 Regelfunktionen und Steuerung über die unteren Lenker einschließlich Dreipunkt-Aufhängung. Kat. II mit ausziehbaren unteren Lenkern Hydraulikpumpe, 36 Liter Hydraulik-Öl		
Fahrwerk			
Bauart:	Blockkonstruktion		
Vorderachse:	ausziehbare Pendel-Rohrachse mit Einzelrad-Doppelfederung		
Bremsen:	motorhydr. Scheiben-Fußbremsen auf Vorgelegewelle als Lenkbremse, mech. Innenbackenbremse auf Hinterachse		
Lenkung:	hydraulische Lenkung »Power Steering«		
Bereifung vorn:	6.50 - 16 oder 7,50 - 16		
Bereifung hinten:	11 - 38 / 12 - 36 / 15 - 30		
Allgemeine Daten			
Radstand (mm):	2070		
Länge (mm):	3750		
Breite (mm):	2125		
Höhe über Haube (mm):	1590		
Höhe über Lenkrad (mm):	1950		
Bodenfreiheit (mm):	490		
Spurweite vorn (mm):	1410 und 1540		
Spurweite hinten (mm):	1475 und 1780		
Wendekreis (Meter):	6,5 (mit Lenkbremse)		
Gewicht (kg):	3160 (bei Bereifung 12-36)		
zul. Gesamtgewicht (kg):	5220		
Stützlast Anh.kuppl. (kg):	800		
Höchstgeschw. (km/h):	32		
Tankinhalt (Liter):	110		

	John Deere-Lanz 10er Serie Typ 310 1965-1968		John Deere-Lanz 10er Serie Typ 510 1965-1969		John Deere-Lanz 10er Serie Typ 710 1965-1968	
Motor						
Typ:	Typ 152 D 25 L		Typ 152 D 22 L	Typ 152 D 22 L	Typ 202 D 23 L	
Bauart:	John Deere 3-Zylinder-4-Takt-Diesel mit Direkteinspritzung, Kaltstart-Anlage, Ölbad-Luftfilter				John Deere 4-Zylinder-4-Takt-Diesel mit Direkteinspritzung, Kaltstart-Anlage, Ölbad-Luftfilter	
Bohrung x Hub (mm):	98 x 110		98 x 110		98 x 110	
Hubraum (cm³):	2490		2490		3320	
Leistung (PS/kw):	32 / 23,5 bei 1950/min		40 / 29 bei 2400/min		50 / 37 bei 2400/min	
Verdichtung:	16,7 : 1		16,7 : 1		16,7 : 1	
Gemischbereitung:	Bosch Kraftstoffeinspritzpumpe		Bosch Kraftstoffeinspritzpumpe		Bosch Kraftstoffeinspritzpumpe	
Schmierung:	Druckumlaufschmierung		Druckumlaufschmierung		Druckumlaufschmierung	
Inhalt:	5,7 Liter Öl (Ölwechsel alle 250 Std.)		5,7 Liter Öl (Ölwechsel alle 250 Std.)		5,7 Liter Öl (Ölwechsel alle 250 Std.)	
Kühlung:	Zweikreis-Wasserkühlung mit Pumpe, Thermostat, Gerfrier-/Korrosionsschutz					
Inhalt:	10,9 Liter Kühlwasser		10,9 Liter Kühlwasser		10,9 Liter Kühlwasser	
Elektrische Anlage:	Drehstrom-Lichtmaschine 12 V, 90 W, Batterie 2x6 Volt, Anlasser 3 PS					
Kraftübertragung						
Antrieb:	Antrieb auf Hinteräder					
Kupplung:	Doppelscheiben-Trockenupplung mit Zweistufenpedal					
Getriebe:	Gruppenschaltgetriebe mit Klauenschaltung 10 Vorwärts- und 3 Rückwärtsgänge, Differenzialsperre					
Gangabstufung (km/h):	Normalgang	Schnellgang	Normalgang	Schnellgang	Normalgang	Schnellgang
1. Gang	1,6	2,1	1,5	2,1	1,6	2,0
2. Gang	2,5	3,3	2,4	3,4	2,6	3,4
3. Gang	3,6	4,7	3,3	4,6	3,6	4,5
4. Gang	5,0	6,6	4,7	6,8	5,0	6,3
5. Gang	5,4	7,2	5,1	7,3	5,5	6,9
6. Gang	6,0	7,9	5,7	8,1	6,1	7,6
7. Gang	8,5	11,2	8,0	11,5	8,6	10,7
8. Gang	12,0	15,8	11,3	16,2	12,1	15,2
9. Gang	16,9	22,3	16,0	22,9	17,1	21,7
10. Gang	19,9	26,1	18,7	26,9	20,0	25,3
1.Rückw.-Gang	2,4	3,2	2,3	3,2	2,4	3,0
2.Rückw.-Gang	4,1	5,4	3,9	5,6	4,1	5,3
3.Rückw.-Gang	8,2	10,7	7,7	11,1	8,2	10,4
Inhalt:	31 Liter Getriebeöl		31 Liter Getriebeöl		31 Liter Getriebeöl	
Zapfwelle vorn:	1 Motorzapfwelle 1000/min		1 Motorzapfwelle 1000/min		1 Motorzapfwelle 1000/min	
Zapfwelle hinten:	2 Motorzapfw. 540/min und 1000/min		2 Motorzapfw. 540/min und 1000/min		2 Motorzapfw. 540/min und 1000/min	
Hydr. Kraftheber:	Hydraulischer Kombinations-Kraftheber, kupplungsunabhängig mit 4 Regelfunktionen genormte Dreipunktaufhängung für Kat. I und II, Anhängeschiene Kat. I, Arbeitsvermögen 800 mkg, Hubkraft 1300 kg					
Inhalt:	Hydraulikpumpe, 10 Liter Hydraulik-Öl				Hydraulikpumpe, 16 Liter Hydraulik-Öl	
Fahrwerk						
Bauart:	Halbrahmen-Konstruktion		Halbrahmen-Konstruktion		Halbrahmen-Konstruktion	
Vorderachse:	ausziehbare Pendel-Rohrachse mit Einzelrad-Doppelfederung					
Bremsen:	Doppelscheibenbremsen 6" als Fuß- und Lenkbremse eine Doppelscheibenbremse als unabhängige Handbremse auf Differenzial-Vorgelege				2 Doppelscheibenbremsen 6" als Fuß- und Lenkbremse	
Lenkung:	Spindellenkung		Spindellenkung		Spindellenkung	
Bereifung:	Standard	Hochrad	Standard	Hochrad	Standard	Hochrad
Bereifung vorn:	6.00-16 AS (6 PR)	6.00-16 AS (6 PR)	6.00-16 AS (6 PR)	6.00-16 AS (6 PR)	6.50-16 AS (6 PR)	6.50-16 AS (6 PR)
Bereifung hinten:	10 - 28 AS (6 PR)	9 - 36 AS (6 PR)	11 - 32 AS (6 PR)	11 - 28 AS (6 PR)	11 - 32 AS (6 PR)	11 - 36 AS (6 PR)
Allgemeine Daten						
Radstand (mm):	2072		2072		2200	
Länge (mm):	3400		3400		3530	
Breite (mm):	1580		1580		1790	
Bodenfreiheit (mm):	400		445		500	
Spurweite vorn (mm):	1250 - 1850		1250 - 1850		1250 - 1850	
Spurweite hinten (mm):	1350 und 1500		1350 und 1500		1350 und 1500	
Wendekreis (Meter):	6,3		6,3		6,5 (o.L); 6,15 (m.L)	
Gewicht (kg):	2100 (bei Bereifung 11-28)		2130 (bei Bereifung 11-32)		2295 (bei Bereifung 11-36)	
zul. Gesamtgewicht (kg):	3100		3320		3500	
Stützlast Anh.kuppl. (kg)	800		800		800	
Höchstgeschw. (km/h):	20 / 26		20 / 27		20 / 26	
Tankinhalt (Liter):	70		70		70	

Preise / Ausrüstungen Typ 310		
Grundpreis	**Stand: 02/1966** (Preise in DM ohne Mehrwertsteuer)	
32101	Typ 310 Standard (S) bei 6.00-16 (6 PR) vorn	
30501	mit 10-28 (6 PR)	14.715,--
30302	**mit Spurverstellräder 10-28 (6 PR)**	14.835,--
30502	mit 11-28 (6 PR)	14.925,--
30303	mit Spurverstellräder 11-28 (6 PR)	15.045,--
30301	**mit Spurverstellräder 9-32 (6 PR)**	14.885,--
32101	Typ 310 Hochrad (H) bei 6.00-16 (6 PR) vorn	
30503	mit 9-36 (6 PR)	14.850,--
30304	mit Spurverstellräder 9-36 (6 PR)	14.970,--
30305	mit Spurverstellräder 11-32 (6 PR)	15.270,--
Wahl- und Zusatzausrüstungen anstelle der Grundausrüstung		
	Für Typ 310 Standard (S)	
30702	Breite Dachkotflügel	95,--
30903	Schnellgang einschl. breit Kotflügel, Rückspiegel links und Traktormeter, bis ca. 26 km/h	160,--
	Für Typ 310 Hochrad (H)	
30907	Schnellgang einschl. breit Kotflügel, Rückspiegel links und Traktometer, bis ca. 26 km/h	160,--
	Für Typ 310 Standard (S) und Hochrad (H)	
32102	Vorderräder mit 6.50-16 (6 PR)	42,--
32402	Auspuff nach oben	**ohne Mehrpreis**
33001	Luxussitz	150,--
33402	Anhängeschiene für 3-Punkt-Aufh. Kat. II	**ohne Mehrpreis**
33403	Lange Ackerschiene (für Kat. I + II)	75,--
	Dachkotflügel mittlere Breite bei 11-32	80,--
Zusatzausrüstungen		
	Zusatzsteuergeräte für Hydraulikanschlüsse mit je 1 Schnellkupplung (max. 3 vorn, 2 hinten)	je 160,--
	5`Mähwerk Nr. 45-1 angebaut	1.095,--
	6`Mähwerk Nr. 45-A1 angebaut	1.135,--
31401	Zugpendel	145,--
35501	Riemenscheibe	450,--
35801	Grundplatte für Frontgewichte (40 kg)	65,--
35901	1 Frontgewicht a´38,5 kg (3 Stück möglich)	65,--
36001	Zusatzgewichte hinten (160 kg)	280,--
36201	Beifahrersitz auf Kotflügel, rechts	26,--
36301	Kissen für Beifahrersitz	21,--
36401	Gerätescheinwerfer	50,--
36501	Aufbockvorrichtung	180,--
33101	Rückspiegel links / rechts	je 15,--
36601	Luftvorfilter	33,--
	Allwetterverdeck mit Fronteinstieg, hochschwenkbarer Großpanoramascheibe aus Sicherheitsglas, Dachbezug aus PVC-beschichtetem Perlonstoff, Parallelogramm-Federung, elektr. Scheibenwischer, Rückspiegel	608,--
	Seitenverkleidung aus PVC-beschichtetem Perlonstoff mit eingeschweißten Freisichtfenstern aus biegsamem Kunststoffglas	105,--
	Rückenteil, Stoffmaterial w.o. mit Rückspiegel	52,--
	Mehrpreis für Anbau im Werk	45,--

Preise / Ausrüstungen Typ 510		
Grundpreis	**Stand: 02/1966** (Preise in DM ohne Mehrwertsteuer)	
52101	Typ 510 Standard (S) bei 6.00-16 (6 PR) vorn	
50502	mit 11-28 (6 PR)	16.260,--
50303	mit Spurverstellräder 11-28 (6 PR)	16.380,--
52101	Typ 510 Hochrad (H) bei 6.00-16 (6 PR) vorn	
50504	**mit 11-32 (6 PR)**	16.455,--
50305	mit Spurverstellräder 11-32 (6 PR)	16.605,--
50503	mit 9-36 (6 PR)	16.185,--
50304	mit Spurverstellräder 9-36 (6 PR)	16.305,--
50505	mit 13-28 (6 PR)	16.834,--
50321	mit Spurverstellräder 11-36	16.785,--
Wahl- und Zusatzausrüstungen anstelle der Grundausrüstung		
	Für Typ 510 Standard (S)	
51401	Zugpendel	145,--
55702	Zwillingsbereifung 11-28 kompl. mit Räder und Naben (bei vorhandener Bereifung 11-28)	1.365,--
	Für Typ 510 Hochrad (H)	
51402	Zugpendel	145,--
	Zwillingsbereifung (kompl. Räder mit Naben)	
55703	9-36 bei vorh. Bereifg. 9-36 oder 11-32	1.290,--
55704	11-32 bei vorh. Bereifg. 9-36 oder 11-32	1.560,--
	Für Typ 510 Standard (S) und Hochrad (H)	
52102	Vorderräder mit 6.50-16 (6 PR)	42,--
50911	Schnellgang einschl. breite Kotflügel, Rückspiegel links, Traktometer, bis ca. 26 km/h	160,--
50702	Breite Kotflügel	95,--
51701	Servolenkung incl. Hydraulik-Pumpe 32 Liter	745,--
52402	Auspuff nach oben	**ohne Mehrpreis**
53402	Anhängeschiene für 3-Punkt-Aufh. Kat. II	**ohne Mehrpreis**
53403	Lange Ackerschiene (für Kat. I + II)	75,--
Zusatzausrüstungen		
	Zusatzsteuergeräte für Hydraulikanschlüsse mit je 1 Schnellkupplung (max. 3 vorn, 2 hinten)	je 160,--
	5`Mähwerk Nr. 45-1 angebaut	1.095,--
	6`Mähwerk Nr. 45-A1 angebaut	1.135,--
55501	Riemenscheibe	450,--
55601	1 Satz Naben für Zwillingsbereifung	165,--
55801	Grundplatte für Frontgewichte (40 kg)	65,--
55901	1 Frontgewicht a´38,5 kg (3 Stück möglich)	65,--
56001	Zusatzgewichte hinten (160 kg)	280,--
56201	Beifahrersitz auf Kotflügel, rechts	26,--
56301	Kissen für Beifahrersitz	21,--
56401	Gerätescheinwerfer	50,--
56501	Aufbockvorrichtung	180,--
53101	Rückspiegel links / rechts	je 15,--
56601	Luftvorfilter	33,--
	Allwetterverdeck mit Fronteinstieg, hochschwenkbarer Großpanoramascheibe aus Sicherheitsglas, Dachbezug aus PVC-beschichtetem Perlonstoff, Parallelogramm-Federung, elektr. Scheibenwischer, Rückspiegel	608,--
	Seitenverkleidung aus PVC-beschichtetem Perlonstoff mit eingeschweißten Freisichtfenstern aus biegsamem Kunststoffglas	105,--
	Rückenteil, Stoffmaterial w.o. mit Rückspiegel	52,--
	Mehrpreis für Anbau im Werk	45,--

John Deere 20er Serie Typ 3020 (1964-1970)
John Deere 20er Serie Typ 4020 (1965-1972)

Wie bereits schon bei der 10er Serie angewendet, spielten auch bei der künftigen 20er Baureihe, als »Vorboten« der sich ankündigenden neuen Modelle, leistungsstarke Traktoren aus den USA eine wichtige Vorreiterrolle für die europäischen Marktanforderungen in der oberen Leistungsklasse. Gleichzeitig rundeten sie das immer größer werdende Modellprogramm der Mannheimer nach oben ab. Wie zuvor der Vierzylinder-Vorgängertyp 3010 wurden auch das Vierzylinder-Modell 3020 mit 75 PS und das Sechszylinder-Modell 4020 mit 100 PS in Blockkonstruktion mit Gerätehalbrahmen aus Amerika von 1964 bzw. 1965 bis 1972 importiert, um danach in der »Quadratestadt« zusammengebaut und gleichzeitig mit den nötigen Ausrüstungen versehen zu werden, die den Erfordernissen des deutschen TÜV und der europäischen Kunden entsprachen.

Dank des gut abgestuften Getriebes und der neuartigen Differenzialsperre konnte der ab 1964 verkaufte Vierzylinder-Dieseltraktor Typ 3020 seine 75 PS voll auf den Boden bringen. Aber auch ein bislang bei uns noch nicht gekannter Komfort kam mit dem 3020 aus den USA zu uns nach Europa: Verstellbarer, gepolsterter und gefederter Fahrersessel, vollhydraulische Lenkung, geräumige Plattform, leichte Bedienbarkeit. Eine ideale Kombination mit dem ebenfalls von John Deere stammenden vierspurigen Beetpflug Typ SF 990.

Ein Jahr später, 1965, brachte John Deere Mannheim mit dem 100 PS starken Schlepper 4020 erstmals einen Traktor der »Oberklasse« auf den deutschen Markt. Völlig neu war das wahlweise angebotene, unter voller Last und ohne auszukuppeln schaltbare Getriebe. Mit diesem Getriebe wurde der Traum eines jeden Schlepperfahrers Wirklichkeit: schalten ohne zu kuppeln. Und das mit einem einzigen Schalthebel. Abgesehen von der großen Bequemlichkeit und der Verminderung körperlicher Beanspruchung waren es insbesondere drei Vorteile, die dieses Getriebe auszeichneten: Erstens kam der Schlepper auch bei schweren Ackerarbeiten beim Herunter- oder Heraufschalten in einen anderen Gang nicht zum Stehen. Man vermied also Zeitverluste und erzielte hohe Leistung; zweitens verhinderte man gleichzeitig, mit einem höheren Gang aus dem Stand anfahren zu müssen; man schonte also Kupplung und Motor; drittens war der Zapfwellenantrieb völlig unabhängig; man konnte also ohne jede Schwierigkeit bei voll laufender Zapfwelle alle Gänge wechseln.

Die ideale Kombination zu diesem Schlepper war der Fünf-Furchen-Semi-Anbau-Beetpflug F 145 H, mit dem eine Arbeitsbreite von nahezu zwei Metern erreicht wurde. Dieser Pflug wurde über die beiden unteren Lenker des John Deere Traktors sowie über einen Fernsteuer-Zylinder so gesteuert, dass ein sofortiger Einzug aller Körper auf gleicher Höhe gewährleistet war.

Die Leistungsfähigkeit und Zuverlässigkeit dieser hochmodernen John Deere Traktoren, das Powershift-Getriebe des 4020, hydraulische Lenkung, hydraulische Scheibenbremsen, die ebene Fahrerplattform, der sehr bequeme, beliebig verstellbare deLuxe-Polstersitz, die Regelhydraulik mit Mischregelung und verschiedene andere Dinge mehr, trugen wesentlich zu dem positiven Image bei, das John Deere heute mehr denn je in Europa genießt.

Von der 20er Serie wurden von 1964-1975 insgesamt 72108 Traktoren im Mannheimer John Deere Werk gebaut.

John Deere Typ 3020 Hinterrad-Traktor bei der Feldarbeit.

Für die neue Zeit bestens gerüstet

Mit Einführung der 20er Serie im Jahre 1967 verschwand der Name Lanz aus dem Firmennamen und von den Motorhauben der Traktoren. Das Werk Mannheim hieß von nun an: »John Deere Werke Mannheim Zweigniederlassung der Deere & Company«. Jetzt wurde bei John Deere in Mannheim nur noch auf Festauftrag produziert, d.h. jeder gebaute Traktor entsprach in seiner Spezifikation den Kunden-, Markt- und Einsatzbedingungen. Für die dadurch notwendige Gemischtbauweise hatte man das Werk von Grund auf um- und ausgebaut. Auch führte John Deere nun für Schlepper das System der empfohlenen Richtpreise ein. Um individuelle Kundenwünsche besser erfüllen zu können, aber auch um den weltweiten Marktbedürfnissen und den gesetzlichen Bestimmungen der zu beliefernden Länder Rechnung tragen zu können, musste John Deere jeden Traktortyp unterschiedlich ausrüsten. Es wurde eine lange Liste von Auswahl- und Zusatzausrüstungen angeboten. Dies bedeutete für die Fabrik eine vollständige neue Produktionsplanung mit guter vorausplanender Teilebevorratung, um eingehende Aufträge innerhalb von wenigen Wochen abwickeln zu können. Jetzt konnte der Kunde seinen Traktor in allen Einzelheiten maßgeschneidert bestellen und nach seinen persönlichen Wünschen mit optimaler Ausrüstung für den geplanten Einsatzzweck zusammenstellen. Mit dieser gleichermaßen aufwändigen wie innovativen Produk-

JOHN DEERE

Mit dem 4-Zylinder-Modell 3020 begann 1964 die 20er Serie der Mannheimer John Deere Traktoren. Wie seine Vorgänger, wurde auch der Typ 3020 aus den USA importiert.

Nach dem Zusammenbau im Werk Mannheim und mit den nötigen Ausrüstungen für die Erfordernisse des deutschen TÜV versehen, entsprach der John Deere Typ 3020 Hinterrad-Traktor dem europäischen Traktorenmarkt.

Die Vorteile des modernen, unter voller Last und ohne auszukuppeln schaltbaren Getriebes im John Deere Typ 4020 Hinterrad-Traktor kam vor allem bei schweren Ackerböden voll zur Geltung.

tionssteuerung wurde ein neuer Maßstab für Kundenorientierung gesetzt, der John Deere dem gesamten Wettbewerb überlegen machte. Mit der Entwicklung baugleicher Schlepper der »20er-Reihe« erbrachten in zunehmend partnerschaftlicher und vorurteilsfreier Zusammenarbeit amerikanische und deutsche Konstrukteure eine erfolgreiche Gemeinschaftsleistung.

Auch wurde mit der Einführung der 20er Serie die gesamte Mannheimer Fabrik umgestaltet, neue Fertigungsanlagen in Betrieb genommen und eine völlig neue Endmontage eingerichtet. Das Besondere an der nun in einer benachbarten Halle untergebrachten Getriebemontage war eine staubfreie Atmosphäre, die durch leichten Luftüberdruck erzielte wurde und so für ein noch höheres Qualitätsniveau der Getriebefertigung beitrug. Die großen Investitionen erstreckten sich auch in neuen, automatischen Bearbeitungsstraßen für Gussteile, wie zum Beispiel Getriebegehäuse, Kupplungsglocken, Achstrichter. Auch in eine hochmoderne Zahnradfertigung wurden große Summen investiert.

Den John Deere Typ 4020 Hinterrad-Traktor mit 100 PS starkem Sechszylindermotor gab es 1970 zu einem Grundpreis von DM 38559.--.

John Deere 20er Serie Typ 820 (1967-1975)
John Deere 20er Serie Typ 920 (1967-1975)
John Deere 20er Serie Typ 1020 (1967-1975)
John Deere 20er Serie Typ 1120 (1967-1975)
John Deere 20er Serie Typ 2020 (1967-1972)
John Deere 20er Serie Typ 2120 (1968-1972)
John Deere 20er Serie Typ 3120 (1969-1972)

1967 präsentierte John Deere Mannheim ihren in- und ausländischen Händlern eine vollkommen neu entwickelte Traktorenreihe und setzte damit einen Richtung weisenden Maßstab im Schlepperbau. Beibehalten wurde selbstverständlich die charakteristische Linienführung der John Deere Schlepper – hinzu kamen die bewährten Vorteile der John Deere Großschlepperreihe. Die 20er Serie wartete mit sehr fein differenzierten Leistungsstufen auf: Die 3-Zylindertypen 820 von 32 PS, 920 (37 PS), 1020 (44 PS) und 1120 (49 PS), das Vierzylindermodell 2020 mit 60 PS und ein Jahr später das Modell 2120 (67 PS), sowie, entsprechend der wachsenden Nachfrage, der 1969 auf den Markt gebrachte Sechszylinder-Typ 3120, der 81 PS leistete. Außerdem wurden die Modelle 1020 und 2020 zusätzlich jeweils in den Versionen VU für den Einsatz in Weinbergen, und OU für die Arbeit im Obstbau angeboten.

Die neuen Traktoren waren kompakt, komfortabel zu bedienen und verfügten über eine große Bodenfreiheit. Auch zeichneten sie sich durch eine gute Sicht auf die Ackergeräte und durch die große Wendigkeit aus. Während der Dreizylinder-Typ 820 noch mit einem Schubrad-Schaltgetriebe mit 7 Vorwärtsgängen und einem Rückwärtsgang ausgerüstet war und dementsprechend auch ein anderes Schaltbild aufwies, hatten alle anderen Dreizylinder- und die beiden Vierzylinder-Maschinen neu entwickelte Muffenschaltgetriebe mit 8 Vorwärts- und 4 Rückwärtsgängen. Mit dem linken Schalthebel wurden die Gruppen I, II und Rückwärts gewählt. Der rechte Hebel schaltete die Gänge 1 bis 4, bzw. 5 bis 8. In Verbindung mit dem günstig abgestuften Getriebe ergab sich eine äußerst vorteilhafte

Typ 820 Hinterrad-Traktor mit Ladewagen bei der Heuernte.

Der John Deere Hinterrad-Traktor Typ 820 war »kinderleicht« zu bedienen und schaffte im 1. Gang (Normalgang) langsame 1,96 km/h.

Schaltweise. Pflügte man z.B. im 4. Gang und musste aufgrund von schwierigen Bodenverhältnissen schalten, dann brauchte man lediglich mit dem rechten Gangschalthebel vom 4. in den 3. Gang herunterschalten. Bei Frontladerarbeiten wurde eine wesentliche Verkürzung der Arbeitsspiele erreicht, da sich die Vorwärts- und die Rückwärtsgruppe in einer Schaltgasse befanden. Der Sechszylinder-Traktor 3120 verfügte bereits serienmäßig über das moderne 12V/6R-Gang-Lastschalt-Getriebe. Dieses, bei den Kunden sehr beliebte unter Last hydraulisch schaltbare (Lastschalt-) Getriebe, wurde auch bei den stärkeren Dreizylinder-Typen (1020, 1120), sowie bei den Vierzylinder-Traktoren 2020 und 2120 wahlweise angeboten. Mit einem Finger ließ sich in jedem Gang die Zugkraft bei etwa 21 % Geschwindigkeitsreduzierung um 27 % erhöhen, und wenn die höhere Zugkraft nicht mehr erforderlich war, wieder in den zuvor gewählten Gang zurück schalten.

Die leichtgängige Kugelumlauflenkung (oder auch wahlweise hydraulische Lenkung, beim 3120 serienmäßig) erhöhten den Bedienungskomfort und sicherten einwandfreies Einhalten der Spur. Die außerordentlich wirksamen, im Ölbad laufenden hydraulischen Bremsen mit großen Bremsflächen waren nachstell- und wartungsfrei. Das geschlossene Hydrauliksystem gab »Kraft auf Abruf«. Die Dreipunktaufhängung mit verstellbaren Begrenzungsleisten gewährleistete eine leichte und genaue Bedienung aller Anbaugeräte. Zugwiderstands-, Lage- und Mischregelung ermöglichten eine rationelle und hochwertige Bodenbearbeitung. Die hand- und fußbetätigte Differenzialsperre konnte während der Fahrt eingeschaltet werden und schaltete sich automatisch aus, wenn keine ungleiche Bodenhaftung mehr vorhanden war. Die drei möglichen Zapfwellen: Hinten 540/min, 540/1000/min kombiniert und vorne 1000/min erhöhten die Einsatzbreite dieser Schlepper erheblich. Der Schlepper konnte mittels der Doppelkupplung angehalten werden ohne den Zapfwellenbetrieb zu unterbrechen.

Zusätzlich zu der bekannten Zapfwellenschaltung bei gleichzeitiger Betätigung der Doppelkupplung bot John Deere für die Modelle 1020, 1120 als Zusatzausrüstung und für die Modelle 2030, 2130, 3130 in der Grundausrüstung eine völlig unabhängige Zapfwellenschaltung an. Sie ermöglichte das Schalten der Zapfwelle hydraulisch unter Last ohne zu kuppeln. Durch betätigen des Zapfwellenschalthebels presste Drucköl die Lamellenkupplungsscheiben zusammen und der Kraftfluss ging vom Antriebsrad über eine Welle zum Zapfwellenstummel und zum anzutreibenden Gerät. Beim Ausschalten der Zapfwelle wurde die Welle durch eine hydraulische Bremse gestoppt.

Zur Grundausrüstung des John Deere Typ 820 zählte auch der nach oben angeordnete Auspuff. Die Auspuffanordnung nach unten kostete DM 40.--.

Auf dem Weg zur Arbeit: Ein französischer Bauer mit seinem John Deere 3-Zylinder Traktor Typ 920.

Für Sicherheit am Arbeitsplatz, von der Berufsgenossenschaft anerkannt: Der John Deere Überschlagschutzbügel »Roll Gard«.

Beim Dreizylindermodell Typ 920 war die ausziehbare Vorderachse von 1260-2018 mm serienmäßiger Standard.

Der John Deere Typ 1020 VU Schmalspur-Traktor war eine sinnvolle Erweiterung der 20er Traktorenbaureihe und war für die besonderen Anforderungen im Weinbau, in Obst-, Gemüse- und Hopfenanlagen ausgelegt.

Spezialtraktoren

Mit der Einführung der 20er Serie bot John Deere auch erstmals sowohl den 3-Zylindertyp 1020, als auch den 4-Zylinder 2020 in einer Spezialausführung als Obstplantagen- bzw. als Weinbauschlepper an. Speziell für den Obstbau und an die besonderen Bedingungen dieses Einsatzgebietes angepasst, entwickelte John Deere den 1020 zum Plantagen-Schlepper 1020 OU weiter. Mit gleichem Motor, gleich abgestuftem Muffenschaltgetriebe und die gleiche automatische Kombinationsregelhydraulik mit Mischregelung und Unterlenksteuerung wie die Normal-Schlepperversion. Die Spezialausführung war niedrig gebaut, besaß eine günstige Schwerpunktlage und hatte keine hervorstehenden Teile, wie Auspuff, Lampen, Begrenzungsleuchten, Achsen, die in eine fließende, abgerundete Form einbezogen waren. Parallel zum 44 PS starken Dreizylinder Plantagen-Schlepper Typ 1020 OU entstand der 2020 OU mit 3,3-Liter-Vierzylindermotor von 60 PS. Der bemerkenswerteste Unterschied zur Normal-Schlepperversion 2020 waren die voll überdeckenden Hinterradkotflügel, die auf die besonderen Anforderungen im Obstbau zugeschnitten waren. Die glatten Flächen sicherten schonende Arbeit; Früchte, Zweige und Bäume wurden nicht beschädigt. Der leistungsstarke Plantagen-Schlepper Typ 2020 eignete sich besonders für den leichten und wirtschaftlichen Einsatz großer Anhängespritzen mit hohem Kraftbedarf.

Eine sinnvolle Erweiterung der 20er-Schlepperreihe stellte der niedrige, kompakte Schmalspurschlepper dar, den es als 1020 VU mit 44 PS Dreizylinder-Dieselmotor gab. Sein ausgewogenes Verhältnis von Motorleistung, 8-Gang-Getriebe und Schleppergewicht erschlossen diesem Spezialschlepper einen weiten Anwendungsbereich und er war für die besonderen Anforderungen im Weinbau, in Obst-, Gemüse- und Hopfenanlagen ausgelegt. Um den Schmalspurschlepper kurz und niedrig zu halten wurden beide Kunststoff-Kotflügel zu einer Einheit zusammengefasst unter gleichzeitiger Einbeziehung des Brennstofftankes, der jetzt hinter dem Fahrer angeordnet war.

Auch die John Deere Spezialtraktoren verfügten als Besonderheit, wie die jeweilige Normal-Schlepperversion, über die neue Kombinations-Regelhydraulik mit sechs verschiedenen Einstellmöglichkeiten. Dieses Regelsystem erlaubte dem Fahrer stets die den jeweiligen Bodenverhältnissen und Arbeitsbedingungen am besten angepasste Einstellung zu wählen. Mit dem griffgünstig angeordneten Systemhebel ließ sich das gewünschte Regelsystem spielend leicht einschalten – selbst während der Fahrt. Nach einiger Übung konnte die jeweilige Einstellung ohne hinzusehen vorgenommen werden. Die richtige Wahl des entsprechenden Regelsystems in Verbindung mit der idealen Differenzialsperre machte ein Herunterschalten des Getriebes nahezu überflüssig. Resultat: erhebliche Steigerung der täglichen Flächenleistung.

Mit einer Gesamtbreite von knapp einem Meter war der John Deere Typ 1020 VU Schmalspurschlepper auch auf die besonderen Anforderungen im Obstbau zugeschnitten.

John Deere Typ 1020 OU Plantagen-Traktor. Die Spezialausführung war niedrig gebaut, besaß eine günstige Schwerpunktlage und hatte keine hervorstehenden Teile, wie Auspuff, Lampen, Begrenzungsleuchten.

Die Schmalspurvariante des 1020 Grundmodells nannte sich 1020 VU und verfügte als Besonderheit über die neue Kombinations-Regelhydraulik mit sechs verschiedenen Einstellmöglichkeiten.

Die glatten Flächen des John Deere Typ 2020 OU Plantagen-Traktors sicherten schonende Arbeit; Früchte, Zweige und Bäume wurden nicht beschädigt.

Als Plantagen-Schlepper zeichnete sich die Spezialausführung des Typs 2020 durch eine günstige Schwerpunktlage aus.

Neue, durchzugsstarke Dreizylinder-Motoren

Die neuen 3-Zylinder-Dieselmotoren sicherten kraftvolles Durchzugsvermögen und verliehen somit den Schleppern die Voraussetzung selbst Arbeiten unter den schwierigsten Bedingungen zu bewältigen. Die kraftvollen 3-Zylinder-Dieselmotoren mit hohem Drehmomentanstieg und einem weiten, nutzbaren Drehzahlbereich sorgten bei geringem Kraftstoffverbrauch für bulliges Durchzugsvermögen. Im Drehzahlbereich von 1400 bis 2100 bzw. 2300/min erreichten die neuen John Deere Motoren das günstigste Drehmomentverhalten und die beste Durchzugskraft. Dank der Elastizität des Motors in diesem Drehzahlbereich konnte der Fahrer zwischen höchster Leistung und größter Wirtschaftlichkeit wählen. Ein Beweis für die Robustheit war der schwere Motorblock mit starken Versteifungsrippen. Geschmiedete Pleuelstangen mit Doppel-T-Profil übertrugen die Kraft über die schwere, 4fach in breiten Hauptlagern gebettete Kurbelwelle auf das Schwungrad. Diese Tatsachen sprachen für die hohe Lebensdauer der Schlepper. Ein Begriff für technische Spitzenleistung waren die nassen, einzeln austauschbaren Zy-

John Deere Dreizylinder-4-Takt-Dieselmotor, Typ 3.152 DL-01 mit Direkteinspritzung und Druckumlaufschmierung.

Die neuen Traktoren waren kompakt, komfortabel zu bedienen und verfügten über eine große Bodenfreiheit. Der Grundpreis für den John Deere Typ 920 Hinterrad-Traktor betrug DM 13.136 .--.

linderlaufbüchsen. Durch gleichmäßige Wandstärke über der gesamten Kühlfläche sorgten sie auch bei unterschiedlichen Belastungen für ausgeglichene Temperaturverhältnisse im Motor.

Durch Verlegung der Wirbelkammer in den Kolbenboden verband das Einspritzverfahren der John Deere Motoren die Vorteile der direkten Einspritzung – beste Ausnutzung der eingespritzten Kraftstoffmenge, geringer Kraftstoffverbrauch und gutes Kaltstartverhalten mit den Vorteilen der indirekten Einspritzung – weiche Verbrennung und ruhiger Motorlauf. Durch diese Tatsache boten die Dieselmotoren hohe Wirtschaftlichkeit und Fahrkomfort. Bei extremen Kältegraden unterstützte die Kaltstarteinrichtung den Startvorgang. Die aus einem Stück geschmiedete Kurbelwelle war 4fach gelagert. Gehärtete Lagerflächen verliehen der Kurbelwelle eine hohe Verschleißfestigkeit. Die Überlappung der Haupt- und Pleuellager von 25% erhöhte die Stabilität der Kurbelwelle. Sie war statisch und dynamisch ausgewuchtet. Haupt- und Pleuellager hatten alu-plattierte Stahlstützschalen mit Zinnüberzug und waren damit korrosionsbeständig und unempfindlich gegen Temperatur und Druck. Aufgrund des günstigen Verdichtungsverhältnisses der John Deere Motoren wurden die Kolben aus Alu-Speziallegierung mit nur 3 Kolbenringen ausgerüstet. Durch zusätzliche Verchromung des oberen Kompressions- und des Ölabstreifringes ergab das eine geringere Reibung und damit erhebliche Verschleißminderung. Eine Vertiefung im Kolbenboden übernahm die Aufgabe einer Wirbelkammer und verband die Vorteile der direkten mit der indirekten Einspritzung.

Die Anordnung des Kraftstofftanks vor dem Kühler ermöglichte eine niedrige und elegante Linienführung der neuen Schlepper. Gleichzeitig konnte ein Tank gewählt werden, dessen Fassungsvermögen auch für den längsten Arbeitstag ausreichte. Weitere Vorteile: Optimal geschützt gegen Motorhitze, kein Überlaufen von Kraftstoff über den heißen Motor, leicht zugänglicher Einfüllstutzen.

Durch die thermostatgesteuerte, unter Druck stehende Zweikreiswasserkühlung erreichte der John Deere Motor schnell die günstigste Betriebstemperatur und hielt sie auch unter extremen Verhältnissen. Die direkt an den Zylinderblock angeflanschte Wasserpumpe sorgte für den Umlauf der Kühlflüssigkeit. Die von der Nockenwelle angetriebene Kraftstoff-Förderpumpe versorgte das Einspritzsystem mit einem stets konstanten Kraftstoffstrom.

Im Zuge der Wartungserleichterung wurden der Ölkontrollstab, der Öleinfüllstutzen und das Ölfilterelement dicht nebeneinander an der rechten Motorseite angeordnet. Ölkontrolle und Ölwechsel konnten so einfach und schnell durchgeführt werden. Eine Hochleistungszahnradpumpe sorgte für ausreichenden Öldruck und förderte den Ölvorrat mehrmals in der Minute durch das gesamte Schmiersystem. Bevor das Schmieröl jedoch zu den einzelnen Lagerstellen gelangte, wurde es durch einen austauschbaren Hauptstrom-Mikrofilter gedrückt, der das Öl filterte. Bei Filterverstopfung öffnete sich ein Umgehungsventil und hielt somit die Motorschmierung jederzeit aufrecht. Diese laufende hochwirksame Filterung und ständige Erneuerung des Schmieröls an den Lagerstellen ermöglichte einen wirtschaft-

Zum Bestseller unter den 20ern avancierte der Dreizylinder Typ 1020 Hinterrad-Traktor, von dem insgesamt 16194 Einheiten während seiner Produktionszeit von 1967 bis 1975 gebaut wurden.

lichen Ölwechselintervall von 250 Betriebsstunden. Ein Sicherheitsventil schützte das Filter gegen Beschädigung durch Überdruck. Die Seitenverkleidung durch Federzug gehalten, konnte für Wartungsarbeiten leicht abgenommen werden. Auch die Motorhaube ließ sich leicht entfernen und ermöglichte daher leichten Zugang zum Motor, Kühler und Kraftstofftank.

Nur ein Knopfdruck und die 12-Volt-Startanlage garantierte zu jeder Zeit schnelles und sicheres Anspringen des Motors. Zwei 12-Volt-Batterien, wetter- und hitzegeschützt, befanden sich im Batteriebehälter vor dem Armaturenbrett. Eine handliche Wartungsklappe erleichterte die Pflege der Batterien.

Für gleichmäßige Kraftstoffzufuhr zu den einzelnen Zylindern des Dieselmotors sorgte die Verteilereinspritzpumpe: Sie verteilte exakt und gleichmäßig die Einspritzmenge auf jeden Zylinder. Das ausgezeichnete Drehmomentverhalten und die Elastizität des Motors wurden durch den automatischen Spritzversteller erreicht, der den Einspritzzeitpunkt entsprechend der jeweiligen Motordrehzahl einstellte. Die Einspritzpumpe war völlig wartungsfrei.

Der Doppelkraftstoffilter bestand aus zwei austauschbaren Filterelementen mit Wasserabscheidern aus hitzebeständigem Glas. Hier sammelten sich die groben Verunreinigungen. Spülen und Entlüften der beiden Filterstufen konnten ohne Werkzeug an den Rändelschrauben vorgenommen werden. Durch die Mikro-Filtereinsätze wurde garantiert, dass nur vollständig gesäuberter Kraftstoff zur Einspritzpumpe gelangte.

Eine Kaltstarteinrichtung gewährleistete das Anspringen des Motors auch bei sehr niedrigen Temperaturen. Unter dem Armaturenbrett befand sich ein leicht zugängiger, verschließbarer Anschlussstutzen, durch den beim Kaltstart ein Äthergemisch direkt in den Ansaugkrümmer gesprüht wurde. Anstelle der Ätherkaltstarthilfe konnte auch eine Thermostartanlage eingebaut werden. Bei dieser Einrichtung wurde während des Startvorganges etwas Kraftstoff in den Ansaugkrümmer gesprüht und durch eine Heizspirale entzündet.

Den John Deere Typ 1020 gab es auch mit einer offenen Sicherheitskabine mit Überrollschutzrahmen zum Schutz bei eventuellen Überschlägen.

Geschlossenes Hydrauliksystem

Ein moderner Traktor wurde nicht nur zum Ziehen irgendwelcher Geräte benutzt. Mit der Entwicklung von hochwirksamen Geräten wurde das »Ziehen« in einer sehr anspruchsvollen Art durchgeführt, um nicht zuletzt dadurch das Ziel moderner Bodenbearbeitung – höhere Flächenleistung pro Arbeitseinheit – zu erreichen. Aber zusätzlich musste ein moderner Traktor in der Lage sein, Arbeitsgeräte auszuheben, Frontladerarbeiten zu verrichten, hydraulische Ölmotoren anzutreiben (Mähwerk), sollte hydraulische Lenkung, hydraulische Getriebe usw. besitzen. All diese Funktionen wurden am besten durch hydraulische Kraft ausgeführt. Ein Traktor, der Arbeitserleichterung und höheren Gewinn bringen sollte, musste deshalb das Beste aller möglichen Hydrauliksysteme haben. Ein System, das allen Erfordernissen der modernen Landwirtschaft gerecht wurde.

John Deere besaß ein solches universelles und exklusives System: das geschlossene Hydrauliksystem! Das Herz dieses Systems war eine Radialkolben-Förderpumpe mit variabler Ölfördermenge bei konstantem Druck. Sie hielt jederzeit das gesamte Hydrauliksystem unter gleichmäßigem Arbeitsdruck, so dass die hydraulische Kraft jederzeit an jeder Stelle verfügbar war. Genau wie das Wasser in der Wasserleitung oder das elektrische Licht bei Betätigung des Lichtschalters. Dabei förderte diese exklusive Pumpe nur die Ölmenge die benötigt wurde – nicht mehr – und nicht weniger, bei konstantem Druck, unabhängig davon ob nur eine oder mehrere Funktionen gleichzeitig ausgelöst wurden. Aber das war noch nicht alles: wurde keine hydraulische Kraft benötigt, schaltete sich die Pumpe automatisch ab, es wurde kein Öl mehr gefördert, es wurde keine Motorkraft benötigt – trotzdem stand das gesamte Hydrauliksystem unter Arbeitsdruck. Während die Modelle 820 und 920 noch mit einem offenen Hydrauliksystem ausgerüstet waren, besaßen die größeren Maschinen serienmäßig ein geschlossenes System.

Die Impulse der Unterlenker-Regelung konnten damit ruckfrei und ohne Verzögerung umgesetzt werden. Das Dreipunktgestänge hatte nicht nur die Aufgabe Geräte auszuheben und wieder abzulassen, es übertrug auch Regelimpulse bei sich veränderndem Zugwiderstand. Bei allen John Deere Traktoren erfolgte diese Übertragung über die Unterlenker. Die Unterlenker gaben über einen Federstab und Abtastgestänge dem Hydraulik System einen Impuls, der die Regelaktion der Hydraulik auslöste. Das System arbeitete automatisch und gewährleistete bessere Arbeitsqualität in unebenem Gelände und in ungleichmäßig verdichteten Böden. Nachregeln war nicht erforderlich. Einmal eingestellt, konnte man die Hydraulik vergessen.

John Deere Typ 1020 / 2020 Hinterrad-Traktor

Kraftfluss: Durch die Verwendung kraftsparender Teile erhöhte sich das Drehmoment über dem Getriebe und ermöglichte so eine möglichst hohe Kraftübertragung auf die Hinterachse.

Jede Oberlenkerregelung nutzte die Kippneigung des angebauten Gerätes aus. Durch diese Kippneigung wurde durch den Geräteturm der Oberlenker gegen eine Feder gedrückt und dadurch der Regelimpuls ausgelöst. Eine einwandfreie Regelung über den Oberlenker war nur mit kurzen und leichten Geräten möglich, denn bei langen und schweren Geräten trat diese Kippneigung nicht auf. Je länger und schwerer das Arbeitsgerät umso geringer war die Übertragung von Regelimpulsen bei der Oberlenkerregelung.

Die Unterlenkerregelung wurde ausgelöst durch horizontal auftretende Zugkräfte. Deshalb war dieses System völlig unabhängig vom Gewicht oder der Länge des Arbeitsgerätes. Die Unterlenkerregelung übertrug gleichmäßig Regelimpulse bei jeder Arbeitstiefe – genau und schnell. Bei der Regelung der Arbeitstiefe des Gerätes über die unteren Lenker wurde ein Teil des Gerätegewichtes auf den Traktor verlagert und dadurch die Zugkraft der Hinterräder erhöht.

Das Lastschaltgetriebe

Die L-S-Getriebe-Einheit war zwischen Kupplung und normalem Schaltgetriebe angebracht und bot dem Fahrer die Möglichkeit in jedem eingelegten Gang unter Last von langsam auf schnell und umgekehrt schalten zu können – ohne zu kuppeln – lediglich durch das Antippen eines kleinen Hebels direkt unter dem Lenkrad. Dadurch wurde die Anzahl der Geschwindigkeiten des Standardgetriebes verdoppelt. Beim Schalten auf Langsam (L) wurde die Durchzugskraft um 27% erhöht und die Geschwindigkeit um 21% verringert. In Position »S« (Schnell) verlief der Kraftfluss direkt durch das LS-Getriebe in das normale Schaltgetriebe. Das Übertragungsverhältnis war 1:1 ohne Reduzierung. In Position »L« (Langsam) stand der Planetenradträger still und der Kraftfluss ging vom großen Sonnenrad über die fest miteinander verbundenen Planetenräder auf das kleine Sonnenrad. Dabei wurde die Drehzahl reduziert.

Hydrostatischer Frontantrieb

Ab 1972 rüstete John Deere, als Antwort auf Forderungen nach einem Allradantrieb, die Modelle 2020, 2120 und 3120 mit einem hydrostatischen Frontantrieb aus. Der wesentliche Vorteil bestand darin, dass die besonderen John Deere Merkmale, wie kleiner Wenderadius, große Bodenfreiheit und Spurverstellung durch ausziehbare Vorderachse, beibehalten werden konnten.

Komfort und Sicherheit

Auch bei der Entwicklung der 20er Serie legten die John Deere-Ingenieure großen Wert auf Komfort und Sicherheit für den Fahrer. So z.B. die geräumige, übersichtliche Fahrerplattform mit neuen Farben und Formen der Bedienungshebel oder das klar übersichtlich aufgebaute, blendfreie Armaturenbrett mit allen nötigen Instrumenten, zusätzlich durch entsprechende Anzeigesymbole auf der ganzen Welt leicht verständlich gemacht. Das klar gegliederte Traktormeter gehörte zur Grundausstattung. Es zeigte die Drehzahl des Motors, die Geschwindigkeit in jedem Vorwärtsgang und die Betriebsstunden an. Dieses Präzisionsgerät war staub- und wettergeschützt und ermöglichte wirtschaftliches Arbeiten. Auch die günstig angeordneten leicht zu bedienenden Fußpedale und die ausgezeichnete Sicht zählten zu den Pluspunkten.

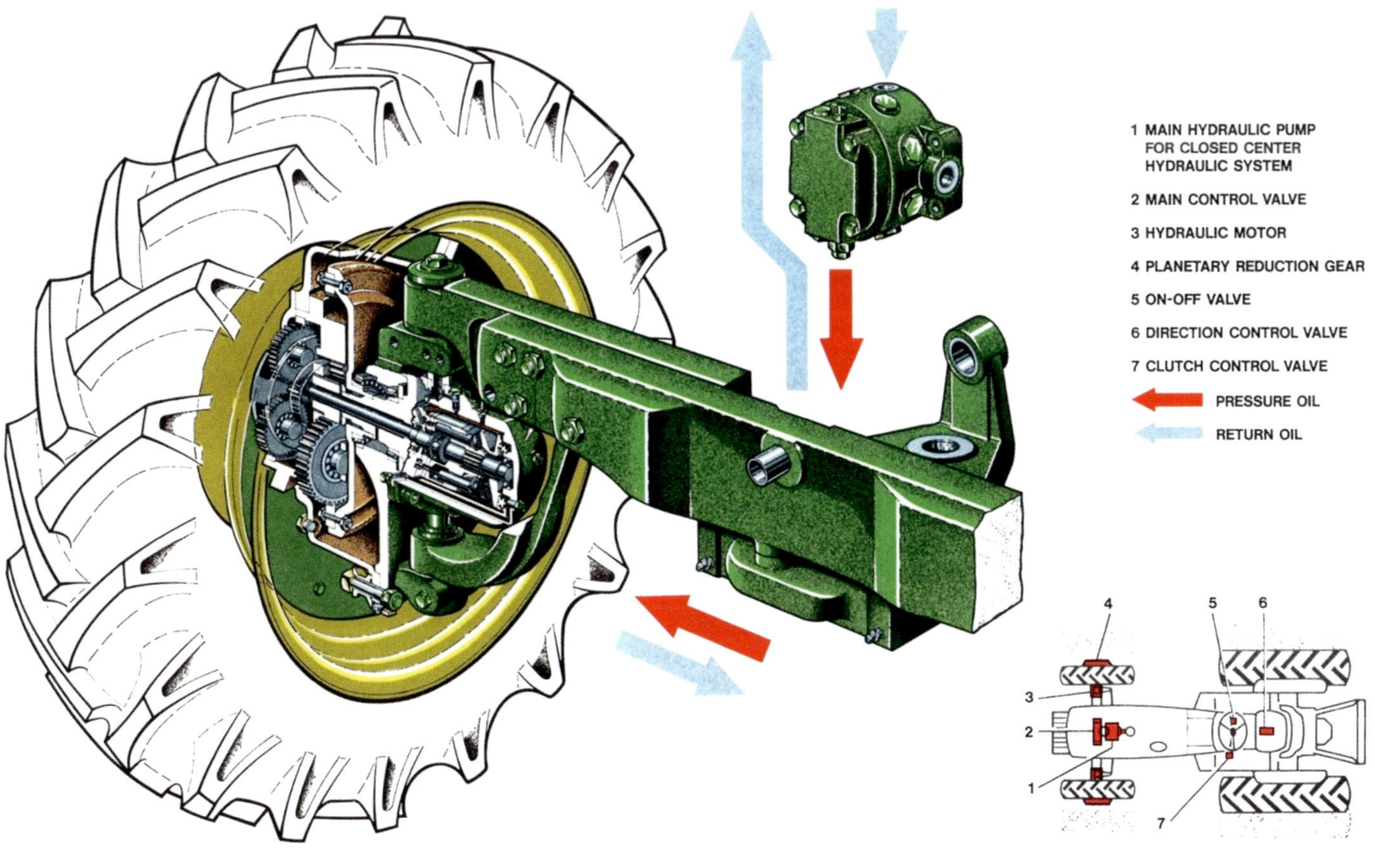

Der hydrostatische Frontantrieb verhalf erstmals ab 1972 den Mannheimer John Deere Modellen 2020, 2120 und 3120 zum Allradantrieb.

Müheloses Arbeiten mit dem 4-furchigen Anbau-Beetpflug: Der Typ 1120 mit 51 PS und Muffenschaltgetriebe mit 8 Vorwärts- und 4 Rückwärtsgängen.

Um die Arbeit für den Fahrer noch leichter zu machen, konnten alle Modelle mit einer hydrostatischen Lenkung (Standard am 3130) ausgerüstet werden, die es ermöglichte, den Traktor mit dem kleinen Finger zu lenken.

Für die Sicherheit des Fahrers bot John Deere den von der Berufsgenossenschaft anerkannten Überschlagschutzbügel »Roll Gard« an, der in Verbindung mit Sicherheitsgurten die beste Investition war, die ein Landwirt für seine Sicherheit vornehmen konnte.

Der Fahrersitz wurde in zwei Ausführungen geliefert. Einmal als Wannensitz, für den auch ein wetterfestes Sitzpolster lieferbar war, und zum anderen als Deluxe-Sitz mit einem Höchstmaß an Komfort. Der gefederte, stoßgedämpfte Deluxe-Sitz gleitete auf einer schiefen Ebene und glich damit auch verschiedene Arm- und Beinlängen aus. An einem Handgriff konnte zusätzlich die Federwirkung auf das individuelle Körpergewicht eingestellt werden. Die stabilen und trotzdem eleganten Dachkotflügel konnten passend zu jeder Bereifung geliefert werden. Sie schützten vor Schmutz und erhöhten die Sicherheit des Fahrers. Muschelkotflügel wurden wahlweise geliefert.

Die verstellbare Vorderachse gehörte zur Serienausrüstung des 20er Schlepper und stand in zwei verschiedenen Versionen zur Verfügung. Die aus Späroguß bestehende Vorderachse war mit Bohrungen versehen, die das Einstellen mehrerer Spurweiten ermöglichten. Für besonders erschwerte Einsatzbedingungen stand als Wahlausrüstung eine verstärkte Vorderachse zur Verfügung. Vielfach verstellbare Spurverstellfelgen ermöglichten für jede Arbeit die richtige Spurweite einzustellen und für zusätzliche Bodenhaftung und Hangstabilität waren spurverstellbare Guß-Scheibenräder mit den entsprechenden verstärkten Achsen lieferbar. Zudem standen Guß-Scheibenräder auf Spezial-Zahnstangenachsen zum stufenlosen Verstellen der Hinterradspur zur Verfügung. Für schwere Zugarbeiten, vor allem

Mit der Einführung der 20er Traktoren im Jahre 1967 verschwand der Name Lanz aus dem Firmennamen des Mannheimer John Deere Werkes.

Vom John Deere Typ 1120 Hinterrad-Traktor wurden insgesamt 14408 Einheiten gebaut und wurde 1970 zu einem Grundpreis von DM 15746.-- angeboten.

John Deere Typ 2120 Allrad-Traktor. Ausgerüstet mit hydrostatischem Frontantrieb brachte der Allradtraktor 2120 eine Motorleistung von 68 PS.

auf schlüpfrigem Untergrund konnten die Schlepper mit zusätzlichen Gewichten ausgerüstet werden. Die Hinterradgewichte wogen etwa 100 kg pro Satz und wurden einfach an den Radscheiben angeschraubt. Die an einer Grundplatte befestigten Frontgewichte gewährleisteten eine günstige Gewichtsverteilung. Jedes Gewicht wog ca. 38,5 kg. Die Frontgewichte konnten voreinander und übereinander angebracht werden.

Auf Wunsch konnten sämtliche Schlepper mit einem unteren Auspuff ausgestattet werden. Dabei kam die niedrige Bauweise des Schleppers besonders zur Geltung. Wer seinen 20er Schlepper mit einem Fahrerhaus ausstattete, konnte eine etwa 40 cm lange Verlängerung am Auspuffrohr anbringen, um Auspuffgase höher abzuleiten. Neben der Zapfwelle machte die Riemenscheibe den Schlepper zu einer zusätzlichen Kraftquelle. Das Getriebe in der Riemenscheibe war vollständig geschlossen und lief im Ölbad.

Als Sonderausrüstung konnte ein verstellbarer Gerätescheinwerfer geliefert werden. Er brachte zusätzliche Arbeitsstunden im Spätherbst und Frühjahr und trug zur Sicherheit des Fahrers beim An- und Abhängen der Geräte im Dunkeln bei.

Von 1964 bis 1975 befand sich die 20er Baureihe im Traktorenprogramm von John Deere Mannheim, die es während dieser zwölf Produktionsjahre auf insgesamt 72.108 Maschinen brachte. Allein im Jahr 1970 verließen 15.649 Traktoren der 20er Serie die Fließbänder in Mannheim. Zum Bestseller unter den »20ern« avancierte dabei der Dreizylinder-Typ 1020, von dem insgesamt 16.194 Einheiten während seiner Produktionszeit von 1967 bis 1975 gebaut wurden. Auf Platz zwei in dieser Produktionsliste kam der Typ 1120 als weiteres 3-Zylinder-Modell, der es auf die Gesamtstückzahl von 14.408 Maschinen brachte. Meistgebautes 4-Zylinder-Modell war der Typ 2120, von dem in der Zeit von 1968 bis 1972 insgesamt 11.266 Einheiten hergestellt wurden. Der 68 PS starke Typ 2120 kostete damals (1970) als Schlepper mit Hinterradantrieb DM 19.998,--. Wer den 2120 als modernen Allradschlepper mit hydrostatischem Frontantrieb und Vorderrad-Bereifung 9.5/9-24 AS (6 PR) orderte, kam auf einen Grundpreis von DM 25.778,--. Mit DM 12.290,-- (1970) war der Typ 820 mit 32 PS-Dreizylinder-Einspritz-Diesel und Hinterradantrieb das preiswerteste Modell der 20er Serie.

Das geschlossene Hydrauliksystem des John Deere Typ 1120 Hinterrad-Traktors lieferte »Kraft auf Abruf«.

Der 60 PS starke Vierzylindertyp 2020 bei der Bodenbearbeitung vor einem 3-furchigen Anbau-Beetpflug.

Die Hinterrad-Version des John Deere Traktors Typ 2020 gab es in der von 1967-1972 gebauten Grundausrüstung in 10344 Einheiten.

Meistgebautes Vierzylinder-Modell war der Typ 2120, von dem insgesamt 11266 Einheiten hergestellt wurden. Der 68 PS starke Typ 2120 kostete1970 als Schlepper mit Hinterradantrieb DM 19998.--.

Die hand- und fußbetätigte Differenzialsperre im John Deere Typ 2020 Hinterrad-Traktor konnte während der Fahrt eingeschaltet werden und schaltete sich automatisch aus, wenn keine ungleiche Bodenhaftung mehr vorhanden war.

Das 4-Zylindermodell 2020 brachte 60 PS auf die Hinterräder und konnte ab 1972 erstmals mit hydrostatischem Frontantrieb geordert werden.

Um die Arbeit mit dem John Deere Typ 2120 Hinterrad/Allrad-Traktor noch leichter zu machen, konnte auch der 2120 mit einer hydrostatischen Lenkung für den Aufpreis von DM 933.-- ausgerüstet werden.

Das geschlossene Hydrauliksystem der John Deere Traktoren der 20er Serie.

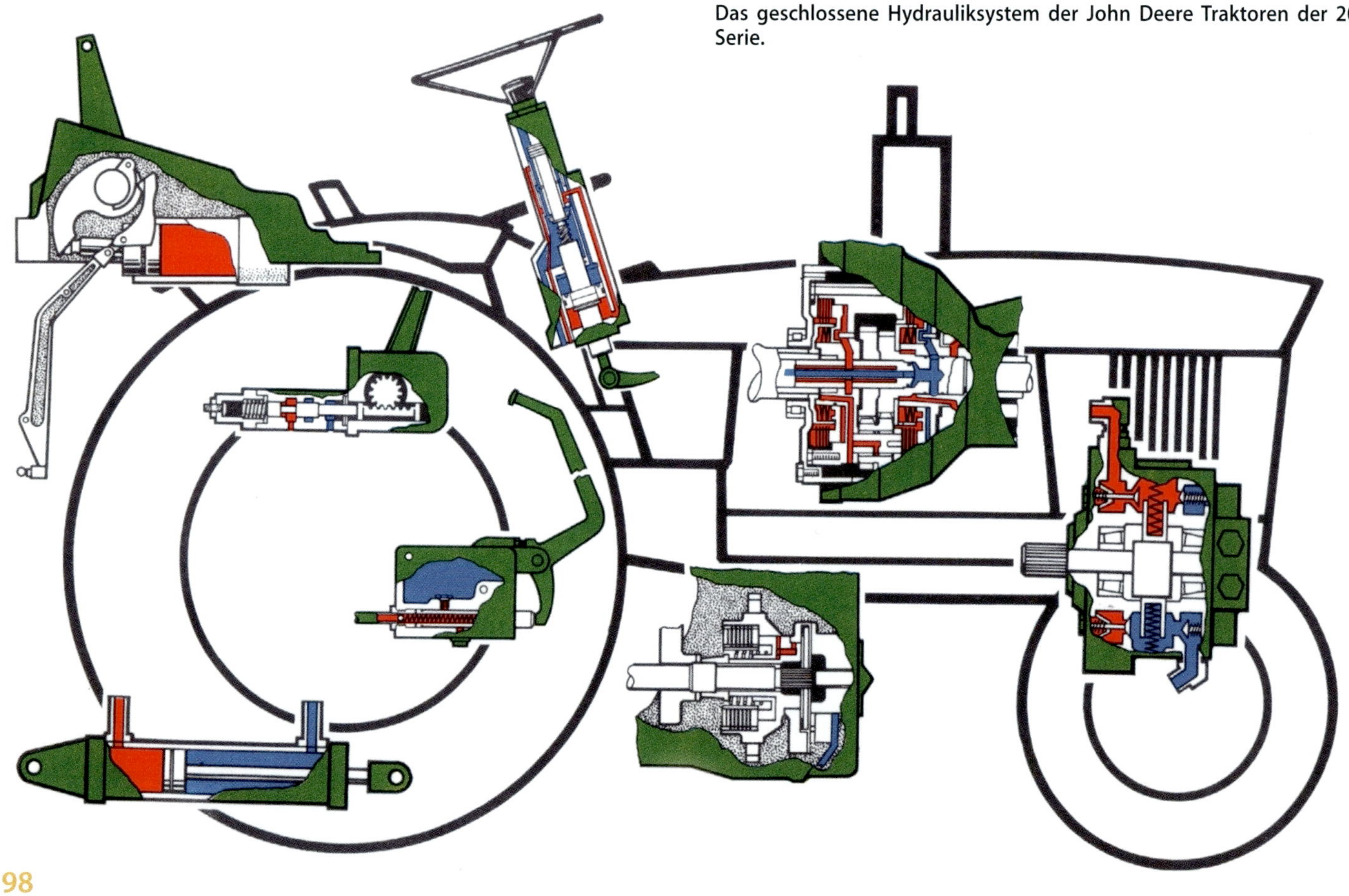

Der Typ 3120 war von den Bauernhöfen nicht mehr wegzudenken. Das 6-Zylindermodell ergänzte 1969 letztmalig die 20er Serie von John Deere Mannheim.

Als Hinterradtraktor wurde der Typ 3120 im Jahre 1970 zu einem Grundpreis von DM 29573.-- angeboten.

Auch bei der neuen Zapfwellenschaltung im John Deere Typ 3120 Hinterrad-/Allrad-Traktor konnte auf ein Auskuppeln verzichtet werden.

Programmübersicht John Deere-Lanz 20er-Serie

Typ Modell	Ausführung	Getriebe	Motor			Stückzahl	Bauzeit
			Typ	Zylinder	PS (kW)		
3020	Dieselschlepper	Gruppenschaltgetr. 7/8 V / 2 R		4	75 (55)	195	1964-1970
4020	Dieselschlepper	Gruppenschaltgetr. 8 V / 2 R		6	100 (73)		1965-1972
820	Dieselschlepper	Schubradgetriebe 7 V / 3 R	M 4 B L 9 / 3.152DL-01	3	32/35 (23,5/25,5)	7.415	04/67-07/75
920	Dieselschlepper	Muffenschaltgetr. 8 V / 4 R	M 4 FL 9 / 3.152DL-02	3	37 / 41 (28 / 30)	7.404	04/67-07/75
1020	Dieselschlepper	Muffenschaltgetr. 8 V / 4 R	M 4 F L 4 / 3.164DL-04	3	44/46 (32,5/33,5)	16.194	04/67-07/75
1020 VU	Schmalspur	Muffenschaltgetr. 8 V / 4 R	M 4 F L 4 / 3.164DL-04	3	44/46 (32,5/33,5)		04/67-10/72
1020 OU	Plantagen	Muffenschaltgetr. 8 V / 4 R	M 4 F L 4 / 3.164DL-04	3	44/46 (32,5/33,5)		04/67-10/72
1120	Dieselschlepper	Muffenschaltgetr. 8 V / 4 R	M 4 B L 4 / 3.164DL-01	3	49/51 (36/37,5)	14.408	04/67-07/75
2020	Hinterrad / Allrad	Muffenschaltgetr. 8 V / 4 R	M 5 B L 4	4	60 (44)	10.344	04/67-10/72
2020 OU	Plantagen	Muffenschaltgetr. 8 V / 4 R	M 5 B L 4	4	60 (44)		04/67-10/72
2120	Hinterrad / Allrad	Muffenschaltgetr. 8 V / 4 R	M 5 B L 4	4	68 (49)	11.266	08/68-08/72
3120	Hinterrad / Allrad	Muffen-LS-Getriebe 12 V / 6 R	M 6 B LH	6	81 (59,5)	4.882	09/69-08/72

Produktion John Deere-Lanz 20-Serie

Typ	1964	1965	1966	1967	1968	1969	1970	1971	1972	1973	1974	1975	Gesamt
820				251	1.218	1.461	1.320	968	839	484	601	273	**7.415**
920				329	1.507	1.282	966	698	787	634	790	411	**7.404**
1020				970	2.906	2.008	1.841	1.578	1.805	1.765	1.864	1.457	**16.194**
1120				333	1.572	1.614	1.911	1.526	1.551	1.588	1.959	2.354	**14.408**
2020				1.338	3.208	1.481	1.504	1.502	1.310	1			**10.344**
2120					363	2.828	2.651	2.730	2.690	4			**11.266**
3020	16	36	51	42	29	18	3						**195**
3120						377	1.667	1.413	1.416	9			**4.882**
Gesamt	**16**	**36**	**51**	**3.263**	**10.803**	**11.069**	**11.863**	**10.415**	**10.398**	**4.485**	**5.214**	**4.495**	**72.108**

	John Deere 20er Serie Typ 3020 1964-1970	John Deere 20er Serie Typ 4020 1965-1972	John Deere 20er Serie Typ 3120 1969-1972	
Motor				
Bauart:	John Deere 4-Zylinder-4-Takt-Diesel	John Deere 6-Zylinder-4-Takt-Diesel	John Deere 6-Zylinder-4-Takt-Diesel	
Bohrung x Hub (mm):	108 x 120	108 x 120	98 x 110	
Hubraum (cm³):	4425	6637	4976	
Leistung (PS/kW):	75 / 55 bei 2410/min	100 / 73 bei 2500/min	81 / 60 bei 2500/min	
Verdichtung:	16,5 : 1	16,5 : 1	16,7 : 1	
Gemischbereitung:	Direkteinspritzung, Einkolbenverteiler-Einspritzpumpe			
Schmierung:	Druckumlaufschmierung mit Hauptstromfilter			
Motoröl-Inhalt:	8 Liter Öl (Ölwechsel alle 250 Std.)		10,3 Liter Öl (Ölwechsel alle 250 Std.)	
Kühlung:	Zweikreis-Flüssigkeitskühlung+Pumpe, Thermostat, Gerfrier- u. Korrosionssch,.23 (19) Liter, Ölbadluftfilter/Trockenluftfilter			
Filter:	Drehstrom-Lichtmaschine 12 Volt, 11 A		Drehstrom-Lichtmaschine 12 V, 32 A	
Elektrische Anlage:	Batterie 2 x 12 V / 70 (88) Ah, Anlasser 4 PS, Äther-Kaltstarthilfe o. Thermostartanl.			
Kraftübertragung				
Antrieb:	Antrieb auf Hinteräder, Typ 3120: Wunsch: hydrostatischer Frontantrieb (HFWD) unter Last ein- und ausschaltbar			
Fahrkupplung:	Einscheiben-Trockenkupplung; Typ 3120: Doppelscheiben-Trockenkupplung mit 2-Stufen-Pedal, 280 mm Durchmesser			
Getriebe:	Gruppenschaltgetriebe		Muffenschaltgetriebe	
	wahl 8 o. 7 Vor- u. 2 Rückwärtsgänge	8 Vorwärts- und 2 Rückwärtsgänge	12 Vorwärts- und 6 Rückwärtsgänge	
Differenzialsperre:	unter Last schaltbar			
Endantrieb:	Planetenreduziergetriebe			
Gangabstufung (km/h):	bei 2410/min	bei 2500/min	Langsam	Schnell
1. Gang	3,66	3,4	1,91	2,58
2. Gang	5,76	5,5	3,17	4,28
3. Gang	7,52	7,2	5,14	6,92
4. Gang	9,66	9,3	6,89	9,29
5. Gang	11,81	11,6	11,41	15,38
6. Gang	15,84	15,2	18,47	24,89
7. Gang	19,81	19,7		
8. Gang	32,48	32,2		
1.Rückw.-Gang	7,31	5,4	2,30	3,10
2.Rückw.-Gang	11,49	8,6	4,06	5,47
Zapfwellenleistg. (PS/kW):	65 (47,5) bei Motor-Nenndrehzahl		71 / 52 bei Motor-Nenndrehzahl	
Zapfwelle:	Motorzapfw. 540 und 1000/min hinten, Frontzapfwelle 1000/min		unter Last umschaltbar 540/1000/min	
Dreipunktgestänge:	Kategorie II ausziehbare Unterlenker, Seitenbegrenzung einstellb. oder Lenker mit Schnellkupplung, Anhängeschiene			
Regelung:	über Unterlenker	über Unterlenker		
Regelarten:	Lage, Zugwiderstand, Mischregelung, Schwimmstellung			
Steuergeräte (Wunsch):	einfach- oder doppeltwirk. mit Schnellkupplungen nach vorn o. nach hinten			
Fahrwerk				
Bauart:	Block-Rahmenbauweise	Block-Rahmenbauweise	Block-Rahmenbauweise	
Vorderachse:	ausziehbare Pendel-Rohrachse mit Einzelrad-Doppelfederung			
Hinterachse:	Spurverstellräder (7fach)			
Bremsen:	hydraulische, nasse Scheibenbremsen als Fuß- und Lenkbremse, in Ölbad laufend, Handbremse auf Differenzial oder Parkstellung des Getriebes			
Lenkung:	hydraulisch, »Power Steering«		mech. Kugelumlauf; Allrad: hydraulisch	
Bereifung vorn:	6,50 - 16 (6 PR); 7,50 - 16 (6 PR)	7,50 - 18 (6 PR)	7,50 - 16; 7,50 - 18; Allrad: 11.2/10-24	
Bereifung hinten:	11-38; 12-36; 15-30	16.9-34 (6 PR); 18.4-34 (6 PR)	15,5-38; 16.9/14-34; 18.4/15-34 15.5-38; 18.4-34; 16.9-34; 14.9-38	
Allgemeine Daten				
Radstand (mm):	2286	2260	2464	
Länge (mm):	3518	3815	4062	
Breite (mm):	2276	2276	2029 - 2429	
Höhe (mm)	1996	1994	1661 - 2383	
Bodenfreiheit (mm):	395	590	446; 505	
Spurweite vorn (mm)	1270 - 2010	1410 - 1550	1445 - 2085	
Spurweite hinten (mm)	1475 - 1615	1670 - 2440	1600 - 2000	
zul. Gesamtgewicht (kg):	5020		6000	
Gewicht (kg):	3426	3830	2405	
Wendekreis (m)	6,6 (m. Lenkbr.)		7,3 / 7,5 (Lenkbr.); 8,1 / 8,8 (ohne)	
Höchstgeschw. (km/h):	20 / 32	32	25	
Tankinhalt (Liter):	110	128	106	

	John Deere 20er Serie Typ 820 1967-1975	John Deere 20er Serie Typ 920 1967-1975	John Deere 20er Serie Typ 1020 1967-1975
Motor			
Typ:	Typ M 4 3 L 9 (ab 4/71: 3.152 DL-01)	Typ M 4 F L 9 (ab 4/71: 3.152 DL-02)	Typ M 4 F L 4 (ab 4/71: 3.164 DL-04)
Bauart:	John Deere 3-Zylinder-4-Takt-Diesel mit Direkteinspritzung, Ölbad-Luftfilter (ab 4/71: Trockenluftfilter)		
Bohrung x Hub (mm):	98 x 110	98 x 110	98 x 110 (ab 4/71: 102 x 110)
Hubraum (cm³):	2490	2490	2490 (ab 4/71: 2690)
Leistung (PS/kw):	32 / 23,5 bei 2100/min (ab 4/71: 35 / 25,5 bei 2400/min	37 / 28 bei 2300/min (ab 4/71: 41 / 30 bei 2400/min	44 / 32,5 bei 2500/min (ab 4/71: 46 / 33,5 bei 2500/min
Verdichtung:	16,7 : 1	16,7 : 1	16,7 : 1
Drehmoment (mkg):	12 bei 1300/min	14,1 bei 1400/min	15,5 bei 1400/min
Drehmomentanstieg:	13,5%	15,5%	18,3 %
Gemischbereitung:	Einkolbenverteiler-Einspritzpumpe		
Schmierung:	Druckumlaufschmierung mit Hauptstromfilter		
Inhalt:	5,7 Liter Öl (Ölwechsel alle 250 Std.)		
Kühlung:	Zweikreis-Wasserkühlung mit Pumpe, Thermostat, Gerfrier- /Korrosionsschutz		
Inhalt:	10,4 Liter Kühlwasser		
Elektrische Anlage:	Drehstrom-Lichtmaschine 12 Volt, 28 A, Batterie 2 x 12 V / 55 Ah, Anlasser 4 PS		
Kraftübertragung			
Antrieb:	Antrieb auf Hinteräder		
Kupplung:	Einscheiben-Trockenupplung		
Getriebe:	Schubrad-Schaltgetriebe 7 Vorwärtsgänge, 1 Rückwärtsgang	Muffenschaltgetr., Planeten-Endantrieb, 8 Vorwärts- und 4 Rückwärtsgänge	
Inhalt:	30 Liter Getriebe und Hydrauliksystem		36 Liter Getriebe und Hydrauliksystem
Zapfwelle vorn:	1 Motorzapfwelle 1000/min		1 Motorzapfwelle 1000/min
Zapfwelle hinten:	2 Motorzapfwellen 540 und 1000/min		2 Motorzapfwellen 540 und 1000/min
Hydraulik:	kupplungsunabhängige Kombinations-Regel-Hydraulik mit 4 Regelfunktionen u. Steuerung über die unteren Lenker einschl. Dreipunkt-Aufhängung. Kat. I Pumpenförderleistung 26 Liter/min, Druck 136 kp/cm², Arbeitsdruck 148 kp/cm² Hubleistung 1245 kp, Hydraulikpumpe, Überdruckventil		geschlossenes Hydrauliksystem Pumpenförderleistung 25/47 Liter/min Druck 158 kp/cm² Arbeitsdruck 144 kp/cm²
Fahrwerk			
Bauart:	Blockkonstruktion		
Vorderachse:	ausziehbare Pendel-Rohrachse mit Einzelrad-Doppelfederung		
Bremsen:	hydr. Scheibenbremsen als Fuß- u. Lenkbremse, in Ölbad, Bandbremse m. verschleißfestem Keilprofil als Handbremse		
Lenkung:	Kugelumlauflenkung		
Bereifung vorn:	5.50-16 (4 PR) oder 6.00-16 (6 PR)		6.00-16 / 6,50-16 / 7,50-16
Bereifung hinten:	11, /10-28 / 9,5/9-36 / 12,4/11-28 / 12,4/11-32		12,4/11-28 / 13,6/12-28 / 14,9/13-28 9,5/9-36 / 12,4/11-36 / 12,4/11-32
Allgemeine Daten			
Radstand (mm):	1890		2050
Länge (mm):	3425		3430
Breite (mm):	1500 - 2160		1600 - 2200
Höhe über Auspuff (mm):	2100		2100
Höhe über Kotflügel (mm):	1515		1615
Bodenfreiheit (mm):	400		521
Spurweite vorn (mm):	1260 - 2020	1260 - 2018 (verstellbar alle 100 mm)	1260 - 2057
Spurweite hinten (mm):	1260 - 1860		1350 - 1950 (verstellbar alle 100 mm)
Wendekreis (Meter):	6,3 (mit Lenkbr.); 5,6 (o. Lenkbr.)	5,6 (mit Lenkbr.); 6,3 (o. Lenkbr.)	5,7 (mit Lenkbr.); 6,6 (o. Lenkbr.)
Gewicht (kg):	2150 (bei Bereifung 11-32)		2240 (bei Bereifung 13-28)
zul. Gesamtgewicht (kg):	3200		3500
Stützlast Anh.kuppl. (kg):	800		800
Höchstgeschw. (km/h):	20 / 25		20 / 27
Tankinhalt (Liter):	62		62

	John Deere 20er Serie Typ 1020 VU 1967-1972	John Deere 20er Serie Typ 1020 OU 1967-1972	John Deere 20er Serie Typ 2020 OU 1967-1972
Motor			
Typ:	Typ M 4 F L 4 (ab 4/71: 3.164 DL-04)		Typ M 5 B L 4
Bauart:	John Deere 3-Zylinder-4-Takt-Diesel		John Deere 4-Zylinder-4-Takt-Diesel
Bohrung x Hub (mm):	98 x 110 (ab 4/71: 102 x 110)		98 x 110
Hubraum (cm^3):	2490 (ab 4/71: 2690)		3320
Leistung (PS/kW):	44 / 32,5 bei 2250/min, (ab 4/71: 46 / 33,5 bei 2500/min		60 / 44 bei 2500/min
Verdichtung:	16,7 : 1		16,7 : 1
Drehmoment (mkg):	15,5 bei 1400/min		19,5 bei 1500/min
Drehmomentanstieg:	18,3 %		17 %
Zugkraft (kg):	1545		
Gemischbereitung:	Direkteinspritzung, Einkolbenverteiler-Einspritzpumpe		
Schmierung:	Druckumlaufschmierung mit Hauptstromfilter		
Motoröl-Inhalt	6,7 Liter Öl (Ölwechsel alle 250 Std.)		
Kühlung:	Zweikreis-Flüssigkeitskühlg. m. Pumpe, Thermostat, Gerfrier-/Korrosionsschutz		
Kühlwasser-Inhalt:	10,4 Liter		11,4 Liter
Filter:	Ölbad-Luftfilter (ab 4/71: Trockenluftf.)		Trockenluftfilter
Elektrische Anlage:	Drehstrom-Lichtmaschine 12 Volt, 11 A, Batterie 2 x 12 V / 55/60 Ah, Anl. 4 PS, Äther-Kaltstarthilfe o. Thermostartanl.		
Kraftübertragung			
Antrieb:	Antrieb auf Hinteräder		
Fahrkupplung:	Doppelscheiben-Trockenkupplung mit 2-Stufen-Pedal, 280 mm Durchmesser		
Getriebe:	Muffenschaltgetriebe, 8 Vorwärts- und 4 Rückwärtsgänge		
Zusatzausrüstung:	semihydr. LS-Getriebe 16 V / 8 R		
Differenzialsperre:	unter Last schaltbar		
Endantrieb:	Planetenreduziergetriebe		
Inhalt:	38 Liter Getriebe und Hydrauliksystem		
Zapfwellenleistg. (PS/kW):	39 / 28 bei Motor-Nenndrehzahl	39 / 28 bei Motor-Nenndrehzahl	55 / 40 bei Motor-Nenndrehzahl
Zapfwelle:	Motorzapfwelle 540/min hinten	Motorzapfwelle 540/min hinten, oder umschaltbar 540/1000/min	
Hydraulik:	off. Hydrauliksystem, Zahnradpumpe	geschl. Hydrauliksystem, Radialmehrkolbenpumpe, selbstregelnd,	
	Pumpenförderleist 24,6 Liter/min		austauschbarer Mikrofilter
	Arbeitsdruck 155 kp/cm^2 (atü)	Pumpenförderleist. 47,2 / 24,8 Liter/min, Arbeitsdruck 155 kp/cm^2 (atü)	
Dreipunktgestänge:	Kat. I mit umkehrb. Unterlenkern und höhenverstellb. Wagenanhängevorrichtung		Kat. I + II m. <umkehrb Unterlenkern
Regelung:	über Unterlenker		über Unterlenker
Regelarten:	Lage, Zugwiderstand, Mischregelung, Schwimmstellung		
Steuergeräte:	Lage, Zugwiderstand, Mischregelung, Schwimmstellung		
Hydromotor Anschlußw.:	Arbeitsdruck 140 kp/cm^2, Ölmenge 22/40 Liter/min		
Remote Zylinder:	Größe 64 x 203 mm, max. Kraft beim Ausdehnen 4100 kp, max. Kraft beim Ausdehnen 4100 kp		
Fahrwerk			
Bauart:	Blockkonstruktion		
Vorderachse:	ausziehbare Pendel-Rohrachse mit Einzelrad-Doppelfederung		
Hinterachse:	Spurverstellräder (7fach)		
Bremsen:	hydr. Scheiben Fuß- und Lenkbremse, in Ölbad, Bandbr. verschleißf. Keilprofil Handbremse		
Lenkung:	mechanische Kugelumlauflenkung, hydraulisch (auf Wunsch)		
Bereifung vorn:	4.50-16 (4 PR); 5.50-16 (4PR)	5.50-16; 6.00-16	6.00-16; 6,50 - 16; 7.50-16
Bereifung hinten:	9.5/9-28; 11.2/10-28; 12.4/11-24	11.2/10-24; 11.2/10-28; 12.4/11-24; 12.4/11-28; 13.6/12-28;	
Allgemeine Daten			
Radstand (mm):	1600	1905	2035
L. / B. / H. (mm):	3100 / 980 / 1500	3430 / 1560 - 1800 / 1185 - 1380	3570 / 1560 - 1800 / 1366-1410
Bodenfreiheit (mm):	270 - 306	255 - 350	336-380
Spurweite vorn/hi. (mm):	813 - 1140 / 765 - 1282	1118-1684 / 1014-1614	1118-1684 / 1114-1614
Wendekreis (Meter):	5,8 (ohne Lenkbremse)	6,1 (ohne Lenkbremse)	6,3 (ohne Lenkbremse)
Gewicht (kg):	1685	2150	2200
zul. Achslast v/hi (kg):	1300 / 2350	1240 / 2500	1240 / 2800
zul. Gesamtgewicht (kg):	3200	3500	4000
Stützlast Anh.kuppl. (kg):	800	800	1000
Höchstgeschw. (km/h):	20	25	25
Tankinhalt (Liter):	62,5	62,5	74

	John Deere 20er Serie Typ 1120 1967-1975	John Deere 20er Serie Typ 2020 1967-1972	John Deere 20er Serie Typ 2121968-1972
Motor			
Typ:	Typ M 4 B L 4 (ab 4/71: 3.164 DL-01)	Typ M 5 B L 4	Typ M 5 B L 4
Bauart:	John Deere 3-Zylinder-4-Takt-Diesel mit Direkteinspritzung, Ölbad-Luftfilter		John Deere 4-Zylinder-4-Takt-Diesel
Bohrung x Hub (mm):	102 x 110	98 x 110	102 x 110
Hubraum (cm^3):	2690	3320	3590
Leistung (PS/kw):	49 / 36 bei 2500/min (ab 4/71: 51 / 37,5 bei 2500/min)	60 / 44 bei 2500/min	68 / 49 bei 2500/min
Verdichtung:	16,7 : 1	16,7 : 1	16,7 : 1
Drehmoment (mkg):	17 bei 1500/min	19,5 bei 1500/min	23,5 bei 1500/min
Drehmomentanstieg:	16,4 %	17 %	
Gemischbereitung:	Direkteinspritzung Einkolbenverteiler-Einspritzpumpe		
Schmierung:	Druckumlaufschmierung mit Hauptstromfilter		
Inhalt:	6,7 Liter Öl (Ölwechsel alle 250 Std.),		5,7 Liter Öl (Ölwechsel alle 250 Std.)
Kühlung:	Zweikreis-Flüssigkeitskühl. mit Pumpe, Thermostat, Gerfrier-/Korrosionsschutz		
Inhalt:	10,4 Liter Kühlwasser	11,4 Liter Trockenluftfilter	11,4 Liter
Elektrische Anlage:	Drehstrom-Lichtmaschine 12 Volt, 28 A Batterie 2 x 12 V / 55/60 Ah, Anlasser 4 PS, Äther-Kaltstarthilfe oder Thermostartanlage		
Kraftübertragung			
Antrieb:	Antrieb auf Hinteräder, Wunsch: hydrostatischer Frontantrieb (HFWD) unter Last ein- und ausschaltbar hydrostatischer Frontantrieb (HFWD) ein- und ausschaltbar		
Fahrkupplung:	Einscheiben-Trockenupplung	Doppelscheiben-Trockenkupplung mit 2-Stufen-Pedal	
Zapfwellenkupplung:	Doppelkupplung oder hydr. Lamellenkupplung		
Getriebe:	Muffenschaltgetriebe, Planeten-Endantrieb, 8 Vorwärts- und 4 Rückwärtsgänge, Differenzialsperre (unter Last schaltbar)		
Zusatzausrüstung:	semihydraulisches LS-Getriebe 16 V / 8 R unter Last schaltbar		
Inhalt:	36 Liter Getriebe und Hydrauliksystem	38 Liter Getriebe und Hydrauliksystem	
Zapfwelle vorn:	1 Motorzapfwelle 1000/min		
Zapfwelle hinten:	Motorzapfwelle 540/min hinten o. umschaltb. 540/1000/min		
Hydraulik:	geschlossenes Hydrauliksystem		
	Pumpe 25/47 Liter/min, Druck 158 kp/cm^2	Pumpe 47,2/24,8 Ltr/min, Druck 155 kp/cm^2	
Dreipunktgestänge:	Kategorie I + II umkehrbare Unterlenker oder Kat. II mit ausziehbare Unterlenkern		
Regelung:	über Unterlenker		
Regelarten:	Lage, Zugwiderstand, Mischregelung, Schwimmstellung		
Steuergeräte:	einfach- oder doppeltwirkend mit Schnellkupplungen nach vorn oder nach hinten		
Fahrwerk			
Bauart:	Blockkonstruktion		
Vorderachse:	ausziehbare Pendel-Rohrachse mit Einzelrad-Doppelfederung, Spurverstellräder (7fach)		
Bremsen:	hydr. Scheibenbr. als Fuß- u. Lenkbremse, in Ölbad laufend, Bandbremse mit verschleißf. Keilprofil als Handbremse		
Lenkung:	mechanische Kugelumlauflenkung, Allrad: hydraulisch, 45° Einschlagwinkel		
Bereifung vorn:	6.00-16 / 6,50-16 / 7,50-16	6,50 - 16; 7,50 - 16; Allrad: 9.5/9 - 24	
Bereifung hinten:	13,6/12-28; 12,4/11-32; 12,4/11-36; 13,6/12-36; 14,9/13-30; 16,9/14-30	12.4/11-36; 13.6/12-36; 14.9/13-30; 16.9/14-30 Allrad: 13.6-36; 13.6-38; 14.9-30; 16.9-34	
Allgemeine Daten			
Radstand (mm):	2050	2180	2180
Länge (mm):	3430	3570	3600
Breite (mm):	1680 - 2200	1680 - 2240	1944 - 2344
Höhe über Auspuff (mm):	2100	2120 - 2240	2146
Höhe über Kotflügel (mm):	1540	1435 - 1638	1605
Bodenfreiheit (mm):	521	350 - 470; 505 (Allrad)	470 - 490; 505 (Allrad)
Spurweite vorn (mm):	1260 - 2050	1260 - 2057	1260 - 2057
Spurweite hinten (mm):	1350 - 1950	1350 - 1950	1450 - 1983
Wendekreis (Meter):	5,6; 6,6	6,8; 7,1; 8,0	6,3 / 7,1; 7,4 / 8,0
Gewicht (kg):	2270	2275 - 2335	2405
zul. Gesamtgewicht (kg):	3500	4000	4500
Stützlast Anh.kuppl. (kg):	800	1000	1000
Höchstgeschw. (km/h):	20 / 26	25	25 / 30
Tankinhalt (Liter):	62	74	74

Preise / Ausrüstungen Typ 820		
Grundpreis	**Stand: 09/1970** (Preise in DM ohne Mehrwertsteuer)	
0063 L	Schlepper 820 Hinterradantrieb	12.290,--
920 C	Sicherheitsgurt wird empfohlen	40,--
	Gebühr für Kfz.-Brief	16,--
Wahlausrüstungen		
120 D	Getriebe unter 20 km/h (Schnellgang blockiert)	Grundpreis
120 E	Schnellgang incl.	
9295	Vorderradkotflügel und	
9315	Rückblickspiegel	103,--
	Motorzapfwellen	
150 A	540/min hinten	Grundpreis
150 C	540/min und 1000/min hinten	267,--
150 B	540/min hinten und 1000/min vorn	233,--
150 D	540/min und 1000/min hinten, 1000/min vorn	427,--
	Dreipunktaufhängungen mit Wagenanhängevorrichtung	
2323	Kat. I höhenverstellbar	Grundpreis
2325	Kat. I ausschwenkbar	20,--
260 E	ohne Steuergerät	Grundpreis
	Einfachwirkende Steuergeräte	
260 A	Erstes (inneres) mit einer Leitung nach hinten	207,--
260 C	Erstes (inneres) und zweites (äußeres) mit je einer Leitung nach hinten	413,--
260 B	Erstes (inneres) mit einer Leitung nach vorn	207,--
260 D	Erstes (inneres) und zweites (äußeres) mit je einer Leitung nach vorn	413,--
	Hinterräder mit Bereifung	
4115	11.2/10-28 (6 PR) nicht zu 6.00-16	Grundpreis
4030	9.5/9-32 (6 PR)	71,--
4031	9.5/9-36 (6 PR) (Spurweite 1260-1860 mm) nicht zu 5.50-16	112,--
400 A	12.4/11-28 (6 PR)	191,--
4032	12.4/11-32 (6 PR) nicht zu 5.50-16	420,--
	Vorderräder mit Bereifung	
600 B	5.50-16 (4 PR) nicht zu 11-32 und 9-36	
600 A	6.00-16 (6 PR) nicht zu 10-28	71,--
810 A	Auspuff nach oben	Grundpreis
8102	Auspuff nach unten	53,--
9289	Vordere Drückevorrichtung	Grundpreis
9155	dto. mit Grundgewicht (80 kg)	160,--
9156	dto. Mit Grundgew. und 4 Zusatzgewichten (248 kg)	503,--

Preise / Ausrüstungen Typ 920		
Grundpreis	**Stand: 09/1970** (Preise in DM ohne Mehrwertsteuer)	
0763 R	Schlepper 920 Hinterradantrieb	13.136,--
920 C	Sicherheitsgurt wird empfohlen	40,--
	Gebühr für Kfz.-Brief	16,--
Wahlausrüstungen		
120 D	Getriebe unter 20 km/h (Schnellgang blockiert)	Grundpreis
120 E	Schnellgang incl.	
9295	Vorderradkotflügel und	
9315	Rückblickspiegel	103,--
	Motorzapfwellen	
1251	540/min hinten	Grundpreis
1255	540/min und 1000/min hinten	267,--
1253	540/min hinten und 1000/min vorn	233,--
1257	540/min und 1000/min hinten, 1000/min vorn	427,--
	Dreipunktaufhängungen mit Wagenanhängevorrichtung	
2323	Kat. I höhenverstellbar	Grundpreis
2325	Kat. I ausschwenkbar	20,--
2630	ohne Steuergerät	Grundpreis
	Einfachwirkende Steuergeräte	
2633	Erstes (inneres) mit einer Leitung nach hinten	207,--
2639	Erstes (inneres) und zweites (äußeres) mit je einer Leitung nach hinten	413,--
2636	Erstes (inneres) mit einer Leitung nach vorn	207,--
2642	Erstes (inneres) und zweites (äußeres) mit je einer Leitung nach vorn	413,--
	Hinterräder mit Bereifung	
4117	12.4/11-28 (6 PR)	Grundpreis
4032	12.4/11-32 (6 PR) nicht zu 5.50-16	229,--
4031	9.5/9-36 (6 PR) (Spurweite 1260-1860 mm) nicht zu 5.50-16	Minderpreis 79,--
	Vorderräder mit Bereifung	
6061	5.50-16 (4 PR) nicht zu 11-32 und 9-36	Grundpreis
6062	6.00-16 (6 PR)	71,--
810 A	Auspuff nach oben	Grundpreis
8102	Auspuff nach unten	53,--
9289	Vordere Drückevorrichtung	Grundpreis
9155	dto. mit Grundgewicht (80 kg)	160,--
9156	dto. Mit Grundgew. und 4 Zusatzgewichten (248 kg)	503,--

Preise / Ausrüstungen Typ 3020				
Listenpreise für Serienausrüstung		**Stand 12/1964** (Preise in DM ohne Umsatzsteuer)		
173 A		Ausführung mit Bereifung vorn 7.50-16 AS (6 PR), hinten 15-30 AS (8 PR) einschl. Kombinations-Kraftheber, kupplungsunabhängig, mit 4 Regelfunktionen und Steuerung über die unteren Lenker und Dreipunkt-Aufhängung mit ausziehbaren Unterlenkern, Seitenbegrenzungen verstellbar, oberer Lenker mit Schnellkupplung, Anhängerschiene L 11581 L	31.185,--	
9208	AR 30646 R	Rahmengewichte vorn mit 2 Gewichten	355,--	
2701	AR 32347 R	Zugpendel mit Zugmaul, Bolzen und Sicherung	370,--	
	AL 14233 L	Kotflügel vorn (nicht erforderlich für 7-Gang-Maschine)	75,--	
	Al 14332 L	Rückspiegel (nicht erforderlich für 7-Gang-Maschine)	15,--	32.000,--
Grundausrüstung (Mindestlieferumfang)				
Motor:		4-Zylinder-4-Takt-Dieselmotor 75 PS bei 2.410/min, Schwungmassen-Ausgleich, Ölbadluftfilter, wettergeschützter Auspuff nach oben, Zweikreis-Wasserkühlung mit Thermostat.		
Elektr. Anlage:		Drehstrom-Lichtmaschine 12 Volt 90/135 Watt, Batterie 2x12 Volt/70 Ah, Beleuchtung, Rückstrahler, Blinklicht-Anlage für zwei Anhänger, 7 polige Steckdose, Armaturenbeleuchtung.		
Getriebe:		Vollsynchr. Schaltgetriebe mit wahlweise 8 oder 7 Vorwärts- und 2 Rückwärtsgängen, Differenzialsperre, Höchstgeschwindigkeit bei 8-Gang: 32 km/h, bei 7-Gang: 19,8 km/h.		
Zapfwellen:		Motorzapfwelle hinten 540/min und 1.000/min.		
Lenkung:		Hydraulische Lenkung »Power Steering«.		
Bremsen:		Hydraulische Scheibenbremsen, Fußbremse als Lenkbremse , unabhängige Handbremse.		
Spurweite:		Ausziehbare Vorderachse von 1.270-2.010 mm,Spurverstellräder hinten 1.475-1.615 mm.		
Sonstiges:		Vordere Drückevorrichtung, schwenkbare Wagenanhängevorrichtung, DeLuxe-Polstersessel, Beifahrersitz auf linkem Kotflügel, Traktometer mit Betriebsstundenzähler, Kraftstoffmesser, Öldruck- und Lichtmaschinenkontrolle.		
Wahlausrüstung				
2000	AR 34304 R	Zusatzsteuergerät mit hydraulischer Schnellkupplung für doppeltwirkenden Zylinder mit Abreißkupplungen erforderlich für Frontlader-Anbau		590,--
Zusatzausrüstungen				
9005	AR 27017 R	doppeltwirkender Fernsteuerzylinder mit Schläuchen		445,--
		Vorderachsgewichte (6 Stück möglich)		pro Stück 65,--
	AL 10442 L	Hinterrad-Zusatzgewichte, 2 Stück, je 80 kg		280,--
	AL 14715 L	Gerätescheinwerfer		50,--
71601	AL 15678 L	1 Zusatzsteuergerät mit hydr. Schnellkupplung nach vorn		160,--
71602	AL 15679 L	2 Zusatzsteuergeräte mit hydr. Schnellkupplung nach vorn		320,--
71603	AL 16434 L	3 Zusatzsteuergeräte mit hydr. Schnellkupplung nach vorn		480,--
71604	AL 15680 L	1 Zusatzsteuergerät mit hydr. Schnellkupplung nach hinten		160,--
71605	AL 15681 L	2 Zusatzsteuergeräte mit hydr. Schnellkupplung nach hinten		320,--
71606	AL 15682 L	2 Zusatzsteuergeräte mit hydr. Schnellkupplung nach vorn/hinten		320,--
71402	AL 16514 L	Zugpendel		140,--
75501	AL 16805 L	Riemenscheibe		435,--
75602	AL 16587 L	1 Satz Naben für Zwillingsbereifung (nur für Maschinen bis 20 km/h)		165,--
75707		1 Satz Zwillingsbereifungen 11-36 AS bei vorh. Bereifung 11-36 AS		1.740,--
75801	AL 16438 L	Grundplatte für Frontgewichte		65,--
75901	AL 16338 L	1 Frontgewicht (5 Stück möglich)		65,--
76001	AL 10442 L	1 Satz Zusatzgewichte, hinten		280,--
76201		Beifahrersitz auf Kotflügel, rechts		26,--
76301	AL 11958 L	Sitzkissen für Beifahrersitz		21,--
76401	AL 11742 L	Gerätescheinwerfer		50,--
76501	AL 10826 L	Aufbockvorrichtung		170,--
73101	AL 15359 L	1 Rückspiegel, links		15,--
73102	AL 15358 L	1 Rückspiegel, rechts		15,--
76601	AL 17022 L	Luftvorfilter		32,--

Preise / Ausrüstungen Typ 1020		
Grundpreis	**Stand: 09/1970** (Preise in DM ohne Mehrwertsteuer)	
3043 T	Schlepper 1020 Hinterradantrieb	14.397,--
920 C	Sicherheitsgurt wird empfohlen	40,--
	Gebühr für Kfz.-Brief	16,--
Wahlausrüstungen		
110 A	8 / 4 Gang--Muffenschaltgetriebe	Grundpreis
110 B	LS-Getriebe (Langsam/Schnell) durch Zugkraftwandler Verdoppelung der Gänge (16 / 8)	973,--
120 D	Getriebe unter 20 km/h (Schnellgang blockiert)	Grundpreis
120 F	Schnellgang incl.	
9315	Rückblickspiegel	36,--
2100	Mechanische Lenkung	Grundpreis
2000	Hydraulische Lenkung	653,--
	Motorzapfwellen	
150 A	540/min hinten	Grundpreis
150 C	540/min und 1000/min hinten	267,--
150 B	540/min hinten und 1000/min vorn	233,--
150 D	540/min und 1000/min hinten, 1000/min vorn	427,--
	Unter Last schaltbare Zapfwellen	
150 E	540/min hinten	427,--
150 F	540/min und 1000/min hinten	693,--
150 G	540/min und 1000/min hinten, 1000/min vorn	853,--
1136	Kühler normal	Grundpreis
1138	Kühler mit Ölkühler	100,--
280 A	Hydraulikpumpe 11,3 ccm	Grundpreis
280 B	Hydraulikpumpe 22,6 ccm	93,--
	Dreipunktaufhängungen mit Wagenanhängevorrichtung	
2315	Kat. I + II höhenverstellbar	Grundpreis
2317	Kat. I + II ausschwenkbar	20,--
2324	Kat. II Unterlenker ausziehb. und höhenverstellb.	160,--
2320	Kat. II Unterlenker ausziehb. und ausschwenkb.	180,--
2629	ohne Steuergerät	Grundpreis
	Einfachwirkende Steuergeräte	
2638	Erstes (inneres) mit einer Leitung nach vorn	271,--
2644	Erstes (inneres) und zweites (äußeres) mit je einer Leitung nach vorn	541,--
	Doppeltwirkende Steuergeräte	
2642	Erstes (inneres) mit je 2 Leitungen nach hinten	337,--
2637	Erstes (inneres) mit je 2 Leitungen nach vorn	337,--
2643	Erstes (inneres) und zweites (äußeres) mit je 2 Leitungen nach hinten	675,--
	Hinterräder mit Bereifung	
4130	12.4/11-28 (6 PR)	Grundpreis
4123	12.4/11-32 (6 PR)	229,--
4120	14.9/13-28 (6 PR)	392,--
4125	12.4/11-36 (6 PR)	295,--
4124	9.5/9-36 (6 PR)	Minderpreis 79,--
	Vorderräder mit Bereifung	
6062	6.00-16 (6 PR)	Grundpreis
6063	6.50-16 (6 PR)	56,--
810 A	Auspuff nach oben	Grundpreis
8102	Auspuff nach unten	53,--
9289	Vordere Drückevorrichtung	Grundpreis
9155	dto. mit Grundgewicht (80 kg)	160,--
9156	dto. mit Grundgew. und 4 Zusatzgew. (248 kg)	503,--
9157	dto. mit Grundgew. und 6 Zusatzgew. (332 kg)	669,--

Preise / Ausrüstungen Typ 1120		
Grundpreis	**Stand: 09/1970** (Preise in DM ohne Mehrwertsteuer)	
0803 R	Schlepper 1120 Hinterradantrieb	15.746,--
920 C	Sicherheitsgurt wird empfohlen	40,--
	Gebühr für Kfz.-Brief	16,--
Wahlausrüstungen		
110 A	8 / 4 Gang--Muffenschaltgetriebe	Grundpreis
110 B	LS-Getriebe (Langsam/Schnell) durch Zugkraftwandler Verdoppelung der Gänge (16 / 8)	973,--
120 D	Getriebe unter 20 km/h (Schnellgang blockiert)	Grundpreis
120 F	Schnellgang incl.	
9315	Rückblickspiegel	36,--
2100	Mechanische Lenkung	Grundpreis
2000	Hydraulische Lenkung	707,--
	Motorzapfwellen	
150 A	540/min hinten	Grundpreis
150 C	540/min und 1000/min hinten	267,--
150 B	540/min hinten und 1000/min vorn	233,--
150 D	540/min und 1000/min hinten, 1000/min vorn	427,--
	Unter Last schaltbare Zapfwellen	
150 E	540/min hinten	427,--
150 F	540/min und 1000/min hinten	693,--
150 G	540/min und 1000/min hinten, 1000/min vorn	853,--
1136	Kühler normal	Grundpreis
1138	Kühler mit Ölkühler	100,--
280 A	Hydraulikpumpe 11,3 ccm	Grundpreis
280 B	Hydraulikpumpe 22,6 ccm	93,--
	Dreipunktaufhängungen mit Wagenanhängevorrichtung	
250 C	Kat. I + II höhenverstellbar	Grundpreis
250 D	Kat. I + II ausschwenkbar	20,--
250 F	Kat. II Unterlenker ausziehb. und höhenverstellb.	160,--
250 G	Kat. II Unterlenker ausziehb. und ausschwenkb.	180,--
2629	ohne Steuergerät	Grundpreis
	Einfachwirkende Steuergeräte	
2638	Erstes (inneres) mit einer Leitung nach vorn	271,--
2644	Erstes (inneres) und zweites (äußeres) mit je einer Leitung nach vorn	541,--
	Doppeltwirkende Steuergeräte	
2642	Erstes (inneres) mit je 2 Leitungen nach hinten	337,--
2637	Erstes (inneres) mit je 2 Leitungen nach vorn	337,--
2643	Erstes (inneres) und zweites (äußeres) mit je 2 Leitungen nach hinten	675,--
	Hinterräder mit Bereifung	
4123	12.4/11-32 (6 PR)	Grundpreis
4125	12.4/11-36 (6 PR)	65,--
4126	13.6/12-36 (6 PR)	176,--
4121	14.9/13-30 (6 PR)	273,--
	Vorderräder mit Bereifung	
6062	6.00-16 (6 PR)	Grundpreis
6063	6.50-16 (6 PR)	56,--
6064	7.50-16 (6 PR) nicht zu 12.4/11-32	189,--
810 A	Auspuff nach oben	Grundpreis
8102	Auspuff nach unten	53,--
9155	Vord. Drückevorrichtung mit Grundgew. 80 kg	Grundpreis
9156	dto. mit Grundgew. und 4 Zusatzgew. (248 kg)	343,--
9157	dto. mit Grundgew. und 6 Zusatzgew. (332 kg)	509,--

Preise / Ausrüstungen Typ 2020		
Grundpreis	**Stand: 09/1970** (Preise in DM ohne Mehrwertsteuer)	
3143 T	Schlepper 2020 Hinterradantrieb	17.900,--
	Schlepper 2020 Vierradantrieb Hydrostatischer Frontantrieb, incl. Vorderrad-Bereifung 8.3/8-24 AS (6 PR)	23.099,--
920 C	Sicherheitsgurt wird empfohlen	40,--
	Gebühr für Kfz.-Brief	16,--
Wahlausrüstungen		
110 A	8 / 4 Gang--Muffenschaltgetriebe	Grundpreis
110 B	LS-Getriebe (Langsam/Schnell) durch Zugkraftwandler Verdoppelung der Gänge (16 / 8)	1.073,--
120 D	Getriebe unter 20 km/h (Schnellgang blockiert)	Grundpreis
120 F	Schnellgang incl.	
9315	Rückblickspiegel	36,--
2100	Mechanische Lenkung	Grundpreis
2000	Hydraulische Lenkung	853,--
	Motorzapfwellen	
150 A	540/min hinten	Grundpreis
150 C	540/min und 1000/min hinten	267,--
150 B	540/min hinten und 1000/min vorn	233,--
150 D	540/min und 1000/min hinten, 1000/min vorn	427,--
	Unter Last schaltbare Zapfwellen	
150 E	540/min hinten	427,--
150 F	540/min und 1000/min hinten	693,--
150 G	540/min und 1000/min hinten, 1000/min vorn	853,--
	Dreipunktaufhängungen mit Wagenanhängevorrichtung	
250 C	Kat. I + II höhenverstellbar	Grundpreis
250 D	Kat. I + II ausschwenkbar	20,--
250 F	Kat. II Unterlenker ausziehb. und höhenverstellb.	160,--
250 G	Kat. II Unterlenker ausziehb. und ausschwenkb.	180,--
260 J	ohne Steuergerät	Grundpreis
	Einfachwirkende Steuergeräte	
260 D	Erstes (inneres) mit einer Leitung nach vorn	271,--
260 E	Erstes (inneres) und zweites (äußeres) mit je einer Leitung nach vorn	541,--
	Doppeltwirkende Steuergeräte	
260 G	Erstes (inneres) mit je 2 Leitungen nach hinten	337,--
260 F	Erstes (inneres) mit je 2 Leitungen nach vorn	337,--
260 H	Erstes (inneres) und zweites (äußeres) mit je 2 Leitungen nach hinten	675,--
	Hinterräder mit Bereifung	
4125	12.4/11-36 (6 PR) nicht bei Allrad	Grundpreis
4126	13.6/12-36 (6 PR)	111,--
4121	14.9/13-30 (6 PR)	208,--
4122	16.9/14-30 (6 PR)	420,--
	Vorderräder mit Bereifung	
6063	6.50-16 (6 PR)	Grundpreis
600 B	7.50-16 (6 PR)	133,--
810 A	Auspuff nach oben	Grundpreis
8102	Auspuff nach unten	53,--
9155	Vord. Drückevorrichtung mit Grundgew. 80 kg	Grundpreis
9156	dto. mit Grundgew. und 4 Zusatzgew. (248 kg)	343,--
9157	dto. mit Grundgew. und 6 Zusatzgew. (332 kg)	509,--
Zusatzausrüstungen		
9656	Werkzeugkasten	61,--
9065	Starthilfe (für Sprühdose)	43,--
9067	Starthilfe (Thermostart)	100,--
9010	Lange Ackerschiene Kategorie I + II	131,--
9024	Ackerschiene Kat. I mit Drehsicherung	51,--
9027	Ackerschiene Kat. II mit Drehsicherung	60,--
920 A	Arretierung der Ackerschiene nach oben	46,--
	AT 30815 Teile zur seitlichen Stabilisierung	129,--
900 B	Zugpendel ohne Zugmaul	186,--
900 E	Zugpendel mit Zugmaul	236,--
9121	Hinterrad-Gewichte 2 á 50 kg	214,--
9020	Riemenscheibe für Zapfwelle 540/min	826,--
9021	Riemenscheibe für Zapfwelle 1000/min	929,--
930 A	Gerätescheinwerfer	53,--

Preise / Ausrüstungen Typ 2120		
Grundpreis	**Stand: 09/1970** (Preise in DM ohne Mehrwertsteuer)	
3753 T	Schlepper 2120 Hinterradantrieb	19.998,--
	Schlepper 2120 Vierradantrieb Hydrostatischer Frontantrieb, incl. Vorderrad-Bereifung 9.5/9-24 AS (6 PR)	25.778,--
920 C	Sicherheitsgurt wird empfohlen	40,--
	Gebühr für Kfz.-Brief	16,--
Wahlausrüstungen		
110 A	8 / 4 Gang Muffenschaltgetriebe	Grundpreis
110 B	LS-Getriebe (Langsam/Schnell), durch Zugkraftwandler Verdoppelung der Gänge (16 / 8)	1.240,--
120 D	Getriebe unter 20 km/h (Schnellgang blockiert)	Grundpreis
120 F	Schnellgang incl.	
9315	Rückblickspiegel	36,--
2100	Mechanische Lenkung	Grundpreis
2000	Hydraulische Lenkung (erforderlich bei Allrad)	933,--
	Motorzapfwellen	
150 A	540/min hinten	Grundpreis
150 C	540/min und 1000/min hinten	267,--
150 B	540/min hinten und 1000/min vorn	233,--
150 D	540/min und 1000/min hinten, 1000/min vorn	427,--
	Unter Last schaltbare Zapfwellen	
150 E	540/min hinten	427,--
150 F	540/min und 1000/min hinten	693,--
150 G	540/min und 1000/min hinten, 1000/min vorn	853,--
	Dreipunktaufhängungen mit Wagenanhängevorrichtung	
2326	Kat. I und II, höhenverstellb. Wagenanhängevorr.	Grundpreis
2328	Kat. I und II, ausschwenkb. Wagenanhängevorr.	20,--
2329	Kat. II Unterlenker ausziehbar und höhenverstellbare Wagenanhängevorrichtung	160,--
2332	Kat. II Unterlenker ausziehbar und ausschwenkbare Wagenanhängevorrichtung	180,--
2631	ohne Steuergerät	Grundpreis
	Einfachwirkende Steuergeräte	
2650	Erstes (inneres) mit einer Leitung nach vorn	271,--
2664	Erstes (inneres und zweites äußeres) mit je einer Leitung nach vorn	541,--
	Doppeltwirkende Steuergeräte	
2651	Erstes (inneres) mit 2 Leitungen nach hinten	337,--
2653	Erstes (inneres) mit 2 Leitungen nach vorn	337,--
2652	Erstes (inneres und zweites äußeres) mit je 2 Leitungen nach hinten	675,--
9156	Vordere Drückevorrichtung mit Grundgewicht und 4 Zusatzgewichten (248 kg)	Grundpreis
9157	dto. mit 6 Zusatzgewichten (332 kg)	167,--
9164	dto. mit 8 Zusatzgewichten (416 kg)	340,--
Zusatzausrüstungen		
9056	Werkzeugkasten	61,--
9065	Starthilfe (für Sprühdose)	43,--
9067	Starthilfe (Thermostart)	100,--
9010	Lange Ackerschiene Kat. I + II	131,--
9027	Ackerschiene Kat. II mit Drehsicherung	60,--
920 A	Arretierung der Ackerschiene nach oben	46,--
9128	Hinterrad-Gewichte 2 á 40 kg	179,--
9020	Riemenscheibe für Zapfwelle 540/min	826,--
9021	Riemenscheibe für Zapfwelle 1000/min	929,--
930 A	Gerätescheinwerfer	53,--
9315	Rückblickspiegel	17,--
920 G	Beifahrersitz auf Kotflügel rechts	30,--
9270	Sitzkissen zum Beifahrersitz	23,--
9090	Zigarrenanzünder	13,--
9158	Verschmutzungsanzeiger für Trockenluftfilter	36,--
9215	Auspuffverlängerung für Auspuff nach oben	10,--
9373	Unterlegkeil (Metall)	17,--
9070	Doppeltwirkender hydr. Arbeitszylinder mit Schläuchen und Anschluss passend zum Schnellkupplungsstecker der Schlepper	457,--
9294	Ölrücklaufleitung für Hydraulikmotoren	114,--

John Deere 30er Serie Typ 2030 (1972-1979)
John Deere 30er Serie Typ 2130 (1972-1979)
John Deere 30er Serie Typ 3130 (1972-1979)
John Deere 30er Serie Typ 830 (1974-1977)
John Deere 30er Serie Typ 930 (1974-1977)
John Deere 30er Serie Typ 1030 (1974-1977)
John Deere 30er Serie Typ 1130 (1974-1977)
John Deere 30er Serie Typ 1630 (1975-1979)

1972 erweiterte das Werk Mannheim sein Schlepperprogramm um die Traktoren der 30er Reihe. Die neuen 30er Motoren erhielten ein neues Verbrennungssystem durch einen besonders geformten Kolbenboden und eine Vier-Loch-Einspritzdüse. Die Vierzylinder-Typen 2030 mit 68 PS und 2130 mit 75 PS, sowie das Sechszylinder-Modell 3130 mit 92 PS verfügten über eine kupplungsunabhängige Zapfwelle, die unter voller Last hydraulisch ein- und ausschaltbar war. Die großen Markterfolge der 4-Zylindermodelle 2030 und 2130, sie waren die »Bestseller« der Mannheimer Fabrik jener Jahre, brachten John Deere 1973 erstmals an die Spitze der deutschen Traktorenhersteller, an der sie sich dann etablieren sollten. Mit 11.798 Einheiten führte der Typ 2130 mit großem Abstand die Produktionsliste des Jahres 1975 an und war auch 1977 maßgeblich an der Jahresproduktion von insgesamt 41.204 John Deere-Traktoren aus der Mannheimer Fertigung beteiligt. Ein Jahresrekord, der auch heute noch Bestand hat. Der OECD-geprüfte 4-Pfosten Sicherheitsrahmen war ein weiterer Beweis für die ständige Suche nach noch größerer Sicherheit.

Der 3130, der stärkste Schlepper aus den John Deere Werken Mannheim, verfügte über eine erhöhte, vollkommen ebene Fahrerplattform und über genügend Raum, um diesen großen Traktor bequem zu bedienen. Selbstverständlich waren an diesem Schlepper die hydrostatische Lenkung und das LS-Getriebe Standardausrüstung. Sein gut gepolsterter, körpergerecht geformter Sitz war stoßgedämpft. Durch die neue Einstellmöglichkeit ließ sich der Sitz in Bezug auf das Gewicht des Fahrers und in Bezug auf die Höhe in jede gewünschte Position bringen, die die beste und bequemste Bedienung des Traktors ermöglichte.

1974 wurde die 30er Serie mit den Dreizylinder-Modellen 830 mit 35 PS, 930 mit 41 PS, 1030 mit 46 PS und 1130 mit 51 PS vorgestellt. Bis zum Produktionsende 1977 kam der Typ 830 auf 1.180, der Typ 930 auf 1.228 Einheiten. Deutlich höhere Produktionszahlen erreichten die beiden Typen 1030 und 1130, die es auf Wunsch auch als Allrad-Traktoren mit mechanischem Frontantrieb (MFWD) gab. Während vom Typ 1030 bis 1977 insgesamt 4.612 Traktoren hergestellt wurden, brachte es der Typ 1130 auf die Stückzahl von 7.708. Als Standard-Traktor mit Hinterradan-

Familienfoto: Die John Deere Traktoren der 30er Serie, wie sie ab 1975 mit neuem Kompakt-Styling auf den Markt kamen.

Fortschrittliche Technik, hoher Komfort und große Sicherheit kennzeichneten die John Deere Traktoren der 30er Serie.

1972 erweiterte das Werk Mannheim sein Schlepperprogramm um die Traktoren der 30er Baureihe.

Der Vierzylindermotor im John Deere Typ 2030 Allrad-Traktor mit 68 PS erhielt ein neues Verbrennungssystem durch einen besonders geformten Kolbenboden und eine Vier-Loch-Einspritzdüse.

trieb stand der erfolgreiche Typ 1130 mit DM 21.870,-- und in der Ausführung D incl. Kühler mit Ölkühler und Hydraulikpumpe 47,2 Liter/min mit DM 22.185,-- bei den John Deere Händlern in Deutschland. In der Allrad-Version mit mechanischem Frontantrieb (MFWD) wurde er zu einem Grundpreis von DM 30.610,-- angeboten. Mit DM 18.400,-- bzw. 18.990,-- musste für die beiden kleineren Dreizylinder-Modelle 830 und 930 deutlich weniger bezahlt werden. Als erster deutscher Traktorenhersteller zeigte John Deere eine integrierte, komfortable Kabine mit einem Geräuschpegel von nur 86 dB(A), die so genannte Fahrer-Sicherheitskabine (FSC). Sie wurde zuerst für die Typen 2130 und 3130 angeboten.

John Deere bot entsprechend den praktischen Forderungen der Landwirtschaft im unteren Leistungsbereich (Leistungsklasse) von 46 bis 68 PS den etwas preiswerteren mechanischen Frontantrieb (Mechanical Front Wheel Drive = MFWD) und im oberen Leistungsbereich ab 75 PS den vorteilhafteren hydrostatischen Frontantrieb (HFWD) an, der sich durch hohe Bodenfreiheit, beste Manövrierfähigkeit, einem Arbeits- und einem Zusatzdrehmoment und automatischer Differenzialsperrwirkung auszeichnete.

1975 erhielten sämtliche Modelle der Mannheimer Schlepperreihe ein neues Kompakt-Styling. Das Äußere der Traktoren veränderte sich vor allem durch die Motorhaube, die mit der neuen Stylinggeneration eingeführt wurde. Die nach vorn abfallende Haube brachte nicht nur eine bessere Sicht, sondern unter dem hinteren Haubenteil zusätzlichen Platz für »all das Zeug, das einem Sorgen macht, weil immer mehr unter der Haube Platz finden soll«. Ansonsten gab es für die 30er Serie äußerlich kaum Veränderungen. Unter der Verkleidung jedoch hatte sich sehr viel getan, um die Zuverlässigkeit der Maschinen zu erhöhen.

So wurden die Modelle 2030 und 2130 mit einem Ölkühler ausgerüstet, der die Öltemperatur stabilisierte und so die Schmierfähigkeit des Ölfilms jederzeit gewährleistete. Der Motorölfilter ließ sich leicht und ohne Verwendung austauschen. Fremdkörper wurden durch diesen Filter bis zu einer Größe von 2 Tausendstel Millimeter zurückgehalten. War der Filter verstopft, sicherte ein Umgehungsventil eine kontinuierliche Schmierung. Alle John Deere Traktoren der 30er Reihe waren wahlweise mit einem Sicherheitsfilterelement ausrüstbar.

Der Vierzylinder-Typ 2030 mit 68 PS verfügte über eine kupplungsunabhängige Zapfwelle, die unter voller Last hydraulisch ein- und ausschaltbar war.

1976 folgte der Dreizylinder-Typ 1630 mit 56 PS, der den Kundenwunsch nach einer kompakten, wendigen Maschine für den Einsatz im Grünland erfüllte. Als Allradtraktor kostete er DM 33.020,--, für DM 24.390,-- war er nur mit Hinterradantrieb wesentlich preiswerter. Eine weitere Neuheit im Mannheimer Schlepperprogramm der 30er-Serie stellte der Sechszylinder-Traktor 3030 mit 89 PS dar. Er kam 1978 in der gleichen Ausrüstung wie sein größerer »Bruder« der 3130 auf den Markt, dessen Leistung mittlerweile auf 92 PS erhöht wurde. Doch ein Jahr später, 1979, wurde der Typ 3030, wie auch alle anderen Modelle der 30er-Serie durch die neue John Deere Traktorenreihe der 40er-Serie abgelöst.

Eine Zapfwelle für den Einsatz aller Arbeitsgeräte

Auch bei den Traktoren der 30er Serie wurde durch eine vielfach erprobte und sicher arbeitende Zapfwellenkonstruktion die Universalität der Traktoren, wie auch die Verwendbarkeit ihrer Motorkraft erweitert. Die 3-Zylinder-Modelle von John Deere bis zum Typ 1130 wurden serienmäßig mit einer Motorzapfwelle geliefert. Diese Modelle waren mit einer Doppelkupplung versehen. Durch Auskuppeln der ersten Stufe der Doppelkupplung wurden die einzelnen Gänge des Traktors geschaltet. Dabei arbeitete die Motorzapfwelle ununterbrochen weiter. Wurde der Zapfwellenantrieb nicht benötigt, konnte durch Durchtreten

Typ 2130. Bis 1975 trugen die John Deere Traktoren aus Mannheim noch die markante Karosserielinie der 1. Generation. Danach setzten sie mit neuem Kompakt-Styling ihre Erfolgsserie fort.

des Kupplungspedals die zweite Stufe der Doppelkupplung ausgekuppelt werden – die Zapfwelle stand still.

In Ergänzung zu der bereits bekannten Motorzapfwelle der kleineren Modelle bot John Deere für alle Modelle der 30er Serie eine vollständig unabhängige Zapfwelle an. Die Zapfwelle wurde hydraulisch, ohne zu kuppeln mit Last geschaltet. Bei Betätigung des Zapfwellenhebels wurden mittels Öldruck die Kupplungsscheiben zusammengepresst. Der Kraftfluss ging jetzt von dem Antriebsrad über eine Welle in Richtung Zahnraduntersetzung und zur Zapfwelle bzw. zum Gerät. Wenn die Zapfwelle ausgeschaltet wurde, stoppte eine hydraulische Bremse den Kraftfluss automatisch.

Zwei Geschwindigkeiten waren verfügbar: 540 und 1000/min. Wahlweise waren beide Geschwindigkeiten bei den Modellen 930 bis 2030 erhältlich. Beim 2130 und 3130 war diese Ausrüstung Standard. Der Trend in der modernen Landwirtschaft ging in den letzten Jahren immer mehr zum Einsatz von Geräten mit 1000er Zapfwelle. Die 540er Zapfwelle war für eine Übertragungsleistung bis ca. 60 PS vorgesehen. Darüber hinaus konnte nur die 1000er Zapfwelle die volle Motorleistung übertragen. Aus diesem Grund bot John Deere bereits den 2130 mit der 1000er Zapfwelle an. Die Umschaltung der Zapfwelle von 540 auf 1000/min und umgekehrt konnte leicht und sicher durch Auswechseln des Zapfwellenstummels vorgenommen werden.

John Deere 30er Serie Typ 4230 (1976-1977)
John Deere 30er Serie Typ 4430 (1976-1977)
John Deere 30er Serie Typ 3030 (1978-1979)

In Europa boomte der Traktorenmarkt, auch die Nachfrage nach passenden Maschinen für landwirtschaftliche Großbetriebe und Lohnunternehmen. Wie bereits in der 10er und 20er Serie erfolgreich angewendet, sollten auch Großtraktoren aus dem amerikanischem Stammwerk das Traktorenprogramm der 30er

Serie nach oben abrunden. Um gesetzliche Vorschriften für die Zulassung zum Straßenverkehr und für die Berufgenossenschaft zu erfüllen, waren für den Import der Traktorenmodelle 4230 und 4430 aus Waterloo einige Umrüstungen erforderlich. Für den Einsatz in Europa gut vorbereitet, erhielten sie eine geprüfte Anhängevorrichtung sowie auf europäische Abmessungen geänderte Gerätekupplungen und Hydraulikanschlüsse. Unabdingbare Kundenforderungen waren auch Radialreifen und Spurweiten, die den in Europa üblichen Reihenabständen in metrischen Abmessungen entsprachen. Die Fertigung dieser richtungweisenden Spitzenprodukte mit Komponentenlieferung aus Waterloo und Zulieferteile aus europäischer Produktion erfolgte ab September 1975 auf einem neu eingerichteten Band im Mannheimer John Deere Werk als eine ebenso kundennahe wie kostengünstige Lösung.

Die großvolumigen Sechszylinder-Motoren mit einem Hubraum von 6620 ccm leisteten 118 PS beim Modell 4230 und mit Turbolader 145 PS beim 4430. Die zentrale Anordnung des Turboaufladers ermöglichte eine gleichmäßige Luftversorgung der Zylinder, was sich im Verbrauch deutlich bemerkbar machte. Den Kundenwünschen entsprach das gruppensynchronisierte Getriebe mit 16 Vorwärts- und 6 Rückwärtsgängen.

Eine für diese Zeit fast sensationelle Ausrüstung war die Komfort-Kabine »Sound Gard« (SGB). Diese belüftete und beheizte Kabine, die auf Wunsch auch mit Klimaanlage ausgerüstet werden konnte, trug wesentlich zum Komfort, zur Bequemlichkeit und zu besonders vorteilhaften Arbeitsbedingungen für den Traktorfahrer bei. Vor allem aber brachte die Sound Cab eine wirkliche Geräuschabschirmung. Am Ohr des Fahrers wurden beim Traktor 4230 (118 PS) 81 dBA und beim 4430 (145 PS) 83 dBA gemessen. Im Traktorenbau waren das Spitzenwerte. Das Geheimnis lag in der völligen Trennung von Traktor und Kabine, Fahrerplattform, Kotflügel und Armaturenbrett mit Lenkung und Fußpedalen. Die Sound Cab bildete eine geschlossene Einheit und war auf Spezial-Silentblöcken montiert, die eine Übertragung von Geräuschen und Vibrationen vom Traktor her auf ein Minimum reduzierten. Die tiefgezogene, gebogene Panorama-Frontscheibe trug auch zum niedrigen Geräuschpegel in der Kabine bei und die großen Glasflächen der Seiten- und Heckfenster erlaubten eine fast uneingeschränkte Rundumsicht. Selbstverständlich war ein Überschlagschutzrahmen in die Kabine integriert. Die Lenksäule war sowohl in der Höhe als auch nach vorn und hinten verstellbar. Sie setzte in Europa neue Maßstäbe in Bezug auf Ergonomie, Fahrkomfort und Sicherheit für den Fahrer. Die Gangschaltung und andere Bedienelemente waren auf der rechten Konsole griffgünstig angeordnet.

Serienmäßig waren der 4230 und 4430 mit dem seit 1974 exklusiv von John Deere verwendeten hydrostatischen Frontantrieb ausgerüstet, der bei Bedarf während der Fahrt zugeschaltet werden konnte. Die Antriebe waren geschützt und raumsparend in die Naben der Vorderräder eingebaut. Bei ihrer Markteinführung im September 1975 wurden die beiden Großtraktoren erstmals in den Preislisten der John Deere Werke Mannheim geführt. Der Grundpreis für den Allrad-Traktor Typ 4230 mit »Sound-Cab«, Heizung und Belüftung betrug DM 71.717,--. Der 4430 kostete sogar DM 82.242,--. Bereits nach zweijähriger Bauzeit wurden 1977 die beiden Sechszylinder-Modelle 4230 und 4430 durch die neuen Großtraktoren der 40er Serie abgelöst. Vom Typ 4430 konnten lediglich 333 Einheiten verkauft werden. Erfolgreicher war der Typ 4230, der es immerhin auf 728 Maschinen brachte.

Bei der Feldarbeit spielte der John Deere Typ 4230 als flüsternder Spitzen-Sportler seine überlegene Technik voll aus.

Sowohl der 4230 als auch der größere 4430 waren die Flaggschiffe der Mannheimer John Deere Traktoren Mitte der 1970er Jahre.

Die voll integrierte Fahrerkabine

Auch in der Landwirtschaft wurde immer mehr Komfort gefordert. Von allen Herstellern wurde in der Vergangenheit an neuartigen Kabinen gearbeitet. Doch bisher war es nicht gelungen, eine wirkliche Lösung in Bezug auf Geräusche und sonstigen Komfort anzubieten. Die John Deere-Lösung zählte 1974 zu den Messe-Neuheiten auf der DLG: Für die größeren Traktoren-Modelle 2030, 2130 und 3130 aus dem Werk Mannheim wurde auf Kundenwunsch die voll integrierte Fahrersicherheitskabine (FSC) angeboten. Um in der Kabine einen Geräuschpegel von unter 86 dB zu erreichen, musste ein konstruktiv großer Aufwand betrieben werden, der auch prompt belohnt wurde. Die neue Kabine übertraf alle Erwartungen und kam bei den zufriedenen Kunden so gut an, dass viele von Ihnen in den ersten Monaten nach der Vorstellung geduldig auf ihren Kabinentraktor warten mussten. Der Typ 2030 mit Hinterradantrieb und Fahrer-Sicherheits-Cab kostete 1975 DM 34.045,--, als Allradtraktor DM 42.195,--. Auf DM 36.785,-- bzw. 45.705,-- kam der Typ 2130. Für die Dreizylinder-Traktoren 1030, 1130 und 1630 wurde die werksseitig installierte Fahrer-Sicherheits-Kabine (FSC) ab 1977 wahlweise angeboten.

Serienmäßig für die Traktoren-Modelle 2030, 2130 und 3130 mit Kabine wurde der körpergerecht geformte Super-Luxussitz angeboten. Er konnte in horizontaler und vertikaler Richtung verstellt werden (vertikale Verstellung mit Gasdruck). Mittels eines Druckknopfes konnte die Federung des Sitzes dem Gewicht des Fahrers angepasst werden. Außerdem waren Sitz und Rückenlehne, sowie die Armlehne abklappbar. Zusätzlichen Komfort durch die ausgedehnte Beinfreiheit gewährte der integrierte flache Kabinenboden. Eine weitere Geräuschminderung wurde durch die Montage des unter der Motorhaube liegenden Auspuffschalldämpfers erreicht. Das kleine schmale Endrohr des Auspuffs gewährte eine ausgezeichnete gerade Aussicht nach vorn. Diese John Deere eigenen Konstruktionsmerkmale in Verbindung mit dem blendfreien Glas der Windschutzscheibe, trugen zur Reduzierung von Ermüdungserscheinungen und zum

Bereits 1974 erhielt auch der John Deere Traktor Typ 3130 auf Wunsch die voll integrierte Fahrersicherheitskabine (FSC).

Technik transparent: Das Schnittbild zeigt anschaulich das »Innenleben« des John Deere Sechszylinder-Modells 3130.

Um dem gestiegenen Bedarf besser gerecht zu werden, wuchs 1976 die Motorleistung des John Deere Typ 3130 Hinterrad-Traktors von 89 PS auf 92 PS.

Wohlbefinden des Fahrers bei. Die Batterien waren unter den obersten Trittstufen, die bequem und ohne Werkzeug aufgeklappt werden konnten, eingebaut. Dadurch war eine einfache und schnelle Wartung der Batterien möglich.

Diese neue Kabine war eine komplette Einheit, die fest in die Konstruktion des Traktors einbezogen war und nur im Werk montiert werden konnte. Die »Fahrer-Sicherheits-Cab« war nicht fest mit dem Traktor verschraubt, sondern auf speziellen Dämpfungselementen gelagert. Durch diese Gummipuffer wurden sämtliche Geräusche, Vibrationen und Stöße weich aufgefangen. Motor- und Getriebegeräusche wurden abgeschirmt. Am Ohr des Fahrers wurden beim OECD-Test 86 dBA gemessen. Selbstverständlich war ein Vier-Pfosten-Überschlagschutzrahmen aus doppeltem Profilstahl voll integriert.

Der Innenraum der Kabine war vollkommen mit schallabsorbierendem, nicht reflektierendem Schaumstoffmaterial verkleidet. Alle Kontrolleinrichtungen der Kabine, die Heizung, Scheibendefroster, Frischluftzufuhr und Scheibenwischer waren in unmittelbarer Griffnähe des Fahrers angeordnet. Die Sicht des Fahrers nach vorn war hervorragend, verstärkt durch die schlanke Gestaltung der Motorhaube. Getöntes Sicherheitsglas der Windschutzscheibe verhinderte Blendung und erleichterte dem Fahrer die Arbeit. Für Begleitpersonen enthielt die Kabine einen Beifahrersitz. Der Einbau eines Radiogerätes zur Unterhaltung des Fahrers war einfach. Die Installation war vorbereitet. Auf jeder Seite der Kabine war eine Tür, durch die der Arbeitsplatz bequem zu erreichen war. Die aufgeräumte, große Fahrerplattform schaffte viel Platz für Fahrer und Beifahrer. Gleich, wie bei allen anderen John Deere Traktoren wurde auch hier spezielles Augenmerk auf die Beibehaltung des Sicherheitsstandards gelegt. So waren z.B. die Hebel durch Farbe und Form gekennzeichnet, leicht zu unterscheiden und alle Hebel und Pedale lagen in griff- und trittgünstiger Position. Heizung, Gebläse, Scheibenwaschanlage, Scheibenwischer, Innenbeleuchtung, Sonnenblende und Rückspiegel gehörten zur Serienausstattung. Einen weiteren Beweis für die vorbildliche, fahrerfreundliche John Deere

Den Anfang der neuen 30er-Serie machte der John Deere Typ 830 Hinterrad-Traktor mit 2,7-Liter-Dreizylindermotor und 35 PS. Bis zum Produktionsende 1977 wurden von diesem Typ insgesamt 1180 Fahrzeuge im Werk Mannheim hergestellt.

Konstruktion lieferte die Lage des rechten Hydraulik-Bedienungshebels. Er war direkt neben der Armlehne des Fahrersitzes angebracht, leicht erreichbar für die Hand des Fahrers.

Mechanischer Frontantrieb

Die Erkenntnis im Hause John Deere, dass der Frontantrieb in Relation zur gewonnenen Zugkraftübertragung zu kostenintensiv sei, brachte 1976 den Modellen 1030, 1630 und 2030 den mechanischen Frontantrieb (MFWD) mit einer Achse der Schweizer Firma Schindler. Durch Fingertipp auf einen Kippschalter konnte der Fahrer den Vorderradantrieb ein- oder ausschalten, ohne zu kuppeln unter Last und während der Fahrt. Einfacher ging es nicht mehr. Durch Druck auf den Schalter wurde ein Magnet aktiviert, der ein Ventil öffnete. Durch dieses Ventil strömte Hydrauliköl, das eine in Ölbad liegende Multischeibenkupplung betätigte. Der Kraftfluss wurde daraufhin direkt vom Kegelradantrieb des hinteren Differenzials über ein Winkelgetriebe mit Zahnraduntersetzung auf die vordere Antriebswelle übertragen.

Die Multischeibenkupplung und die Anordnung der Antriebszahnräder waren links vom Hinterachsgehäuse angeflanscht. Da die Getriebekonzeption keinen mittleren Abtrieb zuließ, wurde die Kraftübertragung seitlich geführt und von der Hinterachswelle angetrieben. Die seitlich geführte Kardanwelle beschränkte etwas den Radeinschlag, aber dieser kleine Nachteil wurde von den Kunden gern akzeptiert. Die Kraftübertragung wurde auch durch Hinterradschlupf nicht beeinflusst. Zum Schutz des Vorderradantriebes arbeitete die Multischeibenkupplung gleichzeitig als Überlastschutz. Mit der modernen Pendelachse waren Bodenunebenheiten kein Problem. Mit einem Nachlaufwinkel von 12° war sie auch schwierigsten

Der Dreizylindermotor des John Deere Typ 930 Hinterrad-Traktors gab 41 PS auf die Hinterräder ab. 1975 betrug der Grundpreis DM 18990.--. Insgesamt wurden 1228 Fahrzeuge hergestellt.

Ab 1977 gab es den John Deere Typ 1030 auf Wunsch auch mit der Fahrersicherheitskabine (FSC). Ein Jahr zuvor, 1976, den mechanischen Frontantrieb (MFWD).

Beim John Deere Typ 1030 Hinterrad-Traktor mit 48 PS wurde Funktionalität und Wirtschaftlichkeit groß geschrieben. Sein geschlossenes Hydrauliksystem lieferte Kraft auf Abruf.

Einsatzverhältnissen gewachsen. Diese außergewöhnliche Anpassungsfähigkeit der Achse leistete einen zusätzlichen Sicherheitsbeitrag und Fahrkomfort. Auch waren bei diesen John Deere Traktoren mit Allradantrieb, wie bei allen anderen, die erhöhte Zugkraft und die damit verbundene höhere Gesamtproduktivität abhängig von Belastung und Gewicht der Vorder- und Hinterachse.

Gleiches Hydrauliköl für Differenzial der Vorderachse und Getriebe leisteten einen wesentlichen Beitrag zur schnelleren Wartung und Kostenreduzierung. Mit dem gut erreichbaren Messstab war die Kontrolle des Ölstandes einfach und bequem durchführbar. Die beiden doppelten Kreuzgelenke des Vorderantriebes konnten über jeweils zwei Schmiernippel geschmiert werden.

Die John Deere MFWD-Traktoren zeichneten sich durch herausragende Besonderheiten aus: Zugkrafterhöhung auf Abruf bereit, Fingertippschalter zum Ein- und Ausschalten des Vorderradantriebes, Frontantrieb während der Fahrt unter Last und ohne zu kuppeln schaltbar, Überlast-Sicherheitskupplung, hohe Bodenfreiheit und gute Manövrierfähigkeit, ausgezeichnete Stabilität, hervorragende Bremswirkung durch Allradantrieb (vorteilhaft bei starkem Gefälle) und kompaktes formschönes Design.

Hydrostatischer Frontantrieb hatte sich bewährt

Der hydrostatische Frontantrieb, den John Deere als einziger Traktorenhersteller in den PS-starken Modellen von 75 bis 145 PS seit 1972 anbot, hatte sich bewährt. Das fast verschleißfreie System des hydraulischen Antriebs der Vorderräder brachte beachtliche betriebswirtschaftliche Vorteile. Die Wendigkeit der auf größeren Betrieben und im überbetrieblichen Einsatz durchschnittlich mit einer höheren Betriebsstundenzahl eingesetzten größeren Traktoren wurde ebenso wie die Bodenfreiheit beachtlich verbessert im Vergleich zum mechanischen Allrad. Die Abstimmung zwischen Hinter- und Vorderachse wurde automatisch hergestellt durch die Unabhängigkeit der beiden Antriebsachsen. Der hydraulische Frontantrieb arbeitete ohne vorgegebene Voreilung, wodurch ein vorzeitiger Reifenverschleiß an den Vorderrädern vermieden wurde. Auch war es möglich, die Hinterräder ohne Rücksicht auf die Frontantriebsbereifung zu wechseln (Hackfruchtbereifung usw.). Das bei allen landwirtschaftlichen Arbeiten zu verwendende Arbeitsdrehmoment enthielt eine automatische Differenzialsperrwirkung. Dadurch wurde zum Beispiel beim Pflügen Schlupf am Lenkrad vermieden und eine höhere Zugkraft erreicht. Das höhere Zusatzdrehmo-

In der Allrad-Version mit mechanischem Frontantrieb (MFWD) wurde der John Deere Traktor Typ 1130 zu einem Grundpreis von DM 30610.-- angeboten.

ment sicherte eine ausreichende Kraftübertragung auch unter besonders schwierigen Verhältnissen. Ein weiterer Vorteil war die äußerst einfache Bedienung mittels Fingertipp-Schaltung.

Zusatzausrüstungen

Mit Einführung der 20er Serie im Jahre 1967 wurde bei John Deere in Mannheim nur noch auf Festauftrag produziert. So auch bei der 1972 neu auf den Markt gebrachten 30er Serie, wo, nach wie vor, jeder gebaute Traktor in seiner Spezifikation den Kunden-, Markt- und Einsatzbedingungen entsprach. Um individuelle Kundenwünsche besser erfüllen zu können, aber auch um den weltweiten Marktbedürfnissen und den gesetzlichen Bestimmungen der zu beliefernden Länder Rechnung tragen zu können, musste John Deere jeden Traktortyp unterschiedlich ausrüsten. Es wurde eine lange Liste von Auswahl- und Zusatzausrüstungen angeboten. Jetzt konnte der Kunde seinen Traktor in allen Einzelheiten maßgeschneidert bestellen und nach seinen persönlichen Wünschen mit optimaler Ausrüstung für den geplanten Einsatzzweck zusammenstellen.

Die lange Liste der Zusatzausrüstungen wurde von dem Zugpendel für schwere Bodenbearbeitungsgeräte angeführt. Ein breitschwingendes Zugpendel wurde speziell für das John Deere Modell 3130 geschaffen. Das Zugpendel war hervorragend geeignet für den Einsatz von weiträumigen Arbeitsgeräten wie z.B. Scheibeneggen. Durch die Schwingbewegung ermöglichte das Zugpendel den Geräten in vorbestimmter Zugrichtung bei unterschiedlichen Bodenbeschaffenheiten zu verbleiben. Dadurch wurde der Zugkraftbedarf reduziert und die Arbeitsgeschwindigkeit erhöht. Um das Anhängen der Arbeitsgeräte zu erleichtern, waren die Modelle 3130, 4040 und 4240 auf Wunsch mit einem werksseitig installierten Geräteschnellkuppler lieferbar. Die einfache und schnelle Bedienung des Kupplers erfolgte mittels Kabelzug vom Fahrersitz aus. Alle Steuergeräte der 30er Reihe (830 – 3130) wurden serienmäßig mit ISO-Schnellkupplungen ausgerüstet. Durch die zylindrischen Anschlussmaste waren diese Kupplungen mit allen handelsüblichen kombinierbar.

Für den Anschluss von Hydromotoren stand eine Ölrücklaufleitung zur Verfügung. Das Drucköl zum Hydromotor wurde dem normalen Steuergerät entnommen, das Rücklauföl wurde über die Ölrücklaufleitung dem Getriebeölfilter zugeführt. Außerdem ermöglichte der mit einem Gewindeanschluss versehene Filterdeckel eine bessere Versorgung des Frontladers mit Öl und dadurch ein schnelleres Arbeiten.

Der doppelt wirkende Fernsteuerzylinder von John Deere mit einstellbarem Stopp zur Regulierung des Kolbenhubweges war für alle Traktorenmodelle lieferbar. John Deere Traktoren wurden mit leicht montier- und abnehmbaren Koffergewichten, welche durch Klemmschrauben gesichert waren, belastet. Jedes Koffergewicht wog 42 kg. Sowohl das Grundgewicht als auch die Koffergewichte enthielten ein Zugmaul für den Anhänger. Die Aussparungen der im Zentrum gelegenen Gewichte bildeten ein Fangmaul zum sicheren Kuppeln der Anhänger. Diese Gewichte konnten wahlweise werksseitig oder zum nachträglichen Anbau für Traktoren der 30er Serie bezogen werden. Schnellverschluss-Hinterradgewichte waren für Stahl- und Gusshinterräder lieferbar. Abhängig von der Radgröße konnten Gewichte zwischen 77 und 110 kg montiert werden. Die Sicherung erfolgte nur durch einen Bolzen. Als Wahlausrüstung waren die Gewichte für alle Modelle der 30er Serie werksseitig installiert oder zum nachträglichen Anbau lieferbar.

Für den universellen Einsatz konnten alle John Deere Traktoren, bis auf die mit mechanischem Frontantrieb, mit einer verstellbaren Vorderachse ausgerüstet werden. Eine stufenlos verstellbare Hinterachse mit dazugehörigen Gusshinterrädern ermöglichte die schnelle Änderung der Spurweiten. Durch einfache Drehung mittels Schraubenschlüssel wurde ein Bolzen, der durch Zahnräder verbunden ist, bewegt. Damit konnte die Spurweite stufenlos und ohne Felgendrehung verstellt werden. Die stufenlos verstellbare Hinterachse war lieferbar für die Modelle 2030, 2130 und 3130 als werksseitig installierte Sonderausrüstung. Für den Einsatz in Hackfrüchten konnten verschiedene Achsenlängen abhängig vom Modell gewählt werden.

Der John Deere Typ 1130 Allrad-Traktor holte die benötigte Kraft aus seinem 2,7-Liter-Dreizylindermotor, der 51 PS leistete.

Gedacht für den Einsatz im Grünland, schloss der John Deere Typ 1630 Allrad-Traktor als stärkster Dreizylinder-Typ mit 56 PS nicht nur die letzte Lücke in der Mittelklasse, sondern auch das neu eingeführte Kompakt-Styling für die komplette Schlepperreihe.

Der neue unter der Motorhaube liegende Schalldämpfer senkte nicht nur die Geräuschentwicklung der Traktoren mit und ohne Kabine (2030 – 3130), er verhalf dem Fahrer außerdem zu einer ausgezeichneten Sicht nach vorn. Zunächst für den 3130 war eine Klimaanlage lieferbar. Innerhalb des Kabinendachs installiert, versorgte sie den Fahrer mit kühler, sauberer Luft und leistete einen wesentlichen Beitrag zur Komforterhöhung. Ob der Traktor mit Kabine oder nur mit Überschlagbügel ausgerüstet war, der Fahrer war nur dann vollständig geschützt, wenn er angeschnallt war. Der Sicherheitsgurt unterstrich damit abermals die Bemühungen von John Deere, dem Fahrer eine maximale Sicherheit zu geben. Um den langen Arbeitstag abwechslungsreich und weniger strapaziös zu gestalten, trafen die John Deere Werke in allen FSC-Kabinen Vorkehrungen zur einfachen Installation eines Radiogerätes. Außer der Behaglichkeit des Kabineninneren bot John Deere die Vorrichtungen für den Einbau eines Radiogerätes. Ein weiteres unentbehrliches Bauteil, speziell für feucht-heiße Sommertage, war der Wasserabscheider, der direkt in der Ausflussöffnung des Kraftstofftankes lag. Der Abscheider schützte die Kraftstoffpumpe vor dem Eindringen von Wasser. Für die Modelle 1030 – 3130 war dieser Schutzmechanismus als Zusatzausrüstung werksseitig installiert lieferbar. Als Werksanbau oder Nachlieferung war ein Luftfilter-Sicherheitselement für die Traktoren der 30er Serie (1030-3130) verfügbar.

Der hinterachsgetriebene Typ 2130 im Einmann-Betrieb bei der Heuernte. Die »Fahrer-Sicherheits-Cab« war 86 dBA leise.

Setzte neue Standards in punkto Zuverlässigkeit und Leistung: Der John Deere Typ 2130 Hinterrad-Traktor mit 75 PS. Mit 11798 Einheiten führte der Typ 2130 mit großem Abstand die Produktionsliste des Jahres 1975 an.

War für den Einsatz in Europa gut vorbereitet: Der John Deere Typ 4230 Allrad-Traktor erhielt eine geprüfte Anhängervorrichtung sowie eine geänderte Gerätekupplung und Hydraulikanschlüsse.

Der John Deere Typ 4430 Allrad-Traktor mit 145 PS starkem Turbo-Dieselmotor, mit gruppensynchronisiertem Getriebe von 16 Vor- und 6 Rückwärtsgängen sowie mit hydrostatischen Frontantrieb, entsprach dem damaligen Kundenwunsch.

Die Großtraktoren für Europa, der 4230 und 4430, liefen auf einer neu eingerichteten Fertigungslinie im Mannheimer John Deere Werk vom Band.

Programmübersicht John Deere 30er-Serie							
Typ Modell	Ausführung	Getriebe	Motor			Stückzahl	Bauzeit
			Typ	Zylinder	PS (kW)		
830	Hinterrad	Muffenschaltgetriebe 8 V / 4 R	3-152 DL 02	3	35 (26)	1.180	1974-1977
930	Hinterrad	Muffenschaltgetriebe 8 V / 4 R	3-164 DL 15	3	41 (30)	1.228	1974-1977
1030	Hinterrad / Allrad	Muffenschaltgetriebe 8 V / 4 R	3-164 DL 04	3	46 (34)	4.612	1974-1977
1130	Hinterrad / Allrad	Muffenschaltgetriebe 8 V / 4 R	3-164 DL 04	3	51 (37,5)	7.708	1974-1977
1630	Hinterrad / Allrad	Muffenschaltgetriebe 8 V / 4 R	3-179 DL 01	3	56 (41)		1975-1979
2030	Hinterrad / Allrad	Muffenschaltgetriebe 8 V / 4 R	4-219 DL 04	4	68 (50)		1972-1979
2130	Hinterrad / Allrad	Muffenschaltgetriebe 8 V / 4 R	4-329 DL 01	4	75 (55)		1972-1979
3130	Hinterrad / Allrad	Muffen-LS-Getriebe 12 V / 6 R	6-329 DL 11	6	89 / 92 (66 / 68)		1972-1979
4230	Hinterrad / Allrad	Quad-Range-Getriebe 16 V / 6 R	6-404 DL 01	6	118 (86,5)	728	1976-1977
4430	Hinterrad / Allrad	Quad-Range-Getriebe 16 V / 6 R	6-404 DL 01	6	145 (107)	333	1976-1977
3030	Hinterrad / Allrad	Muffen-LS-Getriebe 12 V / 8 R	6-329 DL 11	6	89 (66)		1978-1979

Letztes Modell der 30er-Serie war 1978 der Sechszylinder-Traktor Typ 3030 mit 86 PS und wurde in der gleichen Ausstattung wie der größere Typ 3130 ausgeliefert.

Produktion John Deere 30er-Serie							
Typ	1972	1973	1974	1975	1976	1977	Gesamt
830				89	624	467	1.180
930				106	628	494	1.228
1030				331	2.247	2.034	4.612
1130				1.060	3.277	3.371	7.708
1630				5	905	2.081	2.991
2030	402	3.530	3.205	5.657	6.059	5.486	24.339
2130	788	3.417	5.276	11.798	8.288	6.497	36.064
3130	359	1.554	2.699	3.990	3.583	3.517	15.702
4230					311	417	728
4430					112	221	333
Gesamt	1.549	8.501	11.180	23.036	26.034	24.585	94.885

	John Deere 30er Serie Typ 830 1974-1977	John Deere 30er Serie Typ 930 1974-1977
Motor		
Typ:	Typ 3.152 DL-02	Typ 3.164 DL-15
Bauart:	John Deere 3-Zylinder-4-Takt-Diesel	
Bohrung x Hub (mm):	102 x 110	102 x 110
Hubraum (cm³):	2695	2695
Leistung (PS/kW):	35 / 26 bei 2400/min	41 / 30 bei 2400/min
Verdichtung:	16,8 : 1	16,8 : 1
Drehmoment (Nm/mkg):	124,5 / 12,7 bei 1300/min	140 / 14,3 bei 1300/min
Drehmomentanstieg:	21,6 %	16,9 %
Zugkraft (kN/kg):	11,6 / 1180	13,4 / 1365
Zapfwellenleist. (PS/kW):	32 / 24 bei Motor-Nenndrehzahl	38 / 28 bei Motor-Nenndrehzahl
Gemischbereitung:	Direkteinspritzung, Einkolbenverteiler-Einspritzpumpe	
Schmierung:	Druckumlaufschmierung mit Hauptstromfilter	
Inhalt:	5,7 Liter Öl (Ölwechsel alle 250 Std.)	
Kühlung:	Flüssigkeitskühlung mit Pumpe und Thermostat	
Inhalt:	10,4 Liter Kühlwasser	
Filter:	Trockenluftfilter mit Warnanlage	
Elektrische Anlage:	Drehstrom-Lichtmaschine 12 V, 28 A, Batterie 2 x 12 V / 55 Ah, Anl. 4 PS	
Kraftübertragung		
Antrieb:	Antrieb auf Hinteräder	
Fahrkupplung:	Einscheiben-Trockenupplung	
Zapfwellenkupplung	Doppelkupplung	trock. Scheibenkuppl. 2-stufig, Zapfw.normdrehz. b. 2070/min
Getriebe:	Muffenschaltgetriebe, schrägverzahnt, 8 Vorwärts- und 4 Rückwärtsgänge, Differenzialsperre (lastschaltbar)	
Endantrieb:	Planeten-Reduziergetriebe	
Inhalt:	30 Liter Getriebe und Hydrauliksystem	
Zapfwelle vorn:	1 Motorzapfwelle 1000/min (Mähantr.)	
Zapfwelle hinten:	2 Motorzapfwellen 540/1000/min	
Hydraulik:	offenes Hydrauliksystem, Pumpenförderleistung 24 Liter/min, Druck 145 bar	
Dreipunktgestänge:	Kategorie I	
Regelung:	über Unterlenker	
Regelarten:	Lage; Zugwiderstand; Mischregelung; Schwimmstellung; Hubleistung 15,5 kN (1583 kp)	
Steuergeräte:	einfach und doppeltwirkend	einfach und doppeltwirkend
Hydromotor Anschlußw.:	Arbeitsdruck 137 bar, Ölmenge 22 Liter/min	
Fahrwerk		
Bauart:	Blockkonstruktion	
Vorderachse:	ausziehbare Pendel-Rohrachse mit Einzelrad-Doppelfederung	
Bremsen:	hydraulische, nasse Scheibenbremsen als Fuß- und Lenkbremse, in Ölbad,	
	Bandbremse mit verschleißfestem Keilprofil als Handbremse	
Lenkung:	mechanisch	
Bereifung vorn:	5,50-16; 6.00-16	5,50-16; 6.00-16; 7,50-16
Bereifung hinten:	9,5/9-36; 12,4/11-28; 12,4/11-32; 11,2/10-28	9,5/9-36; 12,4/11-28; 13,6/12-28; 12,4/11-32;
Allgemeine Daten		
Radstand (mm):	1890	1890
Länge (mm):	3340	3340
Breite (mm):	1675 - 2160	1675 - 2160
Höhe Überschlagrahmen:	2260	2310
Höhe über Kotflügel (mm):	1375	1425
Bodenfreiheit (mm):	520	550
Spurweite vorn (mm):	1260 - 2020	1260 - 2020 (verstellb. in 100 mm Ab.)
Spurweite hinten (mm):	1360 - 1860 (verstellb. in 100 mm Ab.)	1260 - 1860 (verstellb. in 100 mm Ab.)
Wendekreis (Meter):	5,6 (mit Lenkbremse); 6,3 (o. Lenkbr.)	5,6 (mit Lenkbremse); 6,3 (o. Lenkbr.)
Gewicht (kg):	2150 (bei Bereifung 11-32)	2150 (bei Bereifung 11-32)
zul. Gesamtgewicht (kg):	3200	3200
Stützlast Anh.kuppl. (kg):	800	800 kg
Höchstgeschw. (km/h):	25	25
Tankinhalt (Liter):	62	62

	John Deere 30er Serie Typ 1030 1974-1977	John Deere 30er Serie Typ 1130 1974-1977	John Deere 30er Serie Typ 1630 1975-1979
Motor			
Typ:	Typ 3.164 DL-04		Typ 3.179 DL-01
Bauart:	John Deere 3-Zylinder-4-Takt-Diesel		
Bohrung x Hub (mm):	102 x 110		106,5 x 110
Hubraum (cm^3):	2695	2695	2940
Leistung (PS/kw):	48 / 35 bei 2500/min	51 / 38 bei 2500/min	56 / 41 bei 2500/min
Verdichtung:	16,8 : 1	16,8 : 1	16,8 : 1
Drehmoment (Nm/mkg):	152 / 15,5 bei 1400/min	167 / 17 bei 1400/min	188 / 19,2 bei 1300/min
Drehmomentanstieg:	17,6 %	16,4 %	20 %
Zugkraft (kN/kg):	15,1 / 1545; MFWD 13,4 / 1365	16,7 / 1700; MFWD 13,4 / 1365	17,8 / 1814; MFWD 13,4 / 1366
Zapfwellenleist. (PS/kW):	43 / 32 bei Motor-Nenndrehzahl	48 / 35 bei Motor-Nenndrehzahl	52 / 38 bei Motor-Nenndrehzahl
Gemischbereitung:	Direkteinspritzung, Einkolbenverteiler-Einspritzpumpe		
Schmierung:	Druckumlaufschmierung mit Hauptstromfilter		
Inhalt:	5,7 Liter Öl (Ölwechsel alle 250 Std.)	5,7 Liter Öl (Ölwechsel alle 250 Std.)	5,7 Liter Öl (Ölwechsel alle 250 Std.)
Kühlung:	Flüssigkeitskühlung mit Pumpe und Thermostat,		
Inhalt:	10,4 Liter Kühlwasser	10,4 Liter Kühlwasser	11,4 Liter Kühlwasser
Filter:	Trockenluftfilter mit Warnanlage		
Elektrische Anlage:	Drehstrom-Lichtmaschine 14 V, 28 A, Batterie 2 x 12 V / 55 Ah, Anlasser 4 PS		
Kraftübertragung			
Antrieb:	Antrieb auf Hinteräder; Wunsch: zusätzlich mech. Frontantrieb (MFWD), elektro-hydraulisch lastschaltbar		
Fahrkupplung:	Einscheiben-Trockenkupplung; Allrad: vollhydraulische nasse Multi-Scheibenkupplung		
Zapfwellenkupplung:	Doppelkupplung oder hydr. Lamellenkupplung bei 2070/min		hydr. Lamellenkupplung
Getriebe:	Muffenschaltgetriebe, schrägverzahnt, 8 Vorwärts- und 4 Rückwärtsgänge, Differenzialsperre (lastschaltbar)		
Zusatzausrüstung:	semihydraulisches LS-Getriebe		
Endantrieb:	Planeten-Reduziergetriebe		
Inhalt:	36 Liter Getriebe und Hydrauliksystem		
Zapfwelle vorn:	1 Motorzapfwelle 1000/min (a. Wunsch)		
Zapfwelle hinten:	1 Motorzapfwellen 540/min	2 Motorzapfwellen 540/1000/min	1 Motorzapfwelle 540/min, lastschaltb.
Hydraulik:	geschlossenes Hydrauliksystem, Pumpenförderleistung 25/47 Liter/min, Druck 155 bar, mit selbstregelnder Mehrkolbenpumpe		
Dreipunktgestänge:	Kat. I und II umkehrbare Unterlenker, oder Kat. II mit ausziehb. Unterlenkern		
Regelung:	über Unterlenker		
Regelarten:	Lage; Zugwiderstand; Mischregelung; Schwimmstellung; Hubleistung 18,2 kN (1860 kp)		
Steuergeräte:	einfach und doppeltwirkend		
Riemenscheibe (mm):	Durchmesser 305; Auflagefläche 216		
Hydromotor Anschlußw.:	Arbeitsdruck 137 bar, Ölmenge 22/40 Liter/min		
Remote Zylinder:	Größe 64 x 203 mm; max. Kraft beim Ausdehnen 40,2 kN (4100 kp); max. Kraft beim Zus.ziehen 33,2 kN (3380 kp)		
Fahrwerk			
Bauart:	Blockkonstruktion	Blockkonstruktion	Blockkonstruktion
Vorderachse:	ausziehbare Pendel-Rohrachse mit Einzelrad-Doppelfederung		Multicrop-Vorderachse hochstellbar
Bremsen:	hydr., nasse Scheibenbremsen als Fuß- und Lenkbremse, in Ölbad, Bandbremse mit verschleißf. Keilprofil als Handbremse		
Lenkung:	mechanisch / hydraulisch; MFWD: hydraulisch		
Bereifung vorn:	6.00-16; 6,50-16; 7,50-16	6.00-16; 6,50-16; 7,50-16;	6,50-16; 7,50-16; MFWD: 9,5-24 (8 PR)
Bereifung vorn Allrad	8,3-24/6	8,3-24 (6 PR); 9,5-24 (8 PR)	16,9/14-30; 13,6/12-36;
Bereifung hinten:	12,4/11-28: 14,9/13-28; 12,4/11-36; 12,4/11-32	13,6/12-28; 14,9/13-28; 12,4/11-32; 12,4/11-36; 13,6/12-36; 14,9/13-30;	12,4/11-36; 16,9/14-28
Allgemeine Daten			
Radstand (mm):	2050; MFWD: 2021	2050; MFWD: 2020	2050; MFWD: 2020
L. / B. / H. (mm):	3385 / 1675 - 2250 / 2310 (1425)	3385 / 1865 - 2330 / 2440 (1545)	3545 / 1945 - 2345 / 2220 (2465)
Bodenfreiheit (mm):	650; MFWD: 420	650: MFWD: 445	520; »Multicrop«: 690; MFWD: 445
Spurweite vorn (mm):	1260 - 2060; MFWD: 1490 und 1775	1260 - 2057; MFWD: 1490 und 1775	1260 - 2060; MFWD: 1490 und 1775
Spurweite hinten (mm):	1350 - 1950; MFWD: 1550 - 1950	1350 - 1950; MFWD: 1550 - 1950	1450 - 1950; MFWD: 1550 - 1950
Wendekreis (Meter):	5,6 (mit Lenkbremse.); 6,3 (ohne Lenkbremse); MFWD: ohne Lenkbremse 9,16 / 8,54; mit Lenkbremse 7,0 / 7,54		
Lenkeinschlagwinkel:	Allrad 38°	Allrad 38°	Allrad 38°
Gewicht (kg):	2261; MFWD: 2491	2291; MFWD: 2531	2301; MFWD: 2591
zul. Gesamtgewicht (kg):	3500; MFWD: 3700	3500; MFWD: 3700	3500; MFWD: 3500
Stützlast am Zugpendel:	760 kg / an Anh.kupplung: 800 kg		450 kg / 800 kg
Höchstgeschw. (km/h):	25 / 31	25 / 30	25 / 30
Tankinhalt (Liter):	62	62,5	74

	John Deere 30er Serie Typ 2030 1972-1979	John Deere 30er Serie Typ 2130 1972-1979	John Deere 30er Serie Typ 3130 1972-1979
Motor			
Typ:	Typ 4.219 DL-04; ab 11/74: DDX 8058	Typ 4.329 DL-01	Typ 6.329 DL-11
Bauart:	John Deere 4-Zylinder-4-Takt-Diesel		
Bohrung x Hub (mm):	102 x 110	106,5 x 110	102 x 110
Hubraum (cm^3):	3595	3920	5390
Leistung (PS/kw):	68 / 50 bei 2500/min	75 / 55 bei 2500/min	89 / 65 bei 2500/min
Verdichtung:	16,8 : 1	16,8 : 1	16,8 : 1
Drehmoment (Nm/mkg):	221 / 22,5 bei 1500/min	246 / 25,1 bei 1400/min	296 / 30,2 bei 1300/min
Drehmomentanstieg:	15,5 %	16,8 %	14,9 %
Zugkraft (kN/kg):	22,6 / 2300; MFWD 14,3 / 1463	27,8 / 2834; HFWD 9,1 / 928	33,4 / 3400; HFWD 10,4 / 1066
Zapfwellenleist. (PS/kW):	63 / 46 bei Motor-Nenndrehzahl	69 / 51 bei Motor-Nenndrehzahl	83 / 61 bei Motor-Nenndrehzahl
Gemischbereitung:	Direkteinspritzung, Einkolbenverteiler-Einspritzpumpe		
Schmierung:		Druckumlaufschmierung mit Hauptstromfilter	
Inhalt:	8,5 Liter Öl (Ölwechsel alle 250 Std.)	8,5 Liter Öl (Ölwechsel alle 250 Std.)	10,3 Liter Öl
Kühlung:	Flüssigkeitskühlung mit Pumpe und Thermostat,		
Inhalt:	11,4 Liter Kühlwasser	11,4 Liter Kühlwasser	19 Liter Kühlwasser
Filter:	Trockenluftfilter mit Warnanlage		
Elektrische Anlage:	Drehstrom-Lichtmaschine 14 Volt, 28 A, Batterie 2 x 12 V / 55 Ah, Anlasser 4 PS // 3130: 88 Ah		
Kraftübertragung			
Antrieb:	Antrieb auf Hinteräder; Wunsch: mech. (MFWD) oder hydrostatischer Frontantrieb		
	elektro-hydraulisch lastschaltbar	(HFWD), elektromagn. lastschaltbar	elektromagnetisch lastschaltbar
Fahrkupplung:	Einscheiben-Trockenupplung,; Allrad: vollhydraulische nasse Multi-Scheibenkupplung		
Zapfwellenkupplung:	hydraulische Multischeiben-Kupplung, Zapfwellennormdrehzahl bei 2070/min		
Getriebe:	Muffenschaltgetriebe, schrägverzahnt		Muffenschaltgetriebe mit
wahlweise:	semihydraulisches LS-Getriebe		12 Vorwärts- und 6 Rückwärtsgänge
	8 Vorwärts- und 4 Rückwärtsgänge		
	Differenzialsperre (unt. Last schaltbar)		
Endantrieb:	Planeten-Reduziergetriebe		
Inhalt:	36 Liter Getriebe und Hydrauliksystem		57 Liter Getriebe und Hydrauliksystem
Zapfwellen hinten:	unabhäng. Motorzapfw. 540/1000/min oder Motorzapfwelle 540/1000/min		unabhäng. Motorzapfw. 540/1000/min mit austauschb. Zapfwellenstummel
Hydraulik:	geschlossenes Hydrauliksystem mit selbstregelnder Mehrkolbenpumpe, Pumpenförderleistung 25/47 Liter/min, Druck 155 bar		
Dreipunktgestänge:	Kat. I und II umkehrbare Unterlenker oder Kat II mit ausziehb. Unterlenkern		Kat. II mit ausziehb. Unterlenkern
Regelarten:	Lageregelung; Zugwiderstandsregel.; Mischregelung; Schwimmstellung		
Steuergeräte:	einfach und doppeltwirkend		einfach und doppeltwirkend
Riemenscheibe (mm):	Durchmesser 305; Auflagefläche 216		Durchm. 304,8; Auflagefläche 215,9
Hydromotor Anschlußw.:	Arbeitsdruck 137 bar, Ölmenge 22/44 Liter/min		
Fahrwerk			
Bauart:	Blockkonstruktion		
Vorderachse:	»Multicrop«-Vorderachse hochstellbar	ausziehbare Pendel-Rohrachse mit Einzelrad-Doppelfederung	
Bremsen:	hydr., nasse Scheibenbremsen als Fuß- und Lenkbremse, in Ölbad Bandbremse mit verschleißf. Keilprofil als Handbremse		
Lenkung:	mech. / hydr.; MFWD: hydraulisch		hydraulisch
Bereifung vorn:	7,50-16; 7,50-18; MFWD: 9,5-24 (8 PR)	7,50-16; 7,50-18; 10,50-18	7,50-16; 7,50-18; 10,50-18
		Allrad: 9,5-24 (8 PR)	Allrad: 11,2-24 (8 PR)
Bereifung hinten:	16,9/14-30; 13,6/12-36; 13,6/12-38	15,5-38; 18,4/15-30; 13,6/12-38;	16,9/14-34; 18,4/15-34: 16,9/14-38
Allgemeine Daten			
Radstand (mm):	2180; MFWD: 2148	2178; Allrad 2158	2464; Allrad 2461
L. / B. / H. (mm):	3545 / 1970 - 2370 / 2440 (1560)	3545 / 2040 - 2380 / 2600 (1700)	4000 / 2060 - 2460 / 2630 (1735)
Bodenfreiheit (mm):	655; »Multicrop«: 690; MFWD: 445	655; Allrad: 505	655; Allrad: 504
Spurweite vorn (mm):	1360 - 2008; MFWD: 1490 und 1775	1360 - 2010; Allrad: 1647 - 1953	1445 - 2095; Allrad: 1742 - 2048
Spurweite hinten (mm):	1550 - 1950; MFWD: 1550 - 1950	1550 - 1950;	1600 - 2100
Wendekreis (Meter):	6,3 (mit Lenkbremse); 7,4 (ohne Lenkbremse)		7,3 (mit Lenkbremse); 8,1 (ohne Lenkbremse)
	MFWD: ohne Lenkbr. 10,2 / 9,30;	Allrad: 6,6 / 7,2 (ohne Lenkbremse)	Allrad: 7,0 / 8,2 (ohne Lenkbremse)
Gewicht (kg):	2570; MFWD: 2820	2740; Allrad: 3180	3466; Allrad: 3906
zul. Gesamtgewicht (kg):	4200; MFWD: 4200	4500; Allrad 4500	6000
Höchstgeschw. (km/h):	25 / 30	25 / 30	25 / 30
Tankinhalt (Liter):	75	90	106

	John Deere 30er Serie Typ 3030 1978-1979	John Deere 30er Serie Typ 4230 1976-1977	John Deere 30er Serie Typ 4430 1976-1977
Motor			
Typ:	Typ 6.329 DL-11	Typ 6.404 DL-01	Typ 6.404 DL-01
Bauart:	John Deere 6-Zylinder-4-Takt-Diesel		mit Abgas-Turbolader
Bohrung x Hub (mm):	102 x 110	108 x 120,6	108 x 120,6
Hubraum (cm^3):	5390	6620	6620
Leistung (PS/kw):	86 / 63 bei 2500/min	118 / 87 bei 2200/min	145 / 107 bei 2200/min
Verdichtung:	16,8 : 1	16,8 : 1	15,5 : 1
Drehmoment (Nm/mkg):	285 / 29 bei 1200/min	407 / 41,5 bei 1300/min	539,4 / 55 bei 1550/min
Drehmomentanstieg:	18 %	18 %	16,5 %
Zugkraft (kN/kg):	33,4 / 3400	44,9 / 4581	44,9 / 4581
Gemischbereitung:	Direkteinspritzung, Einkolbenverteiler-Einspritzpumpe		
Schmierung:	Druckumlaufschmierung mit Hauptstromfilter		
Inhalt:	11,5 Liter Öl		16,1 Liter Öl (Ölwechsel alle 250 Std.)
Kühlung:	Flüssigkeitskühlung mit Pumpe und Thermostat		
Inhalt:	19 Liter Kühlwasser	22,7 Liter Kühlwasser	28,4 Liter Kühlwasser
Filter:	Trockenluftfilter mit Warnanlage	Trockenluftfilter, auswechselbar	
Elektrische Anlage:	Drehstrom-Lichtmaschine 14 V, 42 A, Batterie 2 x 12 V / 88 Ah, Anl. 6 PS		
Kraftübertragung			
Antrieb:	Antrieb auf Hinterräder; Wunsch: hydrostatischer Frontantrieb (HFWD)	Allradantrieb durch Hinteräder und hydraulischen Frontantrieb (HFWD) unter Last ein- und ausschaltbar	
Fahrkupplung Standard:	Einscheiben-Trockenupplung	hydraulische Perma-Kupplung, ölgekühlt selbstnachstellend	
Fahrkupplung Allrad:	vollhydr. nasse Multi-Scheibenkuppl.		
Zapfwellenkupplung:	hydraulische Multischeiben-Kupplung	hydraulische Lamellenkupplung	
Getriebe:	Muffenschaltgetr., semihydr.-Getriebe	Quad-Range Gruppensynchrongetriebe	
	12 Vorwärts- und 6 Rückwärtsgänge	16 Vorwärts- und 6 Rückwärtsgänge	
	Differenzialsperre (lastschaltbar)		
Endantrieb:	Planeten-Reduziergetriebe		
Inhalt:	57 Liter Getriebe und Hydrauliksystem	61 Liter Getriebe und Hydrauliksystem	
Zapfwelle vorn:	unabh. Motorzapfwelle 540/1000/min	1 Motorzapfwelle 1000/min	
Zapfwelle hinten:	mit austauschb. Zapfwellenstummel	2 Motorzapfwellen 540/min u. 1000/min	
Hydraulik:	geschlossenes Hydrauliksystem, Pumpenförderleistung 47 Liter/min (3030), 98,4 Liter/min,		
Dreipunktgestänge:	Kat. II mit Unterlenkerstabilisierung	Kat. II mit ausziehbaren Unterlenkern	Kat. II mit ausziehbaren Unterlenkern
Regelung:	über Unterlenker	über Unterlenker	über Unterlenker
Regelarten:	Lageregelung; Zugwiderstandsregel.; Mischregelung; Schwimmstellung; Hubleistung 31,8 kN (3244 kp)		
Steuergeräte:	einfach und doppeltwirkend	Ein oder zwei doppeltwirkende Blocksteuergeräte mit Abreißkupplungen	
Hydromotor Zylinder:	Arbeitsdr. 137 bar, Öl 22/44 Liter/min	Arbeitsdruck 138 bar; Ölmenge 47 - 57 Liter/min	
Fahrwerk			
Bauart:	Blockkonstruktion	Blockkonstruktion	Blockkonstruktion
Vorderachse:	ausziehbare Pendel-Rohrachse mit Einzelrad-Doppelfederung		
Bremsen:	hydraulische, nasse Scheibenbremsen als Fuß- und Lenkbremse, in Ölbad,		
	Bandbremse mit verschleißfestem Keilprofil als Handbremse	Lamellenbremse als Handbremse	
Lenkung:	hydraulische Servolenkung		
Bereifung vorn:	7,50-20; 10,50-18; Allrad: 12,4-24	11,0 - 16; Allrad: 12,4 - 24	
Bereifung hinten:	16,9/14-34; 18,4/15-34: 16,9/14-38	18,4 - 38; 18,4 - 34	18,4 - 38; 20,8 - 38
Allgemeine Daten			
Radstand (mm):	2464; Allrad 2461	2640	2710
L. / B. / H. (mm):	4000 / 2460 - 2635 / 2635 (3020)	4205; 4300 / 2290 - 2760 / 2720	4270; 4370 / 2160 - 2770 / 2760
Bodenfreiheit (mm):	600	540	658
Spurweite vorn (mm):	1445 - 2095; Allrad: 1742 - 2048	1461-2073 (normale VA); 1613-2327 (breite VA); 1627-2239 (HFWD)	
Spurweite hinten (mm):	1600 - 2100	1524-2289 (normale Zahnstangen-HA); 1690-2651 (breite Zahnstangen-HA);	
Wendekreis (Meter):	8,1 (ohne Lenkbr.); 7,3 (mit Lenkbr.) Allrad: 8,2 / 7,0	7,8 (ohne Bremsen); HFWD: 6,8 / 8,8 (ohne Bremsen)	8,0 (ohne Bremsen); HFWD: 8,0 / 9,4 (ohne Bremsen)
Gewicht Standard (kg):	3850; 4020; Allrad: 4500; 4550	5190; HFWD 5540	5330; HFWD 5680
zul. Gesamtgewicht (kg):	6000	7500	7500
Stützlast Zugpendel (kg):	1000	1000	1000
Stützlast Anh.kuppl.(kg):	1200	1450	1500
Höchstgeschw. (km/h):	25 / 30	25 / 30	25 / 30
Tankinhalt (Liter):	106	140	174

Preise / Ausrüstungen Typ 1030		
Grundpreis	**Stand: 09/1975** Preise in DM ohne Mehrwertsteuer	
0613 R	Traktor 1030	**20.360,--**
	Traktor 1030 Allrad	**28.855,--**
0613 R	Traktor 1030 incl. Kühler mit Ölkühler und Hydraulikpumpe 47,2 l/min, Ausführung D	**20.675,--**
	Anteilige Überführungskosten	**175,--**
	Gebühr für Kfz.-Brief	**20,--**
Wahlausrüstungen		
110 A	8-4 Gang-Muffenschaltgetriebe	**Grundpreis**
110 B	LS-Getriebe (Langsam / Schnell)	**1.297,--**
120 E	Getriebe unter 25 km/h	**Grundpreis**
120 F	Schnellgang	**50,--**
	Motorzapfwellen	
150 A	540/min hinten	**Grundpreis**
150 B	540/min hinten und 1000/min vorn (Mähwerkantr.)	**282,--**
	Unter Last schaltbare Zapfwelle	
150 E	540/min hinten	**511,--**
	Hinterräder mit Bereifung	
4212	12,4/11-32 (6 PR), Radfreiheit 70 mm	**Grundpreis**
4212	12,4/11-32 (6 PR), Radfreiheit 150 mm	**o. Mehrpreis**
4214	14,9/13-28 (6 PR), Radfreiheit 70 mm	**169,--**
4214	14,9/13-28 (6 PR), Radfreiheit 150 mm	**169,--**
4213	12,4/11-36 (6 PR) incl. Trittstufe (920 D)	**98,--**
	Vorderräder mit Bereifung	
6062	6.00-16 (6 PR)	**Grundpreis**
6063	6.50-16 (6 PR)	**59,--**
6064	7.50-16 (6 PR)	**199,--**
2100	mechanische Lenkung	**Grundpreis**
2000	hydraulische Lenkung	**784,--**
2629	ohne Steuergerät	**Grundpreis**
	Einfachwirkende Steuergeräte	
2673	Erstes (unteres) mit einer Leitung nach hinten z.B. für Pflüge, Kipper usw.	**312,--**
2674	Erstes (unteres) mit einer Leitung nach vorn	**312,--**
	z.B. für mech. Mähwerk oder Frontlader	
2676	Erstes (unteres) und zweites (oberes) mit je einer Leitung nach vorn z.B. f. mech. Mähwerk u. Frontlader, hydr. Mähw.	**576,--**
	Dreipunktaufhängungen	
2316	Kategorie I und II	**Grundpreis**
250 D	Kategorie I und II mit seitl. Stabilisierungsketten	**150,--**
9289	Vordere Drückevorrichtung	**Grundpreis**
9155	Vordere Drückevorrichtung mit Grundgew. 80 kg	**200,--**
9156	dto. mit Grundgew. und 4 Zusatzgew. 248 kg	**556,--**
810 A	Auspuff nach oben	**Grundpreis**
8102	Auspuff nach unten	**69,--**
Zusatzausrüstungen		
9010	Lange Ackerschiene Kat. I + II	**161,--**
9024	Ackerschiene Kat. I mit Drehsicherung	**60,--**
9027	Ackerschiene Kat. II mit Drehsicherung	**73,--**
900 B	Zugpendel	**208,--**

Preise / Ausrüstungen Typ 1130		
Grundpreis	**Stand: 09/1975** Preise in DM ohne Mehrwertsteuer	
0663 R	Traktor 1130	**21.870,--**
	Traktor 1130 Allrad	**30.610,--**
0663 R	Traktor 1130 incl. Kühler mit Ölkühler und Hydraulikpumpe 47,2 l/min, Ausführung D	**22.185,--**
	Anteilige Überführungskosten	**175,--**
	Gebühr für Kfz.-Brief	**20,--**
Wahlausr		
110 A	8-4 Gang-Muffenschaltgetriebe	**Grundpreis**
110 B	LS-Getriebe (Langsam / Schnell)	**1.297,--**
120 E	Getriebe unter 25 km/h	**Grundpreis**
120 F	Schnellgang	**50,--**
	Motorzapfwellen	
150 A	540/min hinten	**Grundpreis**
150 B	540/min hinten und 1000/min vorn (Mähwerkantr.)	**282,--**
	Unter Last schaltbare Zapfwelle	
150 E	540/min hinten	**511,--**
150 G	540 und 1000/min hinten und 1000/min vorn	**1.025,--**
	Hinterräder mit Bereifung	
4213	12,4/11-36 (6 PR)	**Grundpreis**
4232	13,6/12-36 (6 PR)	**116,--**
4232	13,6/12-36 (6 PR) Gürtelreifen	**220,--**
4229	14,9/13-30 (6 PR)	**216,--**
2100	mechanische Lenkung	**Grundpreis**
2000	hydraulische Lenkung	**849,--**
	Dreipunktaufhängungen	
250 B	Kategorie I und II	**Grundpreis**
250 D	Kategorie I und II mit seitl. Stabilisierungsketten	**150,--**
2331	Kategorie II Unterlenker ausziehbar	**120,--**
250 E	Kategorie II Unterlenker ausziehbar mit seitl. Stabilisierungsketten	**270,--**
2629	ohne Steuergerät	**Grundpreis**
	Einfachwirkende Steuergeräte	
2673	Erstes (unteres) mit einer Leitung nach hinten z.B. für Pflüge, Kipper usw.	**312,--**
2674	Erstes (unteres) mit einer Leitung nach vorn z.B. für mech. Mähwerk oder Frontlader	**312,--**
2676	Erstes (unteres) und zweites (oberes) mit je einer Leitung nach vorn z.B. f. mech. Mähwerk u. Frontlader, hydr. Mähw.	**576,--**
9155	Vord. Drückevorrichtung mit Grundgew. 80 kg	**Grundpreis**
9156	dto. mit Grundgew. und 4 Zusatzgew. 248 kg	**356,--**
Zusatzausrüstungen		
9010	Lange Ackerschiene Kat. I + II	**161,--**
9024	Ackerschiene Kat. I mit Drehsicherung	**60,--**
9027	Ackerschiene Kat. II mit Drehsicherung	**73,--**
900 B	Zugpendel	**208,--**

Preise / Ausrüstungen Typ 1630		
Grundpreis	Stand: 03/1976 Preise in DM ohne Mehrwertsteuer	
0873 R	Traktor 1630	24.390,--
	Traktor 1630 Allrad	33.020,--
	Anteilige Überführungskosten	175,--
	Gebühr für Kfz.-Brief	20,--
Wahlausrüstungen		
110 A	8-4 Gang-Muffenschaltgetriebe	Grundpreis
110 B	LS-Getriebe (Langsam / Schnell)	1.297,--
120 E	Getriebe unter 25 km/h	Grundpreis
120 F	Schnellgang	50,--
	Hinterräder mit Bereifung	
4232	13,6/12-36 (6 PR)	Grundpreis
4232	13,6/12-36 (6 PR) Gürtelreifen	104,--
4129	14,9/13-30 (6 PR)	100,--
412 A	16,9/14-30 (6 PR)	323,--
412 A	16,9/14-30 (6 PR) Gürtelreifen	427,--
2100	mechanische Lenkung	Grundpreis
2000	hydraulische Lenkung	849,--
	Dreipunktaufhängungen	
250 B	Kategorie I und II	Grundpreis
250 D	Kategorie I und II mit seitl. Stabilisierungsketten	150,--
2331	Kategorie II Unterlenker ausziehbar	120,--
250 E	Kategorie II Unterlenker ausziehbar mit seitl. Stabilisierungsketten	270,--
2629	ohne Steuergerät	Grundpreis
	Einfachwirkende Steuergeräte	
2673	Erstes (unteres) mit einer Leitung nach hinten z.B. für Pflüge, Kipper usw.	312,--
2674	Erstes (unteres) mit einer Leitung nach vorn z.B. für mech. Mähwerk oder Frontlader	312,--
9155	Vord. Drückevorrichtung mit Grundgew. 80 kg	Grundpreis
9156	dto. mit Grundgew. und 4 Zusatzgew. 248 kg	356,--
9157	dto. mit Grundgew. und 6 Zusatzgew. 332 kg	534,--
9121	Hinterrad-Gewichte 1 Satz 77 kg	Grundpreis
9180	Hinterrad-Gewichte 2 Sätze 154 kg	207,--
Zusatzausrüstungen		
9010	Lange Ackerschiene Kat. I + II	161,--
9024	Ackerschiene Kat. I mit Drehsicherung	60,--
9027	Ackerschiene Kat. II mit Drehsicherung	73,--
900 B	Zugpendel	208,--

Preise / Ausrüstungen Typ 2030		
Grundpreis	Stand: 09/1975 Preise in DM ohne Mehrwertsteuer	
0841 L	Traktor 2030 Hinterradantrieb	26.315,--
	Traktor 2030 Allradantrieb	36.000,--
0843 L	2030 mit Hinterradantr. + Fahrer-Sicherheits-Cab	34.045,--
	2030 mit Allrad + Fahrer-Sicherheits-Cab	42.195,--
	Anteilige Überführungskosten	200,--
	Gebühr für Kfz.-Brief	20,--

Preise / Ausrüstungen Typ 2030		
Wahlausrüstungen		
110 A	8-4 Gang-Muffenschaltgetriebe	Grundpreis
110 B	LS-Getriebe (Langsam / Schnell)	1.424,--
120 E	Getriebe unter 25 km/h	Grundpreis
120 F	Schnellgang	50,--
	Unter Last schaltbare Zapfwellen	
150 E	540 hinten	Grundpreis
150 F	540 hinten und 1000 hinten	443,--
380 C	normale Hinterachse	Grundpreis
3819	Spurverstellachse (von 1550 -1800 mm)	109,--
	Hinterräder für normale Achse mit Bereifung	
4221	13,6/12-38 (6 PR)	Grundpreis
4221	13,6/12-38 (6 PR) Gürtelreifen	104,--
4062	16,9/14-30 (6 PR)	323,--
4062	16,9/14-30 (6 PR) Gürtelreifen	427,--
4136	15,5-38 (6 PR)	452,--
4136	15,5-38 (6 PR) Gürtelreifen	556,--
	Guß-Hinterräder für Spurverstellachse mit Bereifung	
4087	16,9/14-30 (6 PR)	944,--
4087	16,9/14-30 (6 PR) Gürtelreifen	1.049,--
4219	15,5-38 (6 PR)	1.074,--
4219	15,5-38 (6 PR) Gürtelreifen	1.178,--
	Vorderräder mit Bereifung	
6000	7,50-16 (6 PR)	Grundpreis
6022	7,50-18 (6 PR) nicht mit 14-30	60,--
2100	mechanische Lenkung	Grundpreis
200 A	hydraulische Lenkung	1.121,--
	Dreipunktaufhängungen	
2327	Kategorie I und II	Grundpreis
250 D	Kategorie I und II mit seitl. Stabilisierungsketten	150,--
2331	Kategorie II Unterlenker ausziehbar	120,--
250 E	Kategorie II Unterlenker ausziehbar mit seitl. Stabilisierungsketten	270,--
2629	ohne Steuergerät	Grundpreis
	Einfachwirkende Steuergeräte	
2673	Erstes (unteres) mit einer Leitung nach hinten	312,--
2674	Erstes (unteres) mit einer Leitung nach vorn	312,--
2677	Doppeltwirk. Steuerger. m. 2 Leitg. nach hinten	529,--
9155	Vord. Drückevorrichtung mit Grundgew. 80 kg	Grundpreis
9156	dto. mit Grundgew. und 4 Zusatzgew. 248 kg	356,--
9157	dto. mit Grundgew. und 6 Zusatzgew. 332 kg	534,--
	Hinterrad-Gewichte für normale Achse	
9100	1 Satz 110 kg für Reifen 12-38 und 15,5-38	Grundpreis
9101	2 Satz 220 kg für Reifen 12-38 und 15,5-38	Mehrpr. 283,--
9121	1 Satz 77 kg für Reifen 14-30	Minderpr. 76,--
9180	2 Satz 154 kg für Reifen 14-30	Mehrpr. 120,--
Zusatzausrüstungen		
9010	Lange Ackerschiene Kat. I + II	161,--
9027	Ackerschiene Kat. II mit Drehsicherung	73,--
9044	Zugpendel mit Lasche	265,--

Preise / Ausrüstungen Typ 2130		
Grundpreis	**Stand: 09/1975** Preise in DM ohne Mehrwertsteuer	
0851 L	Traktor 2130 Hinterradantrieb	**30.660,--**
0852 L	Traktor 2130 mit hydr. Frontantrieb (Allrad)	**39.580,--**
0853 L	dto. Hinterradantrieb mit Fahrer-Sicherheits-Cab	**36.785,--**
0854 L	dto. Allrad mit Fahrer-Sicherheits-Cab	**45.705,--**
	Anteilige Überführungskosten	**200,--**
	Gebühr für Kfz.-Brief	**20,--**
Wahlausrüstungen		
110 A	8-4 Gang-Muffenschaltgetriebe	**Grundpreis**
110 B	LS-Getriebe (Langsam / Schnell)	**1.546,--**
1209	Getriebe unter 25 km/h	**Grundpreis**
1206	Schnellgang	**50,--**
	Unter Last schaltbare Zapfwellen	
150 E	540 hinten	**Grundpreis**
150 F	540 hinten und 1000 hinten	**443,--**
3816	normale Hinterachse	**Grundpreis**
3819	Spurverstellachse (von 1550 -1800 mm)	**109,--**
	Hinterräder für normale Achse mit Bereifung	
4136	15,5-38 (6 PR)	**Grundpreis**
4136	15,5-38 (6 PR) Gürtelreifen	**104,--**
4062	16,9/14-34 (8 PR)	**284,--**
4062	16,9/14-34 (8 PR) Gürtelreifen	**388,--**
	Guß-Hinterräder für Spurverstellachse mit Bereifung	
4219	15,5-38 (6 PR)	**621,--**
4219	15,5-38 (6 PR) Gürtelreifen	**726,--**
	Vorderräder mit Bereifung	
6022	7,50-18 (6 PR)	**Grundpreis**
6073	10.50-18 (6 PR)	**120,--**
	Hinterrad-Gewichte für normale Achse	
9100	1 Satz 110 kg	**Grundpreis**
9101	2 Satz 220 kg	**283,--**
9156	**Vordere Drückevorrichtung mit Grundgewicht**	
	und 4 Zusatzgewichten 248 kg	**Grundpreis**
9157	dto. mit 6 Zusatzgewichten 332 kg	**178,--**
9158	dto. mit 8 Zusatzgewichten 416 kg	**356,--**
200 A	hydraulische Lenkung	**Grundpreis**
2100	mechanische Lenkung	**Minderpreis 1.121,--**
	Dreipunktaufhängungen	
2331	Kategorie II Unterlenker ausziehbar	**Grundpreis**
250 E	Kategorie II Unterlenker ausziehbar mit seitl. Stabilisierungsketten	**Mehrpreis 150,--**
2337	Kategorie I und II umkehrbar	**Minderpreis 120,--**
250 D	Kategorie I und II umkehrbar mit	**120,--**
	seitl. Stabilisierungsketten	**Mehrpreis 30,--**
2631	ohne Steuergerät	**Grundpreis**
	Einfachwirkende Steuergeräte	
2673	Erstes (unteres) mit einer Leitung nach hinten	**312,--**
2674	Erstes (unteres) mit einer Leitung nach vorn	**312,--**
2677	Doppeltwirk. Steuerger. m. 2 Leitg. nach hinten	**529,--**
Zusatzausrüstungen		
9027	Ackerschiene Kat. II mit Drehsicherung	**73,--**

Preise / Ausrüstungen Typ 3130		
Grundpreis	**Stand: 09/1975** Preise in DM ohne Mehrwertsteuer	
0861 L	Traktor 3130 Hinterradantrieb	**40.560,--**
0862 L	Traktor 3130 mit hydr. Frontantrieb (Allrad)	**49.920,--**
0863 L	dto. Hinterradantrieb mit Fahrer-Sicherheits-Cab	**46.590,--**
0864 L	dto. Allrad mit Fahrer-Sicherheits-Cab	**55.950,--**
	Anteilige Überführungskosten	**225,--**
	Gebühr für Kfz.-Brief	**20,--**
Wahlausrüstungen		
	Dreipunktaufhängungen	
9520	Kategorie II Unterlenker ausziehbar	**Grundpreis**
250 E	Kategorie II Unterlenker ausziehbar mit seitl. Stabilisierungsketten	**150,--**
3801	Normale Hinterachse	**Grundpreis**
3819	Spurverstellachse (von 1550 -1800 mm)	**109,--**
1209	Getriebe unter 25 km/h	**Grundpreis**
1206	Schnellgang	**50,--**
	Hinterräder für normale Achse mit Bereifung	
4062	16,9/14-34 (8 PR)	**Grundpreis**
4062	16,9/14-34 (8 PR) Gürtelreifen	**104,--**
4064	18,4/15-34 (8 PR)	**393,--**
4136	16,9/14-38 (8 PR)	**256,--**
4136	16,9/14-38 (8 PR) Gürtelreifen	**360,--**
	Guß-Hinterräder für Spurverstellachse mit Bereifung	
4089	16,9/14-34 (8 PR)	**621,--**
4089	16,9/14-34 (8 PR) Gürtelreifen	**726,--**
4066	18,4/15-34 (8 PR)	**1.015,--**
4219	16,9/14-38 (8 PR)	**878,--**
4219	16,9/14-38 (8 PR) Gürtelreifen	**982,--**
	Vorderräder mit Bereifung	
6067	7,50-20 (8 PR)	**Grundpreis**
6073	10.50-18 (6 PR)	**120,--**
	Hinterrad-Gewichte für normale Achse	
9100	1 Satz 110 kg	**Grundpreis**
9101	2 Satz 220 kg	**283,--**
9156	**Vordere Drückevorrichtung mit Grundgewicht**	
	und 4 Zusatzgewichten 248 kg	**Grundpreis**
9157	dto. mit 6 Zusatzgewichten 332 kg	**178,--**
9158	dto. mit 8 Zusatzgewichten 416 kg	**356,--**
9164	dto. mit 10 Zusatzgewichten 500 kg	**534,--**
2612	ohne Steuergerät	**Grundpreis**
	Einfachwirkende Steuergeräte	
2661	Erstes (unteres) mit einer Leitung nach hinten	**312,--**
2663	Erstes (unteres) und zweites (oberes) mit je einer Leitung nach hinten	**576,--**
2666	Doppeltwirk. Steuerger. m. 2 Leitg. nach hinten	**529,--**
Zusatzausrüstungen		
9055	Zusätzlicher tragbarer Werkzeugkasten	**87,--**

Preise / Ausrüstungen Typ 4230

Grundpreis	Stand: 09/1975 Preise in DM ohne Mehrwertsteuer			
5764 R	Allrad-Traktor 4230 incl.			
4800	»Sound-Cab« mit Heizung und Belüftung			71.717,--
	Anteilige Überführungskosten			290,--
	Gebühr für Kfz.-Brief			20,--
Grundausrüstung 5764 R				
5760	Traktor 6-Zyl.-Diesel-Motor, 2x12 Volt Batterien Starthilfe-Thermostat verstellbare Lenksäule		Signalhorn Gerätekugel für Oberlenker Fußgas Trockenluftfilter	
1110	Quad-Range-Gruppen- synchronisiertes LS-Getriebe hydr. Differenzialsperre Unter Last schaltb. Zapf- welle 540/1000/min hi.		mit Vorfilter Auspuff nach oben Hydraulische Lenkung Hydr. Scheibenbremsen Parksperre Warnblinkanlage	
2601	2 Steuergeräte doppelt- wirkend mit je 2 Schnellkupplungen		Öl-, Brennstoff- und Getriebeöl-Filter Zigarrenanzünder	
2301	Hydr. Kraftheber mit 3-Punktaufhäng. Kat. II		Traktormeter mit Betriebs- stundenzähler, Kraftstoff- messer,Motoröl- Getriebe- öl-, Luftfilter-, Kühlwasser- und Lichtmasch.-Kontrolle	
9005	verstellb. Zugpendel mit Zugmaul, Bolzen und Sicherung			
3800	Hinterachse	9315	Rückspiegel	
4001	Guß-Hinterräder mit Reifen 18.4/15-38 (8 PR)	9337 9295	Beifahrersitz Vorderradkotflügel	
9155	Vord. Grundgewicht m. 4 Zusatzgewichte incl. Drückevorrichtung 224 kg	9416 9144	Ausrüstg. f. Deutschland Ausschwenkbare Wagenanhängevorrichtung	
	Hydr. Frontantrieb	9186	Rückstrahler	
6042	Vorderräder m. Reifen 12,4/11-24 (6 PR)	9282 9373	Lüfterschutz Aufhängung mit klappb.	
8407	Luxus-Polstersessel		Unterlegkeil	
Zusatzausrüstungen				
9106	Hinterrad-Gewichte 2 á 65 kg (3 Satz möglich) Zusatzgewichte passend zum vorderen Grundgewicht			337,--
	Zusatzgewichte passend zum vorderen Grundgewicht			
51115	1 Satz (2 Stück) Gewicht 84 kg			178,--
	Dazu werden benötigt:			
51118	Teile zur Arretierung			9,--
51117	Befestigung für 3 Satz Gewichte			11,--
51117	Befestigung für 4 und 5 Satz Gewichte			22,--

Preise / Ausrüstungen Typ 4430

Grundpreis	Stand: 09/1975 Preise in DM ohne Mehrwertsteuer			
5774 R	Allrad-Traktor 4430 incl.			
4800	Sound-Cab mit Heizung und Belüftung			82.242,--
	Anteilige Überführungskosten			290,--
	Gebühr für Kfz.-Brief			20,--
Grundausrüstung 5774 R				
5770	Traktor 6-Zyl.-Diesel-Motor, mit Turbo-Auflader 2x12 Volt Batterien Starthilfe-Thermostat verstellbare Lenksäule	8407	Luxus-Polstersessel Signalhorn Gerätekugel für Oberlenker Fußgas Trockenluftfilter	
1110	Quad-Range-Gruppen- synchronisiertes LS-Getriebe hydr. Differenzialsperre Unter Last schaltb. Zapf- welle 540/1000/min hi.		mit Vorfilter Auspuff nach oben Hydraulische Lenkung Hydr. Scheibenbremsen Parksperre Warnblinkanlage	
2601	2 Steuergeräte doppelt- wirkend mit je 2 Schnellkupplungen		Öl-, Brennstoff- und Getriebeöl-Filter Zigarrenanzünder	
2301	Hydr. Kraftheber mit 3-Punktaufhäng. Kat. II		Traktormeter mit Betriebs- stundenzähler, Kraftstoff- messer,Motoröl- Getriebe- öl-, Luftfilter-, Kühlwasser- und Lichtmasch.-Kontrolle	
9005	verstellb. Zugpendel mit Zugmaul, Bolzen und Sicherung			
3800	Hinterachse	9315	Rückspiegel	
4001	Guß-Hinterräder mit Reifen 18.4/15-38 (8 PR)	9337 9295	Beifahrersitz Vorderradkotflügel	
9106	Hinterrad-Gewichte 2 á 65 kg	9186 9416	Rückstrahler Ausrüstg. f. Deutschland	
9155	Vord. Grundgewicht m. 6 Zusatzgewichte incl. Drückevorrichtung 308 kg	9144 9282	Ausschwenkbare Wagenanhängevorrichtung Lüfterschutz	
	Hydr. Frontantrieb	9373	Aufhängung mit klappb. Unterlegkeil	
6042	Vorderräder m. Reifen 12,4/11-24 (6 PR)			
Zusatzausrüstungen				
9106	Hinterrad-Gewichte 2 á 65 kg (3 Satz möglich)			337,--
	Zusatzgewichte passend zum vorderen Grundgewicht			
51115	1 Satz (2 Stück) Gewicht 84 kg			178,--
	Dazu werden benötigt:			
51118	Teile zur Arretierung			9,--
51117	Befestigung für 4 und 5 Satz Gewichte			22,--

John Deere 40er Serie Typ 4040 (1977-1985)
John Deere 40er Serie Typ 4240 (1977-1985)
John Deere 40er Serie Typ 4440 (1977-1985)

Als John Deere 1979 seinen Händlern aus aller Welt eine neue Traktorenreihe, die 40er Serie, vorstellte, waren bereits seit 1977 die drei Großtraktoren der 40er Baureihe, der 4040, 4240 und 4440 für die Klasse über 100 PS vom amerikanischen Stammwerk auf dem europäischen Markt.

Wie bereits bei den Vorgänger-Serien erfolgreich angewendet, sollten auch diese Großtraktoren mit der nach hinten ansteigenden Haube das Mannheimer Traktorenprogramm der 40er Serie nach oben abrunden. Versehen mit den erforderlichen Umrüstungen für die Zulassung zum Straßenverkehr und für die Berufgenossenschaft, waren die importierten Traktorenmodelle aus Waterloo für den Einsatz in Europa gut vorbereitet und wurden ab 1977 auf dem ein Jahr zuvor neu eingerichteten Band im Mannheimer John Deere Werk montiert. Der Typ 4040 besaß einen 5,8-Liter-Sechszylinder-Direkteinspritz-Dieselmotor mit Abgas-Turbolader von 110 PS. Ein größerer Hubraum von nunmehr 7640 ccm brachte dem Sechszylinder-Typ 4240 mit 128 PS mehr Leistung, die im Typ 4440 dank eines Abgas-Turboladers auf den Spitzenwert von 155 PS angehoben wurde.

Die neu auf den europäischen Markt gebrachten Großtraktoren waren serienmäßig mit einer klimatisierten Komfort-Kabine (Sound-Gard) ausgerüstet, die nach OECD einen Geräuschpegel von nur 80 dB(A) aufwies. Die »Sound-Cab« Kabine war eine geschlossene Einheit und bestand aus Sitz, Boden und der Konsole mit Kontrollinstrumenten für Motor, Getriebe und Hydraulik, dazu kamen Heizung und die serienmäßige Klimaanlage. Zur Minimierung von Stoß- und Vibrationseinwirkungen war die »Sound-Cab« auf vier Gummipolstern gelagert, die schädliche Stöße und Schwingungen von den Kontrollinstrumenten fernhielten. Fehlerhafte und ungenaue Anzeigen wurden dadurch vermieden. Die Bedienungskonsole war ebenfalls ein

Der John Deere Typ 4040 Allrad-Traktor kam aus dem amerikanischem Stammwerk 1977 auf den europäischen Markt, besaß einen 5,8-Liter Sechszylindermotor mit Abgasturbolader von 110 PS und war serienmäßig mit einer klimatisierten Komfort-Kabine (SoundGard) ausgerüstet.

Von 1981 bis 1984 gab es den Typ 4040 auch mit größerer Leistung von 115 PS und serienmäßigem Allradantrieb, dann als Typ 4040 S.

für sich abgeschlossener Teil der Sound Gard Kabine, enthielt Armaturenbrett, Bremspedal und Akkumulator, Zapfwellenschalthebel, Kupplungspedal sowie das verstellbare John Deere Teleskop-Lenkrad. Unterschiedliche Farbgebung der Kontrollinstrumente und Hebel erleichtern die Bedienung. Mit der »Sound Cab« Kabine hatte John Deere den humanen Arbeitsplatz geschaffen. Eine leicht erreichbare, am Kabinenhimmel installierte Konsole, ausgerüstet mit den Schaltern für Heizung, Klimaanlage und Scheibenwischer war auf Wunsch auch für die Montage eines Radios oder Kasettenrekorders vorgesehen. Auffallend war auch der herausragende Komfort für den Schlepperfahrer. So der komfortable, verstellbare Luxussitz, umgeben von nicht reflektierender schwarzer Innenverkleidung. Die Panorama-Windschutzscheibe garantierte ausgezeichnete Rundsicht. Der stabile 4-Pfosten-Überschlagschutz trug zur Sicherheit des Fahrers bei. Treppenförmig montierte Stufen, Handgriffe und die sich nach rückwärts öffnende breite Schwingtür gestatteten einen ausgezeichneten Zugang zur Kabine. Ebener Boden, vorteilhafte zentrale Platzierung der aufgehängten Kupplungs- und Bremspedale garantieren die gewünschte Bewegungsfreiheit.

Neben einer vollklimatisierten Fahrerkabine besaßen die John Deere Großtraktoren als weiteres herausragendes Merkmal eine große Wendigkeit durch den hydrostatischen Frontantrieb, der äußerst einfach durch eine Fingertipp-Schaltung zu bedienen war. Zusammen mit der ebenfalls serienmäßigen hydraulischen Lenkung bot dieser Traktor einen besseren Fahrkomfort als bei vielen Personenwagen jener Jahre. Die Modelle 4040, 4240 und 4440 waren serienmäßig mit einem hydraulischen Lenksystem aus Zahnrad, Pumpe, Steuerventil und Lenkmotor ausgestattet. Auf mechanische Verbindungselemente zwischen den Bauteilen wurde gänzlich verzichtet. Bei plötzlicher Unterbrechung der Hydraulikzufuhr war eine manuelle Lenkung möglich. Geschützt im vorderen Teil des Motors eingebettet, war der Lenkmotor direkt mit dem Lenkgestänge verbunden. Die innenliegenden Zwillingsscheibenbremsen zwischen Getriebe und Achsgehäuse wurden von gefiltertem und gekühltem Hydrauliköl des Getriebes umspült. Während des Bremsvorganges wirkten Hydraulikkolben durch hohen Öldruck auf die Bremsscheiben. Durch die hydraulische Krafteinwirkung entfiel ein Nachstellen der Bremsen vollständig.

Das Quad-Range-Getriebe verfügte für die unterschiedlichsten Arbeitseinsätze über vier Schaltbereiche: A= für Arbeiten mit der Zapfwelle. B + C= für den Feldeinsatz und D= für Transportarbeiten. Jeder Bereich besaß vier, hydraulisch unter voller Last synchronisierte Gänge. Insgesamt standen also 16 Vorwärts- und 6 Rückwärtsgänge zur Verfügung. Die praxisbewährte und bequeme Handhabung des Quad-Range Getriebes beruhte auf der integrierten Langsam-Schnelleinheit, den ständig im Eingriff befindlichen schrägverzahnten Zahnrädern und dem synchronisierten Schaltvorgang: Zwischen dem ersten und zweiten oder dem dritten und vierten Gang konnte voll hydraulisch, ohne zu kuppeln geschalten werden. Vom zweiten zum dritten Gang synchronisiert. Diese besondere John Deere Konstruktion erlaubte eine schnelle, reibungslose und unmittelbare Bedienung bei allen vorkommenden Feld- und Transportarbeiten.

Die Modelle 4040, 4240 und 4440 waren standardmäßig mit einer unabhängigen 540/1000/min Zapfwelle ausgerüstet. Die Schaltung der Zapfwelle erfolgte über einen gelben, an der linken Seite des Armaturenbrettes angebrachten Hebel. Mit diesem Hebel wurde die Zapfwelle hydraulisch und dadurch besonders weich ein- und ausgeschaltet. Schob der Fahrer den Hebel nach vorne, lief die Zapfwelle. In entgegen gesetzter Richtung gezogen, unterbrach er den Zapfwellenantrieb, und gleichzeitig wurde der hydraulische Bremsvorgang der Zapfwelle eingeleitet. Der unabhängige Zapfwellenantrieb gestattete dem Fahrer, ohne jegliche Fahrtunterbrechung (z.B. beim Wenden am Feldende oder scharfen Kurvenfahrten), den Zapfwellenantrieb ein- und auszuschalten.

Der John Deere Typ 4240 Allrad-Traktor hatte einen größeren Hubraum von nunmehr 7640 ccm und mit 128 PS mehr Leistung. Auffallendes Merkmal die neue SG2-Kabine mit ausgezeichneter Geräuschdämmung.

Auch der John Deere Typ 4240 S besaß von 1981 bis 1984 serienmäßigen Allradantrieb und 132 Turbo-PS.

Unverändert, wie bei den Modellen der 30er Serie, die mit einer unabhängigen Zapfwelle ausgerüstet waren, wurde auch die Zapfwellendrehzahl bei den Modellen der 40er Baureihe durch einfaches Umstecken des Zapfwellenstummels von 540/min auf 1000/min, oder umgekehrt geändert. Der Antrieb eines Arbeitsgerätes, vorgesehen für die 540er Zapfwelle, war mit der 1000er Zapfwelle unmöglich. Zur Sicherheit des Fahrers war die Zapfwelle mit einer Abdeckung versehen. Zur Erleichterung der Montage von Arbeitsgeräten mit Zapfwellenantrieb konnte die Schutzkappe schnell und ohne den Einsatz von Werkzeugen aufgeklappt werden.

Ab 1981 ergänzten die Modelle 4040S und 4240S mit größerer Leistung (115 PS bzw. 132 PS) aus den Sechszylinder-Turbomotoren das Mannheimer Großtraktoren-Angebot. Auch diese Modelle wurden in Mannheim montiert, blieben aber nur etwa zwei Jahre in Produktion. Bei der großen Präsentation der neuen Kabinen im Kabinenwerk Bruchsal 1981 wurde für die beiden Modelle 4040S mit 115 und 4240S mit 132 PS auch ein mechanischer Fronantrieb vorgestellt. Die neue Vorderachse mit übergroßem Nachlaufwinkel von 13°, die einen sensationellen Lenkeinschlag von 50° ermöglichte, übertraf die kühnsten Kundenerwartungen.

Als erster Traktor von John Deere besaß der Typ 4440 einen 6-Zylinder-Motor mit Turbolader.

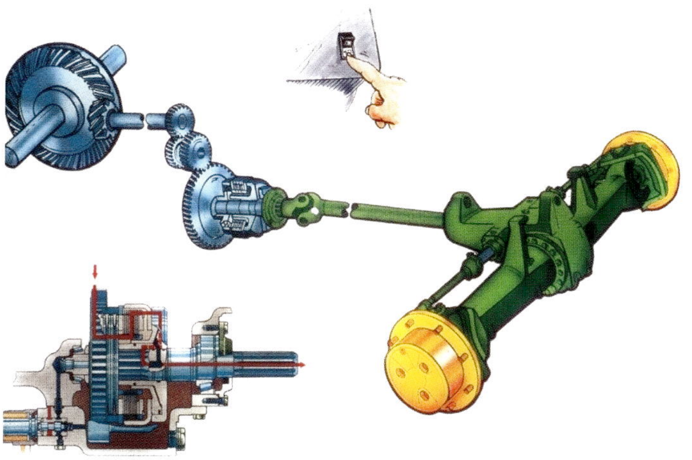

Der 1981 präsentierte mechanische Frontantrieb für die John Deere Modelle 1640 bis 3140.

Der zentrale Achsantrieb ließ viel Bodenfreiheit und ermöglichte groß dimensionierte Reifen.

Maßgeschneidert für Europa

Ende der 1970er Jahre forderte der Markt neben mehr Leistungsfähigkeit und höherem Komfort, gleichzeitig auch preiswertere Traktoren bei denen hoher und anspruchsvoller Fahrkomfort nicht die höchste Priorität darstellte. Das Ergebnis intensiver Entwicklungsarbeit konnte sich sehen lassen: Im September 1979 präsentierte sich in Moline, Illinois den europäischen John Deere Handelspartnern eine auf der Basis dieser unterschiedlichen Anforderungen neue John Deere Traktoren-Baureihe. Die neue 40er Serie unterschied sich von ihren Vorgängern der 30er Serie u.a. durch mehr Leistung, durch das Styling der Generation II sowie durch jede Menge technischer Verbesserungen. Die wichtigsten Merkmale der 40er Serie waren außerdem: Standardisierung der Motorenreihe, Synchronisiertes Getriebe »Synchro« mit höheren Rückwärtsgeschwindigkeiten, Synchronisiertes Getriebe in Verbindung mit HILO, »Power Synchro«, Synchronisiertes Kriechgang-Vorschaltgetriebe, stärkeres und verbessertes HILO, neue Wahlausrüstung »540/1000« umschaltbare Zapfwelle, höhere Hydraulik-Hubleistungen, einheitlicher mechanischer Frontantrieb vom 1040 bis 3140. Ein weiterer Meilenstein in der Entwicklung der Traktorentechnik war die im neuen Kabinenwerk in Bruchsal produzierte SG2-Sicherheitskabine, die mit den Traktoren der 40er Baureihe erstmals angeboten wurde. 1983 trug John Deere mit der Vorstellung der X-E Serie den veränderten Verhältnissen in der Landwirtschaft Rechnung: Hochleistungstraktoren der 40er Serie (840 X-E, 940 X-E, 1040 X-E, 1140 X-E, 1640 X-E, 2040S X-E und 2140 X-E) zu überraschend niedrigen Preisen. 1984 wurde das Modell 3640 mit 112 PS und 16/8 Power Synchron Getriebe als neues Flaggschiff der John Deere Werke Mannheim vorgestellt. Ein Jahr später führte man den Frontkraftheber ein.

Das Flaggschiff der 40er Serie war das 6-Zylinder-Turbomodell 4440 mit einer Leistung von 155 PS.

Besonderes Merkmal des John Deere Typ 4440 Allrad-Traktors war die »SoundCab«-Kabine mit leicht erreichbarer Konsole für Heizungsschalter, Klimaanlage und Scheibenwischer. Die Panorama-Windschutzscheibe garantierte eine ausgezeichnete Rundsicht.

Dem auf nunmehr 38 PS angehobenen Typ 840 Hinterrad-Traktor war die Position eines »Spitzenbrechers« zugedacht, der in der Lage war, die jährlichen Arbeitsspitzen abzufangen.

John Deere 40er Serie Typ 840 (1979-1986)
John Deere 40er Serie Typ 940 (1979-1986)
John Deere 40er Serie Typ 1040 (1979-1986)
John Deere 40er Serie Typ 1140 (1979-1986)

Dem auf nunmehr 38 PS angehobenen Typ 840 war die Position eines »Spitzenbrechers« zugedacht, der in der Lage war, die jährlichen Arbeitsspitzen zu brechen. Er besaß eine ganze Reihe von guten Eigenschaften, wie sie normalerweise in dieser Klasse nicht üblich waren. Die Unterlenker-Regelhydraulik mit Mischregelung erlaubte die exakte Kontrolle von Anbaugeräten. Durch höheren Systemdruck hatten sie jetzt an der 3-Punkt-Aufhängung mehr und schnellere Kraft.

Zwei Jahre nach seiner Premiere im Jahr 1979 wurde der John Deere Traktor 940 mit 2,94-Liter-Dreizylinder-Direkteinspritz-Diesel und 44 PS auch mit der von den großen Traktoren her bekannten Sicherheitskabine und mit Allradantrieb angeboten. Mehr Komfort brachte die integrierte Sicherheitskabine der großen Traktoren jetzt auch für den Typ 940. Auf schwingungsdämpfenden Gummilagern befestigt, gewährleistete sie einen sehr geringen Geräuschpegel. Ergonomisch angeordnete und leicht zu bedienende Funktionshebel, serienmäßige Ausrüstung mit Warmwasserheizung und Gebläse sowie eine aufstellbare

Mit dem John Deere Typ 840 X-E Hinterrad-Traktor bot John Deere 1983 eine Sparversion der 40er Baureihe an, die in allen wesentlichen Punkten der Standardausführung entsprach.

Der John Deere Typ 940 Hinterrad-Traktor mit 2,94-Liter-Dreizylinder-Direkteinspritzmotor von 44 PS wurde 1982 zu einem Grundpreis von DM 17040.-- angeboten.

Dachentlüftungsklappe schafften angenehme Arbeitsbedingungen für den Fahrer. In der Allradausführung wurde der 940 serienmäßig mit hydraulischer Lenkung und größerer Hydraulikpumpe geliefert. Standard- und Kabinen-Versionen konnten auf Wunsch mit der gleichen Lenkung ausgestattet werden. Zusätzlich war der 940 ebenso wie der 840 auch mit der lastschaltbaren Zapfwelle mit der Sicherheitsumschaltung von 540 auf 1000 U/min wahlweise erhältlich.

Mehr Zugkraft und einen längeren Radstand (2057 mm) brachte der mechanische Frontantrieb. Er war ebenso wie bei den größeren Traktoren während der Fahrt unter Last schaltbar und die Zu- und Abschaltung erfolgte durch Fingertippschalter im Armaturenbrett. Der Mittelabtrieb ermöglichte auch bei großer Bereifung kleine Wenderadien. Ein Selbstsperrdifferenzial war auf Wunsch verfügbar.

Auch den 1040 gab es auf Wunsch mit mechanischem Frontantrieb und mit verschiedenen Zapfwellenversionen. Der 1040 mit 50 PS konnte zusätzlich mit zwei neuen Getriebeversionen für den Nonstop-Einsatz auf Straße und Feld geliefert werden. Vor allem das neue Power-Synchrongetriebe mit 16 Vorwärts- und 8 Rückwärtsgängen sollte die hohen Erwartungen der Landwirte erfüllen: Es war die Kombination aus Synchrongetriebe und Lastschaltstufe und sorgte für optimale Anpassung an alle Arbeitsbedingungen. Durch Umschalten der Lastschaltstufe von »schnell« auf »langsam« wurde eine Zugkrafterhöhung von 27% ohne kuppeln erreicht. So blieb der Traktor auch auf dem Acker immer in Fahrt, da der Kraftfluss nicht unterbrochen wurde. Dies sparte Kraftstoff, schonte Kupplung und Reifen. Die neue Lastschaltstufe von John Deere war zusätzlich mit besonderen Vorteilen ausgestattet: Motor und Getriebe waren immer kraftschlüssig verbunden und hatten keinen Freilauf, Parken mit eingelegtem Gang war jetzt möglich, der Traktor konnte angeschleppt werden, bei Ausfallen des Hydraulikdrucks wurde

Das Hinterrad-Modell 940 wurde 1979 durch eine Allrad-Variante mit Sicherheitskabine ergänzt.

der Traktor abgebremst, da automatisch auf »langsam« umgeschaltet wurde. Dies bedeutete erhöhte Sicherheit z.B. bei Bergfahrten.

Auch beim 1140 der neuen John Deere 40er-Serie aus Mannheim war der bewährte Dreizylinder-Dieselmotor die treibende Kraft. Kraftstoffeinspritzung mit neuen Düsen, Querstrom-Zylinderkopf und verbesserte Ventilsitze sorgten für eine wirtschaftliche Kraftstoffausnutzung und gute Startfreudigkeit. Neu war auch das vergrößerte Kühlsystem, der Motorblock wurde zusätzlich durch Rippen extra verstärkt und ein großdimensionierter Ventilator sorgte unter allen Einsatzbedingungen für günstige Arbeitstemperaturen. Bewährte Bauelemente wie die nassen, auswechselbaren Zylinderlaufbüchsen und die Kolbenkühlung durch Ölsprühdüsen wurden beibehalten.

John Deere 40er Serie Typ 1640 (1979-1986)
John Deere 40er Serie Typ 2040 (1979-1986)
John Deere 40er Serie Typ 2140 (1979-1986)
John Deere 40er Serie Typ 3040 (1979-1986)
John Deere 40er Serie Typ 3140 (1979-1986)

In moderner, sachlicher Formgebung präsentierte sich der John Deere Traktor 1640, der nun über einen 4-Zylinder-Dieselmotor mit 62 PS verfügte. Der große Traktor, jetzt schwerer und länger, hatte mehr Zugkraft, mehr Leistung und mehr Produktivität. Und durch den langen Radstand wurde auch die Arbeit mit schwerem Zusatzgerät müheloser und sicherer. Die Fahrer-Sicherheitskabine des 1640, die es auch mit Klimaanlage als Sonderausstattung gab, besaß eine selbsttragende Rahmenkonstruktion mit integriertem Überrollbügel und lief im neuen John Deere Kabinenwerk in Bruchsal vom Band. Bemerkenswertes Detail war auch der neue integrierte mechanische Frontantrieb, wahlweise mit Differenzialsperre, sowie die ebenfalls neue anschleppbare Lastschaltstufe. Alle Vier- und Sechszylinder-Traktoren waren mit einer hydrostatischen Lenkung ausgerüstet.

Neben der Zapfwelle hatte die Hydraulik wesentlich zur Erhöhung der Vielseitigkeit des Traktors beigetragen. Von Anfang an stellte sie eine variable, universell einsetzbare Kraftquelle dar, die es auch in Zukunft noch stärker zu nutzen galt. Diesem Trend hatte John Deere frühzeitig durch die Entwicklung des geschlossenen Hydrauliksystems Rechnung getragen. Die in diesem System jederzeit an allen Zapfstellen zur Verfügung stehende Kraft konnte ohne Zeitverzögerung abgerufen werden, und die Menge regulierte sich automatisch am Bedarf. Die Vorteile waren weicheres Arbeiten, geringere Belastung der Ventile, geringere Ölerwärmung und Energieeinsparung. Mit der Einführung der 40er-Serie passte John Deere mit einer wesentlichen Leistungssteigerung am System die Hydraulik den neuen, hohen Anforderungen an. Der Hydraulikdruck wurde von 155 bar auf 190 bar erhöht, wodurch die Kraft an allen Zusatzgeräten wie Kipper, Frontlader, Silo-Schneidegeräte etc. verstärkt wurde. Außerdem wurde die Abgabemenge für Hydromotoren auf bis zu 45 Liter/min angehoben.

Der John Deere Traktor 2140 eignete sich gleichermaßen für Transportarbeiten und den Einsatz von schweren Acker- oder Zusatzgeräten. Für seine Leistung von 82 PS war er erstaunlich kompakt und wendig - und außerdem auf lange Lebensdauer und Zuverlässigkeit ausgelegt. Zur besseren Leistung und Kraftstoffverwertung wurde der neue 4-Zylinder-Dieselmotor des 2140 mit einem Turbolader ausgestattet. Zusammen mit einem größeren Kraftstofftank von nunmehr 102 Litern wurde hierdurch eine wesentliche Steigerung der Wirtschaftlichkeit erzielt.

Von 1983 bis 1986 ergänzte der John Deere Typ 940 X-E Hinterrad-Traktor als Sparversion das 940er Standardmodell.

Wahlweise konnte der John Deere Traktor 1040 auch mit der neuen Fahrersicherheits-Kabine (FSC) ausgestattet werden.

Mit dem 90 PS starken John Deere Traktor 3040 setzte Deutschlands führender Traktorenhersteller seine große Tradition in der 6-Zylinder-Klasse erfolgreich fort. Ausgestattet mit einem 6-Zylinder-Dieselmotor von fast 6 Litern Hubraum und 90 PS besaß er eine hohe Leistungsausbeute. Das lag nicht zuletzt an einer Reihe von fortschrittlichen Konstruktionsmerkmalen, die seine Produktivität beachtlich steigerten: Der 3040 war wahlweise mit zwei verschiedenen Getriebeversionen lieferbar. Damit waren auch schnellere Rückwärtsgeschwindigkeiten möglich. Weiterhin ein neuer zuschaltbarer Frontantrieb und die neue, leistungsfähige Hydraulikanlage.

Der 3140 wurde so konstruiert, dass er mit schweren Arbeiten schnell fertig wurde. Der drehmomentstarke 6-Zylinder-Dieselmotor leistete 97 PS. Durch das PowerSynchron-Getriebe, dem Frontantrieb, der unter Last mit nur einem »Fingertipp« zugeschaltet werden konnte, ließ sich diese Kraft spielend vervielfältigen. Mit der SG2-Kabine beschritt John Deere neue Wege im Design, die durch ihre gewölbte Frontscheibe als äußeres Merkmal bestach und sich im Innern fortsetzte: Die rechts vom Fahrer auf der Bedienungskonsole angebrachten Schalt- und Hydraulikhebel waren mit einer Hand zu bedienen. Die hängenden Pedale erlaubten viel Fußraum auf der ebenen Fahrerplattform. Die Modelle 3040 und 3140 warteten mit 38-Zoll-Hinterrädern auf und ein vergrößertes Tankvolumen sorgte für einen längeren Arbeitszyklus.

Die neu gestalteten Kotflügel konnten entsprechend den verschiedenen Spurweiten in 8 Positionen verstellt werden, die Kotflügelstütze in der Höhe 4-fach. So konnte z.B. beim Arbeiten im Schnee mit Ketten oder in nassen Einsatzbedingungen der Abstand zwischen Reifen und Kotflügel vergrößert werden.

Eine Erhöhung des Fahrkomforts und Bequemlichkeit brachte die Konsolschaltung für die Modelle 1640 – 3140. Der Gangschalthebel und der Gruppenschalthebel waren auf einer

Die zweitürige John Deere Kabine »MC1« war gummigelagert und mit eingebautem 4-Pfostenüberschlagschutz ausgerüstet. →

JOHN DEERE
1040
JOHN DEERE
1140

Die Sparversion vom Typ 1040, der John Deere Typ 1040 X-E Hinterrad-Traktor wurde von 1983 bis 1986 angeboten.

Auf Wunsch gab es den 50 PS starken John Deere Typ 1040 mit mechanischem Frontantrieb und mit verschiedenen Zapfwellenversionen. Zusätzlich mit einer neuen Getriebeversion für den Nonstop-Einsatz auf Straße und Feld.

Konsole rechts vom Fahrer in natürlicher Reichweite montiert. 8 Vorwärts- und 4 Rückwärts- oder wenn der Traktor mit Power Synchron ausgestattet war 16 Vorwärts- und 8 Rückwärtsgänge ließen sich leicht schalten. Der Schalthebel für das Power Synchron war, für schnelles Schalten unter Last ohne zu kuppeln, während der Fahrt, in den Gangschalthebel integriert. 8 Vorwärts- und 4 Rückwärtsgänge konnten so mit nur einem Hebel in jeder Gruppe im gewohnten »H«-Schaltbild bequem geschaltet werden. Für Traktoren unter 100 PS in der Ausstattung mit SG2 Kabine war die Konsolschaltung ein exklusives Merkmal. Gruppe und Gangschalthebel konnten leicht mit nur kurzen Schalthebeln bedient werden. War der Traktor mit Power Synchron ausgestattet, war der Betätigungshebel in den Schalthebel integriert. Eine Kontrolllampe auf der Konsole zeigte an, ob in der schnellen oder langsamen Stufe gearbeitet wurde. Sobald mit Scheinwerfern gefahren wurde, waren die Schalt- und Hydraulikhebel in der Kabine blendfrei beleuchtet.

Für die 3- und 4-Zylinder-Traktoren mit LBG-Überschlagbügel war die Mittelschaltung serienmäßiger Standard. Auch diese Hebelanordnung erlaubte die »H«-Schaltung mit den leicht zu schaltenden 8 Vorwärts- und 4 Rückwärtsgängen. Mit dem linken Hebel wurden die Gruppen I, II und rückwärts geschaltet, die rechte Hand betätigte den Gangschalthebel. Für Frontladerarbeiten lagen sich im Gruppenschaltbild vorwärts und rückwärts gegenüber. Für diese Arbeiten war es ein weiterer Vorteil, dass die Rückwärtsgeschwindigkeiten 50% schneller als die entsprechenden Vorwärtsgeschwindigkeiten waren. War der Traktor mit dem Power Synchron ausgestattet, befand sich der Schalthebel am Armaturenbrett.

Serienmäßiger Standard an allen 4- und 6-Zylinder-Modellen mit Kabine und Allradantrieb war auch die hydrostatische Lenkung. Diese Lenkung war frei von mechanischem Gestänge zwischen der Lenksäule und den Vorderrädern. Dadurch war dieses System ideal für Kabinen- und Allradmaschinen. Durch dieses

Der hinterachsgetriebene Traktor Typ 1140 mit robustem Getriebe, Dreipunkt-Hydraulik und Zapfwelle war die Standard-Maschine. Wunschausstattung: Fahrersicherheits-Kabine (FSC).

hydrostatische Lenksystem wurde es noch besser möglich, die Kabine mit dem Traktor zu integrieren, den Geräuschpegel zu verringern und den Fahrkomfort zu steigern. Auch bei Traktoren mit Allradantrieb wurden die Lenkkräfte reduziert. Ein schnelles Arbeiten war möglich, speziell wenn der Traktor mit einem Frontlader ausgerüstet war und dadurch hohe Lenkkräfte auftraten. Bei Ölverlust oder fehlendem Öldruck war das Lenksystem trotzdem noch durch einen Satz von Sicherheitsventilen voll funktionsfähig. Das Steueröl wurde proportioniert. Dadurch war die Sicherheit gewährleistet und ein effektives Lenken auch möglich, wenn der Motor nicht lief.

Markanteste Weiterentwicklung an allen Vier- und Sechszylinder-Modellen der 40er Traktoren-Serie war 1982 der mechanische Fronantrieb mit neuer Vorderachs-Konstruktion, der die John Deere Traktoren aus Mannheim absolut marktführend machte. Durch den negativen Lenkrollradius der patentierten Achse lag der innere Drehpunkt des Rades außerhalb der Radspur. Dadurch bewegte sich das Rad weiter vom Traktorrahmen weg; somit entstand eine große Lücke zwischen Rahmen und Rad. Das Ergebnis war ein großer Einschlagwinkel von 50°. Negativer Lenkrollradius und der unübertroffene Nachlaufwinkel von 12° ergaben eine hervorragende Wendigkeit auch mit großen Reifen. Die neue Frontachse wurde in die Modelle 1640 – 2040S und als stärkere Ausführung in die Modelle 2140 – 3140 eingebaut.

Rund aus gutem Grund: die SG2-Kabine

1980 baute John Deere das Kabinenwerk in Bruchsal mit einem Aufwand von 80 Millionen DM. Das gesamte Betriebsgelände umfasst 75 ha, davon entfielen 3,62 ha auf das Kabinenwerk. Es wurden ca. 400 Mitarbeiter beschäftigt. Die Flexibilität der John Deere Werke Bruchsal erlaubte die Produktion von unterschiedlichen Kabinen für Traktoren, Mähdrescher und selbstfahrende Feldhäcksler. Mit der neuen Komfortkabine, der so genannten »SG2«, gelang dem neuen Kabinenwerk ein glänzender Produktionsstart. Sie war optimal an die Mannheimer Vier- und Sechszylinder-Traktoren der Modelle 1640 bis 3140 angepasst worden. Die SG2 (»Sound Guard 2«) Kabine war eine Weiterentwicklung der in Waterloo gefertigten »SGB«-Kabine (»Sound Guard Body«).

Einen neuen Weg im Design beschritt John Deere mit der SG2-Kabine für Traktoren von 62 – 97 PS. Die gewölbte Frontscheibe war dabei das hervorstechendste äußere Merkmal. Die Wölbung der Scheibe diente unter anderem der Erhöhung der Stabilität. Die runde Front brach die vom Motor ausgehenden Schallwellen und ließ sie an der Kabine vorbei gleiten, ohne dass Schwingungen von der Scheibe im größeren Umfang übertragen werden konnten. Nicht zuletzt deshalb lagen die Geräuschwerte bei nur 79,5 dBA (nach OECD-Norm). Als weitere schalldämmende Maßnahme dienten: die Lagerung der Kabine auf vier Gummiselentblöcken, die Abschirmung gegen Geräusch und Vibration durch mehrschichtige dicke Schaumstoffmatten, die Auskleidung des gesamten Kabinenraumes mit vinylüberzogenen Schaumstoffdämmmatten und eine 40 mm dicke Gummiprofilmatte auf dem Kabinenboden. Wölbung und Tönung der Frontscheibe sorgten für einen spiegelfreien 112° Panoramablick. Dieser wurde lediglich durch den schmal gehaltenen Auspuff unterbrochen, der so platziert war, dass er mit dem Türrahmen in einer Linie lag und die Sicht nicht behinderte. Parallelgeführte Scheibenwischer und die elektrisch betätigte Scheibenwaschanlage sorgten auch bei schlechter Witterung stets für den nötigen »Durchblick«.

Den bequemen und sicheren Einstieg von vorn über drei rutschsichere Stufen ermöglichte eine Fahrertür, die sich auch in engsten Garagen und Scheunen öffnen ließ, ohne über die Traktorabmessungen hinauszuragen. Die Lage der hängenden Kupplungs- und Bremspedale und der verstellbaren Lenksäule zum Fahrersitz wurde optimiert. Da die Schalthebel an der rechten Seite auf einer Konsole montiert waren, war der Fußraum komplett frei von Schalthebeln. So konnte die Tür aus einer komfortablen Sitzposition geöffnet oder geschlossen werden.

Die zentrale Position des Fahrers in der SG2 Kabine war der Schlüssel für mühelose, produktive Arbeit. Die SG2 Kabine war komfortabel, ruhig und bot eine ergonomische Anordnung aller Bedienungsorgane. Aus seiner komfortablen Sitzposition hatte der Fahrer eine hervorragende Sicht nach allen Seiten. Alle Hebel, ausgenommen der Hebel für die Zapfwellenkupplung und die Fahrtrichtungsanzeiger, wurden mit der rechten Hand bedient. So war die linke Hand frei zum Steuern. Auf der Konsole rechts waren die Schalthebel, das Handgas und die Hydraulikhebel für schnelles, leichtes und komfortables Arbei-

Auch die Kraftstpoffeinspritzung der Sparversion des John Deere Typ 1140 X-E Hinterrad-Traktors besaß neue Düsen, Querstrom-Zylinderkopf und verbesserte Ventilsitze, die für weniger Verbrauch und mehr Startfreude sorgte.

Als Allradtraktor mit Kabine erhielt auch das kleinste Vierzylindermodell, der Typ 1640, die moderne hydrostatische Lenkung als Standardausrüstung.

In moderner Formgebung präsentierte sich der John Deere Typ 1640 Allrad-Traktor, der nun über einen Vierzylinder-Diesel mit 62 PS verfügte.

John Deere Typ 1640 X-E Hinterrad-Traktor als Sparversion des 1640er Standardmodells. Gebaut von 1983 bis 1986.

ten angebracht. Die Schaltkonsole wurde für Nachtarbeit von der Decke her angestrahlt. Das Armaturenbrett lag schräg zum Fahrer, war beleuchtet und erlaubte eine einwandfreie Symbolerkennung. Die verstellbare Lenksäule konnte exakt nach den Wünschen des Fahrers eingestellt werden. Alle Hebel waren nach Farbe und Form gekennzeichnet, leicht zu erkennen und bequem in Reichweite des Fahrers für schnelle und sichere Arbeit angeordnet.

Für ein aktives, ermüdungsfreies Arbeiten konnte der Sitz in der SG2 Kabine variabel eingestellt werden. Anatomisch geformt, konnte er längs, in der Neigung, Höhe und im Gewicht angepasst werden. Der gut geformte Sitz mit strapazierfähigem hellbraunen Stoffbezug ermöglichte langes Sitzen ohne zu schwitzen. Der Sitz war voll verstellbar, um 150 mm vor und zurück und 60 mm in drei Stufen in der Höhe. Natürlich konnte der Sitz auch auf das individuelle Fahrergewicht (50-130 kg) zur Erhöhung des Fahrkomforts eingestellt werden. Die linke Armlehne war bis auf Sitzniveau verstellbar oder aber zum ungehinderten Ein- oder Ausstieg zurückklappbar. Eine verstellbare Bandscheibenwiege unterstützte die natürliche Haltung des Körpers.

Zur weiteren Erhöhung des Fahrkomforts war die Lenksäule verstellbar. Bislang war diese Ausrüstung nur bei Traktoren über 100 PS bekannt. Jetzt war sie Standardausrüstung an allen 4- und 6-Zylinder Kabinentraktoren. Um die bequemste Position herauszufinden, konnte die Lenksäule bis zu 113,5 mm herausgezogen und in 6 Positionen in der Höhe (bis 35°) verstellt werden.

Die speziell für Europa entwickelte SG2-Kabine bot darüber hinaus durch ihre Frischluftzuführung über ein dreistufiges Gebläse, das Hubdach, ausstellbare Seitenfenster und Heckscheibe oder eine Klimaanlage ein optimales Arbeitsklima auch in »dicker Luft«. Die getönten Scheiben verhinderten bei Arbeiten in praller Sonne eine stärkere Aufheizung der Kabine und damit die Entstehung eines Gewächshauseffektes. Die gesetzlichen Bestimmungen in Europa wurden durch Modifikationen an der Beleuchtung, eine zweite Tür (die allerdings nur für Finnland gefordert wurde) und eine Notausstiegsöffnung im Dach erfüllt. Der Dachausstieg war eine Forderung der skandinavischen Länder, da dort oft über zugefrorene Seen gefahren wird. Weil die Dachluke bei den Kunden als eine weitere Möglichkeit zur Ka-

Wirtschaftlich, zuverlässig, vielseitig und im Verbrauch sparsam: Der John Deere Traktor 2040 S mit SG2-Kabine und mit mechanischem Frontantrieb (MFWD).

binenbelüftung sehr beliebt war, wurde sie als Option in allen Märkten angeboten.

1985 reagierte John Deere Mannheim auf die Kundennachfrage nach einer werkseitig installierten Kabine für die kleineren Modelle und nach einer preiswerteren Kabine für die Grünlandbetriebe. Jetzt erhielten die Modelle 1040, 1140, 1640, 2040, 2040S und 2140 die ebenfalls im Kabinenwerk Bruchsal gebaute Kabine »MC1«, die der Vorschrift der Berufsgenossenschaft, Traktoren mit einem Überschlagschutz auszurüsten, entsprach. Zumal es den Firmen, die einen sehr preiswerten Wetterschutz für die Nachrüstung beim Kunden anboten, sehr schwer machte, einen solchen Überschlagschutz zu integrieren. Die zweitürige Version mit aufstellbaren Front- und Heckscheiben war vor allem für den Einsatz im Grünland gedacht.

John Deere 40er Serie Typ 3640 (1984-1986)

Als konsequente Weiterentwicklung rundete der John Deere Traktor 3640 ab 1984 die erfolgreiche Mannheimer 40er-Serie nach oben ab. Als neues Flaggschiff vorgestellt, besaß der 3640 den bewährten Sechszylinder-Dieselmotor von 112 PS, das 16/8 PowerSynchron Getriebe und wurde 1985 mit dem neu eingeführten Frontkraftheber ausgerüstet. So entsprach das Traktormodell 3640 den veränderten Markterforderungen in optimaler Weise, zumal die Gerätehersteller in Europa sehr schwere Kombinationen für den Front- und Heckanbau auf den Markt gebracht hatten. Zusammen mit der voll belastbaren Frontzapfwelle konnte man nun die Produktivität verdoppeln, indem man z.B. eine Pflanzenschutzspritze, einen Rübenköpfer oder ein Mähwerk, eine Frontkombination oder einen Pflug zusätzlich vorne anbauen konnte.

Die umfassende Modellaufwertung für die Traktoren-Typen 2040S, 2140, 3040 und 3140 im Jahre 1985 entsprach dem Trend zu schwereren Anbaugeräten und kombinierten Arbeitsgängen. Für den Typ 3140 wurde die Hubkraft an der Dreipunkt-Aufhängung erhöht und eine Frontzapfwelle sowie ein Frontkraftheber angeboten.

Die Kundenakzeptanz für die neue 40er Serie war schlichtweg überwältigend und schon ein Jahr nach ihrer Einführung waren die John Deere Marktanteile sichtbar gestiegen – ein Trend, der sich bis heute fortgesetzt hat. Teilten sich die die John Deere Traktoren der 40er Serie von 1976 bis 1979 den täglichen Produktionsablauf mit der 30er Serie und im letzten Produktionsjahr 1986 nochmals mit der neuen 50er Serie, so beherrschten die »40er« von 1980 bis 1985 alleine und ausschließlich die Produktion in Mannheim. 1980 waren es 36.261 Einheiten, 32.342 im Jahr 1981, 29.446 im Jahr 1982, 38.077 im Jahr 1983, 1984 wurden 29.032 und 1985 weitere 34.987 Traktoren der 40er Serie produziert.

Auch den Vierzylinder-Typ 2040 Hinterrad-Traktor gab als markanteste Weiterentwicklung ab 1982 den mechanischen Frontantrieb mit neuer Vorderachs-Konstruktion.

Auch beim John Deere Typ 2040 S Allrad-Traktor kam die wesentliche Leistungssteigerung am Hydrauliksystem zum Zuge mit erhöhtem Hydraulikdruck von 155 auf 190 bar, wodurch den Zusatzgeräte mehr Kraft zur Verfügung stand.

Eine weitere Variante der 40er Traktorenbaureihe war der John Deere Typ 2040 S X-E Allrad-Traktor von 1983 bis 1986, der durch niedrigen Preis den veränderten Verhältnissen in der Landwirtschaft Rechnung trug.

Der John Deere Typ 2140 Allrad-Traktor eignete sich gleichermaßen für Transportarbeiten und für den Einsatz von schweren Acker- oder Zusatzgeräten.

Der 82 PS starke John Deere Typ 2140 X-E Allrad-Traktor vervollständigte die X-E Baureihe, die in abgespeckter Form der 40er-Hochleistungstraktoren zu überraschend niedrigen Preisen ab 1983 angeboten wurde.

JOHN DEERE

Typ 2140. Der 4-Zylinder-Motor des John Deere Modells 2140 wurde von einem Abgasturbolader aufgeladen und leistete 82 PS bei 2500 U/min.

Mit dem 90 PS starken John Deere Typ 3040 Allrad-Traktor setzte Deutschlands führender Traktorenhersteller die Tradition in der Sechszylinder-Klasse fort. Ab 1982 wurde die Leistung auf 92 PS angehoben.

Für einen längeren Arbeitszyklus sorgten beim John Deere Typ 3140 Allrad-Traktor die 38-Zoll-Hinterräder und das auf 126 Litern vergrößerte Tankvolumen. Die neu gestalteten Kotflügel konnten entsprechend den verschiedenen Spurweiten in 8 Positionen verstellt werden.

Das 6-Zylindermodell Typ 3640 Allrad-Traktor mit 112 PS entsprach mit dem neu eingeführten Frontkraftheber den Bedingungen der Gerätehersteller, die in Europa sehr schwere Kombinationen für den Front- und Heckanbau auf den Markt gebracht hatten.

Der John Deere Typ 3640 Allrad-Traktor war die konsequente Weiterentwicklung und rundete ab 1984 die erfolgreiche Mannheimer 40er-Serie nach oben ab.

Programmübersicht John Deere 40er-Serie

Typ Modell	Ausführung	Getriebe	Geschw. (km/h)	Motor			Bauzeit
				Hubraum (ccm)	Zylinder	PS (kW)	
840	Hinterrad	Muffenschaltgetriebe 8 V / 4 R	25 / 30	2940	3	38 (28)	1979-1986
840 X-E	Hinterrad	Muffenschaltgetriebe 8 V / 4 R	20 / 25	2940	3	38 (28)	1983-1986
940	Hinterrad / Allrad	Muffenschaltgetriebe 8 V / 4 R	25 / 30	2940	3	44 (32)	1979-1986
940 X-E	Hinterrad	Muffenschaltgetriebe 8 V / 4 R	15 / 20	2940	3	44 (32)	1983-1986
1040	Hinterrad / Allrad	Muffenschaltgetriebe 8 V / 4 R	25 / 30	2940	3	50 (37)	1979-1986
1040 X-E	Hinterrad	Muffenschaltgetriebe 8 V / 4 R	25 / 30	2940	3	50 (37)	1983-1986
1140	Hinterrad / Allrad	Muffenschaltgetriebe 8 V / 4 R	25 / 30	2940	3	56 (41)	1979-1986
1140 X-E	Hinterrad	Muffenschaltgetriebe 8 V / 4 R	25 / 30	2940	3	56 (41)	1983-1986
1640	Hinterrad / Allrad	Synchrongetriebe 8 V / 4 R	25 / 30	3920	4	62 (46)	1979-1986
1640 X-E	Hinterrad / Allrad	Muffenschaltgetriebe 8 V / 4 R	25 / 30	3920	4	62 (46)	1983-1986
2040	Hinterrad / Allrad	Synchrongetriebe 8 V / 4 R	25 / 30	3920	4	70 (51)	1975-1986
2040 S	Hinterrad / Allrad	Synchrongetriebe 8 V / 4 R	25 / 30	3920	4	75 (55)	1980-1986
2040S X-E	Hinterrad / Allrad	Synchrongetriebe 8 V / 4 R	25 / 30	3920	4	75 (55)	1983-1986
2140	Hinterrad / Allrad	Synchrongetriebe 8 V / 4 R	25 / 30	3920	4 Turbo	82 (60)	1979-1986
2140 X-E	Hinterrad / Allrad	Synchrongetriebe 8 V / 4 R	25 / 30	3920	4 Turbo	82 (60)	1983-1986
3040	Hinterrad / Allrad	Synchrongetriebe 8 V / 4 R	25 / 30	5883	6	90/92 (66/67,5)	1979-1986
3140	Hinterrad / Allrad	Synchrongetriebe 8 V / 4 R	25 / 30	5883	6	97/100 (71/74)	1979-1986
3640	Allrad	Synchrongetriebe 8 V / 4 R	30	5883	6	112 (82)	1984-1986
4040	Hinterrad / Allrad	Quad-Range-Getriebe 16 V / 6 R	30	5880	6 Turbo	110 (81)	1977-1985
4040 S	Hinterrad / Allrad	Quad-Range-Getriebe 16 V / 6 R	30	5880	6 Turbo	115 (84,5)	1981-1984
4240	Hinterrad / Allrad	Quad-Range-Getriebe 16 V / 6 R	30	7640	6	128 (94)	1977-1985
4240 S	Hinterrad / Allrad	Quad-Range-Getriebe 16 V / 6 R	30	7640	6 Turbo	132 (97)	1981-1984
4440	Hinterrad / Allrad	Quad-Range-Getriebe 16 V / 6 R	30	7640	6 Turbo	155 (114)	1977-1985

	John Deere 40er Serie Typ 840 1979-1986	John Deere 40er Serie Typ 940 1979-1986	John Deere 40er Serie Typ 1040 1979-1986
Motor			
Bauart:	John Deere 3-Zylinder-4-Takt-Diesel		
Bohrung x Hub (mm):	106,5 x 110		
Hubraum (cm^3):	2940		
Leistung (PS/kW):	38 / 28 bei 2400/min	44 / 32 bei 2400/min	50 / 37 bei 2500/min
Verdichtung:	16,8 : 1		
Drehmoment (Nm/mkg):	135 / 13,8 bei 1300/min	150 / 15,3 bei 1300/min	165 / 16,8 bei 1400/min
Drehmomentanstieg:	21,2 %	17,8 %	16,8 %
Zapfwellenleist. (PS/kW):	34 / 25 bei Motor-Nenndrehzahl	39 / 29 bei Motor-Nenndrehzahl	44 / 32 bei Motor-Nenndrehzahl
Gemischbereitung:	Direkteinspritzung, Verteilereinspritzpumpe		
Schmierung:	Druckumlaufschmierung mit Hauptstromfilter, Inhalt 7 Liter Öl		
Kühlung:	Flüssigkeitskühlung mit Pumpe und Thermostat, Inhalt 10,5 Liter Kühlw.; 15,5 (mit Kabine)		
Filter:	Trockenluftfilter mit Sicherheitselement		
Elektrische Anlage:	Drehstrom-Lichtmaschine 12 V, 33/55 A, Batterie 2 x 12 V / 55/66 Ah, Anlasser 4 PS		
Kraftübertragung			
Antrieb:	Antrieb auf Hinteräder	Antrieb auf Hinteräder; Wunsch: mech. Frontantrieb, elektro-hydr. Lastschaltb.	
Fahrkupplung:	Einscheiben-Trockenupplung		
Zapfwellenkupplung:	Zweischeiben-Trockenupplung Wunsch. hydr. Lamellenkupplung	vollhydr. nasse Mehrscheibenkupplung, Zweischeiben-Trockenupplung oder hydraulische Lamellenkupplung	
Getriebe:	Muffenschaltgetriebe 8 V / 4 R mit Lastschaltstufe 16 V / 8 R oder Synchrongetriebe 8 V / 4 R oder »Power Synchron«-Getriebe mit Lastschaltstufe 16 V / 8 R oder SynchronKriechganggetriebe 12 V / 8 R, Differenzialsperre (lastschaltbar)		
Endantrieb:	Planeten-Reduziergetriebe 5 : 1		
Inhalt:	33/49 Liter Getriebe / Hydrauliksystem	49 Liter Getriebe und Hydrauliksystem	41 Liter Getriebe und Hydrauliksystem
Zapfwellen hinten:	Motorzapfwellen 540/1000/min bei 2400/min Motordrehzahl		
Hydraulik:	geschl. Hydrauliksystem, Radialmehrkolbenpumpe mit variabler Leistung, Pumpenförderleistung 23/47 Liter/min		
Dreipunktgestänge:	Kat. I + II mit umkehrbaren runden Unterlenkern, Stabilisierungsketten, Regelung über Unterlenker		
Regelarten:	Lageregelung; Zugwiderstandsregel.; Mischregelung; Schwimmstellung; Hubleistung 21,7 kN (2215 kp)		
Steuergeräte:	einfach und doppeltwirkend		
Hydromotor Anschlußw.:	Arbeitsdruck 167 bar, Ölmenge 15 - 21 Liter/min		
Fahrwerk			
Bauart:	Blockkonstruktion		
Vorderachse:	ausziehbare Pendel-Rohrachse mit Einzelrad-Doppelfederung		
Bremsen:	hydraulische, nasse Scheibenbremsen als Fuß- und Lenkbremse, in Ölbad, Bandbremse mit verschleißfestem Keilprofil als Handbremse		
Lenkung:	mechanisch		mechanisch; hydraulisch
Bereifung vorn:	6.50-16 (6 PR)	6.00-16/6 PR; 6.50-16/6 PR; 7,50-16/6	6.50-16/6 PR; 7,50-16/6 PR
Bereifung vorn Allrad:		9,5-24; 11,5-24; 11,2R24; 8,3-24	9,5-24; 11,2-24; 11,2R24; 8,3R24
Bereifung hinten:	9,5-36/6 PR; 12,4-28/6 PR; 12,4R18/6 12,4-32/6 PR; 12,4R32/6 PR	9,5-36; 12,4-28; 12,4-32; 12,4R32; 12,4-36; 12,4R36; 13,6-36; 13,6R36 14,9-28; 14,9R28	9,5-36; 14,9-28; 14,9R28; 13,6R36 12,4-32; 12,4R36; 14,9-30; 14,9R30
Allgemeine Daten			
Radstand (mm):	1889	2050; MFWD 2057	2050; MFWD 2057
Länge (mm):	3505	3505; MFWD 3640	3505; MFWD 3640
Breite (mm):	1660	1780; 1810 (Kabine)	1780; 1810 (Kabine)
Höhe Überrollschutz (mm):	2391	2390	2440
Höhe Auspuff (mm):	2620	2620	2670
Bodenfreiheit (mm):	533	621; MFWD 435	621; MFWD 435
Spurweite vorn:	1260 - 2018 (verstellb. in 100 mm Ab.)	1260 - 2018 (verstellb. in 100 mm Ab.)	1260 - 2018 (verstellb. in 100 mm Ab.)
Spurweite hinten:	1360 - 1860 (verstellb. in 100 mm Ab.)	1360 - 1860 (verstellb. in 100 mm Ab.)	1360 - 1860 (verstellb. in 100 mm Ab.)
Wendekreis (Meter):	6,2 (ohne Lenkbremse)	6,6 (o. Lenkbremse); MFWD 9,6/9,0	6,6 (o. Lenkbremse); MFWD 9,6/9,0
Gewicht (kg):	2450	2490; MFWD 2805	2490; MFWD 2805
zul. Gesamtgewicht (kg):	3200	4000	4000
Stützlast Zugpendel (kg):	760	760	760
Stützlast Anh.kuppl.(kg):	1000	1000	1000
Höchstgeschw. (km/h):	25 / 30	25 / 30	25 / 30
Tankinhalt (Liter):	78	78	78

	John Deere 40er Serie Typ 840 X-E 1983-1986	John Deere 40er Serie Typ 940 X-E 1983-1986	John Deere 40er Serie Typ 1040 X-E 1983-1986
Motor			
Bauart:	John Deere 3-Zylinder-4-Takt-Diesel		
Bohrung x Hub (mm):	106,5 x 110		
Hubraum (cm³):	2940		
Leistung (PS/kW):	38 / 28 bei 2400/min	44 / 32 bei 2400/min	50 / 37 bei 2500/min
Verdichtung:	17,4 : 1		
Drehmoment (Nm/mkg):	135 / 13,8 bei 1300/min	150 / 15,3 bei 1300/min	165 / 16,8 bei 1400/min
Drehmomentanstieg:	21,1 %	17,8 %	16,8 %
Zapfwellenleist. (PS/kW):	34 / 25 bei Motor-Nenndrehzahl	39 / 29 bei Motor-Nenndrehzahl	44 / 32 bei Motor-Nenndrehzahl
Gemischbereitung:	Direkteinspritzung, Verteilereinspritzpumpe		
Schmierung:	Druckumlaufschmierung mit Hauptstromfilter; Inhalt 7 Liter Öl		
Kühlung:	Flüssigkeitskühlung mit Pumpe und Thermostat		
Inhalt:	10,5 Liter Kühlwasser	10,5 Liter Kühlwasser	10,5 Liter Kühlwasser
Filter:	Trockenluftfilter mit Sicherheitselement		
Elektrische Anlage:	Drehstrom-Lichtmaschine 12 V, 33 A, Batterie 1 x 12 V / 55 Ah, Anl. 4 PS		
Kraftübertragung			
Antrieb:	Antrieb auf Hinteräder		
Fahrkupplung:	Einscheiben-Trockenupplung		
Zapfwellenkupplung:	Zweisch.-Trockenk. Wunsch hydr. Lamellenk.	Zweischeiben-Trockenkupplung	
Getriebe:	Muffenschaltgetriebe 8 V / 4 R, Wunsch: Lastschaltstufe 16 V / 8 R, Differenzialsperre (unter Last schaltbar)		
Endantrieb:	Planeten-Reduziergetriebe 5 : 1		
Inhalt:	33 Liter Getriebe/Differenzial/Hydraulik		
Zapfwellen:	hinten: Motorzapfwellen 540/min bei 2400/min Motordrehzahl, vorn: 1000/min auf Wunsch		
Hydraulik:	geschl. Hydrauliksystem, Radialmehrkolbenpumpe mit variabler Leistung, Pumpenförderleistung 24 Liter/min, Druck 190 bar		
Dreipunktgestänge:	Kat. I + II mit umkehrbaren runden Unterlenkern und Stabilisierungsketten		
Regelung:	über Unterlenker		
Regelarten:	Lageregelung; Zugwiderstandsregel.; Mischregelung; Schwimmstellung		
	Hubleistung 21,7 kN (2215 kp)	Hubleistung 21,7 kN (2215 kp)	Hubleistung 23,5 kN (2400 kp)
Steuergeräte:	einfach und doppeltwirkend		
Hydromotor Anschlußw.:	Arbeitsdruck 167 bar Ölmenge 15 - 21 Liter/min	Arbeitsdruck 167 bar Ölmenge 15 - 21 Liter/min	Arbeitsdruck 167 bar Ölmenge 15-22 / 22-31 Liter/min
Fahrwerk			
Bauart:	Blockkonstruktion		
Vorderachse:	ausziehbare Pendel-Rohrachse mit Einzelrad-Doppelfederung		
Bremsen:	hydraulische, nasse Scheibenbremsen als Fuß- und Lenkbremse, in Ölbad, Bandbremse mit verschleißfestem Keilprofil als Handbremse		
Lenkung:	mechanisch	mechanisch	mechanisch; hydraulisch
Bereifung vorn:	6.50-16 (6 PR)	6.00-16/6 PR; 6.50-16/6 PR; 7,50-16/6 PR	6.50-16/6 PR; 7,50-16/6 PR
Bereifung hinten:	9,5-36/6 PR; 12,4-28/6 PR; 12,4R18/6 PR; 12,4-32/6; 12,4R32/6	9,5-36; 12,4-28; 12,4-32; 12,4R32; 12,4-36; 12,4R36; 13,6-36; 13,6R36	9,5-36; 14,9-28; 14,9R28; 13,6R36 13,6-36; 13,6R36; 12,4-32; 12,4R36; 14,9-30; 14,9R30
Allgemeine Daten			
Radstand (mm):	2050	2050	2050
Länge (mm):	3505	3505	3505
Breite (mm):	1780	1780	1780
Höhe Überrollschutz (mm):	2391	2390	2440
Höhe Auspuff (mm):	2010	2010	2110
Bodenfreiheit (mm):	533	533	621
Spurweite vorn:	1260 - 2050 (verstellb. 100 mm Abst.)	1260 - 2050 (verstellb. in 100 mm Ab.)	1260 - 2050 (verstellb. 100 mm Abst.)
Spurweite hinten:	1260 - 1860 (verstellb. 100 mm Abst.)	1260 - 1860 (verstellb. in 100 mm Ab.)	1260 - 1860 (verstellb. 100 mm Abst.)
Wendekreis (Meter):	6,6 (ohne Lenkbremse)	6,6 (ohne Lenkbremse)	6,6 (ohne Lenkbremse)
Gewicht (kg):	2440	2400	2520
zul. Gesamtgewicht (kg):	3200	4000	4000
Stützlast Zugpendel (kg):	760	760	760
Stützlast Anh.kuppl.(kg):	1000	1000	1000
Höchstgeschw. (km/h):	20 / 25	15 / 20	25 / 30
Tankinhalt (Liter):	78	78	78

	John Deere 40er Serie Typ 1140 X-E 1983-1986	John Deere 40er Serie Typ 1640 X-E 1983-1986	John Deere 40er Serie Typ 2040 S X-E 1983-1986
Motor			
Bauart:	John Deere 3-Zylinder-4-Takt-Diesel	John Deere 4-Zylinder-4-Takt-Diesel	
Bohrung x Hub (mm):	106,5 x 110	106,5 x 110	106,5 x 110
Hubraum (cm³):	2940	3920	3920
Leistung (PS/kW):	56 / 41 bei 2500/min	62 / 46 bei 2500/min	75 / 55 bei 2500/min
Verdichtung:	17,4 : 1	17,4 : 1	17,4 : 1
Drehmoment (Nm/mkg):	185 / 18,9 bei 1400/min	205 / 20,9 bei 1200/min	246 / 25 bei 1400/min
Drehmomentanstieg:	18,1 %	16,7 %	17,1 %
Zapfwellenleist. (PS/kW):	50 / 37 bei Motor-Nenndrehzahl	162 g/PS h (220 g/kW h)	163 g/PS h (222 g/kW h)
Gemischbereitung:	Direkteinspritzung, Verteilereinspritzpumpe		
Schmierung:	Druckumlaufschmierung mit Hauptstromfilter		
Inhalt:	7 Liter Öl	8,5 Liter Öl (inkl. Filter)	
Kühlung:	Flüssigkeitskühlung mit Pumpe und Thermostat		
Inhalt:	10,5 Liter Kühlwasser	13 Liter Kühlwasser; 18 Liter (mit Kab.)	
Filter:	Trockenluftfilter mit Sicherheitselement		
Elektrische Anlage:	Drehstrom-Lichtmaschine 12 V, 33 A Batterie 1 x 12 V / 55 Ah, Anl. 4 PS	Drehstrom-Lichtmasch. 12 V, 33/55 A Batterie 2 x 12 V / 55/66 Ah, Anl. 4 PS	
Kraftübertragung			
Antrieb:	Antrieb auf Hinteräder;	Antrieb Hinteräder, a. W. mech. Frontantrieb (MFWD), elektr-hydr lastschaltbar	
Fahrkupplung:	Einscheiben-Trockenupplung		
Zapfwellenkupplung:	Zweischeiben-Trockenupplung	hydr. nasse Mehrscheibenkupplung, hydraulische Lamellenkupplung	
Getriebe:	Muffenschaltgetriebe 8 V / 4 R Wunsch: Lastschaltstufe 16 V / 8 R Differenzialsperre (unter Last schaltbar)	Muffenschaltgetriebe 8 V / 4 R oder Synchrongetriebe 8 V / 4 R wahlweise Power Synchron-Getriebe mit Lastschaltstufe 16 V / 8 R, Differenzialsperre (unter Last schaltbar)	
Endantrieb:	Planeten-Reduziergetriebe 5 : 1		
Inhalt:	33 Liter Getriebe/Differenzial/Hydraulik; Synchrongetriebe 49 Liter		55,5 Liter Getriebe / Hydrauliksystem
Zapfwelle:	hinten: Motorzapfwellen 540/min bei 2400/min Motordrehzahl vorn: 1000/min auf Wunsch	Unabhängige Zapfwelle 540/min, Wunsch: 540/1000/min	
Hydraulik:	geschl. Hydrauliksystem, Radialmehrkolbenpumpe mit variabler Leistung		
	Pumpe 24 Liter/min, Druck 190 bar	Pumpenförderleistung 47 Liter/min, Systemdruck 190 bar, Arbeitsdr. 170 bar	
Dreipunkt-Hydraulik:	Kat. I + II mit umkehrbaren runden Unterlenkern, Stabilisierungsketten		
Regelung:	über Unterlenker		
Regelarten:	Lageregelung; Zugwiderstandsregel.; Mischregelung; Schwimmstellung		
	Hubleistung 23,5 kN (2400 kp)	Hubleistung 35,6 kN (3630 kp)	
Steuergeräte:	einfach und doppeltwirkend		
Hydromotor Anschlußw.:	Arbeitsdruck 167 bar, Ölmenge 22-31 Liter/min		
Fahrwerk			
Bauart:	Blockkonstruktion		
Vorderachse:	ausziehbare Pendel-Rohrachse mit Einzelrad-Doppelfederung		
Bremsen:	hydraulische, nasse Scheibenbremsen als Fuß- und Lenkbremse, Keilbandprofilbremse als Handbremse		
Lenkung:	mechanisch; hydraulisch	mech.; hydraulisch; Allrad: hydrostatisch	hydrostatisch
Bereifung vorn:	6.50-16/6 PR; 7,50-16/6 PR	7.50-16/6; 10,00-16/6; Allrad: 11,2-28/8; 13,6R24/8;	
Bereifung hinten:	12,4-36; 13,6-36; 13,6R36; 14,9-30; 14,9R30; 16,9-28; 16,9R28; 16,9-30;	13,6-38; 13,6R38; 14,9-38; 15,5-38; 15,5R38; 16,9-34; 16,9R34	
Allgemeine Daten			
Radstand (mm):	2050	2280; Allrad 2285	2280; Allrad 2285
Länge (mm):	3505	3735; Allrad 3870	3735; Allrad 3870
Breite (mm):	1780	2055 (mit SG2-Kabine)	2055 (mit SG2-Kabine)
Höhe Überrollschutz (mm):	2420	2620	2645
Höhe Auspuff (mm):	2110	2770 (mit SG2-Kabine)	2795 (mit SG2-Kabine)
Bodenfreiheit (mm):	621	642; Allrad 435	656; Allrad 485
Spurweite vorn:	1260 - 2050 (verstellb. 100 mm Abst.)	1360 - 2008 (verstellb. 100 mm Abst.)	1360 - 2008 (verstellb. 100 mm Abst.)
Spurweite hinten:	1260 - 1860 (verstellb. 100 mm Abst.)	1500 - 2000 (verstellb. 100 mm Abst.)	1500 - 2000 (verstellb. 100 mm Abst.)
Wendekreis (Meter):	6,6 (ohne Lenkbremse)	7,6 (o. Bremse); Allrad 8,2 (o. Bremse)	7,6 (o. Bremse); Allrad 8,2 (o. Bremse)
Gewicht (kg):	2733	3028; Allrad 3313	3183; Allrad 3468
zul. Gesamtgewicht (kg):	4000	4700	5400
Stützlast Zugpendel (kg):	760	1000	1000
Stützlast Anh.kuppl.(kg):	1000	1000	1000
Höchstgeschw. (km/h):	25 / 30	25 / 30	25 / 30
Tankinhalt (Liter):	78	95	95

	John Deere 40er Serie Typ 1140 1979-1986	John Deere 40er Serie Typ 1640 1979-1986	John Deere 40er Serie Typ 2040 // 2040 S 1975-1986 // 1980-1986
Motor			
Bauart:	John Deere 3-Zylinder-4-Takt-Diesel	John Deere 4-Zylinder-4-Takt-Diesel	
Bohrung x Hub (mm):	106,5 x 110		
Hubraum (cm^3):	2940	3920	
Leistung (PS/kW):	56 / 41 bei 2500/min	62 / 46 bei 2500/min	70 / 51 // 75 / 55 bei 2500/min
Verdichtung:	16,8 : 1		
Drehmoment (Nm/mkg):	185 / 18,9 bei 1400/min	205 / 20,9 bei 1200/min	230 / 23,4 // 246 / 25 bei 1400/min
Drehmomentanstieg:	18,1 %	16,7 %	18,1 % // 17,1 %
Zapfwellenleist. (PS/kW):	50 / 37 bei Motor-Nenndrehzahl	162 g/PS h (220 g/kW h)	163 g/PS h (222 g/kW h)
Gemischbereitung:	Direkteinspritzung, Verteilereinspritzpumpe		
Schmierung:	Druckumlaufschmierung mit Hauptstromfilter		
Inhalt:	7 Liter Öl	8,5 Liter Öl	
Kühlung:	Flüssigkeitskühlung mit Pumpe und Thermostat		
Inhalt:	10,5 Liter Kühlwasser; 15,5 (mit Kab.)	13 Liter Kühlwasser; 18 Liter (mit Kabine)	
Filter:	Trockenluftfilter mit Sicherheitselement		
Elektrische Anlage:	Drehstrom-Lichtmaschine 12 V, 33/55 A, Batterie 2 x 12 V / 55/66 Ah, Anlasser 4 PS		
Kraftübertragung			
Antrieb:	Antrieb auf Hinteräder o. auf Wunsch, mechanischer Frontantrieb (MFWD), elektro-hydraulisch lastschaltbar		
Fahrkupplung:	Einscheiben-Trockenupplung: Allrad: hydraulische Lamellenkupplung (Typ 1140: hydr. nasse Mehrscheibenkupplung)		
Getriebe:	Synchrongetriebe 8 V / 4 R oder Power Synchron-Getriebe mit Lastschaltstufe 16 V / 8 R oder SynchronKriechganggetriebe 12 V / 8 R, Differenzialsperre (lastschaltbar)		
Endantrieb:	Planeten-Reduziergetriebe 5 : 1		
Inhalt:	49 Liter Getriebe und Hydrauliksystem; (Typ 2040 S: 54 Liter		
Zapfwellen hinten:	Motorzapfwellen 540/1000/min bei 2400/min Motordrehzahl		Unabhängige Zapfwelle 540/min, Wunsch: 540/1000/min, umschaltbar
Hydraulik:	geschl. Hydrauliksystem, Radialmehrkolbenpumpe mit variabler Leistung, Pumpenförderleistung 47 Liter/min		
Dreipunkt-Hydraulik:	Kat. I + II mit umkehrbaren runden Unterlenkern, o. Kat. II mit ausziehb. Unterlenkern o. Kat. II mit Schnellkupplern, Stabilisierungsketten		Kat. II mit ausziehb. Unterlenkern, o. Kat. II mit Schnellkuppl., Stab.ketten
Regelung:	über Unterlenker		
Regelarten:	Lageregelung; Zugwiderstandsregelung; Mischregelung; Schwimmstellung		
	Hubleistung 23,5 kN (2400 kp)	Hubleistung 30,1 kN (3070 kp) (Typ 2040 S: 35,6 kN (3630 kp)	
Steuergeräte:	einfach und doppeltwirkend		
Hydromotor Anschlußw.:	Arbeitsdruck 167 bar, Ölmenge 22-31 Liter/min, (Typ 2040 S: 22-45 Liter/min)		
Fahrwerk			
Bauart:	Blockkonstruktion		
Vorderachse:	ausziehbare Pendel-Rohrachse mit Einzelrad-Doppelfederung		
Bremsen:	hydraulische, nasse Scheibenbremsen als Fuß- und Lenkbremse, Keilbandprofilbremse als Handbremse		
Lenkung:	mechanisch; hydraulisch, Allrad: hydrostatisch		
Bereifung vorn:	6.50-16/6 PR; 7,50-16/6 PR	7.50-16/6; 7,50-16/8; 10,00-16/6	
Bereifung vorn Allrad:	9,5-24/6; 11,2-24/6; 11,2R24/8;	11,2-24/8; 11,2R24/8; 11,2-28/6;	
Bereifung hinten:	12,4-36; 13,6-36; 13,6R36; 14,9-30; 14,9R30; 16,9-28; 16,9R28; 16,9-30;	11,2R28/6; 13,6-24/6; 13,6R24/8; 13,6-38; 13,6R38; 16,9-30; 16,9R30; 15,5-38; 15,5R38; 16,9-34; 16,9R34	
Allgemeine Daten			
Radstand (mm):	2050; MFWD 2057	2280; Allrad 2285	2280; Allrad 2285
Länge (mm):	3505; MFWD 3640	3735; Allrad 3870	3735; Allrad 3870
Breite (mm):	2060; 2010 (Kabine)	2060; 2055 (Kabine)	2060; 2055 (Kabine)
Höhe Überrollschutz (mm):	2420	2450	2450; 2595 (Kab) // 2580; 2645 (Kab)
Höhe Auspuff (mm):	2650	2595	2595; 2745 (Kab) // 2645; 2795 (Kab)
Bodenfreiheit (mm):	621; MFWD 435	642; Allrad 459	642; Allrad 457
Spurweite vorn:	1260 - 2018 (verstellb. in 100 mm Ab.)	1360 - 2008 (verstellb. 100 mm Abst.)	1360 - 2008 (verstellb. 100 mm Abst.)
Spurweite hinten:	1360 - 1860 (verstellb. in 100 mm Ab.)	1500 - 2000 (verstellb. 100 mm Abst.)	1500 - 2000 (verstellb. 100 mm Abst.)
Wendekreis (Meter):	6,6 (o. Lenkbremse); MFWD 9,6/9,0	7,6 (o. Bremse); Allrad 8,2 (o. Bremse)	7,6 (o. Bremse); Allrad 8,2 (o. Bremse)
Gewicht (kg):	2535; MFWD 2850	2780; Allrad 3065	2835; Allrad 3120 // 2935; Allrad 3220
zul. Gesamtgewicht (kg):	4000	4700	4700 // 5400
Stützlast Zugpendel (kg):	760	1000	1000
Stützlast Anh.kuppl.(kg):	1000	1000	1000
Höchstgeschw. (km/h):	25 / 30	25 / 30	25 / 30
Tankinhalt (Liter):	78	95	95

	John Deere 40er Serie Typ 2140 // 2140 X-E 1979-1986 // 1983-1986	John Deere 40er Serie Typ 3040 1979-1986	John Deere 40er Serie Typ 3140 1979-1986
Motor			
Bauart:	John Deere 4-Zyl.-4-Takt-Turbodiesel	John Deere 6-Zylinder-4-Takt-Diesel	John Deere 6-Zylinder-4-Takt-Diesel
Bohrung x Hub (mm):	106,5 x 110	106,5 x 110	106,5 x 110
Hubraum (cm^3):	3920	5883	5883
Leistung (PS/kW):	82 / 60 bei 2500/min	92 / 68 bei 2500/min	100 / 74 bei 2500/min
Verdichtung:	16,8 : 1	16,8 : 1	16,8 : 1
Drehmoment (Nm/mkg):	270 / 27,5 bei 1600/min	313 / 31,9 bei 1400/min	327 / 33,3 bei 1400/min
Drehmomentanstieg:	17,8 %	20,0 %	15,0 %
Spez. Kraftstoffverbrauch:	166 g/PS h (226 g/kW h)	159 g/PS h (216 g/kW h)	162 g/PS h (220 g/kW h)
Gemischbereitung:	Direkteinspritzung, Verteilereinspritzpumpe		
Schmierung:	Druckumlaufschmierung mit Hauptstromfilter		
Inhalt:	8,5 Liter Öl	11,5 Liter Öl (incl. Filter)	11,5 Liter Öl (incl. Filter)
Kühlung:	Flüssigkeitskühlung mit Pumpe und Thermostat		
Inhalt:	13 Liter Kühlwasser; 18 Liter (mit Kab.)	19 Liter Kühlwasser; 24 Liter (mit Kab.)	19 Liter Kühlwasser; 24 Liter (mit Kab.)
Filter:	Trockenluftfilter mit Sicherheitselement		
Elektrische Anlage:	Drehstrom-Lichtmaschine 12 V, 33/55 A Batterie 2 x 12 V / 55/66 Ah, Anl. 4 PS	Drehstrom-Lichtmaschine 12 V, 55 A, Batterie 2 x 12 V / 88 Ah, Anlasser 4 PS	
Kraftübertragung			
Antrieb:	Allradantrieb mit mechanischem Frontantrieb (MFWD), während der Fahrt elektro-hydr. ein- und aussschaltbar		
Fahrkupplung:	Einscheiben-Trockenupplung; Allrad: hydr. nasse Mehrscheibenkupplung		
Zapfwellenkupplung:	hydraulische Lamellenkupplung		
Getriebe:	Synchrongetriebe 8 V / 4 R oder Power Synchron-Getriebe mit Lastschaltstufe 16 V / 8 R oder SynchronKriechganggetriebe 12 V / 8 R, Differenzialsperre (lastschaltbar)		
Endantrieb:	Planeten-Reduziergetriebe 5 : 1		
Inhalt:	58 // 55,5 Liter Getriebe und Hydraulik	60 Liter Getriebe und Hydrauliksystem	
Zapfwellen:	Unabhängige Zapfwellen 540/1000/min bei 2400/min Nenndrehzahl		
Hydraulik:	geschl. Hydr.syst., Radialmehrkolbenp. m. var. Leistung, Pumpenförderleist. 47 Ltr/min, Systemdr. 190 bar, Arbeitsdr. 170 bar		
Dreipunkt-Hydraulik:	Kat. II mit ausziehbaren Unterlenkern, oder Kategorie II mit Schnellkupplern, Stabilisierungsketten		
	2140 X-E: Kat. I + II		
Regelung:	über Unterlenker		
Regelarten:	Lageregelung; Zugwiderstandsregel.; Mischregelung; Schwimmstellung		
	Hubleistung 35,6 kN (3630 kp)	Hubleistung 40,2 kN (4100 kp)	
Steuergeräte:	einfach oder doppeltwirkend		
Hydromotor Anschlußw.:	Arbeitsdruck 167 bar, Ölmenge 22-45 Liter/min		
Fahrwerk			
Bauart:	Blockkonstruktion		
Vorderachse:	ausziehbare Pendel-Rohrachse mit Einzelrad-Doppelfederung		
Bremsen:	hydr., ölgekühlte Scheibenbremsen als Fuß- und Lenkbremse, Keilbandprofilbremse als Handbremse		
Lenkung:	mech. o. hydr.; hydrost. (Kab. / Allrad)	hydrostatisch	
Bereifung vorn:	7.50-16/6; 10,00-16/6	12,4-28; 12,4R28: 13,6-24; 13,6R24:	
Bereifung vorn Allrad:	12,4-28/6; 13,6-24/6; 13,6R24/8	13,6-28: 13,6R28: 14,9-24	
Bereifung hinten:	14,9-38; 15,5-38; 15,5R38; 16,9-34 **2140 X-E:** 11,2-28; 13,6-38	16,9-38; 16,9R38; 18,4-34; 18,4R34; 18,4-38; 18,4R38	
Allgemeine Daten			
Radstand (mm):	2280; Allrad 2285	2580	2580
Länge (mm):	3735; Allrad 3870	4385	4385
Breite (mm):	2060; 2055 (Kabine)	2055	2055
Höhe Überrollschutz (mm):	2580; 2645 (Kabine)	2795	2840
Höhe Auspuff (mm):	2645; 2795 (Kabine)	3015	3040
Bodenfreiheit (mm):	656; Allrad 469 // 510	489	489
Spurweite vorn (mm):	1360 - 2008 (verstellb. 100 mm Abst.)	1411 - 2112 (verstellb. 100 mm Abst.)	1411 - 2112 (verstellb. 100 mm Abst.)
Spurweite hinten (mm):	1500 - 2000 (verstellb. 100 mm Abst.)	1500 - 2000 (verstellb. 100 mm Abst.)	1500 - 2000 (verstellb. 100 mm Abst.)
Wendekreis (Meter):	7,6 (o. Bremse); Allrad 8,4 (o. Bremse)	9,2 (ohne Bremse);	9,2 (ohne Bremse);
Gewicht (kg):	3050 // 3466; Allrad 3375 // 3875	3855; Allrad 4135	3855; Allrad 4135
zul. Gesamtgewicht (kg):	5400	6500	6500
Stützlast Zugpendel (kg):	1000	1000	1000
Stützlast Anh.kuppl.(kg):	1000	1000	1000
Höchstgeschw. (km/h):	25 / 30	25 / 30	25 / 30
Tankinhalt (Liter):	102	102	126

	John Deere 40er Serie Typ 3640 Allrad 1984-1986
Motor	
Bauart:	John Deere 6-Zylinder-4-Takt-Diesel
Bohrung x Hub (mm):	106,5 x 110
Hubraum (cm³):	5883
Leistung (PS/kW):	112 / 82 bei 2400/min
Verdichtung:	17,4 : 1
Drehmoment (Nm/mkg):	392 / 40,0 bei 1400/min
Drehmomentanstieg:	20,0 %
Gemischbereitung:	Direkteinspritzung, Verteilereinspritzpumpe
Schmierung:	Druckumlaufschmierung mit Hauptstromfilter
Inhalt:	11,0 Liter Öl (incl. Filter)
Kühlung:	Flüssigkeitskühlung mit Pumpe und Thermostat
Inhalt:	19 Liter Kühlwasser
Filter:	Trockenluftfilter mit Sicherheitselement
Elektrische Anlage:	Drehstrom-Lichtmaschine 12 V, 55 A, Batterie 2 x 12 V / 88 Ah, Anl. 4 PS
Kraftübertragung	
Antrieb:	Allradantrieb mit hydrostatischem Frontantrieb (HFWD), während der Fahrt elektro-hydr. ein- und aussschaltbar
Fahrkupplung:	Einscheiben-Trockenupplung mit Cerametallic-Belag
Fahrkupplung Allrad:	im Ölbad liegende Lamellenkupplung elektro-hydraulisch lastzuschaltbar
Zapfwellenkupplung:	ölgekühlte Mehrlamellenkupplung
Getriebe:	Synchrongetr. 8 V / 4 R o. »Power Synchron«-Getriebe m. Lastschaltst. 16 V / 8 R, Differenzialsperre (lastzuschaltbar)
Endantrieb:	Planeten-Reduziergetriebe 5 : 1
Inhalt:	42 Liter Getriebe und Hydrauliksystem
Zapfwelle hinten:	540/1000/min bei 2175/min
Frontzapfwelle:	1000/min bei 2175/min Motordrehzahl
Hydraulik:	geschl. Hydrauliksystem, Radialmehrkolbenpumpe mit variabler Leistung, Pumpenhubraum 22,6 ccm / 40 ccm Pumpenförderleistung 45 / 84 Liter/min, Systemdruck 190 bar
Dreipunkt-Hydraulik:	Kat. II / III N / III mit Schnellkupplern, Stabilisierungsketten
Regelung:	über Unterlenker
Regelarten:	Lageregelung; Zugwiderstandsregel.; Mischregelung; Schwimmstellung, Hubleistung (Heck) 56,9 kN (5800 kp), Hubleistung (Front) 28,5 kN (2900 kp)
Steuergeräte:	einfach oder doppeltwirkend
Hydromotor Anschlußw.:	Arbeitsdruck 167 bar, Ölmenge 22-45 / 22-55 Liter/min
Fahrwerk	
Bauart:	Blockkonstruktion
Vorderachse:	ausziehbare Pendel-Rohrachse mit Einzelrad-Doppelfederung
Bremsen:	hydr., ölgekühlte Scheibenbremsen an der Hinterachse und zusätzliche Scheibenbremse an der Frontachse, Keilbandprofilbremse als Handbremse
Lenkung:	hydrostatisch
Bereifung vorn:	12,4R26; 13,6R28; 14,9R26; 16,9R24
Bereifung hinten:	16,9R38; 18,4R38
Allgemeine Daten	
Radstand (mm):	2582
Länge (mm):	4790
Breite (mm):	2165
Höhe Kabine (mm):	2820
Höhe Auspuff (mm):	2972
Bodenfreiheit (mm):	500
Spurweite vorn (mm):	1607 - 2115 (verstellb. 100 mm Abst.)
Spurweite hinten (mm):	1600 - 2000 (verstellb. 100 mm Abst.)
Wendekreis (Meter):	8,6 (ohne Lenkbremse)
Gewicht (kg):	4930
zul. Gesamtgewicht (kg):	8000
Stützlast Zugpendel (kg):	1500
Stützlast Anh.kuppl.(kg):	1800
Höchstgeschw. (km/h):	30
Tankinhalt (Liter):	186 (incl. 52 Liter-Zusatztank)

	John Deere 40er Serie Typ 4040 // 4040 S 1977-1985 // 1981 - 1984	John Deere 40er Serie Typ 4240 // 4240 S 1977-1985 // 1981 - 1984	John Deere 40er Serie Typ 4440 1977-1985
Motor			
Bauart:	John Deere 6-Zylinder-4-Takt-Diesel mit Abgas-Turboauflader (4240: ohne Turbo)		
Bohrung x Hub (mm):	106,4 x 110	115,8 x 120,6	115,8 x 120,6
Hubraum (cm³):	5880	7640	7640
Leistung (PS/kW):	110 / 81 // 115 / 85 bei 2200/min	128 / 94 // 132 / 97 bei 2200/min	155 / 114 bei 2200/min
Verdichtung:	16,8 : 1	17,9 : 1 // 17,5 : 1	15,5 : 1
Drehmoment (Nm/mkg):	405/41,3-1300/min // 430/43,8-1500/min	470/48,0-1300/min // 526/53,6-1400/min	642 / 65,5 bei 1500/min
Drehmomentanstieg:	15,3 % // 17,2 %	15,2 % // 25,0 %	29,8 %
Zugkraft (kW/kp):	35,6 / 3629	41,8	49,4 / 5036
Zapfwellenleist. (PS/kW):	95 / 70	115 / 85	136 / 100
Spez. Kraftstoffverbrauch:	166 g/PS h (226 g/kW h)	165 g/PS h (224 g/kW h)	165 g/PS h (224 g/kW h)
Gemischbereitung:	Direkteinspritzung, Verteilereinspritzpumpe		
Schmierung:	Druckumlaufschmierung mit Hauptstromfilter und Ölkühler		
Inhalt:	13,5 Liter Öl (incl. Filter)	16,0 Liter Öl (incl. Filter)	19,0 Liter Öl (incl. Filter)
Kühlung:	Druck-Flüssigkeitskühlung mit Zentrifugal-Pumpe (**4040:** Thermostat)		
Inhalt:	22,7 Liter Kühlwasser	28,2 Liter Kühlwasser	34,1 Liter Kühlwasser
Filter:	Trockenluftfilter mit Sicherheitselement		
Elektrische Anlage:	Drehstrom-Lichtmaschine 12 V, 55 A, Batterie 2 x 12 V / 88 Ah, Anlasser 6 PS		
Kraftübertragung			
Antrieb:	Hinterradantrieb mit hydrostatischem Frontantrieb (HFWD), während der Fahrt elektromagn. ein- und aussschaltbar		
Fahrkupplung:	hydraulische, ölgekühlte Doppelscheiben-Kupplung		
Zapfwellenkupplung	hydraulische Zwei-Scheibenkupplung		
Getriebe:	Quad-Range Synchron-Lastschalt-Getriebe 16 V / 6 R, Differenzialsperre (lastschaltbar) im Ölbad liegende Scheiben, hydr.		
Endantrieb:	Planeten-Reduziergetriebe 4,8 : 1		Planeten-Reduziergetriebe 6,428 : 1
Inhalt:	61 Liter Getriebe und Hydrauliksystem		63 Liter Getriebe und Hydrauliksystem
Zapfwellen:	Unabhängige Zapfwelle 540/1000/min, austauschbarer Zapfwellenstummel		
Hydraulik:	geschl. Hydrauliksystem, Kolbenpumpe mit variabler Leistung, Pumpenförderleistung 96 Liter/min, Systemdruck 155 bar		
Dreipunkt-Hydraulik:	Kat. II mit ausziehbaren Unterlenkern,		
Regelung:	über Unterlenker	über Unterlenker	über Unterlenker
Regelarten:	Lageregelung; Zugwiderstandsregel.; Mischregelung; Schwimmstellung; Leistung 48,0 kN/4900 kp, (**4040:** 40,0 kN/4100 kp)		
Steuergeräte:	einfach oder doppeltwirkend		
Hydromotor Anschlußw.:	Arbeitsdruck 137 bar, Ölmenge 47-57 Liter/min		
Fahrwerk			
Bauart:	Blockkonstruktion		
Vorderachse:	ausziehbare Pendel-Rohrachse mit Einzelrad-Doppelfederung		
Bremsen:	hydr., ölgekühlte Scheibenbremsen als Fuß- und Lenkbremse, Multischeibenbremse als Handbremse		
Lenkung:	hydrostatisch, Lenkrad schwenkbar und teleskopisch verstellbar		
Bereifung vorn:	10,00-16/6 PR; 11,00-16/8 PR		
Bereifung vorn Allrad:	12,40-24/6 PR; 13,6-24/6 PR; (**4040 S, 4240 S:** 14,9-28/10 PR; 16,9-26/8 PR; 18,4-26/6 PR)		
Bereifung hinten:	16,9-38/8 PR; 18,4-38/8 PR; 20,8-38/8; (**4040 S, 4240 S:** 18,4-38/8 PR; 20,8-34/8 PR)		
Allgemeine Daten			
Radstand (mm):	2642; Allrad 2640 (**4040 S:** 2607)	2709; Allrad 2707, (**4240 S:** 2674)	2709; Allrad 2707
Länge (mm):	4483 (**4040 S:** 4590)	4552, (**4240 S:** 4660)	4552
Breite (mm):	1990 - 3118 (**4040 S:** 2438)	1991 - 3118 (**4240 S:** 2438)	2060 - 3229
Höhe Überschlagrahmen:	2709	2759	2811
Höhe Kabine (mm):	2861 (**4040 S:** 2912)	2912	2963
Höhe Auspuff (mm):	3134	3158	3264
Bodenfreiheit (mm):	515 (**4040 S:** 565)	541 (**4240 S:** 565)	541
Spurweite vorn (mm):	1359 - 1869 (verstellb. 102 mm Abst.)	1359 - 1869 (verstellb. 102 mm Abst.)	1613 - 2327 (verstellb. 102 mm Abst.)
Spurweite hinten (mm):	1524 - 2289 (verstellb. 102 mm Abst.)	1524 - 2289 (verstellb. 102 mm Abst.)	1594 - 2416 (verstellb. 102 mm Abst.)
Wendekreis (Meter):	7,8; Allrad 6,8; (**4040 S:** 9,4)	8,0 (o. Bremse); Einschlagwinkel 49,4°	8,0 (o. Bremse); Einschlagwinkel 49,4°
Gewicht (kg):	5067; Allrad 5427 (**4040 S:** 6160)	5318; Allrad 5678 (**4240 S:** 6320)	5613; Allrad 5973
zul. Gesamtgewicht (kg):	7500; (**4040 S:** 8000)	7500 (**4240 S:** 8800)	8000
Stützlast Zugpendel (kg):	1065	1330 (**4240 S:** 1300)	1550
Stützlast Anh.kuppl.(kg):	1500	1500	1500
Höchstgeschw. (km/h):	30	30	30
Tankinhalt (Liter):	140	174	246

Preise / Ausrüstungen Typ 840		
Wahlausrüstungen		**Stand: 09/1981**
110 E	8-4 Gang-Synchron-Getriebe	Grundpreis
110 F	dto. + Kriechganguntersetzer	1.248,--
110 D	16-8 Gang-Power Synchron-Getriebe	1.361,--
110 A	8-4 Gang-Muffenschaltgetriebe	531,--
	Motorzapfwellen	
150 A	540/min hinten	Grundpreis
150 B	540/min hi. und 1000/min vorn (Mähwerkantrieb)	383,--
	Unter Last schaltbare Zapfwellen	
150 E	540/min hinten	639,--
150 G	540/1000/min hi. und 1000 vorn (Mähwerkantr.)	1.391,--
150 H	540/1000/min hinten (umschaltbar)	1.241,--
1136	Kühler ohne Ölkühler	Grundpreis
1138	Kühler mit Ölkühler	160,--
280 A	Hydraulikpumpe 24,8 l/min	Grundpreis
280 B	Hydraulikpumpe 47,2 l/min	152,--
	Hinterräder mit Bereifung	
4011	12,4-28 (6 PR)	Grundpreis
4051	9,5-36 (6 PR) Spurweite 1360-1860	Minderpreis 114,--
4032	12,4-32 (6 PR)	326,--
4212 /	12,4/11-32 (6 PR), Radfreiheit 150 mm	241,--
	Reifenarten	
500 D	Diagonalbereifung	Grundpreis
500 R	Radialbereifung	236,--
500 S	Reifenfabrikat nach Wunsch: Diagonalbereifung	100,--
	dto. Michelin	250,--
	dto. Radialbereifung	336,--
2629	ohne Steuergerät	Grundpreis
	Einfachwirkende Steuergeräte	
2673	Erstes (unteres) mit einer Leitung nach hinten	390,--
2674	Erstes (unteres) mit einer Leitung nach vorn	390,--
2676	Erstes (unteres) und zweites (oberes)	
	mit je einer Leitung nach vorn	722,--
9289	Vordere Drückevorrichtung	Grundpreis
9155	dto. mit Grundgewicht 80 kg	260,--
Zusatzausrüstungen		
9010	Lange Ackerschiene Kat. I + II	219,--
9024	Ackerschiene Kat. I mit Drehsicherung	82,--

Preise / Ausrüstungen Typ 940		
Wahlausrüstungen		Stand: 09/1981
	Allradachse	
580 B	ohne Selbstsperrdifferenzial	Grundpreis
580 C	mit Selbstsperrdifferenzial	363,--
110 E	8-4 Gang-Synchron-Getriebe	Grundpreis
110 F	dto. + Kriechganguntersetzer	1.248,--
110 D	16-8 Gang-Power Synchron-Getriebe	1.361,--
110 A	8-4 Gang-Muffenschaltgetriebe	531,--
	Motorzapfwellen	
150 A	540/min hinten	Grundpreis
150 B	540/min hi. und 1000/min vorn (Mähwerkantrieb)	383,--
	Unter Last schaltbare Zapfwellen	
150 E	540/min hinten	639,--
150 G	540/1000/min hi. und 1000 vorn (Mähwerkantr.)	1.391,--

Preise / Ausrüstungen Typ 940		
Wahlausrüstungen		**Stand: 09/1981**
150 H	540/1000/min hinten (umschaltbar)	1.241,--
1136	Kühler ohne Ölkühler	Grundpreis
1138	Kühler mit Ölkühler	160,--
280 A	Hydraulikpumpe 24,8 l/min	Grundpreis
280 B	Hydraulikpumpe 47,2 l/min	152,--
210 A	Mechanische Lenkung	Grundpreis
200 A	Hydraulische Lenkung	982,--
	Vorderräder mit Hinterradantrieb	
6002	6.50-16 (6 PR)	Grundpreis
6003	7.50-16 (6 PR)	190,--
	Hinterräder mit Hinterradantrieb	
4032	12,4-32 (6 PR)	Grundpreis
4052	12,4-36 (6 PR)	131,--
4014	14,9-28 (6 PR)	228,--
4053	13,6-36 (6 PR)	289,--
4051	9,5-36 (6 PR) Spurweite 1360-1860	441,--
	Räderkombinationen mit Allradantrieb	
6007	9,5-24/8 PR (verstellb.) mit 12,4-36/6 PR	Grundpreis
6011	11,2-24/8 PR (verstellb.) mit 12,4-36/6 PR	227,--
6006	8,3-24/6 PR (verstellb.) mit 14,9-28/6 PR	49,--
	Reifenarten mit Hinterradantrieb	
500 D	Diagonalbereifung	Grundpreis
500 R	Radialbereifung	236,--
500 S	Reifenfabrikat nach Wunsch: Diagonalbereifung	100,--
	dto. Michelin	250,--
	dto. Radialbereifung	336,--
	Reifenarten mit Allradantrieb	
500 D	Diagonalbereifung	Grundpreis
500 R	Radialbereifung	350,--
500 S	Reifenfabrikat nach Wunsch: Diagonalbereifung	100,--
	dto. Michelin	250,--
	dto. Radialbereifung	450,--
2629	ohne Steuergerät	Grundpreis
	Einfachwirkende Steuergeräte	
2673	Erstes (unteres) mit einer Leitung nach hinten	390,--
2674	Erstes (unteres) mit einer Leitung nach vorn	390,--
2676	Erstes (unteres) und zweites (oberes)	
	mit je einer Leitung nach vorn	722,--
2677	Doppeltwirk. Steuergerät m. 2 Leitungen n. hi.	663,--
	Dreipunktaufhängungen	
250 D	Kat. I und II mit seitlichen Stabilisierungsketten	Grundpreis
250 L	Kat. II mit seitlichen Stabilisierungsketten und	
	Unterlenker-Schnellkupplungssystem	227,--
9289	Vordere Drückevorrichtung	Grundpreis
9155	dto. mit Grundgewicht 80 kg	260,--
9156	dto. mit Grundgewicht und 4 Zusatzgew. 248 kg	560,--
820 A	Trockenluftfilter ohne Vorfilter	Grundpreis
820 B	Trockenluftfilter mit Vorfilter	90,--
Zusatzausrüstungen		
9010	lange Ackerschiene Kat. I + II	219,--
9024	Ackerschiene Kat. I mit Drehsicherung	82,--
920 A	Ackerschiene Kat. II mit Drehsicherung	99,--

Preise / Ausrüstungen Typ 1040		
Wahlausrüstungen		**Stand: 09/1981**
	Allradachse	
580 B	ohne Selbstsperrdifferenzial	Grundpreis
580 C	mit Selbstsperrdifferenzial	363,--
110 E	8-4 Gang-Synchron-Getriebe	Grundpreis
110 F	dto. + Kriechganguntersetzer	1.248,--
110 D	16-8 Gang-Power Synchron-Getriebe	1.361,--
	Motorzapfwellen	
150 A	540/min hinten	Grundpreis
	Unter Last schaltbare Zapfwellen	
150 E	540/min hinten	639,--
150 H	540/1000/min hinten (umschaltbar)	1.241,--
1136	Kühler ohne Ölkühler	Grundpreis
1138	Kühler mit Ölkühler	160,--
280 A	Hydraulikpumpe 24,8 l/min	Grundpreis
280 B	Hydraulikpumpe 47,2 l/min	152,--
2100	Mechanische Lenkung	Grundpreis
200 A	Hydraulische Lenkung	982,--
	Vorderräder mit Hinterradantrieb	
6002	6.50-16 (6 PR)	Grundpreis
6003	7.50-16 (6 PR)	190,--
	Hinterräder mit Hinterradantrieb	
4052	12,4-36 (6 PR)	Grundpreis
4014	14,9-28 (6 PR)	96,--
4053	13,6-36 (6 PR)	158,--
4021	14,9-30 (6 PR)	294,--
4051	9,5-36 (6 PR) Spurweite 1400-2000	572,--
	Räderkombinationen mit Allradantrieb	
6007	9,5-24/8 PR (verstellb.) mit 12,4-36/6 PR	Grundpreis
6011	11,2-24/8 PR (verstellb.) mit 12,4-36/6 PR	227,--
6006	8,3-24/6 PR (verstellb.) mit 14,9-28/6 PR	49,--
6011	11,2-24/8 PR (verstellb.) mit 13,6-36/6 PR	385,--
	Reifenarten mit Hinterradantrieb	
500 D	Diagonalbereifung	Grundpreis
500 R	Radialbereifung	236,--
500 S	Reifenfabrikat nach Wunsch: Diagonalbereifung	100,--
	dto. Michelin	250,--
	dto. Radialbereifung	336,--
	Reifenarten mit Allradantrieb	
500 D	Diagonalbereifung	Grundpreis
500 R	Radialbereifung	350,--
500 S	Reifenfabrikat nach Wunsch: Diagonalbereifung	100,--
	dto. Michelin	250,--
	dto. Radialbereifung	450,--
2629	ohne Steuergerät	Grundpreis
	Einfachwirkende Steuergeräte	
2673	Erstes (unteres) mit einer Leitung nach hinten	390,--
2674	Erstes (unteres) mit einer Leitung nach vorn	390,--
2676	Erstes (unteres) und zweites (oberes)	
	mit je einer Leitung nach vorn	722,--
2677	Doppeltwirk. Steuergerät m. 2 Leitungen n. hi.	663,--
	Dreipunktaufhängungen	
250 D	Kat. I und II mit seitlichen Stabilisierungsketten	Grundpreis
250 L	Kat. II mit seitlichen Stabilisierungsketten und	
	Unterlenker-Schnellkupplungssystem	227,--
9155	Vord. Drückevorrichtung mit Grundgew. 80 kg	Grundpreis
9156	dto. mit Grundgewicht und 4 Zusatzgew. 248 kg	300,--
820 A	Trockenluftfilter ohne Vorfilter	Grundpreis
820 B	Trockenluftfilter mit Vorfilter	90,--
Zusatzausrüstungen		
9010	lange Ackerschiene Kat. I + II	219,--
9024	Ackerschiene Kat. I mit Drehsicherung	82,--
920 A	Ackerschiene Kat. II mit Drehsicherung	99,--
900 E	Zugpendel mit Lasche	360,--

Preise / Ausrüstungen Typ 1140		
Wahlausrüstungen		**Stand: 09/1981**
	Allradachse	
580 B	ohne Selbstsperrdifferenzial	Grundpreis
580 C	mit Selbstsperrdifferenzial	363,--
110 E	8-4 Gang-Synchron-Getriebe	Grundpreis
110 F	dto. + Kriechganguntersetzer	1.248,--
	Allradachse	
580 B	ohne Selbstsperrdifferenzial	Grundpreis
580 C	mit Selbstsperrdifferenzial	363,--
110 E	8-4 Gang-Synchron-Getriebe	Grundpreis
110 F	dto. + Kriechganguntersetzer	1.248,--
110 D	16-8 Gang-Power Synchron-Getriebe	1.361,--
	Unter Last schaltbare Zapfwellen	
150 E	540/min hinten	Grundpreis
150 H	540/1000/min hinten (umschaltbar)	602,--
1136	Kühler ohne Ölkühler	Grundpreis
1138	Kühler mit Ölkühler	160,--
2100	Mechanische Lenkung	Grundpreis
200 A	Hydraulische Lenkung	1.063,--
	Hinterräder mit Hinterradantrieb	
4053	13,6-36 (6 PR)	Grundpreis
4021	14,9-30 (6 PR)	136,--
4022	16,9-30 (6 PR)	438,--
	Räderkombinationen mit Allradantrieb	
6011	11,2-24/8 PR mit 13,6-36/6 PR	Grundpreis
6011	11,2-24/8 PR mit 16,9-30/6 PR	438,--
	Reifenarten mit Hinterradantrieb	
500 D	Diagonalbereifung	Grundpreis
500 R	Radialbereifung	236,--
500 S	Reifenfabrikat nach Wunsch: Diagonalbereifung	100,--
	dto. Michelin	250,--
	dto. Radialbereifung	336,--
	Reifenarten mit Allradantrieb	
500 D	Diagonalbereifung	Grundpreis
500 R	Radialbereifung	350,--
500 S	Reifenfabrikat nach Wunsch: Diagonalbereifung	100,--
	dto. Michelin	250,--
	dto. Radialbereifung	450,--
2629	ohne Steuergerät	Grundpreis
	Einfachwirkende Steuergeräte	
2673	Erstes (unteres) mit einer Leitung nach hinten	390,--
2674	Erstes (unteres) mit einer Leitung nach vorn	390,--
2676	Erstes (unteres) und zweites (oberes)	
	mit je einer Leitung nach vorn	722,--
2677	Doppeltwirk. Steuergerät m. 2 Leitungen n. hi.	663,--
	Dreipunktaufhängungen	
250 D	Kat. I und II mit seitlichen Stabilisierungsketten	Grundpreis
250 E	Kat. II Unterlenker ausziehbar mit	
	seitlichen Stabilisierungsketten	171,--
250 L	Kat. II mit seitlichen Stabilisierungsketten und	
	Unterlenker-Schnellkupplungssystem	227,--
9155	Vord. Drückevorrichtung mit Grundgew. 80 kg	Grundpreis
9156	dto. mit Grundgewicht und 4 Zusatzgew. 248 kg	300,--
9157	dto. mit Grundgewicht und 6 Zusatzgew. 332 kg	450,--
820 A	Trockenluftfilter ohne Vorfilter	Grundpreis
820 B	Trockenluftfilter mit Vorfilter	90,--
Zusatzausrüstungen		
9010	lange Ackerschiene Kat. I + II	219,--
9024	Ackerschiene Kat. I mit Drehsicherung	82,--
920 A	Ackerschiene Kat. II mit Drehsicherung	99,--
900 E	Zugpendel mit Lasche	360,--

Preise / Ausrüstungen Typ 1640		
Wahlausrüstungen		Stand: 09/1981
	Allradachse	
580 B	ohne Selbstsperrdifferenzial	Grundpreis
580 C	mit Selbstsperrdifferenzial	363,--
110 E	8-4 Gang-Synchron-Getriebe	Grundpreis
110 F	dto. + Kriechganguntersetzer	1.248,--
110 D	16-8 Gang-Power Synchron-Getriebe	1.361,--
	Unter Last schaltbare Zapfwellen	
150 E	540/min hinten	Grundpreis
150 H	540/1000/min hinten (umschaltbar)	602,--
2100	Mechanische Lenkung	Grundpreis
200 A	Hydraulische Lenkung	1.063,--
	Vorderräder mit Hinterradantrieb	
6003	7.50-16 (6 PR)	Grundpreis
6004	7.50-18 (6 PR) -nicht mit 16,9-30	82,--
6008	10,00-18 (6 PR) -nicht mit 16,9-30	266,--
	Hinterräder mit Hinterradantrieb	
4061	13,6-38 (6 PR)	Grundpreis
4022	16,9-30 (6 PR)	ohne Mehrpreis
4062	15,5-38 (6 PR)	614,--
	Räderkombinationen mit Allradantrieb	
6012	11,2-28 (6 PR) mit 13,6-38 (6 PR)	Grundpreis
6015	13,6-24 (6 PR) mit 13,6-38 (6 PR)	ohne Mehrpreis
6015	13,6-24 (6 PR) mit 15,5-38 (6 PR)	614,--
6011	11,2-24(8 PR) mit 16,9-30 (6 PR)	329,--
6015	13,6-24 (6 PR) mit 16,9-34 (8 PR)	1.295,--
6012	11,2-28 (6 PR) mit 16,9-34 (8 PR)	1.295,--
	Reifenarten mit Hinterradantrieb	
500 D	Diagonalbereifung	Grundpreis
500 R	Radialbereifung	236,--
500 S	Reifenfabrikat nach Wunsch: Diagonalbereifung	150,--
	dto. Michelin	300,--
	dto. Radialbereifung	386,--
	Reifenarten mit Allradantrieb	
500 D	Diagonalbereifung	Grundpreis
500 R	Radialbereifung	350,--
500 S	Reifenfabrikat nach Wunsch: Diagonalbereifung	150,--
	dto. Michelin	300,--
	dto. Radialbereifung	500,--
260 A	ohne Steuergerät	Grundpreis
	Einfachwirkende Steuergeräte	
260 D	Erstes (unteres) mit einer Leitung nach hinten	390,--
260 B	Erstes (unteres) mit einer Leitung nach vorn	390,--
260 E	Erstes (unteres) und zweites (oberes)	
	mit je einer Leitung nach vorn	722,--
260 F	Doppeltwirk. Steuergerät m. 2 Leitungen n. hi.	663,--
	Dreipunktaufhängungen	
250 D	Kat. I und II mit seitlichen Stabilisierungsketten	Grundpreis
250 E	Kat. II Unterlenker ausziehbar mit	
	seitlichen Stabilisierungsketten	171,--
250 L	Kat. II mit seitlichen Stabilisierungsketten und	
	Unterlenker-Schnellkupplungssystem	227,--
9155	Vord. Drückevorrichtung mit Grundgew. 80 kg	Grundpreis
9156	dto. mit Grundgewicht und 4 Zusatzgew. 248 kg	300,--
9157	dto. mit Grundgewicht und 6 Zusatzgew. 332 kg	450,--
820 A	Trockenluftfilter ohne Vorfilter	Grundpreis
820 B	Trockenluftfilter mit Vorfilter	90,--
Zusatzausrüstungen		
9010	lange Ackerschiene Kat. I + II	219,--
9024	Ackerschiene Kat. I mit Drehsicherung	82,--
920 A	Ackerschiene Kat. II mit Drehsicherung	99,--
900 E	Zugpendel mit Lasche	360,--

Preise / Ausrüstungen Typ 2040		
Wahlausrüstungen		Stand: 09/1981
	Allradachse	
580 B	ohne Selbstsperrdifferenzial	Grundpreis
580 C	mit Selbstsperrdifferenzial	363,--
110 E	8-4 Gang-Synchron-Getriebe	Grundpreis
110 F	dto. + Kriechganguntersetzer	1.248,--
110 D	16-8 Gang-Power Synchron-Getriebe	1.361,--
	Unter Last schaltbare Zapfwellen	
150 E	540/min hinten	Grundpreis
150 H	540/1000/min hinten (umschaltbar)	602,--
	Vorderräder mit Hinterradantrieb	
6003	7.50-16 (6 PR)	Grundpreis
6004	7.50-18 (6 PR) -nicht mit 16,9-30	82,--
6008	10,00-18 (6 PR) -nicht mit 16,9-30	266,--
	Hinterräder mit Hinterradantrieb	
4061	13,6-38 (6 PR)	Grundpreis
4022	16,9-30 (6 PR)	ohne Mehrpreis
4062	15,5-38 (6 PR)	614,--
	Räderkombinationen mit Allradantrieb	
6012	11,2-28/6 PR (verstellb.) mit 13,6-38/6 PR	Grundpreis
6015	13,6-24/6 PR (verstellb.) mit 13,6-38/6 PR	ohne Mehrpreis
6015	13,6-24/6 PR (verstellb.) mit 15,5-38/6 PR	614,--
6011	11,2-24/8 PR (verstellb.) mit 16,9-30/6 PR	Minderpr. 329,--
6012	11,2-28/6 PR (verstellb.) mit 14,9-38/8 PR	765,-
6015	13,6-24/6 PR (verstellb.) mit 16,9-34/8 PR	1.295,--
6012	11,2-28/8 PR (verstellb.) mit 16,9-34/8 PR	1.295,--
	Reifenarten mit Hinterradantrieb	
500 D	Diagonalbereifung	Grundpreis
500 R	Radialbereifung	236,--
500 S	Reifenfabrikat nach Wunsch: Diagonalbereifung	150,--
	dto. Michelin	300,--
	dto. Radialbereifung	386,--
	Reifenarten mit Allradantrieb	
500 D	Diagonalbereifung	Grundpreis
500 R	Radialbereifung	350,--
500 S	Reifenfabrikat nach Wunsch: Diagonalbereifung	150,--
	dto. Michelin	300,--
	dto. Radialbereifung	500,--
260 A	ohne Steuergerät	Grundpreis
	Einfachwirkende Steuergeräte	
260 D	Erstes (unteres) mit einer Leitung nach hinten	390,--
260 B	Erstes (unteres) mit einer Leitung nach vorn	390,--
260 E	Erstes (unteres) und zweites (oberes)	
	mit je einer Leitung nach vorn	722,--
260 F	Doppeltwirk. Steuergerät m. 2 Leitungen n. hi.	663,--
	Dreipunktaufhängungen	
250 E	Kat. II Unterlenker ausziehbar mit	
	seitlichen Stabilisierungsketten	Grundpreis
250 L	Kat. II mit seitlichen Stabilisierungsketten und	
	Unterlenker-Schnellkupplungssystem	56,-
9155	Vord. Drückevorrichtung mit Grundgew. 80 kg	Grundpreis
9156	dto. mit Grundgewicht und 4 Zusatzgew. 248 kg	300,--
9157	dto. mit Grundgewicht und 6 Zusatzgew. 332 kg	450,--
820 A	Trockenluftfilter ohne Vorfilter	Grundpreis
820 B	Trockenluftfilter mit Vorfilter	90,--
Zusatzausrüstungen		
9010	lange Ackerschiene Kat. I + II	219,--
920 A	Ackerschiene Kat. II mit Drehsicherung	99,--
900 E	Zugpendel mit Lasche	360,--

Preise / Ausrüstungen Typ 2040 S		
Wahlausrüstungen		Stand: 09/1981
110 E	8-4 Gang-Synchron-Getriebe	Grundpreis
110 F	dto. + Kriechganguntersetzer	1.248,--
110 D	16-8 Gang-Power Synchron-Getriebe	1.361,--
	Unter Last schaltbare Zapfwellen	
150 E	540/min hinten	Grundpreis
150 H	540/1000/min hinten (umschaltbar)	602,--
	Vorderräder mit Hinterradantrieb	
6004	7.50-18 (6 PR)	Grundpreis
6008	10,00-16 (6 PR)	184,--
	Hinterräder mit Hinterradantrieb	
4062	15,5-38 (6 PR)	Grundpreis
4041	16,9-34 (8 PR)	386,--
	Räderkombinationen mit Allradantrieb	
6015	13,6-24 (6 PR) mit 15,5-38 (6 PR)	Grundpreis
6015	13,6-24 (6 PR) mit 16,9-34 (6 PR)	386,--
6012	11,2-28 (8 PR) mit 16,9-34 (8 PR) nur Radial	386,--
	Reifenarten mit Hinterradantrieb	
500 D	Diagonalbereifung	Grundpreis
500 R	Radialbereifung	236,--
500 S	Reifenfabrikat nach Wunsch: Diagonalbereifung	150,--
	dto. Michelin	300,--
	dto. Radialbereifung	386,--
	Reifenarten mit Allradantrieb	
500 D	Diagonalbereifung	Grundpreis
500 R	Radialbereifung	350,--
500 S	Reifenfabrikat nach Wunsch: Diagonalbereifung	150,--
	dto. Michelin	300,--
	dto. Radialbereifung	500,--
260 A	ohne Steuergerät	Grundpreis
	Einfachwirkende Steuergeräte	
260 D	Erstes (unteres) mit einer Leitung nach hinten	390,--
260 B	Erstes (unteres) mit einer Leitung nach vorn	390,--
260 F	Doppeltwirk. Steuergerät m. 2 Leitungen n. hi.	663,--
260 G	2 doppeltwirkende Steuergeräte mit	
	je 2 Leitungen nach hinten	1.114,--
	Dreipunktaufhängungen	
250 E	Kat. II Unterlenker ausziehbar mit	
	seitlichen Stabilisierungsketten	Grundpreis
250 L	Kat. II mit seitlichen Stabilisierungsketten und	
	Unterlenker-Schnellkupplungssystem	56,-
9155	Vord. Drückevorrichtung mit Grundgew. 80 kg	Grundpreis
9156	dto. mit Grundgewicht und 4 Zusatzgew. 248 kg	300,--
9157	dto. mit Grundgewicht und 6 Zusatzgew. 332 kg	450,--
9158	dto. mit Grundgewicht und 8 Zusatzgew. 416 kg	600,--
9164	dto. mit Grundgewicht und 10 Zusatzgew. 500 kg	750,--
820 A	Trockenluftfilter ohne Vorfilter	Grundpreis
820 B	Trockenluftfilter mit Vorfilter	111,--
Zusatzausrüstungen		
9010	lange Ackerschiene Kat. I + II	219,--
920 A	Ackerschiene Kat. II mit Drehsicherung	99,--
900 E	Zugpendel mit Lasche	360,--

Preise / Ausrüstungen Typ 2140		
Wahlausrüstungen		Stand: 09/1981
110 E	8-4 Gang-Synchron-Getriebe	Grundpreis
110 F	dto. + Kriechganguntersetzer	1.248,--
110 D	16-8 Gang-Power Synchron-Getriebe	1.361,--
	Unter Last schaltbare Zapfwellen	
150 E	540/min hinten	Grundpreis
150 H	540/1000/min hinten (umschaltbar)	602,--
2100	Mechanische Lenkung	Grundpreis
200 A	Hydraulische Lenkung	1.063,--
	Vorderräder mit Hinterradantrieb	
6004	7.50-18 (6 PR)	Grundpreis
6008	10,00-16 (6 PR)	83,--
	Hinterräder mit Hinterradantrieb	
4062	15,5-38 (6 PR)	Grundpreis
4041	16,9-34 (8 PR)	386,--
	Räderkombinationen mit Allradantrieb	
6014	12,4-28 (6 PR) mit 14,9-38 (8 PR)	Grundpreis
6015	13,6-24 (6 PR) mit 16,9-34 (8 PR)	76,--
6012	11,2-28 (8 PR) mit 16,9-34 (8 PR)	76,--
	Reifenarten mit Hinterradantrieb	
500 D	Diagonalbereifung	Grundpreis
500 R	Radialbereifung	236,--
500 S	Reifenfabrikat nach Wunsch: Diagonalbereifung	150,--
	dto. Michelin	300,--
	dto. Radialbereifung	386,--
	Reifenarten mit Allradantrieb	
500 D	Diagonalbereifung	Grundpreis
500 R	Radialbereifung	114,--
500 S	Reifenfabrikat nach Wunsch:	
	Diagonalbereifung	ohne Mehrpreis
	Radialbereifung	264,--
2629	ohne Steuergerät	Grundpreis
	Einfachwirkende Steuergeräte	
2673	Erstes (unteres) mit einer Leitung nach hinten	390,--
2674	Erstes (unteres) mit einer Leitung nach vorn	390,--
2677	Doppeltwirk. Steuergerät m. 2 Leitungen n. hi.	663,--
2679	2 doppeltwirkende Steuergeräte	
	mit je 2 Leitungen nach hinten	1.114,--
	Dreipunktaufhängungen	
250 E	Kat. II Unterlenker ausziehbar mit	
	seitlichen Stabilisierungsketten	Grundpreis
250 L	Kat. II mit seitlichen Stabilisierungsketten und	
	Unterlenker-Schnellkupplungssystem	56,--
9156	Vord. Drückevorrichtung mit Grundgewicht	
	und 4 Zusatzgewichten 248 kg	Grundpreis
9157	dto. mit Grundgewicht und 6 Zusatzgew. 332 kg	150,--
9158	dto. mit Grundgewicht und 8 Zusatzgew. 416 kg	300,--
9164	dto. mit Grundgewicht und 10 Zusatzgew. 500 kg	450,--
820 A	Trockenluftfilter ohne Vorfilter	Grundpreis
820 B	Trockenluftfilter mit Vorfilter	111,--
Zusatzausrüstungen		
9010	lange Ackerschiene Kat. I + II	219,--
920 A	Ackerschiene Kat. II mit Drehsicherung	99,--

Preise / Ausrüstungen Typ 3040, 3140		
Wahlausrüstungen		Stand: 07/1982
460 C	ohne Klimaanlage	**Grundpreis**
460 A	mit Klimaanlage	**1.400,--**
110 E	8-4 Gang-Synchron-Getriebe	**Grundpreis**
110 F	dto. + Kriechgangunterse tzer	**1.248,--**
110 D	16-8 Gang-Power Synchron-Getriebe	**1.361,--**
	Räderkombinationen	
6014	12,4-28 (6 PR) mit 16,9-38 (8 PR)	**Grundpreis**
6015	13,6-24 (6 PR) mit 18,4-34 (8 PR)	**27,--**
6016	13,6-28 (8 PR) mit 18,4-38 (8 PR)	**669,--**
6117	14,9-24 (8 PR) mit 18,4-38 (8 PR)	**692,--**
	Reifenarten	
500 D	Diagonalbereifung	**Grundpreis**
500 R	Radialbereifung	**350,--**
500 S	Reifenfabrikat nach Wunsch:	
	Diagonalbereifung	**200,--**
	Michelin	**350,--**
50 SR	Radialbereifung	**550,--**
260 F	Doppeltwirkendes Steuergerät	
	mit 2 Leitungen nach hinten	**Grundpreis**
260 G	2 doppeltwirkende Steuergeräte	
	mit je 2 Leitungen nach hinten	**451,--**
260 P	3 doppeltwirkende Steuergeräte	
	mit je 2 Leitungen nach hinten	**876,--**
	Dreipunktaufhängungen	
250 J	Kat. II Unterlenker ausziehbar mit	
	seitlichen Stabilisierungsketten	**Grundpreis**
250 L	Kat. II mit seitlichen Stabilisierungsketten und	
	Unterlenker-Schnellkupplungssystem	**56,--**
9156	Vord. Drückevorrichtung mit Grundgewicht	
	und 4 Zusatzgewichten 258 kg	**Grundpreis**
9157	dto. mit Grundgewicht und 6 Zusatzgew. 342 kg	**150,--**
9158	dto. mit Grundgewicht und 8 Zusatzgew. 426 kg	**300,--**
9164	dto. mit Grundgewicht und 10 Zusatzgew. 510 kg	**450,--**
9165	dto. mit Grundgewicht und 12 Zusatzgew. 594 kg	**600,--**
820 A	Trockenluftfilter ohne Vorfilter	**Grundpreis**
820 B	Trockenluftfilter mit Vorfilter	**111,--**
Zusatzausrüstungen		
920 A	Ackerschiene Kat. II mit Drehsicherung	**99,--**
7138	Gerätescheinwerfer auf Kotflügel	**74,--**

Preise / Ausrüstungen Typ 1040 X-E		
Grundpreis	Stand: 12/1982	Preise in DM ohne Mehrwertsteuer
6061 R	Traktor 1040 E	**17.520,--**
	Anteilige Überführungskosten	**290,--**
	Gebühr für Kfz.-Brief	**20,--**
Wahlausrüstungen		
110 A	8-4 Gang-Getriebe	**Grundpreis**
110 B	Lastschaltstufe	**1.166,--**
	Motorzapfwellen	
150 A	540/min hinten	**Grundpreis**
150 B	540/min hi. und 1000/min vorn (Mähwerkantrieb)	**406,--**
1136	Kühler ohne Ölkühler	**Grundpreis**
1138	Kühler mit Ölkühler	**170,--**
280 A	Hydraulikpumpe 24,8 l/min	**Grundpreis**
280 B	Hydraulikpumpe 47,2 l/min	**161,--**
Zusatzausrüstungen		
260 B	Einfachwirkendes Steuergerät	
	Erstes (unteres) mit einer Leitung nach vorn	**413,--**
9010	Lange Ackerschiene Kat. I + II	**232,--**
	Erstes (unteres) mit einer Leitung nach vorn	**413,--**
9010	Lange Ackerschiene Kat. I + II	**232,--**

Preise / Ausrüstungen Typ 4040 S		
Wahlausrüstungen		Stand: 07/1982
	Räderkombinationen (Radial)	
6020	14,9-28 (8 PR) mit 18,4-38 (10 PR)	**Grundpreis**
6019	16,9-26 (8 PR) mit 18,4-38 (10 PR)	**260,--**
	Reifenarten	
500 R	Radialbereifung	**Grundpreis**
50 SR	Reifenfabrikat nach Wunsch	**250,--**
2555	Normale Dreipunktaufhängung	**Grundpreis**
2556	Schnellkupplungssystem -Walterscheid-	**375,--**
9157	Vord. Drückevorrichtung mit Grundgewicht	
	und 6 Zusatzgewichten 380 kg	**Grundpreis**
9158	dto. mit Grundgewicht und 8 Zusatzgew. 480 kg	**170,--**
9164	dto. mit Grundgewicht und 10 Zusatzgew. 580 kg	**340,--**
9165	dto. mit Grundgewicht und 12 Zusatzgew. 680 kg	**510,--**
9166	dto. mit Grundgewicht und 14 Zusatzgew. 780 kg	**680,--**
Zusatzausrüstungen		
9106	Hinterrad-Gewichte 1 Satz 110 kg	**368,--**
9107	Hinterrad-Gewichte 2 Satz 220 kg	**736,--**
	ab Ersatzteildepot	
30113	2. doppeltwirkendes Steuergerät mit	
	2 Leitungen u. Schnellkupplungsdose	**939,--**
30049	3. doppeltwirkendes Steuergerät mit	
	2 Leitungen u. Schnellkupplungsdose	**939,-**
80861	Doppeltwirkender hydr. Arbeitszylinder	**716,--**
37326	Scheibenwischer hinten	**129,--**
	Zusatzgewichte 1 Satz (2 Stück) 100 kg	**170,--**

Preise / Ausrüstungen Typ 4240 S		
Wahlausrüstungen		Stand: 07/1982
	Räderkombinationen (Radial)	
6020	14,9-28 (8 PR) mit 18,4-38 (10 PR)	**Grundpreis**
6019	16,9-26 (8 PR) mit 18,4-38 (10 PR)	**260,--**
6021	16,9-28 (8 PR) mit 20,8-38 (10 PR)	**1.600,--**
6022	18,4-26 (8 PR) mit 20,8-38 (10 PR)	**1.900--**
	Reifenarten	
500 R	Radialbereifung	**Grundpreis**
50 SR	Reifenfabrikat nach Wunsch	**250,--**
2555	Normale Dreipunktaufhängung	**Grundpreis**
2556	Schnellkupplungssystem -Walterscheid-	**375,--**
9157	Vord. Drückevorrichtung mit Grundgewicht	
	und 6 Zusatzgewichten 380 kg	**Grundpreis**
9158	dto. mit Grundgewicht und 8 Zusatzgew. 480 kg	**170,--**
9164	dto. mit Grundgewicht und 10 Zusatzgew. 580 kg	**340,--**
9165	dto. mit Grundgewicht und 12 Zusatzgew. 680 kg	**510,--**
9166	dto. mit Grundgewicht und 14 Zusatzgew. 780 kg	**680,--**
Zusatzausrüstungen		
9106	Hinterrad-Gewichte 1 Satz 110 kg	**368,--**
9107	Hinterrad-Gewichte 2 Satz 220 kg	**736,--**
	ab Ersatzteildepot	
30049	3. doppeltwirkendes Steuergerät mit	
	2 Leitungen u. Schnellkupplungsdose	**939,-**
80861	Doppeltwirkender hydr. Arbeitszylinder	**716,--**
37326	Scheibenwischer hinten	**129,--**
	Zusatzgewichte 1 Satz (2 Stück) 100 kg	**170,--**

John Deere 50er Serie Typ 1350 (1986-1990)
John Deere 50er Serie Typ 1550 (1987-1994)
John Deere 50er Serie Typ 1750 (1987-1994)
John Deere 50er Serie Typ 1850 (1986-1994)

Unbefriedigende Einkommensverhältnisse in der Landwirtschaft, erhöhte Anforderungen an die Vielseitigkeit der Traktoren und gestiegenes Interesse an dem Komfort für den Fahrer, beeinflussten Mitte der 1980er Jahre den Traktorenmarkt. Um wirklich Kosten sparen zu können, musste der Landwirt genauer arbeiten und täglich mehr Zeit auf seinem Traktor verbringen und bedingt durch die kombinierten Arbeitsvorgänge mit mehr Zuverlässigkeit und Aufmerksamkeit fahren. Aus diesem Grund musste die Arbeit möglichst angenehm und komfortabel durchzuführen sein. John Deere reagierte darauf und stellte 1986 die neuen 50er Traktoren vor. Jeweils vier 3-, 4- und 6-Zylindermaschinen umfasste die neue Traktorenreihe, die dem Landwirt bei der Kostendämpfung »auf die Sprünge« helfen sollte.

Das Styling der komplett überarbeiteten 50er Modellreihe hatte sich kaum geändert, aber die Änderungen und Verbesserungen unter der Haube und neue Optionen wurden von den Kunden gut angenommen: Mehr Arbeitskraft bei gleicher Motorleistung, sparsamer Kraftstoffverbrauch, idealer Fahrerkomfort und die Verwendung verschleißarmer Teile und Baugruppen.

Die 3-Zylinder-Maschinen 1350, 1550, 1750 und 1850 leisteten 38, 44, 50 und 56 PS und konnten ab Modell 1550 mit MC1-Kabine und Allradantrieb geliefert werden. Der Hinterrad getriebene Typ 1550 kostete Ende 1988 mit der MC1-Kabine DM 29.710,--. Dabei war der Traktor 1350 mit 38 PS das kleinste Modell, der im Gegensatz zu den größeren Traktorversionen preiswerter (DM 22.840,--) und einfacher ausgestattet war und nur mit einer offenen Fahrerplattform mit integriertem Überrollbügel und Sonnendach angeboten wurde. Auch gab es den 1350 nicht mit zuschaltbarem Frontantrieb. Unter den 1986 neu auf den Markt gebrachten 3-Zylindertraktoren der 50er Serie war der 1850 mit 56 PS der Leistungsstärkste und kostete als Allradtraktor mit MC1-Kabine DM 42.540,--, ohne Allradantrieb nur DM 32.200,--.

Die 50er Traktoren-Baureihe mit 3-, 4- und 6-Zylinder-Motoren lösten 1986 die 40er Serie ab.

Den kleinen Typ 1350 konnte man wahlweise auch mit einem 12-8 Gang Synchrongetriebe mit Kriechgang für DM 1565.— bekommen.

Abgeleitet vom Traktor 1850 mit 3-Zylinder-Dieselmotor und 56 PS entstand der Stalltraktor 1850 N, der speziell auf die vielseitigen Arbeiten im Stallbereich zugeschnitten war. Er war schmal und niedrig und konnte damit die kleinsten Stalleinfahrten und Entmistungsgänge durchfahren. Besonders stabile Bauteile wie z.B. die Vorderachse machten den 1850 N zu einem robusten Stalltraktor, der die schwersten Frontladerarbeiten meistern konnte. Er war mit serienmäßigem Allradantrieb ausgerüstet und konnte auf Wunsch mit Frontlader, der eine Schaufel und Dunggabel hatte, geliefert werden.

John Deere 50er Serie Typ 1950 (1988-1994)

1987 kam dann der Typ 1950 als größter Traktor der Dreizylinder-Modellreihe auf den Markt, der zu einem Grundpreis zwischen DM 28.960,-- (Hinterradantrieb) und DM 45.150,-- für die Allradversion mit MC1-Kabine, angeboten wurde. Als Neuheit besaß er einen 3-Zylinder Constant Power-Motor mit Abgasturbolader. Damit hielt auch die Turbolader-Technologie der 4- und 6-Zylinder Modelle Einzug bei den Dreizylinder-Traktoren von John Deere Mannheim. Er war als Hinterrad- oder Allradtraktor mit MC1-Kabine oder ohne Kabine lieferbar und besaß die Pleuelstangen und Kolben der 6-Zylinder Turbomotoren. Durch seine niedrige Nenndrehzahl von 2300/min ergab sich eine, im Vergleich zum Wettbewerb, niedrige mittlere Kolbengeschwindigkeit von nur 8,4 m/sec. Denn je niedriger die Kolbengeschwindigkeit, desto länger die Lebensdauer von Kolben und Büchsen. Mit seiner Motorleistung von 62 PS sollte er die Leistungsklasse der 3- und 4-Zylinder Modelle überbrücken, denn er war gleichstark wie das kleinste Vierzylindermodell 2250. Für Kunden, die nicht in erster Linie höchste Zugleistung erwarteten, sondern eine wendige Maschine mit größtmöglicher Leistung an der Zapfwelle, war dieser kompakt gebaute Dreizylinder das ideale Arbeitsgerät. Vor allem bei Grünlandarbeiten, Viehhaltung und Spezialkulturen für kleinere und mittlere bäuerliche Betriebe.

Wie alle 50er Traktoren so hatte auch der Typ 1950 das zuverlässige synchronisierte 8-4-Gang-Leichtschaltgetriebe (bis 30 km/h). Das lieferbare PowerSynchron-Getriebe mit 16 ideal

Im Gegensatz zu den größeren Traktorversionen gab es den preiswerteren (DM 22840.--) und einfacher ausgestatteten John Deere Typ 1350 Hinterrad-Traktor nur mit einer offenen Fahrerplattform mit integriertem Überrollbügel und Sonnendach.

abgestuften Vorwärts- und 8 Rückwärtsgängen erlaubte schalten ohne halten unter Last. Das sparte Kraftstoff und erhöhte die Leistung, denn der Motor arbeitete immer im günstigsten Drehzahl- und Lastbereich. Diese Wahlausrüstung kostete in der 30-km/h-Version DM 1.706,--, gute DM 1.000,- mehr musste man für die 40-km/h-Variante aufbringen. Auf Wunsch war auch das Kriechganggetriebe lieferbar. Die Zapfwellenkupplung war eine völlig unabhängige Mehrscheibenkupplung, die durch Öl ständig gekühlt wurde. Sie entsprach damit dem Langzeitkonzept vieler Bauteile und hatte nahezu keinen Verschleiß. Wahlweise gab es die 540er oder, zu einem Aufpreis von DM 754,--, die umschaltbare 540/1000er Zapfwelle. Entsprechend der Geräte in dieser PS-Klasse hatte der Typ 1950 eine Hubkraft von 3070 kg. Die Unterlenkerregelung in Kombination mit dem geschlossenen Hydrauliksystem regelte proportional, d.h. ohne rucken und ohne sprunghafte Überreaktionen. Voraussetzung für eine gleich bleibende Pflugtiefe. Für jeden Einsatz, für niedrigen Bodendruck, wenig Schlupf und hohe Zugleistung gab es für den Typ 1950 die passenden Reifen, wie zum Beispiel 12,4-36, 13,6-36 und 16,9-30.

Der Typ 1950 und alle Dreizylinder-Allradtraktoren ab Typ 1550 waren mit einer neuen Allradachse ausgerüstet. Wie bereits bei den 4- und 6-Zylinder-Traktoren, so nun auch bei den 3-Zylindern: Zentralantriebsachse mit übergroßem Nachlaufwinkel von 12°. Damit waren die Allradtraktoren fast so wendig wie die Hinterradtraktoren. Das erleichterte das Rangieren in engen Höfen und hielt das Vorgewende schmal. Wieder ein Bauteil nach dem Langzeitkonzept: Die ölgekühlte Mehrscheibenkupplung hatte nahezu keinen Verschleiß und war für harte Frontladereinsätze ausgelegt. Der per Fingertipp zu- und abschaltbare mechanische Allradantrieb, selbst unter Belastung und in Fahrt, schaltete sich automatisch ein, sobald der Motor abgestellt wurde. Damit wirkte die Handbremse über alle vier Räder. Für eine freie Sicht nach vorne sorgte das auf Wunsch ab Werk, wie für alle 3-Zylinder-Traktoren, nach unten verlegte Auspuffrohr. Angeschlossen an den wirkungsvollen Unterhaubenschalldämpfer mündete das Rohr seitlich vor dem linken Hinterrad. Der erfolgreiche Typ 1950 bewies einmal mehr, dass mit unterschiedlichen Anforderungsprofilen zwei verschieden konzipierte Modelle effizient eingesetzt werden konnten.

Der John Deere Traktor Typ 1750 mit Hinterradantrieb gab es zu einem Grundpreis von DM 24860.-- (11/1988), die Allradversion mit MC1-Kabine für 39880.-- .

Das Spitzenmodell der 3-Zylindermaschinen aus der 50er Serie war der Typ 1850 in der Allrad-Version mit MC1-Kabine.

Zu einem Aufpreis von DM 376.-- konnte der Typ 1950 mit einer vorderen Drückevorrichtung mit Grundgewicht und mit 4 Zusatzgewichten von 235 kg ausgerüstet werden.

Der John Deere Allrad-Traktor Typ 1950 (Code 226 RR) mit MC1 Kabine wurde 1988 zu einem Grundpreis von DM 45150.-- angeboten.

Der John Deere Typ 1950 Allrad-Traktor war das ideale Arbeitsgerät für kleinere und mittlere bäuerliche Betriebe bei Grünlandarbeiten, Viehhaltung und Spezialkulturen.

3-Zylinder-Turbomotor mit 3 Liter Hubraum und 62 PS für das John Deere Traktormodell 1950.

Auch der kleinste 4-Zylindertraktor Typ 2250 konnte in der Hinterrad- oder Allradversion sowohl mit der MC1-Kabine als auch mit der SG2 Komfort-Kabine geordert werden.

Noch mehr Komfort bot der luftgefederte Super-Deluxe-Sitz, der für die SG2 Komfort-Kabine des 2450 zu einem Aufpreis von DM 876.-- angeboten wurde.

Der 2650 als Basis für die Spezialversion für Obst- und Hopfenanbau, der 2650 N Allrad-Traktor (Code 218 CR), kostete DM 52500.-- (11/1988).

John Deere 50er Serie Typ 2250 (1986-1994)
John Deere 50er Serie Typ 2450 (1986-1992)
John Deere 50er Serie Typ 2650 (1986-1994)
John Deere 50er Serie Typ 2850 (1986-1994)

Die neuen John Deere 4-Zylindertraktoren 2250 (62 PS), 2450 (70 PS), 2650 (78 PS) und 2850 (86 PS) wurden wahlweise mit MC1- oder SG2-Kabine angeboten. Mit einer Leistung von 86 PS (63 kW) war der 2850 mit 3,92-Liter Turbomotor der »größte« unter den 4-Zylindertraktoren der 50er Serie und wurde in der Ausstattung mit der SG2-Komfort-Kabine zu einem Grundpreis von DM 61.010,-- angeboten. Für DM 54.650,-- gab es den 2850 mit der MC1-Kabine.

Bei der Einführung der 50er Serie war die weitere Senkung des Kraftstoffverbrauchs eine wesentliche Verbesserung. Die neuen John Deere Constant-Power-Motoren warteten mit einer verbesserten Motorcharakteristik auf. Die Reduzierung um 10% bei harter Arbeit oder bis zu 20% bei schnellen Straßentransporten wurde durch Absenken der Nenndrehzahl auf nur noch 2300/min (2400/min bei 1850 und 3650) erreicht. Besonders die zweiflutigen Abgasturbolader-Triebwerke mit Stoßaufladung für eine optimale Verbrennung der Modelle 1950, 2850 und 3650 begeisterten die Fahrer durch ein enormes Durchzugsvermögen. Das Geheimnis waren Drehmomentcharakteristik und die Leistungserhöhung, d.h. bei voller Motorauslastung sank die Drehzahl, aber die PS-Leistung nahm zu (»Extra Power«). Sie verfügten über einen besonders steilen Drehmomentanstieg und arbeiteten dadurch über einen weiten Drehzahlbereich hinweg auf nahezu gleich bleibend hohem Leistungsniveau. Dadurch konnte auch in einem hohen Gang mit schwerer Last bei niedriger Motordrehzahl angefahren werden. Weitere Veränderungen waren die neuen Leichtlaufgetriebe, die verbesserte Kraftheber-Leistung, eine neue Lastschaltstufe mit Anschleppfunktion und die Einführung eines echten Schnellganges mit Geschwindigkeiten von bis zu 40 km/h. Die neue 40-km/h-Getriebeauswahl wurde auch deshalb immer wichtiger, da durch die schwierige Situation in der Landwirtschaft zahlreiche kleinere Betriebe aufgaben und deren Felder von anderen Bauern übernommen wurden. So konnten Transportarbeiten schneller erledigt und die langen Anfahrten zu den Feldern mit weniger Zeitverlust, vor allem bei Leerfahrten, erreicht werden.

Neben Wirkungsgrad-Verbesserung und Senkung des Kraftstoffverbrauchs wurde bei der Entwicklung der 50er Serie besonderer Wert auf die Langlebigkeit und Zuverlässigkeit der einzelnen Komponenten gelegt. Im Rahmen des John Deere Langzeitkonzeptes konnten die Betriebskosten durch ein Mehr an Zuverlässigkeit und erhöhte Lebensdauer wichtiger Kom-

Speziell für die 50er Traktoren bot John Deere seinen eigenen Frontlader 245M zu einem Preis von DM 8521.-- an, der zusätzlich mit passendem Greiferarm ausgerüstet werden konnte.

ponenten gesenkt werden. Darüber hinaus standen bereits bewährte Merkmale der John Deere Traktoren auch bei den neuen Modellen zur Verfügung, wie das leistungsfähige geschlossene Hydrauliksystem, das »Kraft auf Abruf« für die Heck- und Fronthydraulik (bis Kat. II) lieferte und damit den Einsatz zahlreicher Gerätekombinationen ermöglichte. Die 1000er Frontzapfwelle erhielt ihre Leistung über eine Kupplung von der Kurbelwelle und war zur Energieeinsparung abschaltbar. So mussten Betriebsbremsen und die Kupplungen für die Lastschaltstufe, Zapfwellen und für den Allradantrieb nicht nachgestellt werden. Ihre Ölkühlung sorgte für geringen Verschleiß und lange Lebensdauer. Die Fahrwerkskomponenten wurden wesentlich verstärkt, um die Nutzlast zu erhöhen. Fronthydraulik und Frontzapfwelle ermöglichten den kombinierten Geräteanbau.

Der per Fingertipp zuschaltbare mechanische Allradantrieb mit übergroßem Nachlaufwinkel von 12° sorgte für ein hohes Maß an Wendigkeit der 50er Traktoren, selbst bei großer Frontbereifung. Für zusätzliche Zugkraft unter schwierigen Bedingungen sorgte auch das automatische Selbstsperrdifferenzial der 50er Traktoren.

Um den besonderen Anforderungen, die im Obst- und Hopfenanbau gestellt werden, gerecht zu werden, entwickelte John Deere den 2650 mit 4-Zylinder Turbomotor und 78 PS zum 2650 N weiter. Mit allen Merkmalen der Normalversion ausgestattet, besaß er serienmäßig Allradantrieb. Ausgerüstet mit Spezifikationen der im bayerischen Wolnzach ansässigen Landtechnikfirma Reith OHG wurde der 2650 N zum Hopfentraktor umgebaut. Als Besonderheit wurde er mit einer Mauser-Fahrerkabine in spezieller Hopfenausführung mit Schadstofffilter ausgestattet. Die geschweißte Sicherheitszelle aus Stahlblech und dickwandigen Spezialprofilen besaß keine Querträger im Kopfbereich. Weitere Ausrüstungsdetails waren: 4 Silentlager, Bodenmatten, Sonnenglasdach, Sonnenblende, 2-Stufen-Heizung S-/, wahlweise Frischluft oder Umluftbetrieb, verstellbare Luftdüsen, Innenbeleuchtung, Wärmetauscher, Regulierventil, Radiokonsole, Abdeckungen für Lautsprecher, Scheibenwaschanlage, Wischer für Front- und Heckscheibe, Abdeckung für Getriebe, Armaturenbock-Dämmwand, Außenspiegel links und rechts, vier Arbeitsscheinwerfer, Beleuchtungsanlage, Spezialkonsole für Hebelwerk zur Betätigung von zwei Steuergeräten und der komfortable MC-1 Deluxe-Sitz.

Auch führte die Landtechnikfirma Reith umfangreiche Um- und Aufbauten durch. So wurde die Getriebe-Schaltung des 2650 N leichtgängiger gemacht, Steuergeräte eingebaut und

Auch der John Deere Typ 2850 Allrad-Traktor mit dem 86 PS starken Vierzylinder-Turbomotor verfügte über die Merkmale der 50er Modelle. So das leistungsfähige geschlossene Hydrauliksystem, das »Kraft auf Abruf« für die Heck- und Fronthydraulik lieferte.

Drehmomentstarkes 4-Zylinder Triebwerk mit zweiflutigem Abgasturbolader mit Stossaufladung. Hubraum 3920 ccm, Leistung 86 PS bei 2300 U/min.

Vorderrad-Kotflügel aus Stahlblech montiert. Außerdem wurde der Hopfentraktor mit den Reifenkombinationen 16,9-30 R mit Schläuchen hinten und 12,5-18 schlauchlos vorn, sowie 14,9-30 R mit Schläuchen hinten und 10,5-18 mit Schläuchen vorn angeboten. Die Einzelabnahme durch den TÜV für die notwendige Sondergenehmigung durch die Regierung von Oberbayern gehörte ebenfalls zum Leistungspaket der Wolnzacher Hopfenbau-Landtechnik.

Die MC1 Kabine – komfortabler Arbeitsplatz zum wirtschaftlichem Preis

Für erhöhten Fahr- und Bedienungskomfort bot John Deere für die Modelle 1550 bis 2850 der 50er Serie zwei Lösungen an: Neben der offenen Fahrerplattform mit integriertem Überrollbügel und Sonnenschutzdach als serienmäßige Standardausrüstung gab es optional die Modulkabine MC 1 (3- und 4-Zylinder-Modelle), die mit einem Lärmschutzpaket bzw. mit einer Reihe von Zusatzausrüstungen »aufgerüstet« werden konnte, sowie für die Modelle 2250 bis 3650 die bewährte SG2-Kabine, ebenfalls aus dem John Deere-Kabinenwerk Bruchsal.

Gedacht war das MC1-Kabinenkonzept mit breitem Ein- und Durchstieg vor allem für den Universaltraktor auf dem Hof, bei dem der Ein- und Ausstieg auf zwei Seiten gewünscht wurde, für den scharf rechnenden Landwirt, der Qualität zu niedrigen Preisen haben wollte und auch komfortabler fahren wollte, als dies mit einem normalen Verdeck möglich war. Die MC1-Kabine zeichnete sich durch verschiedene Wahl- und Ausbaustufen aus. So gab es sie als Niedrigprofilkabine mit einem um 50 mm niedrigeren Höhe als das reguläre Dach für das Befahren von sehr niedrigen Gebäuden. Die Gesamthöhe betrug zwischen 2360 und 2470 mm unabhängig von der Reifengröße. Auch konnte man unter verschiedenen Ausbaustufen wählen. Als die preisgünstigste Alternative innerhalb des Modulkonzeptes gab es die MC1-Kabine in der Version Modul 1. Die MC1-Kabine Modul II besaß ein Komfortpaket für schlechtes Wetter während die Variante Modul III die MC1-Kabine durch ein zusätzliches Geräuschdämmpaket mit einem Geräuschpegel von unter 85 dB(A) zur ruhigsten Version wurde.

Bei allen Versionen des Kabinen-Modulkonzeptes waren die Hebel ergonomisch in angenehmer Reichweite der rechten Hand angeordnet. Die Hebel der 3-Punkt-Hydraulik, der Steuergeräte und der Zapfwellengeschwindigkeit. Der Zapfwelleneinschalthebel war vorne, der Schalthebel in der Nähe der Lenksäule platziert. An der linken Seite war die Handbremse. Die Schalter für die umfassenden Instrumente waren für leichte Betätigung im Armaturenbrett zusammengefasst. So auch die Kontrolllampen für eine schnelle Überwachung. Serienmäßiger Standard in allen Versionen der MC1-Kabine war ein Deluxe-Sitz, einstellbar auf das Gewicht, die Armlänge und die Größe. Auf Wunsch gab es auch einen Beifahrersitz links neben dem Fahrer. Die MC1-Kabinenversion für die Allradtraktoren 2250 bis 2850 erhielt zusätzlich eine einstellbare Lenksäule. Durch die Verstellung der Lenksäule konnte der Traktor auf die persönlichen Verhältnisse angepasst werden. Für viel Frischluft, vor allem im Sommer, sorgte die ausstellbare Frontscheibe. Eine ruhige Umgebung verbreitete die auf vier Gummiselentblöcken gelagerte MC1-Kabine, die zusätzlich mit einer speziellen geräuschdämmenden Gummimatte auf dem Boden ausgestattet war. Besonderen Wert wurde auf einen leichten Zugang für die Wartung gelegt. So konnte der Hydraulikblock vom Getriebegehäuse durch

Beim Allrad-Traktor 3050 zählte die bewährte SG2 Kabine zur Serienausstattung.

Abschrauben des hinteren Bodenteils der Kabine abgenommen werden, ohne vorher die MC1-Kabine abbauen zu müssen. Auch musste nur ein Wartungsdeckel abgenommen werden, um an den Getriebeschaltdeckel zu gelangen. Öffnungen ermöglichten den Zugang zu den Befestigungsschrauben der Kupplungsgehäuse.

Gegenüber der Modul 1 war die Modul II-Version der MC1-Kabine mit einer wasserdichten Heckscheibe ausgestattet, die sich für leichtes Erreichen der Anbaugeräte oder zum Einstellen und Kontrollieren in einem Winkel von 90° öffnen ließ. Einen guten Schutz gegen Staub, Spritzmittel wie auch Geräusch boten Gummiabdichtungen an der Kupplung und den Bremspedalen, die so Öffnungen in dem abgedichteten Kabinenboden verschlossen. Um keine extra Öffnungen zu benötigen, waren die außenliegenden Steuergeräte direkt in den Kabinenboden integriert. Auch war die Modul II-Version mit einem individuell einstellbaren Heizsystem ausgestattet, das mit einem 2-Stufen-Gebläse für schnelles Abtauen oder zugfreie Belüftung sorgte. Mit dem Knopf oberhalb des Armaturenbrettes konnte die Umluftschaltung gewählt werden. Außerdem sorgte ein großer Filter für gut gereinigte Luft bei der Arbeit auf staubigen Feldern.

Ein zusätzlicher Ventilator im Dach, ein Ablagefach rechts oben in der Kabine und Platz für die Radioinstallation in der oberen Konsole, sowie eine Dachluke für zusätzliche Frischluft trugen als Zusatzausrüstungen angeboten, zum ohnehin großen Fahrkomfort bei. Ebenfalls zusätzlich angeboten wurden bis zu vier am Dach montierte Zusatzscheinwerfer, 2 vorne und 2 hinten, die auch im Dunkeln für gute Sicht sorgten. Die vorne montierten H3-Arbeitsscheinwerfer konnten mit einem separaten Schalter zusätzlich zu der normalen Beleuchtung eingesetzt werden. Die Zusatzscheinwerfer mit H4-Birnen hatten Abblend- und Fernlicht. Ein Schalter verhinderte gleichzeitiges benutzen der normalen und Zusatzscheinwerfer, da dies gesetzlich nicht erlaubt war. Die rückwärtigen Arbeitsscheinwerfer mit H3-Lampen wurden mit einem separaten Schalter betätigt.

Zeitgleich mit dem Produktionsstart des Sechszylinder-Typ 3350 Allrad-Traktors lief 1986 der insgesamt 800.000ste John Deere Traktor vom Montageband im Werk Mannheim.

Dank stabilem Chassis kann der John Deere Traktor Typ 3650, mit Frontkraftheber ausgestattet, mehrere Arbeitsgänge gleichzeitig erledigen.

John Deere 50er Serie Typ 3050 (1986-1993)
John Deere 50er Serie Typ 3350 (1986-1993)
John Deere 50er Serie Typ 3650 (1986-1993)

In der Klasse der 6-Zylindermaschinen mit den neuen Modellen 3050 (92 PS), 3350 (100 PS) und 3650 (114 PS) war die Ausrüstung mit SG2-Kabine vorgesehen. Sie zeichnete sich durch ihren besonders niedrigen Geräuschpegel aus und ermöglichte durch ergonomische Anordnung der Bedienungselemente ermüdungsfreie Arbeit über einen langen Arbeitstag. Speziell für Europa entwickelt, verfügte die SG2-Kabine über ein dreistufiges Gebläse, ein Hubdach, ausstellbare Seitenfenster und Heckscheibe oder über eine Klimaanlage.

Zeitgleich mit dem Bau des 6-Zylindertraktors 3350 aus der 50er Modellreihe lief 1986 der insgesamt 800.000ste Traktor vom Montageband des John Deere Werkes in Mannheim. Computergesteuert, wurde die gesamte Modellreihe, vom 1350 bis 3650, auf nur einem Montageband gefertigt. Ein Beweis für die Teilegleichheit innerhalb dieser Reihe. Auch beim 3350 waren viele Hydraulikfunktionen gleichzeitig abrufbar, denn das Rücklauföl der Zusatzsteuergeräte wurde nicht in den Ölvorrat zurückgeführt, sondern floss direkt zur Hydraulikpumpe. Durch diesen verkürzten Kreislauf waren auch bei niedriger, kraftstoffsparender Motordrehzahl mehrere Funktionen gleichzeitig abrufbar.

Das Flaggschiff unter den in Mannheim gefertigten John Deere Traktoren aus der erfolgreichen 50er Serie war der 3650 mit einer Leistung von 116 PS und einem Grundpreis von DM 82.780,--. Eine praktische Lösung, die John Deere schon seit einigen Jahren vormachte: keine Einzelgewichte als Ballast, sondern ein großes, 80 kg schweres Ballastgewicht, das direkt am Rahmen, im Fronthubwerk oder im Heck gefahren wurde. Nach Entfernung des Ballastgewichtes konnte die Effizienz für Transport und leichtere Arbeit sogar noch gesteigert werden. Der Traktor wurde leichter und wendiger, verursachte weniger Bodenverdichtung und verbrauchte weniger Kraftstoff.

Seit 1964 war die Blockbauweise aller in Mannheim gebauter John Deere Traktoren das besondere technische Konstruktionsprinzip. Die schwere gegossene Vorderachse, der Vorderachstragblock, Motorblock, Kupplungsgehäuse, Getriebe und Differenzial bildeten eine Einheit und waren zusammen mit der stabilen Hinterachse das Rückgrat des John Deere Traktors. In seiner Evolutionsstufe als 50er Serie war die damals vorgestellte, weltweite Traktorreihe, Ende der 1980er Jahre zu einem leistungsstarken, zuverlässigen und wettbewerbsfähigen Traktor geworden. Doch die stetig steigenden Marktanteile und die Anforderungen an zukünftige Traktoren ließen sich nur schwer und kostenintensiv mit dem vorhandenen Traktorkonzept verwirklichen. Daher entschloss man sich, ein vollständig neues Traktorenkonzept zu entwickeln.

Die herkömmliche, jedoch schwere und stabile Konstruktion kam bei den Traktoren der 50er Serie zum letzten Mal zum Einbau und wurde ab 1992 durch ein völlig neuartiges Ganzstahl-Brückenrahmen-Konzept mit Modulbauweise abgelöst.

Doch bevor die 50er Serie im Jahre 1994 durch eine neue John Deere Traktoren-Generation, der 6000er Serie, abgelöst wurde, glänzten die »50er« nochmals durch imponierende Produktionszahlen: 1989 verließen 39.568 Maschinen die Fließbänder im Mannheim. Ein Jahr später betrug die Jahresproduktion sogar rekordverdächtige 40.124 Einheiten.

Das John Deere-eigene Geräteprogramm bot u.a. auch unterschiedliche Frontlader-Versionen an, die zusätzlich mit Schüttgutschaufeln, Greiferarmen und Palettengabeln ausgerüstet werden konnten.

Der neue 3-Zylindermotor erhielt einen Querstrom-Zylinderkopf mit gegenüber angeordneten Ein- und Auslasskrümmern und Leichtlaufkolben.

Vielseitig verwendbar: Die preiswerte MC1-Kabine aus dem John Deere Kabinenwerk Bruchsal gab es in der Modul I-, Modul II- und Modul III-Version und als Niedrigprofilkabine.

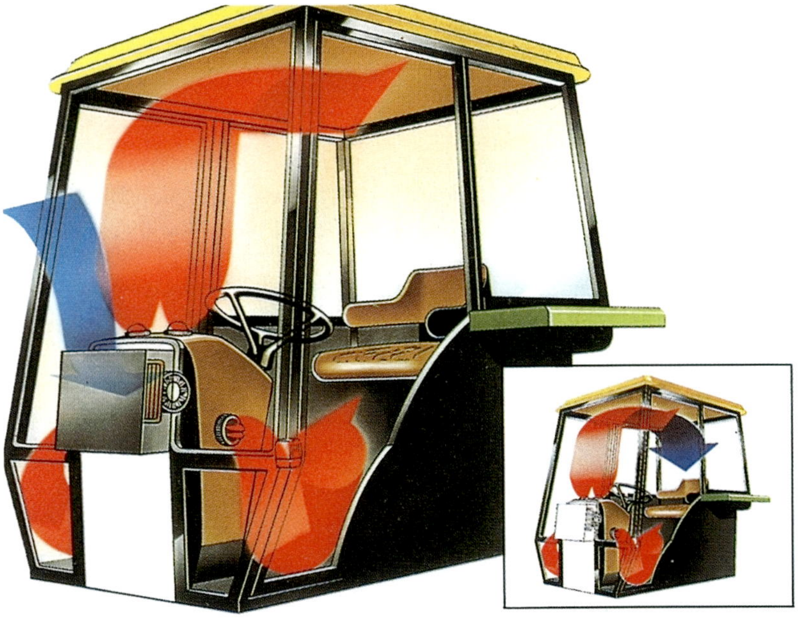

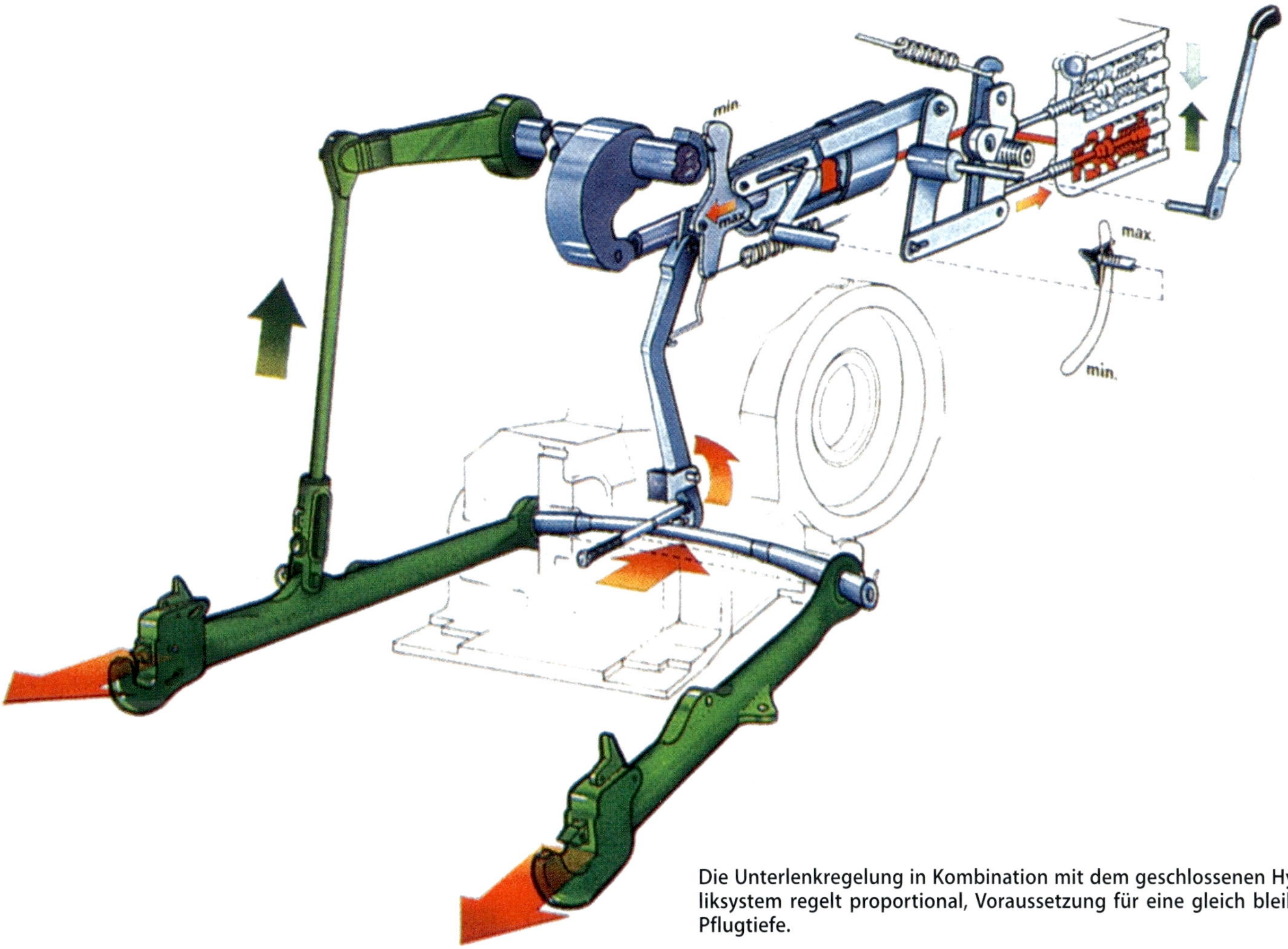

Die Unterlenkregelung in Kombination mit dem geschlossenen Hydrauliksystem regelt proportional, Voraussetzung für eine gleich bleibende Pflugtiefe.

Programmübersicht John Deere 50er-Serie							
Typ Modell	Ausführung	Getriebe	Geschw. (km/h)	Motor			Bauzeit
				Hubraum (ccm)	Zylinder	PS (kW)	
1350	Hinterrad	Synchrongetriebe 8 V / 4 R	25 / 30	2940	3	38 (28)	1986-1990
1550	Hinterrad / Allrad	Synchrongetriebe 8 V / 4 R	25 / 30	2940	3	44 (32)	1987-1994
1750	Hinterrad / Allrad	Synchrongetriebe 8 V / 4 R	25 / 30	2940	3	50 (37)	1987-1994
1850	Hinterrad / Allrad	Synchrongetriebe 8 V / 4 R	25 / 30	2940	3	56 (41)	1986-1994
1850 N	Hinterrad / Allrad	Synchrongetriebe 8 V / 4 R	30	2940	3	56 (41)	1986-1994
1950	Hinterrad / Allrad	Synchrongetriebe 8 V / 4 R	30	2940	3 Turbo	62 (46)	1988-1994
2250	Hinterrad / Allrad	Synchrongetriebe 8 V / 4 R	25 / 30	3920	4	62 (46)	1986-1994
2450	Hinterrad / Allrad	Synchrongetriebe 8 V / 4 R	30 / 40	3920	4	70 (51)	1986-1992
2650	Hinterrad / Allrad	Synchrongetriebe 8 V / 4 R	30 / 40	3920	4 Turbo	78 (57)	1986-1994
2650 N	Hinterrad / Allrad	PowerSynchron 16 V / 8 R	40	3920	4 Turbo	78 (57)	1986-1994
2850	Hinterrad / Allrad	Synchrongetriebe 8 V / 4 R	30 / 40	3920	4 Turbo	86 (63)	1986-1994
3050	Hinterrad / Allrad	Synchrongetriebe 8 V / 4 R	30 / 40	5883	6	92 (68)	1986-1993
3350	Hinterrad / Allrad	Synchrongetriebe 8 V / 4 R	30 / 40	5883	6	103 (76)	1986-1993
3650	Allrad	PowerSynchron 16 V / 8 R	30 / 40	5883	6 Turbo	116 (85)	1986-1993

	John Deere 50er Serie Typ 1350 1986-1990	John Deere 50er Serie Typ 1550 / 1550 Allrad 1987-1994	John Deere 50er Serie Typ 1750 / 1750 Allrad 1987-1994
Motor			
Bauart:	John Deere 3-Zylinder-4-Takt-Diesel		
Bohrung x Hub (mm):	106,5 x 110		
Hubraum (cm³):	2940		
Leistung (PS/kW):	38 / 28 bei 2300/min	44 / 32 bei 2300/min	50 / 37 bei 2300/min
Verdichtung:	17,4 : 1		
Drehmoment (Nm/mkg):	134 / 13,7 bei 1400/min	152 / 15,5 bei 1300/min	185 / 18,9 bei 1300/min
Drehmomentanstieg:	15,0 %	15,0 %	20,0 %
Mittl. Kolbengeschw.(m/s):	8,4		
Spez. Kraftstoffverbrauch:	215 g/kW h		
Gemischbereitung:	Direkteinspritzung, 2-Kolben-Verteilereinspritzpumpe		
Schmierung:		Druckumlaufschmierung mit Hauptstromfilter	
Motoröl-Inhalt:	6,0 Liter	6,0 Liter	6,0 Liter
Kühlung:	Flüssigkeitskühlung mit Pumpe und Thermostat		
Kühlwasser-Inhalt:	10 Liter	10 Liter (13 Liter mit Kabine)	
Filter:	Trockenluftfilter mit Sicherheitselement		
Elektrische Anlage:	Drehstrom-Lichtmaschine 12 V, 55 A	Drehstrom-Lichtmaschine 12V, 55/85A, Batterie 2 x 12 V / 55 Ah (mit Kabine)	
	Batterie 2 x 12 V / 55 Ah, elektrische	Batterie 1 x 12 V / 88 Ah (ohne Kabine), elektr. Kaltstartanlage, Anlasser 4 PS	
	Kaltstartanlage, Anlasser 4 PS		
Kraftübertragung			
Antrieb:	Antrieb auf Hinterräder	Antrieb auf Hinterräder; Allradantrieb, ein- und ausschaltbar; Seitenantrieb, APL 1351	
Fahrkupplung:	Einscheiben-Trockenupplung, asbestfr.	Einscheiben-Trockenkupplung, asbestfr.; ölgekühlte Lamellenkupplung	
Getriebe:	Synchrongetr. 8 V / 4 R oder Power Synchron-Getriebe mit Lastschaltst. 16 V / 8 R oder Synchron-Kriechganggetr. 12V / 8R		
Differenzialsperre:	unter Last schaltbar		unter Last schaltbar; autom. (Allrad)
Endantrieb:	Planetengetriebe 5 : 1		
Inhalt:	46 Liter Getriebe und Hydrauliksystem		
Zapfwellenleist. (PS/kW):	34 / 25 bei Motor-Nenndrehzahl	39 / 29 bei Motor-Nenndrehzahl	45 / 33 bei Motor-Nenndrehzahl
Zapfwellenkupplung	Doppelkupplung; Lamellenkupplung (a.W.)		Doppelkupplung; Lamellenkupplung
Zapfwelle:	Motorzapfwelle 540/min hinten; unter Last schaltbar 540/min, hinten, umschaltbar 540/1000/min, Frontzapfwelle 1000/min		
Hydraulik:	geschl. Hydr., Radialmehrkolbenp. variable Leistung b. konst. Druck, Pumpenförderl. 22/44 Liter/min, Systemdr. 190 bar		
Dreipunkt-Hydraulik:	Kategorie I oder II mit umkehrbaren Unterlenkern, Seitenstabilisierung		
Regelung:	ausziehbare Unterlenker oder Schnellkuppler; über Unterlenker, proportional		
Regelarten:	Lageregelung; Zugwiderstandsregel.; Mischregelung; Schwimmstellung; Hubkraft 23,5 kN (2400 kp)		
Steuergeräte:	einfach- oder doppeltwirkend; ISO Schnellkuppler		
Fahrwerk			
Bauart:	Blockkonstruktion		
Vorderachse:	ausziehbare Pendel-Rohrachse mit Einzelrad-Doppelfederung		
Bremsen:	hydr., ölgekühlte Scheibenbremsen; Keilprofil Bandbremse als Handbremse mit Kontrollanzeige		
Lenkung:	mechanisch	mechanisch oder hydraulisch 39° Einschlagwinkel	
Bereifung vorn:			6.50-16; 7.50-16
Bereifung hinten:	9.5-36; 12.4-28; 12.4-32	8.3-24; 9.5-24; 10.5-18; 11.2-24; 9.5-36; 12.4-36; 13.6-36; 14.9-28; 14.9-30	
Allgemeine Daten			
Radstand (mm):	2050	2050	2050
Länge (mm):	3754	3754	3754
Breite (mm):	1705	1845	1845
Höhe Kabine (mm):	2645	2645	2693
Höhe Auspuff (mm):	2495	2495	2543
Bodenfreiheit (mm):	533	533; 402 (Allrad)	621; 402 (Allrad)
Spurweite vorn (mm):	1260 - 1884; 1394 - 2018 (7.50-16)	1260 - 1923; 1394 - 2057 (7.50-16)	1260 - 1923; 1394 - 2057 (7.50-16)
Spurweite hinten (mm):	1260 - 1860 (8-fach Spurverstellfelgen)	1300 - 2000 (8-fach Spurverstellfelgen)	1300 - 2000 (8-fach Spurverstellfelgen)
Wendekreis (Meter):	6,6 (ohne Lenkbremse)	6,6 (ohne Lenkbremse); 8,8 (Allrad)	6,6 (ohne Lenkbremse); 8,8 (Allrad)
Gewicht (kg):	2430	2480	2560; 2875 (Allrad)
zul. Gesamtgewicht (kg):	3200	4000	4000
Stützlast Zugpendel (kg):	460 (normal); 760 (voll eingeogen)	460 (normal); 760 (voll eingeogen)	460 (normal); 760 (voll eingeogen)
Stützlast Anh.kuppl.(kg):	800 / 1000	1000 / 1200	1000 / 1200
Höchstgeschw. (km/h):	25 / 30	25 / 30	25 / 30
Tankinhalt (Liter):	78	78	78

	John Deere 50er Serie Typ 1850 N Stalltraktor 1986-1994	John Deere 50er Serie Typ 2650 N Allrad-Hopfentraktor 1986-1994
Motor		
Bauart:	John Deere 3-Zylinder-4-Takt-Diesel	John Deere 4-Zylinder-4-Takt-Diesel mit Abgas-Turbolader
Bohrung x Hub (mm):	106,5 x 110	106,5 x 110
Hubraum (cm^3):	2940	3920
Leistung (PS/kW):	56 / 41 bei 2400/min	78 / 57 bei 2300/min
Verdichtung:	17,4 : 1	17,4 : 1
Drehmoment (Nm/mkg):	195 / 19,9 bei 1300/min	285 / 29,1 bei 1500/min
Drehmomentanstieg:	20 %	20,0 %
Mittl. Kolbengeschw.(m/s):	8,8	8,4
Spez. Kraftstoffverbrauch:	215 g/kW h	209 g/kW h
Gemischbereitung:	Direkteinspritzung; 4-Kolben-Verteilereinspritzpumpe	
Schmierung:	Druckumlaufschmierung mit Hauptstromfilter	
Motoröl-Inhalt	6,0 Liter	10,0 Liter
Kühlung:	Flüssigkeitskühlung mit Pumpe und Thermostat	
Kühlwasser-Inhalt:	10 Liter	13 Liter (15 Liter mit Kabine)
Filter:	Trockenluftfilter mit Sicherheitselement	
Elektrische Anlage:	Drehstrom-Lichtmaschine 12V, 55A	Drehstrom-Lichtmaschine 12V, 55/85A
	Batterie 1 x 12 V / 88 Ah	Batterie 2 x 12 V / 55 Ah oder 66 Ah
	elektr. Kaltstartanlage, Anlasser 4 PS	
Kraftübertragung		
Antrieb:	Antrieb auf Hinterräder; Allrad ein- und ausschaltbar (a.W.)	Allradantrieb, ein- und ausschaltbar; Nachlaufwinkel 12°
Achstyp (Allrad):	Seitenantrieb, APL 1351	Zentralantrieb, APL 325
Fahrkupplung:	Einscheiben-Trockenk., asbestfr. Ölgek. Lamellenk. (Allrad)	ölgekühlte Lamellenkupplung
Getriebe:	Synchrongetriebe 8 V / 4 R	Power Synchron-Getriebe mit
Differenzialsperre:	unter Last schaltbar; autom. (Allrad)	Lastschaltstufe 16 V / 8 R
Endantrieb:	Planetengetriebe 5 : 1	Planetenreduziergetriebe 5 : 1
Inhalt:	40 Liter Getriebe und Hydrauliksystem	
Zapfwellenkupplung:	Mehrscheibenkupplung, ölgekühlt, hydraulisch	
Heckzapfwelle:	lastschaltbar, umschaltbar 540/1000/min	
Hydraulik:	geschl. Hydrauliksystem, Radialmehrkolbenpumpe mit variabler Leistung bei konstantem Druck; Systemdruck 190 bar	
	Pumpenförderleistung 45 Liter/min	Pumpenförderleistung 44 / 80 Liter/min
Dreipunkt-Hydraulik:	Kategorie I und II mit umkehrbaren Unterlenkern, Seitenstabilisierung: a.W. ausziehb. Unterlenker o. Schnellkuppler	
Regelung:	über Unterlenker, proportional	
Regelarten:	Lageregelung; Zugwiderstandsregel; Mischregelung; Schwimmstellung; Hubkr. 23,5 kN; 2650: Hubkr. 35,6 kN	
Steuergeräte:	2 dw mit je 2 Leitungen nach hinten	einfach- oder doppeltwirkend
Anschlüsse:	Abreißkuppler unter Druck kuppelbar	ISO Schnellkuppler / Abreißkupplung
Fahrwerk		
Bauart:	Blockkonstruktion	Blockkonstruktion
Vorderachse:	ausziehbare Pendel-Rohrachse mit Einzelrad-Doppelfederung	
Bremsen:	hydr., ölgekühlte Scheibenbremsen; Keilprofil Bandbremse als Handbremse mit Kontrollanzeige; Allradbremse	
Lenkung:	Mechanisch: Allrad: hydrostatisch	hydrostatisch, 50° Einschlagwinkel
Bereifung vorn:	10,5-18	10,5-18; 12,5-18
Bereifung hinten:	14,9-28 (6 PR) Spurverstellfelgen	14,9-30R; 16,9-30R
Allgemeine Daten		
Radstand (mm):	1905	2287
Länge (mm):	3054	3730
Breite (mm):	1490	1780
Höhe Kabine (mm):	2580	2400
Bodenfreiheit (mm):	325	325
Spurweite vorn (mm):	1118-1684; Allrad: 1026-1426	1400
Spurweite hinten (mm):	1114 - 1614	1300 - 1700 (8-fach Spurverstellfelgen)
Wendekreis (Meter):	8,0	8,0
Gewicht (kg):	2600	3340
zul. Gesamtgewicht (kg):	4000	6000
Stützlast Zugpendel (kg):	460 (normal); 760 (voll eingeogen)	1000
Stützlast Anh.kuppl.(kg):	1000 / 1200	1500
Höchstgeschw. (km/h):	30	40
Tankinhalt (Liter):	78	84

	John Deere 50er Serie Typ 3050 1986-1993	John Deere 50er Serie Typ 3350 / 3350 Allrad 1986-1993	John Deere 50er Serie Typ 3650 Allrad 1986-1993
Motor			
Bauart:	John Deere 6-Zylinder-4-Takt-Diesel		JD 6-Zyl.-4-Takt-Diesel mit Abgas-Turbo
Bohrung x Hub (mm):	106,5 x 110	106,5 x 110	106,5 x 110
Hubraum (cm³):	5883	5883	5883
Leistung (PS/kW):	92 / 68 bei 2300/min	100 / 74 bei 2300/min	116 / 85 bei 2400/min
Verdichtung:	17,4 : 1	17,4 : 1	17,4 : 1
Drehmoment (Nm/mkg):	340 / 34,7 bei 1400/min	370 / 37,7 bei 1400/min	429 / 43,8 bei 1500/min
Drehmomentanstieg:	20,0 %	20,0 %	27,0 %
Mittl. Kolbengeschw.(m/s):	8,4	8,4	8,8
Spez. Kraftstoffverbrauch:	209 g/kW h	209 g/kW h	212 g/kW h
Gemischbereitung:	Direkteinspritzung mit 4-Kolben-Verteilereinspritzpumpe		
Schmierung:	Druckumlaufschmierung mit	Druckumlaufschmierung mit Bypass-Ventil	Druckumlaufschmierung mit
Motoröl-Inhalt:	11,5 Liter	11,5 Liter	11,5 Liter
Kühlung:	Flüssigkeitskühlung mit Pumpe, Thermostat und Bypass		
Kühlwasser-Inhalt:	17 Liter (19 Liter mit Kabine)	17 Liter (19 Liter mit Kabine)	19 Liter
Lüfterflügel:	EcoVen (temperaturgesteuert)	EcoVen (temperaturgesteuert)	EcoVen (temperaturgesteuert)
Filter:	Trockenluftfilter mit Sicherheitselement	Trockenluftfilter mit Sicherheitselement	Trockenluftfilter mit Sicherheitselement
Elektrische Anlage:	Drehstrom-Lichtmaschine 12V, 55/85A, Batterie 2 x 12V / 88Ah, Anlasser 4 PS, elektrische Kaltstartanlage		
Kraftübertragung			
Antrieb:	Antrieb auf Hinterräder; Wunsch: Allradantrieb, ein- und ausschaltbar		Allradantrieb, Zentralantrieb, APL 350 12 Grad-Nachlaufwinkel,
Achstyp (Allrad):	Zentralantrieb, APL 345	Zentralantrieb, APL 345	50 Grad max. Lenkeinschlag
Fahrkupplung:	Einscheiben-Trockenkupplung, hydr. Cerametalig-Belag, 328 mm Durchm.		
Fahrkupplung (Allrad):	ölgekühlte Lamellenkupplung	ölgekühlte Lamellenkupplung	ölgekühl. Lamellenk., u. Last schaltb.
Getriebe:	Synchrongetr. 8 V / 4 R oder Power Synchron-Getr. mit Lastschaltstufe 16 V / 8 R oder Synchron-Kriechganggetr. 12V / 8R		
Differenzialsperre:	unter Last schaltbar; automatisch (Allrad)		
Endantrieb:	Planetengetriebe		
Inhalt:	52 Liter Getriebe und Hydrauliksystem		
Zapfwellenleist.(PS/kW):	84 / 62 bei Motor-Nenndrehzahl	91 / 67 bei Motor-Nenndrehzahl	105 / 77 bei Motor-Nenndrehzahl
Zapfwellenkupplung:	Lamellenkupplung, ölgekühlt, hydraulisch		
Zapfwelle:	unabhängig, umschaltb. 540/1000/min; Frontzapfwelle 1000/min		
Hydraulik:	geschl. Hydrauliksystem, Radialmehrkolbenpumpe mit variabler Leistung bei konstantem Druck, Systemdruck 190 bar		
	Pumpenförderleistung 44/80 Liter/min		Pumpenförderleistung 45/84 Liter/min
Dreipunkt-Hydraulik:	Kat. II oder III N mit Schnellkupplungssystem Walterscheid, Unterlenkerverstellung rechts, seitliche Stabilisierungsketten		
Regelung:	mech. über Unterlenker, proportional auf Wunsch: elektronisch »Prohytronik«		
Regelarten:	Lageregelung; Zugwiderstandsregel.; Mischregelung; Schwimmstellung; Hubkr. 44,4 kN waagr.; Hubkr. 48,0 kN voll ausgeh.		
Steuergeräte:	einfach- oder doppeltwirkend		
Anschlüsse:	Hydraulischer Schnellkuppler mit Abreißkupplung		
Fahrwerk			
Bauart:	Blockkonstruktion		
Vorderachse:	ausziehbare Pendel-Rohrachse mit Einzelrad-Doppelfederung		
Bremsen:	hydr., ölgekühlte Scheibenbremsen; Keilprofil Bandbremse als Handbremse mit Kontrollanzeige		
Allradbremse:	Serie bei 40 km/h; bei Frontkraftheber		
Lenkung (Hinterrad):	hydrostatisch	hydrostatisch	hydrostatisch
Lenkung (Allrad):	hydrostatisch, 50° Einschlagwinkel		
Bereifung vorn:	7.50-18; 7.50-20; 10.00-16; 11.00-16		
Bereifung vorn (Allrad):	13.6-24/28; 13.6R24/28; 14.9-24/26; 14.9R24/26; 11.2-28; 12.4-28		16.9-24; 14.9-26; 12.4-28; 13.6-28
Bereifung hinten:	14.9-38; 16.9-38; 18.4-34/38; 23.1-26/30; 520/70-34/38		
Bereifung hinten (Allrad):	18.4-34/38; 520/70R34/38; 14.9-38; 16.9-38		18.4-38; 16.9-38;
Allgemeine Daten			
Radstand (mm):	2551; 2582 (Allrad)	2551; 2582 (Allrad)	2582
Länge (mm):	4787	4787	4787
Breite (mm):	2129	2167	2267
Höhe Kabine (mm):	2964	2994	2994
Höhe Auspuff (mm):	2814	2844	2844
Bodenfreiheit (mm):	650; 530 (Allrad)	650; 530 (Allrad)	530
Spurweite vorn (mm):	1442 - 2090; 1520 - 2010 (Allrad)	1442 - 2090; 1520 - 2010 (Allrad)	1607 - 2115
Spurweite hinten (mm):	1500 - 2000 (8-fach Spurverstellfelgen)	1500 - 2000 (8-fach Spurverstellfelgen)	1600 - 2000 (8-fach Spurverstellfelgen)
Wendekreis (Meter):	9,0 (ohne Lenkbremse); 8,6 (Allrad)	9,0 (ohne Lenkbremse); 8,6 (Allrad)	9,4 (ohne Lenkbremse)
Gewicht (kg):	3920; 4245 (Allrad)	3920; 4245 (Allrad)	4985
zul. Gesamtgewicht (kg):	6700; 7500 (Allrad)	6700; 7500 (Allrad)	8300
Stützlast Zugpendel (kg):	680 (normal); 1000 (voll eingeogen)	680 (normal); 1000 (voll eingeogen)	1140 (normal); 1350 (voll eingeogen)
Stützlast Anh.kuppl.(kg):	1800	1800	1800
Höchstgeschw. (km/h):	30 / 40	30 / 40	30 / 40
Tankinhalt (Liter):	121 (mit Zusatztank 173)	121 (mit Zusatztank 173)	118 (mit Zusatztank 170)

	John Deere 50er Serie Typ 1850 1986-1994	John Deere 50er Serie Typ 1950 / 1950 Allrad 1987-1994	John Deere 50er Serie Typ 2250 / 2250 Allrad 1986-1994
Motor			
Bauart:	John Deere 3-Zylinder-4-Takt-Diesel	JD 3-Zyl.-4-Takt-Diesel, Abgas-Turbo	John Deere 4-Zylinder-4-Takt-Diesel
Bohrung x Hub (mm):	106,5 x 110	106,5 x 110	106,5 x 110
Hubraum (cm^3):	2940	2940	3920
Leistung (PS/kW):	56 / 41 bei 2400/min	62 / 46 bei 2300/min	62 / 46 bei 2300/min
Verdichtung:	17,4 : 1	17,4 : 1	17,4 : 1
Drehmoment (Nm/mkg):	195 / 19,9 bei 1300/min	229 bei 1500/min	230 / 23,4 bei 1400/min
Drehmomentanstieg:	20,0 %	20,0 %	20,0 %
Mittl. Kolbengeschw.(m/s):	8,8	8,4	8,4
Spez. Kraftstoffverbrauch:	215 g/kW h	215 g/kWh	215 g/kW h
Gemischbereitung:	Direkteinspritzung, 4-Kolben-Verteiler-Einspritzpumpe		
Schmierung:	Druckumlaufschmierung mit Hauptstromfilter und Ölkühler		
Motoröl-Inhalt	6,0 Liter	6,0 Liter	10,0 Liter
Kühlung:	Flüssigkeitskühlung mit Ausdehnungsbehälter, Pumpe und Thermostat		
Kühlwasser-Inhalt:	10 Liter (13 Liter mit Kabine)	10 Liter (13 Liter mit Kabine)	13 Liter (15 Liter mit Kabine)
Filter:	Trockenluftfilter mit Sicherheitselement		
Elektrische Anlage:	Drehstrom-Lichtmaschine 12V, 55/85A, Batt. 2x12V/55/66 Ah (m. Kab.), Batt. 1x12 V/88 Ah (o. Kab.), el. Ka.st.anl, Anl. 4 PS		
Kraftübertragung			
Antrieb:	Antrieb auf Hinterräder oder Allradantrieb, ein- und ausschaltbar, Zentralantriebsachse, APL 1351, APL 315, APL 325		
Fahrkupplung:	Einscheiben-Trockenkupplung, asbestfr.	Lamellenkupplung lastschaltbar	Einscheiben-Trockenkupplung, hydr.
Getriebe:	Synchron-Getriebe mit 8 V / 4 R; PowerSynchron-Getriebe 16 V / 8 R; Synchron+Kriechgang-Getr. 12 V / 8 R		
Differenzialsperre:	unter Last schaltbar; autom. (Allrad)		
Endantrieb:	Planetengetriebe 5 : 1		
Inhalt:	46 Liter Getriebe und Hydrauliksystem		
Zapfwellenkupplung:	Lamellenkupplung, ölgekühlt, hydraulisch		
Zapfwelle:	unter Last schaltbar 540/min, hinten, Frontzapfwelle 1000/min		
Hydraulik:	geschl. Hydrauliksystem, Radialmehrkolbenpumpe mit variabler Leistung bei konstantem Druck, Systemdruck 190 bar		
	Pumpenförderleistung 23 / 45 Liter/min	Pumpenförderleistung 44 Liter/min	Pumpenförderleistung 22 / 44 Liter/min
Dreipunkt-Hydraulik:	Kategorie I oder II mit umkehrbaren Unterlenkern, Seitenstabilisierung ausziehbare Unterlenker oder Schnellkuppler		
Regelarten:	Lageregelung; Zugwiderstandsregelg; Mischregelung; Schwimmstellung; Hubkraft 23,5 kN / 30,1 kN / 26,2 kN		
Fahrwerk			
Bauart:	Blockkonstruktion		
Vorderachse:	ausziehbare Pendel-Rohrachse mit Einzelrad-Doppelfederung		
Bremsen:	hydr., ölgekühlte Scheibenbremsen; Keilprofilbandbremse als Handbremse, mit Kontrollanzeige		
Lenkung (Hinterrad/Allrad):	mechanisch oder hydraulisch; bei 40 km/h-Serie: Allradbremse: 39° / 50° Einschlagwinkel		
Bereifung vorn:	7.50-16	6,50-16; 7,50-16	10.00-16; 7.50-18; 6.00-16; 7.50-16
Bereifung vorn (Allrad):	10.5-18; 11.2-24		14.5R20; 11.2-24/28; 12.4-28; 13.6-24;
Bereifung hinten:	13.6-36; 14.9-30; 16.9-30	16,9-28; 14,9-30; 16,9-30;	13.6-36/38; 14.9-38; 15.5-38;
Bereifung hinten (Allrad):	12.4-36; 13.6-36; 14.9-30; 16,9-30	12,4-36; 13,6-36	16.9-24/30; 16.9-34; 18.4-16.1/30
Allgemeine Daten			
Radstand (mm):	2050	2151; 2159 (Allrad)	2266; 2287 (Allrad)
Länge (mm):	3754	3764	4193
Breite (mm):	1845	1854	2029
Höhe Kabine (mm):	2672	2433	2758 / 2888
Höhe Auspuff (mm):	2512		2608
Bodenfreiheit (mm):	621; 402 (Allrad)	621; 440 (Allrad)	642; 495 (Allrad)
Spurweite vorn (mm):	1360 - 2008; 1310 - 2006 (Allrad)	1260 - 2057; 1418 - 1884 (Allrad)	1360 - 2010; 1500 - 2010 (Allrad)
Spurweite hinten (mm):	1300 - 2000 (8-fach Spurverstellfelgen)	1400 -2000	1500 - 2000 (8-fach Spurverstellfelgen)
Wendekreis (Meter):	6,6 (ohne Lenkbremse); 8,8 (Allrad)	7,0 (o. Lenkbr.); 8,0 (Allrad)	7,3 (ohne Lenkbremse); 8,2 (Allrad)
Gewicht (kg):	2560; 2875 (Allrad)	2630 / 2790 (MC1); Allrad: 2945/3105	3050; 3350 (Allrad)
zul. Gesamtgewicht (kg):	4000	4200	4800
Stützlast Zugpendel (kg):	460 (normal); 760 (voll eingeogen)		680 (normal); 1000 (voll eingeogen)
Stützlast Anh.kuppl.(kg):	1000 / 1200		1000 / 1500
Höchstgeschw. (km/h):	25 / 30	30	25 / 30
Tankinhalt (Liter):	78	72	84 (mit Zusatztank 136)

	John Deere 50er Serie Typ 2450 1986-1992	John Deere 50er Serie Typ 2650 / 2650 Allrad 1986-1994	John Deere 50er Serie Typ 2850 / 2850 Allrad 1986-1994
Motor			
Bauart:	John Deere 4-Zylinder-4-Takt-Diesel	John Deere 4-Zylinder-4-Takt-Diesel mit Abgas-Turbolader	
Bohrung x Hub (mm):	106,5 x 110	106,5 x 110	106,5 x 110
Hubraum (cm^3):	3920	3920	3920
Leistung (PS/kW):	70 / 51 bei 2300/min	78 / 57 bei 2300/min	86 / 63 bei 2300/min
Verdichtung:	17,4 : 1	17,4 : 1	17,4 : 1
Drehmoment (Nm/mkg):	255 / 26,0 bei 1400/min	285 / 29,1 bei 1500/min	315 / 32,1 bei 1500/min
Drehmomentanstieg:	20,0 %	20,0 %	20,0 %
Mittl. Kolbengeschw. (m/s):	8,4	8,4	8,4
Spez. Kraftstoffverbrauch:	215 g/kW h	209 g/kW h	209 g/kW h
Gemischbereitung:	Direkteinspritzung, 4-Kolben-Verteilereinspritzpumpe		
Schmierung:	Druckumlaufschmierung mit Hauptstromfilter, 10,0 Liter Motoröl-Inhalt		
Kühlung:	Flüssigkeitskühlung mit Pumpe und Thermostat; 13 Liter (15 Liter mit Kabine) Kühlwasser-Inhalt; EcoVen Lüfterflügel (Kabine)		
Filter:	Trockenluftfilter mit Sicherheitselement		
Elektrische Anlage:	Drehstrom-Lichtmaschine 12V, 55/85A; Batterie 2 x 12 V / 55 Ah oder 66 Ah; elektr. Kaltstartanlage, Anlasser 4 PS		
Kraftübertragung			
Antrieb:	Antrieb auf Hinterräder; Allradantrieb, ein- und ausschaltbar; Zentralantrieb, APL 325 / APL 735		
Fahrkupplung:	Einscheiben-Trockenkupplung, hydr. Cerametalig-Belag, 320 mm Durchmesser; ölgekühlte Lamellenkupplung (Allrad)		
Getriebe:	Synchrongetr. 8 V / 4 R oder Power Synchron-Getr. mit Lastschaltstufe 16 V / 8 R oder Synchron-Kriechganggetr. 12V / 8R		
Differenzialsperre:	unter Last schaltbar; automatisch (Allrad); Endantrieb: Planetengetriebe 5:1; 49 Liter Getriebe und Hydrauliksystem		
Zapfwellenleist.(PS/kW):	63 / 46 bei Motor-Nenndrehzahl	71 / 52 bei Motor-Nenndrehzahl	78 / 57 bei Motor-Nenndrehzahl
Zapfwellenkupplung:	Lamellenkupplung, ölgekühlt, hydr.		
Zapfwelle:	unabhängige 540/min, hinten; umschaltbar 540/1000/min; Frontzapfwelle 1000/min		
Hydraulik:	geschl. Hydrauliksystem, Radialmehrkolbenpumpe mit variabler Leistung bei konstantem Druck; Systemdruck 190 bar		
	Pumpenförderleistung 22 / 44 Liter/min		Förderleistung 22 / 44 / 80 Liter/min
Dreipunkt-Hydraulik:	Kategorie I oder II mit umkehrbaren Unterlenkern, Seitenstabilisierung; Wunsch: ausziehb. Unterlenker o. Schnellkuppler		
Regelung:	über Unterlenker, proportional		
Regelarten:	Lageregelung; Zugwiderstandsregel.; Mischregelung; Schwimmstellung		
	Hubkraft 26,2 kN (2670 kp) waagrecht Hubkraft 35,6 kN (3630 kp) voll ausgeh.	Hubkraft 35,0 kN (3568 kp) waagrecht Hubkraft 39,2 kN (4000 kp) voll ausgeh.	
Steuergeräte:	einfach- oder doppeltwirkend; Anschlüsse: ISO Schnellkuppler / Abreißkupplung		
Fahrwerk			
Bauart:	Blockkonstruktion		
Vorderachse:	ausziehbare Pendel-Rohrachse mit Einzelrad-Doppelfederung		
Bremsen:	hydr., ölgek. Scheibenbremsen Keilprofil; Bandbremse als Handbremse m. Kontrollanzeige; bei 40 km/h-Serie: Allradbremse		
Lenkung (Hinterrad):	mechanisch, hydraulisch oder hydrostatisch; Allrad: hydrostatisch, 50° Einschlagwinkel		
Bereifung vorn:	10.00-16; 7.50-18; 6.00-16	10.00-16; 7.50-18; 6.00-16	
Bereifung vorn (Allrad):		14.5R20; 11.2-24/28; 12.4-28; 13.6-24	
Bereifung hinten:	13.6-38; 14.9-38; 15.5-38; 16.9-30; 16.9-34; 16.9-38; 18.4-34; 480/70-34	13.6-38; 14.9-38; 15.5-38; 16.9-34/38; 18.4-30/34; 480/70-34/38; 520/70-34	
Bereifung hinten (Allrad):	13.6-38; 15.5-38; 14.9-38	16,9-30/34; 480/70R34/38; 520/70-34; 14.9-38; 15.5-38; 18.4-34; 23.1-26; 13.6-38/46	
Allgemeine Daten			
Radstand (mm):	2266; 2287 (Allrad)	2266; 2287 (Allrad)	2266; 2287 (Allrad)
Länge (mm):	4193	4193; 4243 (mit erhöhter Hubkraft)	4193; 4243 (mit erhöhter Hubkraft)
Breite (mm):	2029	2029	2029
Höhe Kabine (mm):	2758 / 2888	2809 / 2952	2809 / 2952
Höhe Auspuff (mm):	2608	2659	2659
Bodenfreiheit (mm):	642; 495 (Allrad)	629; 495 (Allrad)	629; 495 (Allrad)
Spurweite vorn (mm):	1360 - 2010; 1500 - 2010 (Allrad)	1360 - 2010; 1500 - 2010 (Allrad)	1360 - 2010; 1500 - 2010 (Allrad)
Spurweite hinten (mm):	1500 - 2000 (8-fach Spurverstellfelgen)	1500 - 2000 (8-fach Spurverstellfelgen)	1500 - 2000 (8-fach Spurverstellfelgen)
Wendekreis (Meter):	7,3 (ohne Lenkbremse); 8,2 (Allrad)	7,6 (ohne Lenkbremse); 8,4 (Allrad)	7,6 (ohne Lenkbremse); 8,4 (Allrad)
Gewicht (kg):	3050; 3350 (Allrad)	3200; 3500 (Allrad)	3220; 3530 (Allrad)
zul. Gesamtgewicht (kg):	4800	5980; 6000 (Allrad)	5980; 6000 (Allrad)
Stützlast Zugpendel (kg):	680 (normal); 1000 (voll eingeogen)	680 (normal); 1000 (voll eingeogen)	680 (normal); 1000 (voll eingeogen)
Stützlast Anh.kuppl.(kg):	1000 / 1500	1200 / 1500	1200 / 1500
Höchstgeschw. (km/h):	30 / 40	30 / 40	30 / 40
Tankinhalt (Liter):	84 (mit Zusatztank 136)	84 (mit Zusatztank 136)	84 (mit Zusatztank 136)

Preise / Ausrüstungen Typ 1350		
Grundpreis	**Stand: 11/1988** Preise in DM ohne Mehrwertsteuer	
212 GR	Traktor 1350 Hinterradantrieb	22.840,--
	Anteilige Überführungskosten	290,--
	Gebühr für Kfz.-Brief	26,--
Wahlausrüstungen		
	Motor	
9315	Kraftstoffvorwärmer	178,--
8104	Auspuff nach unten links	178,--
	Getriebe	
1102	12-8 Gang Synchron + Kriechgang (bis 30 km/h)	1.565,--
1101	16-8 Gang PowerSynchron (bis 30 km/h)	1.706,--
	Zapfwelle	
1501	Lastschalt 540/min hinten	800,--
1502	Lastschalt 540/1000/min hinten (umschaltbar)	1.555,--
	Hydraulik - Steuergeräte	
2620	1 einfachwirkendes Steuergerät mit 1 Leitg. n. hi.	488,--
2621	2 einfachwirk. Steuergeräte mit je 1 Leitg. n. hi.	904,--
2622	1 doppeltwirkendes Steuergerät mit 2 Leitg. n. hi.	831,--
2623	2 doppeltwirk. Steuergeräte mit je 2 Leitg. n. hi.	1.397,--
2624	3 doppeltwirk. Steuergeräte mit je 2 Leitg. n. hi.	1.930,--
	Hydraulik - Dreipunktgestänge	
2550 /	Schnellkupplungssystem - Walterscheid Kat. II	
8860	mit seitl. Stabilisierungsketten	284,--
8870	Stabilisierungsstrebe für Unterlenker	101,--
8930	lange Ackerschiene Kat. I + II	321,--
8925	Ackerschiene Kat. I mit Drehsicherung	144,--
	Hydraulik - Sonstiges	
1605	Kühler mit Ölkühler	201,--
2801	Hydraulikpumpe 44 l/min	191,--
	Hinterräder mit Bereifung	
3715	12,4-28 (6 PR)	Grundpreis
3710	9,5-36 (6 PR) (Spurweite 1360-1860 mm)	96,--
3720	12,4-32 (6 PR)	274,--
	Reifenarten	
5560	Diagonalbereifung	Grundpreis
9085	Radialbereifung, vorn und hinten	439,--
9086	Radialbereifung, vorn	142,--
9087	Radialbereifung, hinten	297,--
	Reifenfabrikat nach Wunsch	
5570	Diagonalbereifung / Radialbereifung	124,--
	Fahrerstand	
8005	Super-Deluxe-Sitz	200,--
9300	Beifahrersitz	101,--
	Gewichte, vorn	
9161	Vord. Drückevorrichtung mit Grundgewicht 67 kg	327,--
9162	dto. mit 4 Zusatzgewichten 235 kg	701,--
	Anhängevorrichtungen	
9149	Höhenverstellbare Wagenanhängevorrichtung mit Automatikkupplung	809,--
9147	Höhenverstellbare Wagenanhängevorrichtung mit Vorsteckbolzen	578,--

Preise / Ausrüstungen Typ 1550		
Grundpreis	**Stand: 11/1988** Preise in DM ohne Mehrwertsteuer	
213 GR	Traktor 1550 Hinterradantrieb	23.990,--
213 MR	Traktor 1550 Hinterradantrieb + MC1 Kabine	29.710,--
	Anteilige Überführungskosten	290,--
	Gebühr für Kfz.-Brief	26,--
Wahlausrüstungen		
	Motor	
9315	Kraftstoffvorwärmer	178,--
8104	Auspuff nach unten links	178,--
	Getriebe	
1102	12-8 Gang Synchron + Kriechgang (bis 30 km/h)	1.565,--
1101	16-8 Gang PowerSynchron (bis 30 km/h)	1.706,--
	Zapfwelle	
1501/GR	Lastschalt 540/min hinten	800,--
1502/GR	Lastschalt 540/1000/min hinten (umschaltbar)	1.555,--
	Hydraulik - Steuergeräte	
2620/GR	1 einfachwirk. Steuergerät mit 1 Leitg. n. hinten	488,--
2621/GR	2 einfachwirk. Steuergeräte mit je 1 Leitg. n. hi.	904,--
2629/MR	3 einfachwirk. Steuergeräte mit je 1 Leitg. n. hi.	701,--
2623/GR	2 doppeltwirk. Steuergeräte mit je 2 Leitg. n. hi.	1.397,--
2624/GR	3 doppeltwirk. Steuergeräte mit je 2 Leitg. n. hi.	1.930,--
	Hydraulik - Dreipunktgestänge	
2511	ausziehb. Unterlenker Kat II m. seitl. Stab.ketten	214,--
2550	Schnellkupplungssystem - Walterscheid Kat. II	284,--
2570/MR	Unterlenkerverstellung rechts vom Traktorsitz	108,--
8870	Stabilisierungsstrebe für Unterlenker	101,--
9490/MR	Fernbetätigung des Dreipunktgestänges	222,--
8930	lange Ackerschiene Kat. I + II	321,--
8925	Ackerschiene Kat. I mit Drehsicherung	144,--
8920	Ackerschiene Kat. II mit Drehsicherung	166,--
	Hydraulik - Sonstiges	
1605	Kühler mit Ölkühler	201,--
2801	Hydraulikpumpe 44 l/min	191,--
2001	Hydraulische Lenkung (2801 erforderlich)	1.230,--
	Vorderräder mit Bereifung	
4860	7,50-16 (6 PR)	45,--
	Hinterräder mit Bereifung	
3710	9,5-36 (6 PR)	Minderpr. 370,--
3725	12,4-36 (6 PR)	109,--
3735	13,6-36 (6 PR)	241,--
3745	14,9-28 (6 PR)	190,--
	Reifenarten	
9085	Radialbereifung, vorn und hinten	439,--
9086	Radialbereifung, vorn	142,--
9087	Radialbereifung, hinten	297,--
	Reifenfabrikat nach Wunsch	
5570	Diagonalbereifung / Radialbereifung	124,--
	Fahrerstand	
8005/GR	Super-Deluxe-Sitz	200,--
9300/GR	Beifahrersitz	101,--
	Gewichte, vorn	
9161	Vord. Drückevorrichtung mit Grundgewicht 67 kg	327,--
9162	dto. mit 4 Zusatzgewichten 235 kg	701,--
9163	dto. mit 6 Zusatzgewichten 319 kg	891,--
	Anhängevorrichtungen	
9149	Höhenverstellbare Wagenanhängevorrichtung mit Automatikkupplung	809,--
9147	Höhenverstellbare Wagenanhängevorrichtung mit Vorsteckbolzen	578,--

Preise / Ausrüstungen Typ 1750		
Grundpreis	**Stand: 11/1988** Preise in DM ohne Mehrwertsteuer	
214 GR	Traktor 1750 Hinterradantrieb	24.860,--
214 MR	Traktor 1750 Hinterradantrieb + MC1 Kabine	30.570,--
214 JR	Allrad-Traktor 1750	34.160,--
214 RR	Allrad-Traktor 1750 mit MC1 Kabine	39.880,--
	Anteilige Überführungskosten	290,--
	Gebühr für Kfz.-Brief	26,--
Wahlausrüstungen		
	Motor	
9315	Kraftstoffvorwärmer	178,--
8104	Auspuff nach unten links	178,--
	Getriebe	
1102	12-8 Gang Synchron + Kriechgang (bis 30 km/h)	1.565,--
1101	16-8 Gang PowerSynchron (bis 30 km/h)	1.706,--
	Zapfwelle	
1501/G/J	Lastschalt 540/min hinten	800,--
1502/G/J	Lastschalt 540/1000/min hinten (umschaltbar)	1.555,--
1502/M/R	Lastschalt 540/1000/min hinten (umschaltbar)	754,--
	Hydraulik - Steuergeräte	
2620/G/J	1 einfachwirk. Steuergerät mit 1 Leitg. n. hinten	488,--
2621/G/J	2 einfachwirk. Steuergeräte mit je 1 Leitg. n. hi.	904,--
2629/M/R	3 einfachwirk. Steuergeräte mit je 1 Leitg. n. hi.	701,--
2622/G/J	1 doppeltwirk. Steuergerät mit 2 Leitg. n. hinten	831,--
2625/M/R	1 doppeltwirk. Steuergerät mit 2 Leitg. n. hinten und 1 einfachwirk. Steuergerät mit 1 Leitg. n. hi.	647,--
2623/G/J	2 doppeltwirk. Steuergeräte mit je 2 Leitg. n. hi.	1.397,--
2624/G/J	3 doppeltwirk. Steuergeräte mit je 2 Leitg. n. hi.	1.930,--
	Hydraulik - Dreipunktgestänge	
2511	ausziehb. Unterlenker Kat II m. seitl. Stab.ketten	214,--
2550	Schnellkupplungssystem - Walterscheid Kat. II	284,--
2570/M/R	Unterlenkerverstellung rechts vom Traktorsitz	108,--
8870	Stabilisierungsstrebe für Unterlenker	101,--
9490/M/R	Fernbetätigung des Dreipunktgestänges	222,--
8930	lange Ackerschiene Kat. I + II	321,--
8925	Ackerschiene Kat. I mit Drehsicherung	144,--
8920	Ackerschiene Kat. II mit Drehsicherung	166,--
	Grünlandbereifung	
4730	10,5-18 (6 PR) mit 14,9-30 (6 PR)	37,--
	Fahrerstand	
8005/G/J	Super-Deluxe-Sitz	200,--
9300/G/J	Beifahrersitz	101,--
9425/M/R	Innenrückspiegel	42,--
9355/M/R	Flaschenhalter	28,--
	Beleuchtung	
8955/M/R	1 Arbeitsscheinwerfer H3 hinten rechts	92,--
8954/M/R	1 Arbeitsscheinwerfer H3 hinten links	92,--
8953/M/R	2 Arbeitsscheinwerfer H3 vorne links + rechts	163,--
8952/M/R	2 Fahrscheinwerfer H4 vorne links + rechts	303,--
	Gewichte, vorn	
9162	Vord. Drückevorrichtung mit Grundgewicht und mit 4 Zusatzgewichten 235 kg	376,--
9163	dto. mit 6 Zusatzgewichten 319 kg	565,--
	Anhängevorrichtungen	
9149	Höhenverstellbare Wagenanhängevorrichtung mit Automatikkupplung	809,--
9147	Höhenverstellbare Wagenanhängevorrichtung mit Vorsteckbolzen	578,--
8900	Zugpendel mit Lasche	438,--

Preise / Ausrüstungen Typ 1850		
Grundpreis	**Stand: 11/1988** Preise in DM ohne Mehrwertsteuer	
215 MR	Traktor 1850 Hinterradantrieb + MC1 Kabine	32.200,--
215 JR	Allrad-Traktor 1850	36.830,--
215 RR	Allrad-Traktor 1850 mit MC1 Kabine	42.540,--
	Anteilige Überführungskosten	290,--
	Gebühr für Kfz.-Brief	26,--
Wahlausrüstungen		
	Motor	
9315	Kraftstoffvorwärmer	178,--
8104	Auspuff nach unten links	178,--
	Getriebe	
1102	12-8 Gang Synchron + Kriechgang (bis 30 km/h)	1.565,--
1101	16-8 Gang PowerSynchron (bis 30 km/h)	1.706,--
	Zapfwelle	
1502	Lastschalt 540/1000/min hinten (umschaltbar)	754,--
	Hydraulik - Steuergeräte	
2620/J	1 einfachwirk. Steuergerät mit 1 Leitg. n. hinten	488,--
2621/J	2 einfachwirk. Steuergeräte mit je 1 Leitg. n. hi.	904,--
2629/M/R	3 einfachwirk. Steuergeräte mit je 1 Leitg. n. hi.	701,--
2622/J	1 doppeltwirk. Steuergerät mit 2 Leitg. n. hinten	831,--
2625/M/R	1 doppeltwirk. Steuergerät mit 2 Leitg. n. hinten und 1 einfachwirk. Steuergerät mit 1 Leitg. n. hi.	647,--
2623/J	2 doppeltwirk. Steuergeräte mit je 2 Leitg. n. hi.	1.397,--
2624/J	3 doppeltwirk. Steuergeräte mit je 2 Leitg. n. hi.	1.930,--
	Hydraulik - Dreipunktgestänge	
2511	ausziehb. Unterlenker Kat II m. seitl. Stab.ketten	214,--
2550	Schnellkupplungssystem - Walterscheid Kat. II	284,--
2570/M/R	Unterlenkerverstellung rechts vom Traktorsitz	108,--
8870	Stabilisierungsstrebe für Unterlenker	101,--
9490/M/R	Fernbetätigung des Dreipunktgestänges	222,--
8930	lange Ackerschiene Kat. I + II	321,--
8925	Ackerschiene Kat. I mit Drehsicherung	144,--
8920	Ackerschiene Kat. II mit Drehsicherung	166,--
	Grünlandbereifung	
4730	10,5-18 (6 PR) mit 14,9-30 (6 PR)	Minderpr. 317,--
	Fahrerstand	
8005/J	Super-Deluxe-Sitz	200,--
9300/J	Beifahrersitz	101,--
9425/M/R	Innenrückspiegel	42,--
9355/M/R	Flaschenhalter	28,--
	Beleuchtung	
8955/M/R	1 Arbeitsscheinwerfer H3 hinten rechts	92,--
8954/M/R	1 Arbeitsscheinwerfer H3 hinten links	92,--
8953/M/R	2 Arbeitsscheinwerfer H3 vorne links + rechts	163,--
8952/M/R	2 Fahrscheinwerfer H4 vorne links + rechts	303,--
	Gewichte, vorn	
9162/M/R	Vord. Drückevorrichtung mit Grundgewicht und mit 4 Zusatzgewichten 235 kg	376,--
9163/J	dto. mit 6 Zusatzgewichten 319 kg	188,--
9163/M/R	dto. mit 6 Zusatzgewichten 319 kg	565,--
	Anhängevorrichtungen	
9149	Höhenverstellbare Wagenanhängevorrichtung mit Automatikkupplung	809,--
9147	Höhenverstellbare Wagenanhängevorrichtung mit Vorsteckbolzen	578,--
8900	Zugpendel mit Lasche	438,--

Preise / Serienausrüstungen Typ 2250		
Grundpreis	**Stand: 11/1988** Preise in DM ohne Mehrwertsteuer	
216 MR	2250 Hinterradantrieb + MC1 Kabine	**36.810,--**
216 UR	2250 Hinterradantrieb + SG2 Komfort-Kabine	**39.990,--**
216 RR	2250 Allradantrieb + MC1 Kabine	**46.630,--**
216 YR	2250 Allradantrieb + SG2 Komfort-Kabine	**50.120,--**
	Anteilige Überführungskosten	**320,--**
	Gebühr für Kfz.-Brief	**26,--**
Serienausrüstung 216 MR / 216 UR / 216 RR / 216 YR		
	Traktor	
	4-Zyl.-Diesel-Motor	
8201	Trockenluftfilter mit Sicherheitselement und Warnlampe	
8100	Auspuff nach oben, (mit Unterhauben-Schalldämpfer)	
0800	Normal-Lüfter	
0510	Drehstrom-Generator 85 A	
7002	2x12 V Batterie 55Ah	
7901	elektrische Kaltstartanlage	
1100	8-4 Gang-Synchron-Getriebe (bis 30 km/h)	
1200	Differenzialsperre	
1501	Last schaltbare Zapfwelle 540/min hinten	
5800/R/Y	Allradachse mit Selbstsperrdifferenzial hydr. Scheibenbremsen	
2801	Hydraulikpumpe 44 l/min	
2510/M/R	Umkehrunterlenker Kat I + II	
2511/U/Y	Ausziehb. Unterl.Kat II	
8860	Seitliche Unterlenker- und Stabilisierungsketten	
2620	einfach wirkendes Steuergerät mit 1 Leitung nach hinten	
2001/M	Hydraulische Lenkung	
2002	Hydrostat. Lenkung	
6306/M/R	MC1-Modul II Kabine	
9360/M/R	Sonnenblende	
8000/M/R	Luxussitz	
6301/U/Y	SG2-Komfortkabine	
8002/U/Y	Super-Deluxe-Sitz	
9300/U/Y	Beifahrersitz links	
9350/U/Y	Radioeinbausatz	
9440/U/Y	elektr. Steckdose	
9368	Scheibenwaschanlage	
9000	Traktormeter	
9420	2. Rückspiegel verstellbar Hinterräder mit	
3740	Reifen 13,6-38 (6 PR) verst. Vorderräder mit	
4860/M/U	Reifen 7.50-16 (6 PR)	
4750/R/Y	Reifen 11,2-28 (6 PR)	
9380	Vorderradkotflügel	
9144	Ausschwenkbare Wagenanhängevorrichtung	
9161	Vorderes Grundgewicht 67 kg incl. Drückevorrichtung	
9373	klappb. Unterlegkeil	
9461	mobiler Werkzeugkast.	

Preise / Serienausrüstungen Typ 2650		
Grundpreis	**Stand: 11/1988** Preise in DM ohne Mehrwertsteuer	
218 RR	2650 Allradantrieb + MC1 Kabine	**52.510,--**
218 ZR	2650 Allradantrieb + SG2 Komfort-Kabine	**58.780,--**
	Anteilige Überführungskosten	**320,--**
	Gebühr für Kfz.-Brief	**26,--**
Serienausrüstung 218 RR / 218 ZR		
	Traktor	
	4-Zyl.-Diesel-Motor	
8201	Trockenluftfilter mit Sicherheitselement und Warnlampe	
8100	Auspuff nach oben, (mit Unterhauben-Schalldämpfer)	
0800	Normal-Lüfter	
0510	Drehstrom-Gen. 85 A	
7002	2x12 V Batterie 55Ah	
7901	elektr. Kaltstartanlage	
1101	16-8 Gang-Power- Synchron-Getriebe (bis 30 km/h)	
1200	Differenzialsperre	
1501	Last schaltbare Zapfwelle 540/min hinten	
5800	Allradachse mit Selbstsperrdifferenzial hydr. Scheibenbremsen	
2801	Hydraulikpumpe 44 l/min	
2550	Unterlenker Kat II mit Schnellkupplungssystem	
8860	Seitliche Unterlenker- und Stabilisierungsketten	
2620	einfach wirkendes Steuergerät mit 1 Leitung nach hinten	
2002	Hydrostatische Lenkung	
6306/R	MC1-Modul II Kabine	
9360/R	Sonnenblende	
8000/R	Luxussitz	
6301/Z	SG2-Komfortkabine	
8002/Z	Super-Deluxe-Sitz	
9300/Z	Beifahrersitz links	
9350/Z	Radioeinbausatz	
9440/Z	elektr. Steckdose	
9368	Scheibenwaschanlage	
9000	Traktormeter	
9420	2. Rückspiegel verstellbar Hinterräder mit	
3760	Reifen 15,5-38 (6 PR) verst. Vorderräder mit	
4795	Reifen 13,6-24 (6 PR)	
9380	Vorderradkotflügel	
9144	Ausschwenkbare Wagenanhängevorrichtung	
9161	Vorderes Grundgewicht 67 kg incl. Drückevorrichtung	
9373	klappb. Unterlegkeil	
9461	mobiler Werkzeugkast.	

Preise / Ausrüstungen Geräte-Programm 50er-Serie		Stand: 11/1988
Frontlader 245M (Fabrikat John Deere) für Traktoren 2250-2850		
	Preise in DM ohne Mehrwertsteuer	
9200	Frontlader 245M	8.521,--
	Wahlausrüstung	
9206	dto. zusätzl. unabh. doppeltwirk. Steuerventil	820,--
	Arbeitswerkzeuge	
9210	Schüttgutschaufel 1,55 m / 0,4 cbm	970,--
9211	Schüttgutschaufel 1,85 m / 0,5 cbm	1.144,--
9213	Schüttgutschaufel 1,85 m / 0,5 cbm, verstärkt	1.316,--
9212	Schüttgutschaufel 2,15 m / 0,6 cbm	1.455,--
9224	je 9 Zinken für 1,55 m oder 1,85 m Schaufel	334,--
9225	12 Zinken für 2,15 m Schaufel	486,--
9227	Greiferarme passend z. Dunggabel/Schaufeln	2.840,--
9214	Spezial-Dunggabel m. Zinken (1,55 m breit)	1.310,--
9226	Greiferarme für Dunggabel	1.920,--
9215	Palettengabel	1.039,--
9228	Adapterteile z. Anschweißen an Arbeitswerkz.	146,--
Traktoren-Mähwerk 55 M (Fabrikat Stockey & Schmitz)		
2176 A	mit Spurweite bis 1350 mm	
	5 Fuß Normal- oder Mittelschnitt	3.363,--
	5,5 Fuß Normal- oder Mittelschnitt	3.437,--
	6 Fuß Normal- oder Mittelschnitt	3.528,--
2176 B	mit Spurweite ab 1450 mm	
	5 Fuß Normal- oder Mittelschnitt	3.363,--
	5,5 Fuß Normal- oder Mittelschnitt	3.437,--
	6 Fuß Normal- oder Mittelschnitt	3.528,--
	Mähwerk mit Spezial-Stilett-Schneidwerk	Mehrpr. 118,56
Hydraulisches Mähwerk 55 HW (Fabrikat Stockey & Schmitz)		
	Für Traktoren mit und ohne MC1 Kabine / SG2 Kabine	
2179 A	mit Spurweite bis 1350 mm	
	5 Fuß Normal- oder Mittelschnitt	3.944,40
	5,5 Fuß Normal- oder Mittelschnitt	4.035,60
	6 Fuß Normal- oder Mittelschnitt	4.104,00
2179 B	mit Spurweite ab 1450 mm	
	5 Fuß Normal- oder Mittelschnitt	4.069,80
	5,5 Fuß Normal- oder Mittelschnitt	4.138,20
	6 Fuß Normal- oder Mittelschnitt	4.252,20
	Mähwerk mit Spezial-Stilett-Schneidwerk	Mehrpr.118,56
	Spezialsteuergerät S & S einschl. Leitungen	535,--
Heck-Mähwerk 60 (Fabrikat Stockey & Schmitz)		
1286	5 Fuß Normalschnitt	3.169,20
	5 Fuß Mittelschnitt	3.169,20
	5,5 Fuß Normalschnitt	3.243,30
	5,5 Fuß Mittelschnitt	3.243,30
	6 Fuß Normalschnitt	3.317,40
	6 Fuß Mittelschnitt	3.317,40
	Mähwerk mit Spezial-Stilett-Schneidwerk	Mehrpr. 118,56

Kreiselmähwerk (Fabrikat Stockey & Schmitz)			
	Preise in DM ohne Mehrwertsteuer		
	Arbeitsbreite	1,65 m	1,85 m
2000A	Normalschnitt	5.130,00	6.840,00
2000B	Mittelschnitt	5.198,40	6.908,40
2000C	Hochschnitt	5.283,90	6.993,90
2000D	Extra-Hochschnitt	5.323,80	7.033,80
Hydr. Zwischenachs-Mähwerk BM 1148 (Fabrikat Busatis)			
114800121	mit Jet-Fingerschneidwerk		
	1,50 m Normal- oder Mittelschnitt		4.036,--
	1,65 m Normal- oder Mittelschnitt		4.104,--
	1,80 m Normal- oder Mittelschnitt		4.167,--
	mit Doppelmesser-Schneidwerk BIDUX		
		1,65 m	4.520,--
		1,90 m	4.680,--
Hydr. Einträger-Front-Mähwerk BM 1160 (Fabrikat Busatis)			
Für Traktoren mit Frontgrundgewicht, geschl. Hydrauliksystem und Hydraulikanschlüssen nach vorn			
126800121	mit Doppelmesser-Schneidwerk 1,65 m		6.772,--
126800122	dto. ohne Frontgrundgewicht		6.681,--
126800121	mit Doppelmesser-Schneidwerk 1,90 m		6.932,--
126800121	dto. ohne Frontgrundgewicht		6.840,--
Hydr. Portal-Front-Mähwerk BM 1360 (Fabrikat Busatis)			
Für Traktoren mit Frontgrundgewicht, geschl. Hydrauliksystem und Hydraulikanschlüssen nach vorn			
126800121	mit Doppelmesser 2,10 m starr BIDUX		8.961,--
126800122	dto. ohne Frontgrundgewicht		8.870,--
126800121	mit Doppelmesser 2,10 m verschiebb. BIDUX		9.417,--
126800122	dto. ohne Frontgrundgewicht		9.326,--
126800121	mit Doppelmesser 2,40 m starr BIDUX		9.497,--
126800122	dto. ohne Frontgrundgewicht		9.405,--
126800121	mit Doppelmesser 2,40 m verschiebb. BIDUX		9,953,--
126800122	dto. ohne Frontgrundgewicht		9.861,--
Verdeckkabine M 782 (Fabrikat Fritzmeier)			
Verdeckkabine M 782 kompl. incl. Beifahrersitz mit Bügel			3.887,--
Zusatzausrüstung:	Heckklappe kompl.		644,--
	Rückenteil aus PVC u. 2. Rückblicksp.		245,--
Multi-Cab FK 9601 niedrige Sicherheitskabine (Fabrikat Fritzmeier)			
Multi-Cab komplett incl. Montage und Verpackung			5.164,--
Zusatzausrüstung:	Kabinenheizung		992,--
	Super-Komfortausstattg.		684,--
	Heckklappe kompl.		884,--
	Dachhaube hoch		205,--

John Deere 6000er Serie Typ 6100 (1992-1997)
John Deere 6000er Serie Typ 6200 (1992-1997)
John Deere 6000er Serie Typ 6300 (1992-1997)
John Deere 6000er Serie Typ 6400 (1992-1997)

Im Vorfeld der Entwicklung für ein vollständig neues Traktorenkonzept nahm Mitte der 1980er-Jahre bei John Deere eine Arbeitsgruppe aus Ingenieuren und Vertretern der Marketingbereiche die Arbeit auf, um die Bedürfnisse der Kunden und vor allem die Entwicklung von Einsatzbedingungen und Anforderungen zukünftiger Traktoren neu zu definieren. Auch Händler, Landwirte, landwirtschaftliche Universitäten und Landwirtschaftsberater in den einzelnen Ländern wurden in die Untersuchungen mit einbezogen. Dabei ging es vor allem um den Anbau neuer Produkte. Die Palette reichte von einer kostengünstigeren Produktion bis hin zur Minimierung von Mineraldünger, Pestiziden, Herbiziden und Fungiziden.

Die neue John Deere Traktoren-Baureihe 6000 begann mit dem 75 PS starken Vierzylinder-Typ 6100 Allrad-Traktor mit neuartigem Ganzstahl-Brückenrahmen in Modulbauweise.

Kam erst Ende 1996 auf den Markt: Die SE-Modellreihe in zwei Modellvarianten, den 6200 SE und 6400 SE.

Mit der Bildung von Entwicklungsgruppen für die Hauptmodule wie Getriebe, Chassis, Kabine/Fahrerplattform und Motor beschritt John Deere in der Entwicklung der neuen Modellreihe ganz neue Wege und bezog damit von Anfang an alle Bereiche in den Entwicklungsprozess mit ein. Auch der Rat von Vertretern der Verkaufshäuser und von ausgewählten Landwirten war gefragt, die zu den wichtigsten Entwicklungsschritten eingeladen wurden. In enger Zusammenarbeit mit dem Produktentwicklungszentrum in Waterloo (PEC) war das Werk in Mannheim für den Entwicklungsprozess der neuen Vierzylinder-Modellreihe und in der anderen Entwicklungsgruppe das Werk Waterloo für die großen Sechszylinder-Traktoren bis 160 PS verantwortlich. Was dabei heraus kam, konnte John Deere Mannheim im September 1992 mit der vollständig neuen 6000er Serie vorstellen.

Mit der neuen Traktoren-Baureihe 6000 vollzogen die Mannheimer Konstrukteure einen »Quantensprung« in der Landmaschinentechnik. Es waren ausschließlich Vierzylinder, die zunächst vier Modelle mit 75 PS (6100), 84 PS (6200), 90 PS (6300) und 100 PS (6400) umfassten. Die wesentliche Neuerung war dabei der Wechsel von der herkömmlichen Blockbauweise zu einem völlig neuartigen Ganzstahl-Brückenrahmen-Konzept mit Modulbauweise, das nun eine vibrationsgedämpfte Montage des Motors erlaubte. Sie erschloss auch neue Möglichkeiten beim Einbau und der Nachrüstung einer großen Anzahl von Getriebevarianten für unterschiedlichste Einsatzverhältnisse. So durch Kriechgänge oder auch durch eine Getriebeauswahl für höhere Transportgeschwindigkeiten. Die Entwicklung der »Rahmen- und Modulbauweise« für die Traktoren der 6000er Baureihe erlaubte nicht nur höhere Nutzlasten im Vergleich zur herkömmlichen »Blockbauweise«, sondern bot auch mehr Flexibilität bei der Fertigung und Ausrüstung des Traktors.

Die neue 6000er Serie war an dem veränderten Design und an der vollständig neu entwickelte Kabine zu erkennen. Die neue TechCenter-Fahrerkabine erfüllte alle Wunschvorstellungen der Kunden, war weiter nach vorne gesetzt und bot dem Fahrer auf beiden Seiten einen sehr bequemen Ein- und Ausstieg, gute Rundumsicht und einen bis auf 73,5 dB verringerten Geräuschpegel. Unübertroffen gut war die Ergonomie der zweitürigen TechCenter-Kabine, bei der Gangschaltung, Hydraulikhebel, Zapfwelle etc. auf der rechten Konsole und vom Fahrer leicht erreichbar, angeordnet waren. Wie im Automobil, waren Heizung und Lüftung ausgelegt, dazu ein luftgefederter Fahrersitz und bequemer Beifahrersitz. Zur Wartungsvereinfachung konnte die Kabine gekippt werden.

Landwirte und Lohnunternehmer setzten bei ihren Investitionsentscheidungen mehr denn je auf Fahr- und Schaltkomfort. Obwohl für alle Modelle wahlweise synchronisierte Getriebe Synchro Plus mit vier Gruppen und 4/5/6 Gängen für Geschwindigkeiten von 1,4 bis 40 km/h zur Verfügung standen, wurden diese Getriebeversionen nur von einem kleinen Kundenkreis geordert. Etwa drei Viertel aller 6000er-Kunden weltweit bzw. 82% der deutschen Kunden entschieden sich für das zukunftsweisende 4-stufige Lastschaltgetriebe PowrQuad mit Reversiereinrichtung und Neutralposition, eine neue Generation des bereits seit 1967 von John Deere gebauten lastschaltbaren Getriebes. Das ohne auszukuppeln, auch in verschiedenen Geschwindigkeitsbereichen (30 km/h und 40 km/h) verfügbare Lastschaltge-

Hier stimmte das Preis/Leistungsverhältnis: Auch der John Deere Typ 6200 SE Allrad-Traktor war als preiswerte Variante für den Einsatz im Grünlandbereich bei kleineren und mittleren Betrieben sowie in der Nebenerwerbslandwirtschaft als perfekte Lösung auf dem Markt.

triebe PowrQuad traf die Kundenerwartungen genau und wurde zum großen Verkaufserfolg.

Da der Ganzstahl-Brückenrahmen allein die Lasten aufnahm, benötigten Motor und Getriebegehäuse zu Gunsten höherer Nutzlasten weniger Eigengewicht. Alle Arbeitsgeräte, Frontlader oder Frontkraftheber konnten direkt am Stahlrahmen angebaut werden. Für den hydraulischen Kraftheber gab es nun eine sehr fein dosierbare elektronische Regelung, die über Kraftmessbolzen an den Unterlenkern eine gute Geräteführung ermöglichte. Die Hydraulikanlage wurde durch Druck- und Mengenregelung effizienter und leistungsfähiger. Neu war auch die wartungsfreie Kupplung, bei der eine Kupplungsüberholung, auch bei extremen Frontladereinsätzen, in der Gesamtlaufzeit des Traktors nun nicht mehr notwendig war.

Wie erfolgreich der Serien-Start der Baureihe 6000 im Herbst 1992 von John Deere mit dem erstmals vorgestellten Traktorenkonzept mit Rahmen- und Modulbauweise war, zeigte die rege Nachfrage im In- und Ausland. Vorübergehende, längere Lieferzeiten waren das sichtbare Zeichen. Seit Serienstart liefen allein in Mannheim bereits 10.000 Traktoren der Serie 6000 vom Band, die vier Modelle von 75-100 PS (55-73 kW) umfasste. Das entsprach nahezu einem Fünftel der für 1992 ermittelten Jahresproduktion der deutschen Traktorenindustrie. Knapp drei Jahre später, 1995, war es bereits der 50.000ste, ein 6300 mit 90 PS.

Eine besondere Würdigung »erfuhr« der John Deere Traktor 6400 aus Mannheimer Fertigung in Australien, wo er in der Endausscheidung unter elf internationalen Wettbewerbern von der dortigen Fachzeitschrift »Power Farming« zum »Traktor des Jahres 1993« gekürt wurde. Ein 6400 Allradtraktor mit klimatisierter TechCenter-Kabine aus dem Werk Bruchsal war es auch, der 1994 als 250.000ster Traktor des Mannheimer Werkes für den nordamerikanischen Markt übergeben wurde, denn die USA und Kanada gehören seit 1967 zu den wichtigsten Absatzgebieten der Mannheimer Traktorenschmiede.

Der stabile Brückenrahmen der 6000er Traktoren ist gleichzeitig der Anbaurahmen für den Frontlader. Der Typ 6200 mit serienmäßigem 15/5 Synchro-Plus-Getriebe, TechCenter-Kabine, 16.9R34 Hinterrädern und 13.6R24 Vorderrädern hatte 1995 einen Grundpreis von DM 80695.--.

1995 zählte auch beim Typ 6300 Allrad-Traktor die Hubwerkbedienung mit linear angeordneter Tiefeneinstellung und Schnelleinzug auf die gewünschte Arbeitstiefe zur Serienausstattung.

Auch beim Typ 6300 konnte die serienmäßige TechCenter-Kabine zusätzlich mit einer Klimaanlage für DM 2895.-- (ohne Hubdach) ausgestattet werden.

Für den Einsatz im Kommunalbereich gab es für den Typ 6300 in spezieller »Kommunalorange«-Lackierung eine große Anzahl von Zusatzausrüstungen.

Löste die bisherige Blockbauweise ab: Die durchgehende Rahmenbauweise der 6000er Traktoren entlastet Motor und Antriebssystem und erhöht die Nutzlast.

Der Typ 6400 mit 100 PS war das leistungsstärkste Vierzylinder-Modell der neuen 6000er Serie von John Deere Mannheim.

Ein John Deere Typ 6400 Vierzylinder-Traktor in voller Forstausstattung.

Heizung und Belüftung waren beim John Deere Typ 6400 Allrad-Traktor wie im Automobil ausgelegt, dazu ein luftgefederter Fahrersitz mit Armlehnen, Hubdach, getönte Scheiben, Traktormeter und H4-Multifocus-Fahrscheinwerfer.

Zur optimalen Bodenbearbeitung kann der Typ 6400 mit Doppelbereifung für eine schonende Arbeitsweise ausgerüstet werden.

John Deere 6000er Serie Typ 6600 (1994-1997)
John Deere 6000er Serie Typ 6800 (1994-1997)

Bereits im Februar 1994 schlossen die zwei neuen Modelle 6600 und 6800 aus Mannheim die Leistungslücke zu den Traktoren aus Waterloo. Die beiden neuen 6-Zylindertraktoren 6600 mit 110 PS und der 6800 mit 120 PS ergänzten das Angebot für schwere Feldarbeit in größeren landwirtschaftlichen Betrieben sowie für den schweren Transport. Mit ihren turbogeladenen John Deere 6-Zylinder Motoren erreichten die beiden Maschinen einen Drehmomentanstieg von bis zu 35,3%. Unter Last genommen erzielten sie mit ihrem Constant-Power-Effekt weit unterhalb der Nenndrehzahl ihre Höchstleistung und warteten so mit einem zusätzlichen Leistungsplus von rund 2 kW auf. Bei maximaler Leistung betrug der spezifische Kraftstoffverbrauch der beiden neuen John Deere Traktoren nur 209 g/kWh bzw. 208 g/kWh.

Wie bei den 4-Zylinder-Traktoren der 6000er Baureihe übernahm eine ölgekühlte Mehrscheibenkupplung den Kraftschluss zwischen Motor und Getriebe. Für beide Traktoren bot John Deere Getriebe mit 4-facher Lastschaltung, Reversier-Einrichtung und Neutralposition an: für den neuen 6600 die 20/16- und 24/16-Gang-Varianten des PowrQuad-Getriebes sowie wahlweise eine 12/12-Kriechgang-Version. Dem größeren Modell 6800 stand das PowrQuad-Getriebe in 16/12- und 20/12-Gang-Version zur Verfügung. Beide waren ebenfalls mit 10:1 Untersetzung erhältlich und daher auch für den Einsatz bei niedrigsten Geschwindigkeiten bestens geeignet.

Die wahlweise dreifach umschaltbare Heckzapfwelle beim 6600 mit den Geschwindigkeiten 540/540E/1000/min (6800: 540E/1000/min) und eine auf Wunsch lieferbare Frontzapfwelle mit 1000/min ermöglichten eine optimale Anpassung der Arbeitsgeräte an den Traktor, nicht zuletzt auch über den umsteckbaren Zapfwellenstummel mit 6- oder 21-teiligem Profil.

Das Hydrauliksystem der beiden neuen 6-Zylinder-Traktoren arbeitete mit Druck- und Mengensteuerung, verfügte über eine elektronische Unterlenkerregelung mit Selbstdiagnose und hob mit 60,6 kN (Modell 6600) bzw. 67,1 kN (Modell 6800) Geräte der Kategorie II / III N problemlos aus. Zur Bedienung der Geräte bot John Deere einfach- und doppelt wirkende Steuergeräte an, auf Wunsch auch mit Durchflussregelung und einstellbarer Rastung.

Mit seinem langen Radstand sorgte das Fahrwerk für eine gleichmäßige Gewichtsverteilung selbst bei hohen Nutzlasten, wie sie die Rahmenbauweise erst ermöglichte. Über die großvolumige Bereifung, das Selbstsperrdifferenzial und den Allradantrieb mit ölgekühlter Kupplung, der während der Fahrt unter Last zu- bzw. abschaltbar war, ließen sich die Kräfte optimal auf den Boden bringen.

Als Arbeitsplatz für lange Feldtage gab die TechCenter-Kabine mit 310 Grad Rundumsicht und dem an den Kabinenpfosten verlegten Auspuff den Blick auf die Arbeitsgeräte frei. Über die kippbare Armaturenkonsole, das höhenverstellbare Lenkrad und vielfache Sitzeinstellungen konnte der Fahrer seinen Arbeitsplatz eigenen Wünschen entsprechend anpassen. Für ein rundum angenehmes »Arbeitsklima« bei nur 75 dB(A) sorgten das 4-stufige Gebläse mit vielfach verstellbarer Luftführung oder die auf Wunsch lieferbare Klimaanlage.

Die neue TechCenter-Fahrerkabine als Arbeitsplatz für lange Tage im Typ 6400 Allrad-Traktor erfüllte alle Wunschvorstellungen der Kunden, war weiter nach vorne gesetzt und bot dem Fahrer auf beiden Seiten einen sehr bequemen Ein- und Ausstieg.

Dank der durchgehenden Rahmenbauweise kann auch der John Deere Typ 6600 Allrad-Traktor verschiedene, per Fronthydraulik angetriebene Arbeitsgerätekombinationen verkraften.

Der Typ 6600 Allrad-Traktor mit 110 PS für schwere Feldarbeit in größeren landwirtschaftlichen Betrieben und schweren Transport.

Der John Deere Typ 6800 Allrad-Traktor verfügte erstmals über das innovative Traktoren-Konzept mit elektronischer Fahrerunterstützung »HMS«, die automatisch das gleichzeitige Zu- und Abschalten des Allrads, der Differenzialsperre und der Zapfwelle bei Aushub oder Absenkung des Krafthebers ermöglichte.

John Deere 6000er Serie Typ 6900 (1994-1997)

Mit dem Traktor 6900 (96 kW, 130 PS) aus dem Werk Mannheim erweiterte John Deere Ende 1994 seine 6000er Baureihe um ein neues 6-Zylindermodell. Das neue »Flaggschiff« war in erster Linie für den universellen Einsatz im Ackerbau, auf größeren Grünlandbetrieben und in Lohnunternehmen ausgelegt und bot neben den Vorteilen der Rahmenbauweise eine Reihe von Neuentwicklungen. Durch eine flexible Ballastierung über Grund-, Zusatz- und Unterflurgewichte konnte der Traktor für schwerste Feldarbeiten bis zu 1.400 kg zusätzlich aufnehmen und erreichte damit eine Gewichtsverteilung von 53:47.

Ausgerüstet mit einem 6,8 Liter John Deere Dieselmotor verfügte der 6900 über ein hohes Maß an Leistungsreserven, z.B. durch seinen Drehmomentanstieg von 38%, einen Constant-Power-Bereich von 440/min und 2 kW Extraleistung zum Überwinden schwerer Lastspitzen. Für die Bewältigung von langen Arbeitseinsätzen war der sparsame 6900, der auch mit Rapsmethylester (RME) betrieben werden konnte, mit einem 250 Liter fassenden Kraftstofftank ausgerüstet.

Die einzelnen Gänge des 4-fach lastschaltbaren Powr-Quad-Getriebes waren auf das Leistungspotenzial des Motors abgestimmt. Nützlich vor allem bei Frontladerarbeiten: seine Reversiereinrichtung mit Neutralposition ermöglichte den ruckfreien Fahrtrichtungswechsel ohne Kupplungsbetätigung. Für weiches Ein- und Auskuppeln beim Anfahren unter schwerer Last sorgte die ölgekühlte Perma-Kupplung II mit ihren groß dimensionierten Kupplungsscheiben. Entsprechend seiner höheren Motorleistung war der 6900 für den Betrieb großer Frontanbaugeräte mit einer noch stärkeren Allradachse ausgestattet, deren Antrieb, wie bei allen 6000er-Modellen, per Fingertipp zugeschaltet wurde.

Neu war die Hubwerksbedienung mit linear angeordneter Tiefeneinstellung und Schnelleinzug auf die gewünschte Arbeitstiefe. Sie gehörte ab Januar 1995 für alle 6000er Modelle zur Serienausrüstung. Eine erhebliche Entlastung des Fahrers bot

John Deere jetzt mit der neuen elektronischen Fahrerunterstützung »HMS« an: sie ermöglichte automatisch das gleichzeitige Zu- und Abschalten des Allradantriebs, der Differenzialsperre und der Zapfwelle bei Aushub oder Absenkung des Krafthebers. Damit ließ sich allein die Zahl der Handgriffe beim Wendevorgang am Vorgewende um ein Drittel reduzieren. Auch sie war ab Januar 1995 für alle 6000er Modelle erhältlich. Das innovative Traktoren-Konzept fand bei Praktikern wie Technik-Experten weltweite Anerkennung. Bewährt hatte sich hierbei das Druck- und Mengen-gesteuerte Hydrauliksystem mit 60 bzw. 96 Liter/min Pumpenleistung, das Kraft nur dann bereitstellte, wenn sie benötigt wurde. Das System konnte werksseitig mit dem rapsbasischen Getriebe- und Hydrauliköl Bio-Hy-Gard befüllt werden.

Neu war auch die Zapfwellenfernbedienung zur einfachen wie sicheren Betätigung vom linken Heckkotflügel aus, die über ein umsteckbares 6- bzw. 21-Zahnprofil verfügte und von der Kabine aus 3-fach umschaltbar war.

Wie bei den anderen 6000er Modellen von John Deere bot die kippbare TechCenter-Kabine mit 75 dB(A) bei Volllast auch beim 6900 ein hohes Maß an Fahr- und Bedienungskomfort, 310 Grad Rundumsicht und ein angenehmes »Arbeitsklima«. Der Allrad-Traktor 6900, ausgestattet mit dem 20/12 PowrQuad-Getriebe, TechCenter-Kabine, 18.4R38 Hinterräder und 14.9R28 Vorderräder wurde zu Beginn des Jahres 1995 zu einem Grundpreis von DM 118.260,-- angeboten.

Das neue Flaggschiff Typ 6900 Allrad-Traktor war in erster Linie für den universellen Ackerbau, auf größeren Grünlandbetrieben und in Lohnunternehmen ausgelegt.

Ausgestattet mit großvolumiger Doppelbereifung bot das 130 PS starke Sechszylinder-Modell 6900 neben den Vorteilen der Rahmenbauweise eine Reihe von Neuentwicklungen.

Setzte Maßstäbe im Traktorenbau: der John Deere Typ 6900 mit Ganzrahmenkonzept und überlegener Getriebetechnologie.

John Deere 6000er Serie Typ 6506 (1995-1997)

Mittelgroßen Ackerbaubetrieben bot John Deere mit dem im Herbst 1995 vorgestellten »kleinen« 6-Zylinder-Traktor das Modell 6506 in Rahmen- und Modulbauweise zu einem Grundpreis von DM 99.900,-- an. Eine Reihe von Eigenschaften machte diesen Allradtraktor zu einem starken Partner vor allem für die Bodenbearbeitung und Feldbestellung. Angetrieben von einem 6,8 Liter ConstantPower Dieselmotor mit 34,5% Drehmomentanstieg verfügte der 6506 über hohe Leistungsreserven vor allem bei schweren Zugarbeiten. Mit 4650 kg Leergewicht, 2,65 m Radstand und einer robusten Frontachse verband er die typischen 6-Zylindermerkmale mit der Wirtschaftlichkeit der 4-Zylindermodelle. Je nach Einsatzverhältnissen konnte der Kunde zwischen dem vierfach lastschaltbaren 20/20 PowrQuad-Getriebe oder der 24/24-Gangversion mit lastschaltbarer Reversier-Einrichtung wählen.

Wie alle John Deere Traktoren der 6000er Baureihe verfügte auch der 6506 über ein druck- und mengengesteuertes Hydrauliksystem. Die elektronische Schwingungstilgung sorgte dabei für höheren Fahrkomfort und mehr Lenksicherheit durch gezieltes Abfedern der Hydraulik bei der Fahrt mit ausgehobenem Anbaugerät. Für den Antrieb von Geräten standen auch beim 6506 drei umschaltbare Zapfwellengeschwindigkeiten (540, 540E, 1000) mit umsteckbarem 6/21-Kantprofil zur Verfügung.

Wahlweise bot John Deere auch für diesen Traktor die elektronische Fahrerunterstützung »HMS« an, die die Zahl der am Feldende benötigten Bedienungsschritte für Differenzialsperre, Allradantrieb, Hubwerk und Zapfwellenbetrieb um rund 30% reduzierte. Neben hohem Fahr- und Bedienungskomfort bot die TechCenter-Kabine des 6506 eine Reihe von Detailverbesserungen, die auch in den anderen 6000er Traktoren von John Deere Eingang fanden, wie z.B. genormte Befestigungspunkte für Gerätemonitore, weiter als bisher aufstellbare Frontscheibe und eine noch bessere Luft-/Wärmeführung durch Zwangsentlüftung. Wie alle John Deere Traktoren der 6000er Baureihe war auch der 6506 für den Betrieb von Biodiesel (RME), biologisch abbaubarem Getriebe- und Hydrauliköl (ab Werk) sowie rapsbasischem Fett für Verlustschmierstellen freigegeben.

Für mittelgroße Ackerbaubetriebe gedacht, verfügte der John Deere Typ 6506 Allrad-Traktor über einen 6,8-Liter-ConstantPower-Dieselmotor von 105 PS und hohen Leistungsreserven bei schweren Zugarbeiten.

Neue TLS-Allradachse

Kurz bevor die Traktoren der 6000er Baureihe Ende 1997 durch die zweite Generation der Traktoren in Rahmen- und Modulbauweise, der Baureihe 6010, abgelöst wurde, wurden sie mit der neuen TLS-Allradachse ausgerüstet. Mit der neuen TLS Allradachse mit gefederter Dreilenker-Aufhängung für die Traktoren aus Mannheimer Produktion bot John Deere eine innovative Fahrzeugfederung zur Steigerung des Fahr- und Arbeitskomforts an. Sie ermöglichte eine deutliche Reduzierung der durch Schwingungen und Stöße bedingten Belastung des Fahrers. Gleichzeitig wurde bei Ackerarbeiten durch Einleitung der Zug- und Schubkräfte in die Fahrzeugmitte zusätzlicher Arbeitskomfort erzielt. Im Zusammenwirken der TLS Allradachse mit den Regelsystemen des Traktors ergab sich außerdem eine bessere Arbeitsqualität im Hauptarbeitsbereich von 4-12 km/h.

Wie der Name bereits sagt, wurde die Anlenkung der Vorderachse über drei Ebenen vorgenommen: Die direkte vertikale Anlenkung erfolgte über zwei hydropneumatische Zylinder zwischen Allradachse und Vorderachstragbock. Dabei sorgte die Positionierung der Zylinder vor der Vorderachse für langen Hub und hohe Federqualität. Ein zentraler Längslenker übertrug zudem die Zug- und Schubkräfte in den Mittelpunkt des Traktors und fing diese dadurch ab. Die Seitenführung des Fahrwerkes wurde von einem »Panhard«-Lenker übernommen, der zur Fahrstabilität unter allen Arbeitsbedingungen beitrug.

Die John Deere TLS Allradachse arbeitete zudem mit einem elektronischen Regelsystem zur Niveauregulierung, das unter allen Lastsituationen für die Idealposition der Aufhängung sorgte. Die Bauart bedingte Dreifachanlenkung, das großzügig ausgelegte Hydrospeichersystem und die exakte Abstimmung mit den elektronischen Regelsystemen erlaubten eine permanente Aktivschaltung der TLS Allradachse. Damit konnten sowohl Transport- und Feldarbeiten als auch Frontladerarbeiten komfortabel durchgeführt werden.

Der 100.000ste Traktor der Baureihe 6000

Wie die Markstatistiken rückwirkend zeigen, konnten alle 6000er Traktoren dank ihrer innovativen Rahmen- und Modulbauweise einen grandiosen Markterfolg in Westeuropa erzielen. Die Über-

Der John Deere Typ 6506 in Serienausrüstung (Code 6698R) mit 24/24 PowrQuad-Getriebe, TechCenter-Kabine und mit Bereifung kostete bei seiner Markteinführung DM 99900.--.

gabe des 100.000sten John Deere Traktors der Baureihe 6000, ein 6900 mit 130 PS, an den Geschäftsführer der Priestewitzer Agrarprodukte GmbH, Werner Noethel anlässlich der Einweihung der neuen Endmontage, war Ende September 1997 eine eindrucksvolle Bestätigung dieser Erfolgsstory. In weniger als fünf Jahren seit der Einführung dieser Traktorenreihe war es dem Werk Mannheim gelungen, diese hohe Stückzahl zu erreichen. Im Herbst 1992 hatte John Deere die ersten vier Modelle der Serie, 4-Zylindertraktoren von 75-100 PS, vorgestellt und das Angebot Zug um Zug auf 6-Zylindertraktoren bis 130 PS erweitert. Für diesen weltweiten Markterfolg erhielten die John Deere Werke Mannheim den internationalen Design-Preis 1997 des Landes Baden-Württemberg.

Das Ganzrahmenkonzept der 6000er Baureihe fand weltweit nicht nur in der Fachpresse großen Anklang, sondern vor allem in der Praxis, wie die Marktanteilsentwicklung und die gestiegenen Verkaufszahlen zeigten. Mit zahlreichen internationalen Auszeichnungen würdigten Experten und Medien die Leistungen der Mannheimer Konstrukteure. So wurden die 6000er Traktoren als »Traktor des Jahres« in Australien, Österreich und Großbritannien ausgezeichnet. Auch in der Fachpresse wurden die Ergebnisse, die die Maschinen auf Prüfständen, bei offiziellen OECD-Tests und bei Felderprobungen erzielten, gewürdigt. Eine herausragende Stellung nahmen die 6000er Traktoren beim Umweltschutz ein. Sie konnten mit Biodiesel und biologisch abbaubaren Schmierstoffen betrieben werden und verfügten über eine mit R134a befüllte FCKW-freie Klimaanlage. Die in den Traktoren verwendeten Kunststoffe waren so gekennzeichnet, dass sie später sortenrein dem Recycling zugeführt werden konnten.

Kommunal- und Forstwirtschaft

Umweltschonender Betrieb und die Rahmen- und Modulbauweise, die als gut zugängliches Rückgrat ohne zusätzliche Hilfskonstruktionen höchste Lasten aufnehmen konnte, machte die neue 6000er Serie aus Mannheimer Fertigung besonders geeignet für den Einsatz im Kommunalbereich und in der Forstwirtschaft. In Kommunalorange RAL 2011 lackierter »Arbeitskleidung« eigneten sich diese Traktoren für den Anbau einer Vielzahl von Geräten, wie sie im Straßen- und Wegebau bzw. zur Pflege der Einrichtungen von Kommunen und Gebietskörperschaften Verwendung fanden. Das kombinierte Getriebe- und Hydrauliksystem der 6000er Baureihe, die als voll RME-tauglich eingestuft war, erlaubte den Einsatz von biologisch abbaubarem Schmieröl, wie es seit 1993 mit Bio-Hy-Gard von John Deere angeboten wurde. Damit ließen sich die 6000er Traktoren problemlos auch in umweltsensiblen Bereichen betreiben. Für den vielseitigen Einsatz bei Pflegearbeiten standen eine Reihe von Arbeitswerkzeugen zur Verfügung: z. B. für den Frontanbau der Böschungsmäher SMK 500 der Fa. Dücker mit Ast- und Wallheckenschneider zum Schnitt von Gestrüpp und Ästen mit einem Durchmesser von bis zu 12 cm. Für den Heckanbau war unter anderem ein Dücker Holzhacker H 760 zum Zerkleinern von Holz mit bis zu 18 cm Stärke erhältlich. Für die Erdbewegung, die Wegereinigung oder den Winterdienst mit Traktoren der Baureihe 6000 wurde eine breite Palette von Geräten verschiedener Hersteller (z. B. Herder, Schaeff, Schmidt) angeboten.

Auf der Messe in Nürnberg im September 1996 zeigte John Deere den speziell im Garten- und Landschaftsbau einsetzbaren Traktor 6200 (85 PS) mit Drücker Universalarm Una 500 im Frontanbau, der je nach Arbeitsanforderung Mähgeräte, Pflasterputzer, Wildkrautbürste, Ast- und Wallheckenschneider, Kehrmaschine oder Schlenfräse aufnehmen konnte. Für den Heckanbau stand ein ECO-Anbaukipper mit 0,9 cbm Fassungsvermögen zur Verfügung, der mit Schnellwechselsystem und StVZO-Ausstattung geliefert wurde. Für den Einsatz im Straßen- und Wegebau zeigte John Deere einen Traktor 6300 mit aufgesatteltem Planierschild (2,50 m Arbeitsbreite) sowie einen 2,40 m Plattenverdichter der Fa. Stock.

John Deere 6000er Serie Typ 6200 SE (1996-1999)
John Deere 6000er Serie Typ 6400 SE (1996-1999)

Aufgrund der Leistungsdaten und der Vielfalt von Wahlmöglichkeiten waren die neuen Modelle der 6000er Serie von Anfang an im anspruchsvollsten Marktbereich angesiedelt. Um jedoch kleineren bäuerlichen Betrieben, aber auch einigen Exportmärkten, John Deere Traktoren mit günstigerem Preis-/Leistungsverhältnis anbieten zu können, blieben die Modelle der 50er Serie bis 1994 in Produktion. Die Antwort aus Mannheim kam im Oktober 1996: Da viele Kunden modernste Technologie verlangten, die aber für den Einsatz im Grünlandbereich, bei kleineren und mittleren Betrieben sowie in der Nebenerwerbslandwirtschaft, nicht unbedingt erforderlich war, brachte John Deere zwei neue Modellvarianten als perfekte Lösung auf den Markt.

Die Traktoren 6200 SE und 6400 SE der neuen SE-Modellreihe (SE = Special Edition), waren moderne Traktoren, die den Fahrzeugen der Wettbewerber in wesentlichen Ausstattungsmerkmalen, z.B. der wartungs- und verschleißfreien Kupplung und der elektronischen Zugkraftregelung, überlegen waren. Wie die John Deere Premium-Traktoren 6200 und 6400 arbeiteten auch die beiden SE-Modelle mit 3,9 Liter bzw. 4,5-Liter Turbomotoren und leisteten (nach ECE R-24) 84 PS (62 kW) bzw. 100 PS (84 kW). Beide Antriebsaggregate boten die typische Konstantleistungs-Charakteristik, einen niedrigen Kraftstoffverbrauch und mit über 33% den gewohnt hohen Drehmomentanstieg. Die Kraftübertragung zum Getriebe erfolgte über die ölgekühlte Mehrscheiben-Permakupplung II zum neu entwickelten 16/16-Gang-Power Reverser-Getriebe mit Geschwindigkeiten von wahlweise 1,8 bis 30 km/h oder 2,4 bis 40 km/h. Dieses Getriebe verfügte über eine neue unter Last schaltbare Reversiereinrichtung (»Power Reversiergetriebe«) mit Neutralposition auf der linken Seite des Lenkrades. Durch eine konstruktive Überarbeitung dieser Maschinen konnten produktionsseitig jedoch Kosten gespart werden. Zu diesen Änderungen gehörte auch die als Wahlausrüstung verfügbare Klimaanlage, die in das Kabinendach verlegt wurde.

Wie bei den Premium-Traktoren waren auch die Allrad- und Zapfwellenkupplungen sowie die Differenzialsperre und Bremsen der SE-Modelle ölgekühlt und auf Lebensdauer ausgelegt. Je nach Einsatzzweck bestand die Wahl zwischen den Zapfwellengeschwindigkeiten 540, 540/540E/1000. Das druck- und mengengesteuerte Hydrauliksystem der SE-Traktoren arbeitete mit einer Konstantstrompumpe, die 195 bar Druck erzeugte und 54 Liter pro Minute förderte. Beide Maschinen verfügten, wie John Deere Premium-Traktoren, über eine elektronische Schwingungstilgung und erreichten eine Hubkraft von 37,8 bzw. 50,4 kN. Zusätzlich zur komfortablen TechCenter-Kabine bot John Deere die SE-Modelle mit einer Niedrigprofil-Kabine an, die je nach Bereifung eine Gesamthöhe des Traktors von nur 2,48 m ermöglichte.

Ausgestattet mit dem 16/16 Powr Reversiergetriebe, mit Hinterrädern 16.9R34 und Vorderrädern 13.6R24 wurde der 6200 SE zu einem Grundpreis von 79.760,-- angeboten. Der Grundpreis für den Typ 6400 SE betrug 89.870,--. Die SE-Modellreihe hatte sich erfolgreich in ihrem Marktsegment durchgesetzt und blieb bis Ende 1998 im Produktionsprogramm.

Foto: © Ralf Weinreich

Programmübersicht John Deere 6000er-Serie

Typ Modell	Ausführung	Getriebe	Geschwindigkeit (km/h)	Motor			Bauzeit
				Hubraum (ccm)	Zylinder	PS (kW)	
6100	Hinterrad / Allrad	SyncroPlus 12/4; 15/5; 18/6	30 / 40	4530	4	75 (55)	1992-1997
6200	Hinterrad / Allrad	SyncroPlus 12/4; 15/5; 18/6	30 / 40	3920	4 Turbo	84 (62)	1992-1998
6300	Hinterrad / Allrad	SyncroPlus 12/4; 15/5; 18/6	30 / 40	3920	4 Turbo	90 (66)	1992-1997
6400	Hinterrad / Allrad	SyncroPlus 12/4; 15/5; 18/6	30 / 40	4530	4 Turbo	100 (73)	1992-1998
6600	Allrad	PowrQuad 20/16; 24/16; 12/12	30 / 40	5880	6 Turbo	110 (81)	1992-1997
6800	Allrad	PowrQuad 16/12; 20/12	30 / 40	6786	6 Turbo	120 (88)	1992-1997
6900	Allrad	PowrQuad 16/12; 20/12	30 / 40	6786	6 Turbo	130 (96)	1992-1997
6506	Allrad	PowrQuad 20/20; 24/24	30 / 40	6786	6	105 (77)	1995-1997
6200 SE	Hinterrad / Allrad	SyncroPlus 12/4; 15/5; 18/6	30 / 40	3920	4 Turbo	84 (62)	1996-1998
6400 SE	Hinterrad / Allrad	SyncroPlus 12/4; 15/5; 18/6	30 / 40	4530	4 Turbo	100 (73)	1996-1998

	John Deere 6000er Serie Typ 6100 1992-1997	John Deere 6000er Serie Typ 6200 / 6200 Allrad 1992-1997
Motor		
Bauart:	John Deere 4-Zylinder-4-Takt-Diesel	John Deere 4-Zylinder-4-Takt-Diesel mit Abgasturbolader
Bohrung x Hub (mm):	106,5 x 127	106,5 x 110
Hubraum (cm³):	4530	3920
Leistung (PS/kW):	75 / 55 bei 2300/min	84 / 62 bei 2300/min
Verdichtung:	17,2 : 1	17,8 : 1
Drehmomentanstieg:	38,5 %	33,3 %
Spez. Kraftstoffverbrauch:	214 g/kW h	207 g/kW h
Gemischbereitung:	Direkteinspritzung mit Stabdüsen, Mehrkolben (4)- Verteilerpumpe	
Schmierung:	Druckumlaufschmierung; Motoröl-Inhalt: 12 Liter	
Kühlung:	Flüssigkeitskühlung, geschlossen mit Expansionstank, wartungsfrei; 13,5 Liter Kühlwasser-Inhalt	
Lüfter:	Mantellüfter, temperaturgesteuerter Viskoseantrieb EcoVen; Trockenluftfilter mit Sicherheitselement	
Elektrische Anlage:	Drehstrom-Lichtmaschine 12 V, 85 A; Batterie 2 x 12V / 110Ah, Anlasser 4 PS	
Kraftübertragung		
Antrieb:	Hinterradantrieb mit zu- und abschaltbarem Allradantrieb, Zentralantrieb, 12°-Nachlaufwinkel, 50° Lenkeinschlag	
Kupplung:	ölgekühlte Lamellenkupplung, automatische Allradbremse über Lenkbremse ausschaltbar, Selbstsperrdifferenzial	
Fahrkupplung:	Perma Kupplung II, ölgekühlte Lamellenkupplung, 225 mm Durchmesser	
Getriebe:	»SyncroPlus«-Getriebe, 12/4; 15/5; 18/6: zus. Kriechgang 9/3; »PowrQuad«-Getriebe mit 4-stufiger	
	Lastschaltung und Reversierschaltg. 16/12; 20/16; 24/16; Kriechgang 12/12	
Differenzialsperre:	elektrohydr. Lamellenkupplung ölgekühlt; Planetenendgetriebe, 3 Planetenräder	
Heckzapfwelle:	540/540E/1000/min, umsteckbar und umschaltbar 2017/1684/2208/min	
Zapfwellenkupplung:	Lamellenkupplung, ölgekühlt, elektrohydraulisch; Frontzapfwelle 1000/min bei 2154/2172/min	
Hydrauliksystem:	Druck- und mengengesteuert; Pumpenförderleistung 60 Liter/min; Systemdruck 30 bar (min), 200 bar (max.)	
3-Punkt-Hydraulik:	Kat. II mit Schnellkuppler, seitliche Stabilisierungsketten, automatische Stabilisierungsstreben, Fernbedienung	
Regelhydraulik:	elektronisch, Unterlenkerregelung; Zugkraft-, Lage- und Mischregelung	
Hubkraft (kN):	33,3 (waagrecht); 37,8 (voll ausgehoben)	40,1 (waagrecht); 46,2 (voll ausgehoben)
Steuergeräte:	doppeltwirkende Schiebersteuergeräte; Neutral, Heben, Senken, Schwimmstellung; 60 Liter/min	
Anschlüsse:	hydraulischer Schnellkuppler mit Abreißkupplung	
Fahrwerk		
Bauart:	Rahmenbauweise, Brückenrahmen, Baukastensystem	
Bremsen:	hydr., ölgekühlte Scheibenbremsen; Bandbremse als Handbremse mech. Getriebesperre als Parksperre, Allradbremse	
Lenkung:	hydrostatisch	hydrostatisch
Bereifung vorn:	7,50-18; 10,00-16;	7,50-18; 7,50-20; 10,00-16;
Bereifung vorn (Allrad):	12.4R24; 13.6R24; 11.2R28	12.4R24; 13.6R24; 11.2R28
	14.9R24; 380/70R24; 420/70R24	14.9R24; 380/70R24; 420/70R24
Bereifung hinten:	18.4R30; 16.9R34; 480/70R34;	18.4R30; 16.9R34; 480/70R34;
	18.4R34; 520/70R34; 13.6R38;	18.4R34; 520/70R34; 13.6R38;
	15.5R38; 14.9R38; 16,9R38; 18,4R38;	15.5R38; 14.9R38; 16,9R38; 18,4R38;
	480/70R38; 520/70R38; 600/65R38	480/70R38; 520/70R38; 600/65R38
Allgemeine Daten		
Radstand (mm):	2400	2400
Länge (mm):	4575	4575
Breite (mm):	2175	2179
Höhe Kabine (mm):	2643	2693
Bodenfreiheit (mm):	566; 490 (Allrad)	606; 520 (Allrad)
Spurweite vorn (mm):	1516 - 2019 (8-fach Verstellfelgen)	1516 - 2019 (8-fach Verstellfelgen)
Spurweite hinten (mm):	1612 - 2004 (8-fach Verstellfelgen)	1612 - 2004 (8-fach Verstellfelgen)
Wendekreis (Meter):	8,8 (o. Lenkbr.); 9,8 Allrad (o. Lenkbr.)	8,8 (o. Lenkbr.); 9,8 Allrad (o. Lenkbr.)
Gewicht (kg):	3660; 3900 (Allrad)	3710; 3950 (Allrad)
zul. Gesamtgewicht (kg):	6800	6800
Stützlast Zugpendel (kg):	1400; 1600 (Allrad)	1400; 1600 (Allrad)
Stützlast Anh.kuppl.(kg):	1600; 3000 (pick-up hitch)	1600; 3000 (pick-up hitch)
Höchstgeschw. (km/h):	30 / 40	30 / 40
Tankinhalt (Liter):	160	160

	John Deere 6000er Serie Typ 6300 1992-1997	John Deere 6000er Serie Typ 6400 / 6400 Allrad 1992-1997
Motor		
Bauart:	John Deere 4-Zylinder-4-Takt-Diesel mit Abgasturbolader	
Bohrung x Hub (mm):	106,5 x 110	106,5 x 127
Hubraum (cm^3):	3920	4530
Leistung (PS/kW):	90 / 66 bei 2300/min	100 / 73 bei 2300/min
Verdichtung:	17,8 : 1	17,2 : 1
Drehmomentanstieg:	30,9 %	34,3 %
Spez. Kraftstoffverbrauch:	206 g/kW h	200 g/kW h
Gemischbereitung:	Direkteinspritzung mit Stabdüsen, Mehrkolben (4) -Verteilerpumpe	
Schmierung:	Druckumlaufschmierung; Motoröl-Inhalt: 12 Liter	
Kühlung:	Flüssigkeitskühlung, geschlossen mit Expansionstank, wartungsfrei; 13,5 Liter Kühlwasser-Inhalt	
Lüfter:	Mantellüfter, temperaturgesteuerter Viskoseantrieb EcoVen; Trockenluftfilter mit Sicherheitselement	
Elektrische Anlage:	Drehstrom-Lichtmaschine 12 V, 85 A; Batterie 2 x 12V / 110Ah, Anlasser 4 PS	
Kraftübertragung		
Antrieb:	Hinterradantrieb mit zu- und abschaltbarem Allradantrieb, Zentralantrieb, 12°-Nachlaufwinkel, 50° Lenkeinschlag	
Kupplung:	ölgekühlte Lamellenkupplung, automatische Allradbremse über Lenkbremse ausschaltbar, Selbstsperrdifferenzial	
Fahrkupplung:	Perma Kupplung II, ölgekühlte Lamellenkupplung, 225 mm Durchmesser	
Getriebe:	»SyncroPlus«-Getriebe, 12/4; 15/5; 18/6: zus. Kriechgang 9/3; »PowrQuad«-Getriebe mit 4-stufiger Lastschaltung und Reversierschaltung, 16/12; 20/16; 24/16; Kriechgang 12/12	
Differenzialsperre:	elektrohydraulische Lamellenkupplung, ölgekühlte Planetenendgetriebe, 3 Planetenräder	
Heckzapfwelle	540/540E/1000/min, umsteckbar und umschaltbar bei 2017/1684/2208/min	
Zapfwellenkupplung:	Lamellenkupplung, ölgekühlt, elektrohydraulisch, Frontzapfwelle: 1000/min bei 2154/2172/min	
Hydrauliksystem:	Druck- und mengengesteuert Pumpenförderleistung 60 Liter/min; Systemdruck: 30 bar (min), 200 bar (max.)	
3-Punkt-Hydraulik:	Kat. II mit Schnellkuppler, seitliche Stabilisierungsketten, automatische Stabilisierungsstreben, Fernbedienung	
Regelhydraulik:	elektronisch, Unterlenkerregelung; Zugkraft-, Lage- und Mischregelung	
Hubkraft (kN):	46,4 (waagrecht); 50,4 (voll ausgehoben)	53,1 (waagrecht); 57,2 (voll ausgehoben)
Steuergeräte:	doppeltwirkende Schiebersteuergeräte; Neutral, Heben, Senken, Schwimmstellung; 60 Liter/min	
Anschlüsse:	hydraulischer Schnellkuppler mit Abreißkupplung	
Fahrwerk		
Bauart:	Rahmenbauweise, Brückenrahmen, Baukastensystem	
Bremsen:	hydr., ölgekühlte Scheibenbremsen; Bandbremse als Handbremse mech. Getriebesperre als Parksperre, Allradbremse	
Lenkung:	hydrostatisch	hydrostatisch
Bereifung vorn:	7,50-18; 7,50-20; 10,00-16;	7,50-20; 10,00-16; 11,00-16
Bereifung vorn (Allrad):	12.4R24; 13.6R24; 11.2R28; 14.9R24	12.4R24; 13.6R24; 14.9R24; 16,9R24
	380/70R24; 420/70R24; 13,6R28	380/70R24; 420/70R24; 13,6R28
Bereifung hinten:	18.4R30; 16.9R34; 480/70R34;	18.4R30; 16.9R34; 480/70R34;
	18.4R34; 520/70R34; 13.6R38;	18.4R34; 520/70R34; 13.6R38;
	15.5R38; 14.9R38; 16,9R38; 18,4R38;	15.5R38; 14.9R38; 16,9R38; 18,4R38;
	480/70R38; 520/70R38; 600/65R38	480/70R38; 520/70R38; 600/65R38
Allgemeine Daten		
Radstand (mm):	2400	2400
Länge (mm):	4575	4575
Breite (mm):	2179	2220
Höhe Kabine (mm):	2693	2718
Bodenfreiheit (mm):	606; 520 (Allrad)	631; 550 (Allrad)
Spurweite vorn (mm):	1516 - 2019 (8-fach Verstellfelgen)	1516 - 2019 (8-fach Verstellfelgen)
Spurweite hinten (mm):	1612 - 2004 (8-fach Verstellfelgen)	1612 - 2004 (8-fach Verstellfelgen)
Wendekreis (Meter):	8,8 (o. Lenkbr.); 9,8 Allrad (o. Lenkbr.)	8,8 (o. Lenkbr.); 9,8 Allrad (o. Lenkbr.)
Gewicht (kg):	3750; 4000 (Allrad)	3870; 4100 (Allrad)
zul. Gesamtgewicht (kg):	7500	7500
Stützlast Zugpendel (kg):	1400; 1600 (Allrad)	1400; 1600 (Allrad)
Stützlast Anh.kuppl.(kg):	1600; 3000 (pick-up hitch)	1600; 3000 (pick-up hitch)
Höchstgeschw. (km/h):	30 / 40	30 / 40
Tankinhalt (Liter):	160	160

	John Deere 6000er Serie Typ 6600 1994-1997	John Deere 6000er Serie Typ 6800 Allrad-Traktor 1994-1997	John Deere 6000er Serie Typ 6900 Allrad-Traktor 1994-1997
Motor			
Bauart:	John Deere 6-Zylinder-4-Takt-Diesel mit Abgasturbolader		
Bohrung x Hub (mm):	106,5 x 110	106,5 x 127	106,5 x 127
Hubraum (cm^3):	5880	6786	6786
Leistung (PS/kW):	110 / 81 bei 2300/min	120 / 88 bei 2100/min	130 / 96 bei 2100/min
Verdichtung:	17,8 : 1	17,2 : 1	17,2 : 1
Drehmomentanstieg:	35,3 %	34,0 %	38,0 %
Spez. Kraftstoffverbrauch:	209 g/kW h	208 g/kW h	205 g/kW h
Gemischbereitung:	Direkteinspritzung mit Stabdüsen Mehrkolben (4)- Verteilerpumpe		
Schmierung:	Druckumlaufschmierung; Motoröl-Inhalt: 14 Liter / 16 Liter / 17 Liter		
Kühlung:	Flüssigkeitskühlung, geschlossen mit Expansionstank, wartungsfrei; 15,5 Liter Kühlwasser-Inhalt		
Lüfter:	Mantellüfter, temperaturgesteuerter, Viskoseantrieb EcoVen, Trockenluftfilter mit Sicherheitselement		
Elektrische Anlage:	Drehstrom-Lichtmaschine 12 V, 85 A, Batterie 2 x 12V / 154Ah, Anl. 4,6 PS		
Kraftübertragung			
Antrieb:	Allradantrieb mit Zentralantrieb, 12°-Nachlaufwinkel, 50° Lenkeinschlag		
Kupplung:	ölgekühlte Lamellenkupplung, automatische Allradbremse über Lenkbremse ausschaltbar; Selbstsperrdifferenzial		
Fahrkupplung:	Perma Kupplung II, ölgekühlte Lamellenkupplung, 225 mm Durchmesser		
Getriebe:	PowrQuad-Getriebe mit 4-stufiger Lastschaltung und lastschaltbare Reversierschaltung		
	mit Neutralposition, 16/12; 20/12; Kriechgang 16/12; 20/12		
Differenzialsperre:	elektrohydr. Lamellenkupplung ölgek.Planetenendgetriebe, 3 Planetenräder		
Inhalt:	53 Liter Getriebe/Hydrauliksystem	56 Liter Getriebe/Hydrauliksystem	
Heckzapfwelle:	540/540E/1000/min, umsteckbar und	540E/1000/min, umsteckbar und umschaltbar bei 1754/2000/min	
	umschaltbar bei 2017/1684/2208/min		
Zapfwellenkupplung:	Lamellenkupplung, ölgekühlt, elektrohydraulisch		
Frontzapfwelle:	1000/min bei 2154/2172/min	1000/min bei 2033/min	1000/min bei 2154/2033/min
Hydrauliksystem:	Druck- und mengengesteuert, Pumpenförderleistung 60 Liter/min; Systemdruck: 30 bar (min), 200 bar (max.)		
3-Punkt-Hydraulik:	Kat. II / IIIN mit Schnellkuppler, seitliche Stabilisierungsketten, automatische Stabilisierungsstreben, Fernbedienung		
Regelhydraulik:	elektronisch, Unterlenkerregelung; Zugkraft-, Lage- und Mischregelung		
Hubkraft (kN):	54,3 (waagrecht); 60,6 (voll ausgehob.)	57,3 (waagrecht); 58,6 (voll ausgehoben)	
Steuergeräte:	doppeltwirkende Schiebersteuergeräte; Neutral, Heben, Senken, Schwimmstellung, 60 Liter/min		
Abreißkupplungen:	Standardkuppler, Abkuppeln unter Druck		
Fahrwerk			
Bauart:	Rahmenbauweise, Brückenrahmen, Baukastensystem		
Bremsen	hydraulic power, ölgekühlte Scheibenbremsen, hydr. Parksperre, Allradbremse		
Anhängerbremse:	hydraulisch; mech. Getriebesperre		
Lenkung:	hydrostatisch	hydrostatisch	hydrostatisch
Bereifung vorn:	12,4R28; 14,9R24; 420/70R24; 480/65R24; 16,9R24; 480/70R24;		14,9R28; 480/65R28; 420/70R28;
	540/65R24; 14,9R28; 420/70R28: 16,9R26; 480/70R26; 540/65R26;		16,9R28; 480/70R28; 540/65R28
	18,4R26; 16,9R28; 480/70R28; 16,9R26; 480/70R26; 540/65R26;		
Bereifung hinten:	18.4R34; 16.9R38; 18,4R38; 520/70R38; 480/70R38; 540/65R38;		18,4R38; 520/70R38; 600/65R38;
	600/65R38	600/65R38; 20,8R38; 580/70R38;	20,8R38; 580/70R38; 650/65R38
		650/65R38	
Allgemeine Daten			
Radstand (mm):	2650	2650	2650
Länge (mm):	4921	4921	4989
Breite (mm):	2320	2320	2382
Höhe Kabine (mm):	2808	2808	2883
Bodenfreiheit (mm):	575	575	592
Spurweite vorn (mm):	1516 - 2112 (8-fach Verstellfelgen)	1516 - 2112 (8-fach Verstellfelgen)	1516 - 2112 (8-fach Verstellfelgen)
Spurweite hinten (mm):	1612 - 2004 (8-fach Verstellfelgen)	1616 - 2104 (8-fach Verstellfelgen)	1712 - 2104 (8-fach Verstellfelgen)
Wendekreis (Meter):	9,9 (o. Lenkbr.)	10,24 (o. Lenkbr.)	10,24 (o. Lenkbr.)
Gewicht (kg):	4650	4990	5390
zul. Gesamtgewicht (kg):	8200	8600	9000
Stützlast Zugpendel (kg):	1600	1800	1800
Stützlast Anh.kuppl.(kg):	1600; 3000 (pick-up hitch)	1800; 3000 (pick-up hitch)	1800; 3000 (pick-up hitch)
Höchstgeschw. (km/h):	30 / 40	30 / 40	30 / 40
Tankinhalt (Liter):	207	207	250

	John Deere 6000er Serie Typ 6506 1995-1997
Motor	
Bauart:	John Deere 6-Zylinder-4-Takt-Diesel
Bohrung x Hub (mm):	106,5 x 127
Hubraum (cm³):	6786
Leistung (PS/kW):	105 / 77 bei 2300/min
Verdichtung:	17,2 : 1
Drehmoment max. (Nm):	430
Drehmomentanstieg:	34,5 %
Spez. Kraftstoffverbrauch:	218 g/kW h
Gemischbereitung:	Direkteinspritzung mit Stabdüsen Mehrkolben (4)- Verteilerpumpe
Schmierung:	Druckumlaufschmierung; Motoröl-Inhalt 16 Liter
Kühlung:	Flüssigkeitskühlung, geschlossen mit Expansionstank, wartungsfrei; 15,5 Liter Kühlwasser-Inhalt
Lüfter:	Mantellüfter, temperaturgesteuerter Viskoseantrieb EcoVen; Trockenluftfilter mit Sicherheitselement
Elektrische Anlage:	Drehstrom-Lichtmaschine 12 V, 85 A; Batterie 2 x 12V / 154Ah, Anl. 4,6 PS
Kraftübertragung	
Antrieb:	Allradantrieb mit Zentralantrieb, 12°-Nachlaufwinkel, 52° Lenkeinschlag
Kupplung:	ölgekühlte Lamellenkupplung, automatische Allradbremse über Lenkbremse ausschaltbar, Selbstsperrdifferenzial
Fahrkupplung:	Perma Kupplung II, ölgekühlte Lamellenkupplung, 225 mm Durchmesser
Getriebe:	»PowrQuad«-Getriebe mit 4-stufiger Lastschaltung und lastschaltbare Reversierschaltung mit Neutralposition 20/20 (30 km/h); 24/24 (40 km/h);
Differenzialsperre:	elektrohydraulische Lamellenkupplung ölgekühlt, Planetenendgetriebe, 3 Planetenräder; 53 Liter Getriebe/Hydrauliksystem
Heckzapfwelle:	540/540E/1000/min, umsteckbar und umschaltbar bei 2017/1684/2208/min
Zapfwellenkupplung:	Lamellenkupplung, ölgekühlt, elektrohydraulisch; Frontzapfwelle: 1000/min bei 2154/2172/min
Hydrauliksystem:	Druck- und mengengesteuert, Pumpenförderleistung 60 Liter/min; Systemdruck: 30 bar (min), 200 bar (max.)
3-Punkt-Hydraulik:	Kat. II / IIIN mit Schnellkuppler, seitliche Stabilisierungsketten, automatische Stabilisierungsstreben, Fernbedienung
Regelhydraulik:	elektronisch, Unterlenkerregelung; Zugkraft-, Lage- und Mischregelung; Hubkraft 57,2 / 5830 (kN/kp)
Steuergeräte:	doppeltwirkende Schiebersteuergeräte; Neutral, Heben, Senken, Schwimmstellung, 60 Liter/min
Abreißkupplungen:	Standardkuppler, Abkuppeln u. Druck
Fahrwerk	
Bauart:	Rahmenbauweise, Brückenrahmen, Baukastensystem
Betriebsbremse:	hydr., ölgekühlte Scheibenbremsen
Feststellbremse:	hydr., ölgekühlte Scheibenbremsen, hydraulische Parksperre, Allradbremse
Anhängerbremse:	hydraulisch; mechanische Getriebesperre
Lenkung:	hydrostatisch
Bereifung vorn:	16,9R24
Bereifung hinten:	18,4R38
Allgemeine Daten	
Radstand (mm):	2650
Länge (mm):	4501
Breite (mm):	2320
Höhe Kabine (mm):	2808
Bodenfreiheit (mm):	575
Spurweite vorn (mm):	1516 - 2112 (8-fach Verstellfelgen)
Spurweite hinten (mm):	1612 - 2004 (8-fach Verstellfelgen)
Wendekreis (Meter):	9,9 (o. Lenkbr.)
Gewicht (kg):	4650
zul. Gesamtgewicht (kg):	7500
Stützlast Zugpendel (kg):	1600
Stützlast Anh.kuppl.(kg):	1600; 3000 (pick-up hitch)
Höchstgeschw. (km/h):	30 / 40
Tankinhalt (Liter):	207

Preise / Ausrüstungen Typ 6100		
Grundpreis	Stand: 01/1995	
	Preise in DM ohne Mehrwertsteuer	
6568 R	Allrad-Traktor 6100 ohne Räder	**72.070,--**
	15/5 SynchroPlus, TechCenter-Kabine	
	+ Hinterräder 16,9R34	**3.020,--**
	+ Vorderräder 13,6R24	**1.795,--**
	Grundpreis mit Serienrädern	**76.885,--**
Wahlausrüstungen		
	Getriebe	
7100	12-4 Gang SynchroPlus (bis 30 km/h)	**Minderpreis 488,--**
7101	18-6 Gang SynchroPlus (bis 40 km/h)	**1.303,--**
7102	16-16 PowrQuad+Reversierer (bis 30 km/h)	**3.905,--**
7107	20-20 PowrQuad+Reversierer (bis 30 km/h)	**4.392,--**
7103	24-24 PowrQuad+Reversierer (bis 40 km/h)	**5.695,--**
	Hydraulik - Pumpe	
7303	Pumpe 96 Liter/min	**324,--**
	Fahrersitz	
7371	Luftgefederter Sitz um 20° und 180° drehbar	**811,--**
	Auspuff	
7403	Auspuff vertikal am Kabinenpfosten	**421,--**
7402	Auspuff senkrecht Haube links	**ohne Mehrpr.**
	Instrumententafel	
7504	Traktormeter mit Digital-Plus	**268,--**
	Steuergeräte mit Schwimmstellung	
7700	ohne Steuergeräte	**Minderpr.533,--**
7705	2 doppeltwirkende DeLuxe-Steuergeräte	**533,--**
7706	1 doppeltwirkendes DeLuxe-Steuergerät und	
	1 doppeltwirkende Standard-Steuerung	**432,--**
7707	2 doppeltwirkende Super DeLuxe-Steuergeräte	**735,--**
	Schnellkuppler	
7750	ohne Standardkuppler	**ohne Minderpr.**
7752	Superkuppler für 1 Steuergerät (B551)	**63,--**
7752	Superkuppler für 2 Steuergeräte (B554)	**126,--**
	TechCenter-Kabine	
8060	Klimaanlage ohne Hubdach	**2.895,--**
8061	Klimaanlage und Hubdach	**3.160,--**
8088	Linker und rechter Teleskop-Außenspiegel	**100,--**
	Wagenanhängevorrichtung	
9400	Mechanische starre Anhängekupplung	**Minderpr. 336,--**
9401	Automatische starre Anhängekupplung	**94,--**
9402	Autom. Anhängekupplung höhenverstellb. 9 Pos.	**530,--**
	Allradreifen-Kombinationen / Hinterräder 30" Felgen	
4160	14.9LR20(119 A8) mit 16.9R30(137 A8)	**5.011,--**
4160	14.9LR20(119 A8) mit 18.4R30(142 A8)	**5.749,--**
4240	12.4R24(119 A8) mit 18.4R30(142 A8)	**5.495,--**
	Allradreifen-Kombinationen / Hinterräder 34" Felgen	
4320	380/70R24(125 A8) mit 16.9R34(139 A8)	**5.038,--**
4260	13.6R24(121 A8) mit 480/70R34(143 A8)	**5.135,--**
4320	380/70R24(125 A8) mit 480/70R34(143 A8)	**5.358,--**
4260	13.6R24(121 A8) mit 18.4R34(144 A8)	**5.503,--**
4320	380/70R24(125 A8) mit 18.4R34(144 A8)	**5.726,--**
4280	14.9R24(126 A8) mit 18.4R34(144 A8)	**5.755,--**
4340	420/70R24(130 A8) mit 18.4R34(144 A8)	**6.003,--**

Preise / Ausrüstungen Typ 6200		
Grundpreis	Stand: 01/1995	
	Preise in DM ohne Mehrwertsteuer	
6578 R	Allrad-Traktor 6200 ohne Räder	**75.880,--**
	15/5 SynchroPlus, TechCenter-Kabine	
	+ Hinterräder 16.9R34	**3.020,--**
	+ Vorderräder 13.6R24	**1.795,--**
	Grundpreis mit Serienrädern	**80.695,--**
6577 R	Allrad-Traktor 6200 SE ohne Räder	**74.705,--**
	16/16 Powr Reversiergetriebe	
	+ Hinterräder 16.9R34	**3.171,--**
	+ Vorderräder 13.6R24	**1.884,--**
	Grundpreis mit Serienrädern	**79.760,--**
Wahlausrüstungen		
	Getriebe	
7100	12-4 Gang SynchroPlus (bis 30 km/h)	**Minderpreis 488,--**
7101	18-6 Gang SynchroPlus (bis 40 km/h)	**1.303,--**
7102	16-16 PowrQuad+Reversierer (bis 30 km/h)	**3.905,--**
7107	20-20 PowrQuad+Reversierer (bis 30 km/h)	**4.392,--**
7103	24-24 PowrQuad+Reversierer (bis 40 km/h)	**5.695,--**
	Hydraulik - Pumpe	
7303	Pumpe 96 Liter/min	**324,--**
	Fahrersitz	
7371	Luftgefederter Sitz um 20° und 180° drehbar	**811,--**
	Auspuff	
7403	Auspuff vertikal am Kabinenpfosten	**421,--**
7402	Auspuff senkrecht Haube links	**ohne Mehrpr.**
	Instrumententafel	
7504	Traktormeter mit Digital-Plus	**268,--**
	Steuergeräte mit Schwimmstellung	
7700	ohne Steuergeräte	**Minderpr. 533,--**
7705	2 doppeltwirkende DeLuxe-Steuergeräte	**533,--**
7706	1 doppeltwirkendes DeLuxe-Steuergerät und	
	1 doppeltwirkende Standard-Steuerung	**432,--**
7707	2 doppeltwirkende Super DeLuxe-Steuergeräte	**735,--**
	Schnellkuppler	
7750	ohne Standardkuppler	**ohne Minderpr.**
7752	Superkuppler für 1 Steuergerät (B551)	**63,--**
7752	Superkuppler für 2 Steuergeräte (B554)	**126,--**
	TechCenter-Kabine	
8060	Klimaanlage ohne Hubdach	**2.895,--**
8061	Klimaanlage und Hubdach	**3.160,--**
8088	Linker und rechter Teleskop-Außenspiegel	**100,--**
	Wagenanhängevorrichtung	
9400	Mechanische starre Anhängekupplung	**Minderpr.336,--**
9401	Automatische starre Anhängekupplung	**94,--**
9402	Autom. Anhängekupplung höhenverstellb. 9 Pos.	**530,--**
	Allradreifen-Kombinationen / Hinterräder 30" Felgen	
4160	14.9LR20(119 A8) mit 16.9R30(137 A8)	**5.011,--**
4160	14.9LR20(119 A8) mit 18.4R30(142 A8)	**5.749,--**
4240	12.4R24(119 A8) mit 18.4R30(142 A8)	**5.495,--**
	Allradreifen-Kombinationen / Hinterräder 34" Felgen	
4320	380/70R24(125 A8) mit 16.9R34(139 A8)	**5.038,--**
4260	13.6R24(121 A8) mit 480/70R34(143 A8)	**5.135,--**
4340	420/70R24(130 A8) mit 480/70R34(143 A8)	**5.635,--**
4320	380/70R24(125 A8) mit 480/70R34(143 A8)	**5.358,--**
4260	13.6R24(121 A8) mit 18.4R34(144 A8)	**5.503,--**
4320	380/70R24(125 A8) mit 18.4R34(144 A8)	**5.726,--**
4280	14.9R24(126 A8) mit 18.4R34(144 A8)	**5.755,--**

Preise / Ausrüstungen Typ 6300		
Grundpreis	Stand: 01/1995	
	Preise in DM ohne Mehrwertsteuer	
6588 R	Allrad-Traktor 6300 ohne Räder	**78.397,--**
	15/5 SynchroPlus, TechCenter-Kabine	
	+ Hinterräder 18.4R34	**3.708,--**
	+ Vorderräder 13.6R24	**1.795,--**
	Grundpreis mit Serienrädern	**83.900,--**
Wahlausrüstungen		
	Getriebe	
7100	12-4 Gang SynchroPlus (bis 30 km/h)	**Minderpr. 488,--**
7101	18-6 Gang SynchroPlus (bis 40 km/h)	**1.303,--**
7102	16-16 PowrQuad+Reversierer (bis 30 km/h)	**3.905,--**
7107	20-20 PowrQuad+Reversierer (bis 30 km/h)	**4.392,--**
7103	24-24 PowrQuad+Reversierer (bis 40 km/h)	**5.695,--**
	Hydraulik - Pumpe	
7303	Pumpe 96 Liter/min	**324,--**
	Fahrersitz	
7371	Luftgefederter Sitz um 20° und 180° drehbar	**811,--**
	Auspuff	
7403	Auspuff vertikal am Kabinenpfosten	**421,--**
7402	Auspuff senkrecht Haube links	**ohne Mehrpr.**
	Instrumententafel	
7504	Traktormeter mit Digital-Plus	**268,--**
	Oberlenker	
7612	Oberlenker mit Fangarm, Kat. II	**150,--**
	Steuergeräte mit Schwimmstellung	
7700	ohne Steuergeräte	**Minderpr. 533,--**
7705	2 doppeltwirkende DeLuxe-Steuergeräte	**533,--**
7706	1 doppeltwirkendes DeLuxe-Steuergerät und	
	1 doppeltwirkende Standard-Steuerung	**432,--**
7707	2 doppeltwirkende Super DeLuxe-Steuergeräte	**735,--**
	Schnellkuppler	
7750	ohne Standardkuppler	**ohne Minderpr.**
7752	Superkuppler für 1 Steuergerät (B551)	**63,--**
7752	Superkuppler für 2 Steuergeräte (B554)	**126,--**
	TechCenter-Kabine	
8060	Klimaanlage ohne Hubdach	**2.895,--**
8061	Klimaanlage und Hubdach	**3.160,--**
8088	Linker und rechter Teleskop-Außenspiegel	**100,--**
	Wagenanhängevorrichtung	
9400	Mechanische starre Anhängekupplung	**Minderpr. 336,--**
9401	Automatische starre Anhängekupplung	**94,--**
9402	Autom. Anhängekupplung höhenverstellb. 9 Pos.	**530,--**
	Allradreifen-Kombinationen / Hinterräder 30" Felgen	
4160	14.9LR20(119 A8) mit 16.9R30(137 A8)	**5.011,--**
4160	14.9LR20(119 A8) mit 18.4R30(142 A8)	**5.749,--**
4240	12.4R24(119 A8) mit 18.4R30(142 A8)	**5.495,--**
	Allradreifen-Kombinationen / Hinterräder 34" Felgen	
4260	13.6R24(121 A8) mit 16.9R34(139 A8)	**4.815,--**
4320	380/70R24(125 A8) mit 16.9R34(139 A8)	**5.038,--**
4260	13.6R24(121 A8) mit 480/70R34(143 A8)	**5.135,--**
4320	380/70R24(125 A8) mit 480/70R34(143 A8)	**5.358,--**
4320	380/70R24(125 A8) mit 18.4R34(144 A8)	**5.726,--**

Preise / Ausrüstungen Typ 6400		
Grundpreis	Stand: 01/1995	
	Preise in DM ohne Mehrwertsteuer	
6598 R	Allrad-Traktor 6400 ohne Räder	**85.015,--**
	15/5 SynchroPlus, TechCenter-Kabine	
	+ Hinterräder 18.4R38	**4.288,--**
	+ Vorderräder 14.9R24	**2.047,--**
	Grundpreis mit Serienrädern	**91.350,--**
6597 R	Allrad-Traktor 6400 SE ohne Räder	**84.246,--**
	16/16 Powr Reversiergetriebe	
	+ Hinterräder 480/70R34	**3.506,--**
	+ Vorderräder 380/70R24	**2.118,--**
	Grundpreis mit Serienrädern	**89.870,--**
Wahlausrüstungen		
	Getriebe	
7100	12-4 Gang SynchroPlus (bis 30 km/h)	**Minderpr. 488,--**
7101	18-6 Gang SynchroPlus (bis 40 km/h)	**1.303,--**
7102	16-16 PowrQuad+Reversierer (bis 30 km/h)	**3.905,--**
7107	20-20 PowrQuad+Reversierer (bis 30 km/h)	**4.392,--**
7103	24-24 PowrQuad+Reversierer (bis 40 km/h)	**5.695,--**
	Hydraulik - Pumpe	
7303	Pumpe 96 Liter/min	**324,--**
	Fahrersitz	
7371	Luftgefederter Sitz um 20° und 180° drehbar	**811,--**
	Auspuff	
7403	Auspuff vertikal am Kabinenpfosten	**421,--**
7402	Auspuff senkrecht Haube links	**ohne Mehr.**
	Instrumententafel	
7504	Traktormeter mit Digital-Plus	**268,--**
	Steuergeräte mit Schwimmstellung	
7700	ohne Steuergeräte	**Minderpr. 533,--**
7705	2 doppeltwirkende DeLuxe-Steuergeräte	**533,--**
7706	1 doppeltwirkendes DeLuxe-Steuergerät und	
	1 doppeltwirkende Standard-Steuerung	**432,--**
7707	2 doppeltwirkende Super DeLuxe-Steuergeräte	**735,--**
	Schnellkuppler	
7750	ohne Standardkuppler	**ohne Minderpr.**
7752	Superkuppler für 1 Steuergerät (B551)	**63,--**
7752	Superkuppler für 2 Steuergeräte (B554)	**126,--**
	TechCenter-Kabine	
8060	Klimaanlage ohne Hubdach	**2.895,--**
8061	Klimaanlage und Hubdach	**3.160,--**
8088	Linker und rechter Teleskop-Außenspiegel	**100,--**
	Wagenanhängevorrichtung	
9398	Mechanische starre Anhängekupplung	**Minderpr. 336,--**
9399	Automatische starre Anhängekupplung	**94,--**
9402	Autom. Anhängekupplung höhenverstellb. 9 Pos.	**530,--**
9405	Pick-up hitch /Dromone) ohne Zugpendel	**4.581,--**
9415	Zugpendel für Pick-up hitch	**465,--**
9404	halbautom. Wagenanhängevorr. höhenverstellb.	**605,--**
	Allradreifen-Kombinationen / Hinterräder 30" Felgen	
4160	14.9LR20(119 A8) mit 18.4R30(142 A8)	**5.749,--**
4240	12.4R24(119 A8) mit 18.4R30(142 A8)	**5.495,--**
	Allradreifen-Kombinationen / Hinterräder 34" Felgen	
4260	13.6R24(121 A8) mit 18.4R34(144 A8)	**5.503,--**
4280	14.9R24(126 A8) mit 18.4R34(144 A8)	**5.755,--**
4340	420/70R24(130 A8) mit 18.4R34(144 A8)	**6.003,--**
4280	14.9R24(126 A8) mit 520/70R34(148 A8)	**7.038,--**
4340	420/70R24(130 A8) mit 520/70R34(148 A8)	**7.286,--**

Preise / Ausrüstungen Typ 6600		
Grundpreis	Stand: 01/1995	
	Preise in DM ohne Mehrwertsteuer	
6658 R	Allrad-Traktor 6600 ohne Räder	**98.181,--**
	24/24 PowrQuad, TechCenter-Kabine	
	+ Hinterräder 18.4R38	**4.288,--**
	+ Vorderräder 14.9R28	**2.201,--**
	Grundpreis mit Serienrädern	**104.670,--**
	incl. Gebühr für Kfz.-Brief, Überführungskosten	
Wahlausrüstungen		
	Getriebe	
7107	20-20 PowrQuad+Revers. (30 km/h)	**Minderpr. 1.303,--**
	Hydraulik - Pumpe	
7303	Pumpe 96 Liter/min	**324,--**
	Fahrersitz	
7371	Luftgefederter Sitz um 20° und 180° drehbar	**811,--**
	Auspuff	
7402	Auspuff senkrecht Haube links	**Minderpr. 421,--**
	Verstellbare Hubstrebe	
7573	verstellbare Hubstrebe rechts und links	**52,--**
	Unterlenkerstabilisierung	
7652	seitl. Unterlenker-Stabilisierungsketten	**Minderpr. 346,--**
	Steuergeräte mit Schwimmstellung	
7700	ohne Steuergeräte	**Minderpr. 1.067,--**
7707	2 doppeltwirkende Super DeLuxe-Steuergeräte	**202,--**
	Schnellkuppler	
7750	ohne Standardkuppler	**ohne Minderpr.**
7752	Superkuppler für 1 Steuergerät	**63,--**
7752	Superkuppler für 2 Steuergeräte	**126,--**
	TechCenter-Kabine	
8060	Klimaanlage ohne Hubdach	**2.895,--**
8061	Klimaanlage und Hubdach	**3.160,--**
	Zusatz-Frontgewichte	
9312	6 Frontgewichte á 50 kg	**683,--**
9313	8 Frontgewichte á 50 kg	**920,--**
9314	10 Frontgewichte á 50 kg	**1.150,--**
9315	12 Frontgewichte á 50 kg	**1.381,--**
9316	14 Frontgewichte á 50 kg	**1.611,--**
9317	16 Frontgewichte á 50 kg	**1.841,--**
9318	18 Frontgewichte á 50 kg	**2.071,--**
	Wagenanhängevorrichtung	
9398	Mechanische starre Anhängekupplung	**Minderpr. 867,--**
9401	Automatische starre Anhängekupplung	**Minderpr. 436,--**
9403	Wagenanhängevorr. höhenverst. 9 Pos.	**Minderpr. 530,--**
9415	Zugpendel für Pick-up hitch	**465,--**
9405	Dromone hitch mit mech. starrer Anhängevorr.	**3.715,--**
9404	halbautom. Wagenanhängevorr. höhenverstellb.	**75,--**
	Allradreifen-Kombinationen / Hinterräder 34" Felgen	
4280	14.9R24(126 A8) mit 18.4R34(144 A8)	**5.755,--**
	Allradreifen-Kombinationen / Hinterräder 38" Felgen	
4280	14.9R24(126 A8) mit 16.9R38(141 A8)	**5.776,--**
4420	12.4R28(121 A8) mit 16.9R38(141 A8)	**5.532,--**
4340	420/70R24(130 A8) mit 480/70R38(145 A8)	**6.389,--**
4360	480/65R24(127 A8) mit 540/65R38(142 A8)	**6.808,--**
4300	16.9R24(134 A8) mit 18.4R38(146 A8)	**6.851,--**
4370	16.9R26(121 A8) mit 18.4R38(146 A8)	**6.921,--**
4310	480/70R24(138 A8) mit 520/70R38(145 A8)	**8.441,--**
4460	420/70R28(130 A8) mit 520/70R38(145 A8)	**8.179,--**
4520	480/70R26(139 A8) mit 520/70R38(145 A8)	**8.766,--**
4330	540/65R24(135 A8) mit 600/65R38(147 A8)	**9.075,--**
4530	540/65R26(138 A8) mit 600/65R38(147 A8)	**9.229,--**

Preise / Ausrüstungen Typ 6800		
Grundpreis	Stand: 01/1995	
	Preise in DM ohne Mehrwertsteuer	
6668 R	Allrad-Traktor 6800 ohne Räder	**104.709,--**
	20/12 PowrQuad, TechCenter-Kabine	
	+ Hinterräder 18.4R38	**4.288,--**
	+ Vorderräder 16.9R24	**2.563,--**
	Grundpreis mit Serienrädern	**111.560,--**
	incl. Gebühr für Kfz.-Brief, Überführungskosten	
Wahlausrüstungen		
	Getriebe	
7102	16-12 PowrQuad+Revers. (30 km/h)	**Minderpr. 1.303,--**
	Hydraulik - Pumpe	
7303	Pumpe 96 Liter/min	**324,--**
	Fahrersitz	
7371	Luftgefederter Sitz um 20° und 180° drehbar	**811,--**
	Auspuff	
7402	Auspuff senkrecht Haube links	**Minderpr. 421,--**
	Unterlenkerstabilisierung	
7652	seitl. Unterlenker-Stabilisierungsketten	**Minderpr. 346,--**
	Steuergeräte mit Schwimmstellung	
7700	ohne Steuergeräte	**Minderpr. 1.067,--**
7707	2 doppeltwirkende Super DeLuxe-Steuergeräte	**202,--**
	Schnellkuppler	
7750	ohne Standardkuppler	**ohne Minderpr.**
7752	Superkuppler für 1 Steuergerät	**63,--**
7752	Superkuppler für 2 Steuergeräte	**126,--**
	TechCenter-Kabine	
8060	Klimaanlage ohne Hubdach	**2.895,--**
8061	Klimaanlage und Hubdach	**3.160,--**
	Zusatz-Frontgewichte	
9312	6 Frontgewichte á 50 kg	**683,--**
9313	8 Frontgewichte á 50 kg	**920,--**
9314	10 Frontgewichte á 50 kg	**1.150,--**
9315	12 Frontgewichte á 50 kg	**1.381,--**
9316	14 Frontgewichte á 50 kg	**1.611,--**
9317	16 Frontgewichte á 50 kg	**1.841,--**
9318	18 Frontgewichte á 50 kg	**2.071,--**
9305	Unterflurgewichte 160 kg	**850,--**
	Wagenanhängevorrichtung	
9415	Zugpendel für Pick-up hitch	**465,--**
9405	Dromone hitch in Verbindung mit mechanisch	**4.203,--**
	höhenverst. Anhängevorrichtung 4 Positionen	
9404	halbautom. Wagenanhängevorr. höhenverstellb.	**75,--**
	Allradreifen-Kombinationen / Hinterräder 34" Felgen	
4280	14.9R24(126 A8) mit 18.4R34(144 A8)	**5.755,--**
	Allradreifen-Kombinationen / Hinterräder 38" Felgen	
4280	14.9R24(126 A8) mit 16.9R38(141 A8)	**5.776,--**
4420	12.4R28(121 A8) mit 16.9R38(141 A8)	**5.532,--**
4340	420/70R24(130 A8) mit 480/70R38(145 A8)	**6.389,--**
4360	480/65R24(127 A8) mit 540/65R38(142 A8)	**6.808,--**
4550	14.9R28(128 A8) mit 18.4R38(146 A8)	**6.489,--**
4370	16.9R26(121 A8) mit 18.4R38(146 A8)	**6.921,--**
4310	480/70R24(138 A8) mit 520/70R38(145 A8)	**8.441,--**
4460	420/70R28(130 A8) mit 520/70R38(145 A8)	**8.179,--**
4520	480/70R26(139 A8) mit 520/70R38(145 A8)	**8.766,--**
4330	540/65R24(135 A8) mit 600/65R38(147 A8)	**9.075,--**
4530	540/65R26(138 A8) mit 600/65R38(147 A8)	**9.229,--**
4370	16.9R26(121 A8) mit 20.8R38(153 A8)	**8.712,--**
4520	480/70R26(139 A8) mit 20.8R38(153 A8)	**9.322,--**
4390	18.4R26(140 A8) mit 20.8R38(153 A8)	**9.502,--**

Preise / Ausrüstungen Typ 6900

Grundpreis		Stand: 01/1995
	Preise in DM ohne Mehrwertsteuer	
6688 R	Allrad-Traktor 6900 ohne Räder	**111.771,--**
	20/12 PowrQuad, TechCenter-Kabine	
	+ Hinterräder 18.4R38	**4.288,--**
	+ Vorderräder 14.9R28	**2.201,--**
	Grundpreis mit Serienrädern	**118.260,--**
	incl. Gebühr für Kfz.-Brief, Überführungskosten	
Wahlausrüstungen		
	Getriebe	
7102	16-12 PowrQuad+Revers. (30 km/h)	**Minderpr. 1.303,--**
	Hydraulik - Pumpe	
7303	Pumpe 96 Liter/min	**324,--**
	Fahrersitz	
7371	Luftgefederter Sitz um 20° und 180° drehbar	**811,--**
	Auspuff	
7402	Auspuff senkrecht Haube links	**Minderpr. 421,--**
	Unterlenkerstabilisierung	
7652	seitl. Unterlenker-Stabilisierungsketten	**Minderpr. 346,--**
	Steuergeräte mit Schwimmstellung	
7700	ohne Steuergeräte	**Minderpr. 1.067,--**
7707	2 doppeltwirkende Super DeLuxe-Steuergeräte	**202,--**
	Schnellkuppler	
7750	ohne Standardkuppler	**ohne Minderpr.**
7752	Superkuppler für 1 Steuergerät	**63,--**
7752	Superkuppler für 2 Steuergeräte	**126,--**

Wahlausrüstungen		Stand: 01/1995
	Preise in DM ohne Mehrwertsteuer	
	TechCenter-Kabine	
8060	Klimaanlage ohne Hubdach	**2.895,--**
8061	Klimaanlage und Hubdach	**3.160,--**
	Zusatz-Frontgewichte	
9312	6 Frontgewichte á 50 kg	**683,--**
9313	8 Frontgewichte á 50 kg	**920,--**
9314	10 Frontgewichte á 50 kg	**1.150,--**
9315	12 Frontgewichte á 50 kg	**1.381,--**
9316	14 Frontgewichte á 50 kg	**1.611,--**
9317	16 Frontgewichte á 50 kg	**1.841,--**
9318	18 Frontgewichte á 50 kg	**2.071,--**
9305	Unterflurgewichte 160 kg	**850,--**
	Wagenanhängevorrichtung	
9415	Zugpendel für Pick-up hitch	**465,--**
9405	Dromone hitch in Verbindung mit mechanisch	**4.203,--**
	höhenverst. Anhängevorrichtung 4 Positionen	
9404	halbautom. Wagenanhängevorr. höhenverstellb.	**75,--**
	Allradreifen-Kombinationen / Hinterräder 38" Felgen	
4460	420/70R28(130 A8) mit 520/70R38(145 A8)	**8.179,--**
4450	16.9R28(136 A8) mit 20.8R38(153 A8)	**8.854,--**
4480	480/70R28(140 A8) mit 20.8R38(153 A8)	**9.268,--**
4450	16.9R28(136 A8) mit 580/70R38(155 A8)	**10.556,--**
4480	480/70R28(140 A8) mit 580/70R38(155 A8)	**10.970,--**
4490	540/65R28(137 A8) mit 650/65R38(154 A8)	**11.513,--**

Preise / Ausrüstungen Typ 6506

Grundpreis		Stand: 01/1995
	Preise in DM ohne Mehrwertsteuer	
6698 R	Allrad-Traktor 6506 ohne Räder	**93.444,--**
	24/24 PowrQuad, TechCenter-Kabine	
	Grundpreis mit Serienrädern	**99.900,--**
	incl. Gebühr für Kfz.-Brief, Überführungskosten	
Wahlausrüstungen		
	Getriebe	
7102	16/16 PowrQuad+Revers. (30 km/h)	**Minderpr. 1.790,--**
7107	20/20 PowrQuad+Revers. (30 km/h)	**Minderpr. 1.303,--**
	Hydraulik - Pumpe	
7303	Pumpe 90 Liter/min	**324,--**
	Fahrersitz	
7371	Luftgefederter Sitz um 20° und 180° drehbar	**811,--**
	Auspuff	
7403	Auspuff vertikal am Kabineneckpfosten	**421,--**
	Instrumententafel	
7504	Traktormeter mit Digital-Plus	**268,--**
	Verstellbare Hubstrebe	
7573	verstellbare Hubstrebe rechts und links	**52,--**
	Unterlenkerstabilisierung	
7652	seitl. Unterlenker-Stabilisierungsketten	**Minderpr.346,--**
	Steuergeräte mit Schwimmstellung	
7700	ohne Steuergeräte	**Minderpr. 533,--**
7705	2 doppeltwirkende DeLuxe-Steuergeräte	**533,--**
7706	1 doppeltwirkendes DeLuxe-Steuergerät und	
	1 doppeltwirkende Standard-Steuerung	**432,--**
7707	2 doppeltwirkende Super DeLuxe-Steuergeräte	**735,--**
	Schnellkuppler	
7750	ohne Standardkuppler	**ohne Minderpr.**
7752	Superkuppler für 1 Steuergerät	**63,--**
7752	Superkuppler für 2 Steuergeräte	**126,--**
	TechCenter-Kabine	
8001	TechCenter-Kabine mit Klimaanlage	**2.895,--**
8060	ohne Hubdach	**Minderpr. 265,--**
8088	Teleskop-Außenspiegel links und rechts	**100,--**

Wahlausrüstungen		Stand: 01/1995
	Preise in DM ohne Mehrwertsteuer	
	Grundgewicht oder Frontzapfwelle	
8761	Frontzapfwelle mit 6-Nutenprofil	**5.705,--**
	Zusatz-Frontgewichte	
9312	6 Frontgewichte á 50 kg	**683,--**
9313	8 Frontgewichte á 50 kg	**920,--**
9314	10 Frontgewichte á 50 kg	**1.150,--**
9315	12 Frontgewichte á 50 kg	**1.381,--**
9316	14 Frontgewichte á 50 kg	**1.611,--**
9317	16 Frontgewichte á 50 kg	**1.841,--**
9318	18 Frontgewichte á 50 kg	**2.071,--**
	Wagenanhängevorrichtung	
9398	Mechanische starre Anhängekupplung	**Minderpr.336,--**
9399	Automatische starre Anhängekupplung	**94,--**
9402	Autom. Anhängekupplung höhenverstellb. 9 Pos.	**530,--**
9404	halbautom. Wagenanhängevorr. höhenverstellb.	**605,--**
9408	mech. höhenverst. Anhängevorrichtung 4 Pos.	**370,--**
	Hinterräder Bereifung	
1400	18.4 R 34 (144 A8)	**3.708,--**
1600	16.9 R 38 (141 A8)	**3.729,--**
1620	18.4 R 38 (146 A8)	**4.288,--**
1640	480 / 70 R 38 (145 A8)	**4.094,--**
1660	520 / 70 R 38 (150 A8)	**5.523,--**
	540 / 65 R 38 (142 A8)	**4.069,--**
1650	600 / 65 R 38 (147 A8)	**5.744,--**
	Vorderräder Bereifung	
4260	13.6 R 24 (126 A8)	**1.795,--**
4280	14.9 R 24 (126 A8)	**2.047,--**
4300	16.9 R 24 (134 A8)	**2.563,--**
4420	12.4 R 28 (121 A8)	**1.803,--**
4440	13.6 R 28 (123 A8)	**1.978,--**
4310	480 / 70 R 24 (138 A8)	**2.918,--**
4460	420 / 70 R 24 (130 A8)	**2.295,--**
4330	520 / 65 R 24 (135 A8)	**3.331,--**
4360	480 / 65 R 24 (135 A8)	**2.739,--**

John Deere 6010er Serie Typ 6110 (1997-2003)
John Deere 6010er Serie Typ 6210 (1997-2003)
John Deere 6010er Serie Typ 6310 (1997-2003)
John Deere 6010er Serie Typ 6410 (1997-2003)
John Deere 6010er Serie Typ 6510 (1997-2003)
John Deere 6010er Serie Typ 6610 (1997-2003)
John Deere 6010er Serie Typ 6810 (1997-2003)
John Deere 6010er Serie Typ 6910 (1997-2003)

Nach fünfjähriger Produktionszeit war eine Überarbeitung der 6000er Modellreihe erforderlich geworden. Kurz nach der Übergabe des 100.000sten Traktors der 6000er Serie, kam im November 1997 die Baureihe 6010 auf den Markt, die sich einen besseren Start nicht wünschen konnte: Gerade rechtzeitig zum Produktionsstart Ende 1997 fiel auch der Startschuss für die neue Endmontage im Mannheimer Werk, auf der jetzt die zweite Generation der 6000er Traktoren, die Baureihe 6010, gefertigt wurde. Mit dem Produktionsstart und der Einführung dieser neuen Modellreihe wurde gleichzeitig auch, nach einer längeren Umbauphase im Mannheimer Werk und einer Fertigungsunterbrechung von nur drei Wochen im Sommer 1997, eine zukunftsorientierte Produktionsplattform in Betrieb genommen. Die immer zahlreicher und spezieller werdenden Kundenwünsche machten eine Änderung des gesamten Materialflusses, von der Bereitstellung der Zuliefer- bzw. Eigenfertigungsteile bis zur Montagebandbeschickung notwendig.

Die Traktoren der zweiten Generation, der Baureihe 6010, begannen so, wie ihre Vorgänger, die 6000er Serie, geendet hat: Mit Produktions- und Verkaufsrekorden und mit weltweiter Anerkennung und großem Lob. Im ersten vollen Produktionsjahr 1998 verließen 28.114 Traktoren der 6010er Baureihe den

Kürzeste Arbeitswege und höchstmöglicher Arbeitskomfort kennzeichnete die 6010er-Traktorenmontage bei John Deere in Mannheim.

modernen Produktionsstandort Mannheim und gar 37.300 Einheiten im letzten vollen Produktionsjahr 2002. Danach teilten sich die »10er« die Produktionsquoten der Mannheimer Fertigung mit den neuen John Deere Traktorserien »6020« und »5020«.

Die Baureihe 6010 umfasste jeweils vier 4-Zylinder- und vier 6-Zylinder Traktoren, die mit Leistungen zwischen 80 bis 140 PS nicht nur alle wichtigen Marktsegmente, sondern die ganze Bandbreite von Ausrüstungsvarianten für den weltweiten Bedarf abdeckten. Vom hinterradgetriebenen Traktor mit offener Fahrerplattform und robustem Getriebe bis hin zum Premiumtraktor mit vollklimatisierter Kabine, PowerShift-Getriebe und gefederter Frontachse.

Obgleich das äußere Erscheinungsbild sich nicht geändert hatte, verbarg sich hinter der unscheinbaren »10« eine ganze Reihe von Neuheiten und Verbesserungen im Vergleich zur Vorgänger-Baureihe 6000. Die 4- und 6-Zylindertraktoren der neuen Baureihe 6010 hatten, bis auf eine Ausnahme, nicht nur mehr Leistung, sondern z.B. auch einen komplett neuen Motor. Mit der Entwicklung der PowerTech Motoren galt es zunächst den Schadstoffausstoß zu minimieren, um sowohl die US- als auch die zukünftigen EU-Abgasnormen zu erfüllen. Das Ziel war es

Der 75 PS starke Vierzylindermotor des 6010 SE als Einstiegsmodell in die erfolgreiche »SE-Grünland«-Baureihe von John Deere Mannheim musste ohne Abgasturbolader auskommen.

jedoch, bei den anderen Leistungsmerkmalen keine Abstriche zu akzeptieren wie z.B. der breite ConstantPower-Bereich, die als ExtraPower definierten zusätzlichen Kraftreserven (bis 4 PS), der steile und schnelle Drehmomentanstieg, das hohe maximale Drehmoment über einen weiten Arbeitsbereich, das hohe Anfahrdrehmoment und natürlich der niedrige Kraftstoffverbrauch. Die neuen 4- und 6-Zylinder der John Deere Motoren mit einem Hubraum von 4530 ccm bzw. 6788 ccm und einer Leistung von 80 bis 135 PS boten in vielen Punkten sogar mehr als ihre Vorgänger. Die Liste der Verbesserungen war lang. Der innen und außen neu gestaltete Motorblock ermöglichte eine effektivere Kühlung und damit eine niedrigere Verbrennungstemperatur, die für einen verringerten Stickoxidausstoß unentbehrlich war. Erreicht wurde dies auch durch den leistungsstarken Querstrom-Zylinderkopf, die auf die kältere Seite des Motors verlegte Leitung für die Kühlflüssigkeit sowie den größeren Ölkühler. Um einen verstärkten Ausstoß von festen Partikeln und Kohlenwasserstoffen zu vermeiden, wurde der Einspritzdruck erhöht und der Einspritzzeitpunkt verzögert. Ein zusätzlicher Effekt wurde durch die besondere Form des Kolbenbodens, die einem Sombrero ähnelt, erreicht. Auf diese Weise blieb die Verwirbelung der eingelassenen Luft länger erhalten, was nach dem Einspritzen des Kraftstoffs zu einer effizienteren Verbrennung, sprich einem niedrigeren Kraftstoffverbrauch führte. Ein weiterer Pluspunkt: das Verhältnis von Bohrung zu Hub betrug optimale 1:1,2. Der lange Kolbenhub erleichterte die Abgasentgiftung. Der Motor konnte freier »atmen« und mit einem magereren, umweltfreundlicheren Gemisch laufen. Zur Verbesserung der Lebensdauer wurden alle wichtigen Bauteile, seien es die Nocken-, oder die Kurbelwelle, die Pleuelstange oder der Zylinderkopf verstärkt oder aus höher vergütetem Material hergestellt und die Toleranzen, z.B. bei der Herstellung des Motorblocks, weiter verringert.

Den Typ 6110 gab es von 1999-2003 auch als John Deere Typ 6110 SE »Grünland«-Traktor, der mit DM 79478.-- wesentlich preiswerter war als die Premium-Version.

Vierzylinder-Traktoren: Typ 6110 mit 59 kW / 80 PS (bisher 55 / 75), Typ 6210 mit 66 kW / 90 PS (bisher 62 / 84), Typ 6310 mit 74 kW / 100 PS (bisher 66 / 90), Typ 6410 mit 77 kW / 105 PS (bisher 73 / 100).

Sechszylinder-Traktoren: Typ 6510 mit 77 kW / 105 PS (bisher 77 / 105), Typ 6610 mit 85 kW / 115 PS (bisher 81 / 110), Typ 6810 mit 92 kW / 125 PS (bisher 88 / 115), Typ 6910 mit 99 kW / 135 PS (bisher 96 / 130).

Dank der Modulbauweise der Mannheimer Traktoren konnte John Deere das Angebot an Getriebevarianten erweitern: Zum PowrQuad-Getriebe mit Reversierer links oder rechts kam jetzt das PowrQuad Plus hinzu, das beim Schalten der Gruppe automatisch den passenden Gang wählte. Die lastschaltbare Wendeschaltung links unter dem Lenkrad (oder auf Wunsch auch rechts in der Konsole) enthielt die Neutralstellung und erlaubte in allen Gängen Vorwärts- und Rückwärtsfahrt. Eine weitergehende Entwicklungsstufe war das AutoQuad-Getriebe mit automatischer Schaltung, Geschwindigkeitsvorwahl und automatischer Ganganpassung. Anhand der tatsächlichen Fahrgeschwindigkeit schaltete das Getriebe beim Gangwechsel selbsttätig auf die richtige Lastschaltstufe. Je nach Last bzw. Motordrehzahl suchte es dabei automatisch innerhalb der vier Lastschaltstufen den richtigen Gang. Bei manuellem Betrieb konnte der Fahrer die Schaltfolge der jeweiligen Arbeit anpassen. Auch die »Tempomat«-Funktion gehörte zum Ausstattungspaket AutoQuad. Damit bezeichnete John Deere einen kleinen Drehschalter, mit dem eine Motordrehzahl vorgewählt werden konnte, die der elektronische Regler dann bis zum Erreichen der Volllastkurve unter allen Umständen einzuhalten versuchte. Diese Geschwindigkeitsautomatik war recht hilfreich z. B. beim Spritzen oder bei Zapfwellenarbeiten, wenn es auf die Einhaltung der Motordrehzahl ankam. Die Auto-Quad-Funktion war dann außer Kraft (sie war vor allem bei schweren Zugarbeiten hilfreich).

Mit dem »AutoPowr«-Getriebe ging im Januar 2001 ein stufenloses Getriebe in Produktion, das vom Fahrer bei vorgewählter Motordrehzahl in jede gewünschte Fahrgeschwindigkeit, von sehr niedrigen Kriechganggeschwindigkeiten bis zum Maximaltempo, stufenlos geschaltet werden konnte. Oder aber in Verbindung mit einer Motor-/Getriebe-Regelung dem Traktor zu revolutionärer Leistung verhalf, etwa konstanter Zapfwellendrehzahl, wenn die Fahrgeschwindigkeit der Leistungsfähigkeit des Arbeitsgerätes angepasst werden musste, wie zum Beispiel bei Erntearbeiten. Das stufenlose »AutoPowr«-Getriebe hielt aber auch eine konstante Fahrgeschwindigkeit, wenn die Motordrehzahl durch die Belastung variierte. Eine typische Anwendung hierfür war das Ausbringen von Insektiziden, Pestiziden etc. Andere Wahlmöglichkeiten der Getriebesteuerung reichten von minimalem Kraftstoffverbrauch bis zu maximalem Drehmoment bzw. maximaler Leistung. Auch das Anhalten und wieder Anfahren mit großer Transportlast, auch an einer Steigung, ohne zu kuppeln oder zu bremsen waren weitere Entlastungen des Fahrers.

TLS-Allradachse

Für die neue TLS-Allradachse mit gefederter Dreilenkeraufhängung als Wahlausrüstung für die Traktoren der 6010er Serie brauchte es nicht viele Worte, sondern nur extrem harte Testbedingungen, mit denen die Vorteile bei Händler- wie Kunden-Veranstaltungen demonstriert werden sollten: Die horizontal ausgehobene Schaufel des Frontladers am John Deere Traktor war randvoll mit Splitt gefüllt. Das war die Extremposition, bei der jeder Stoß auf die Vorderachse die stärksten Schwingungen am Frontlader hervor rief. Der Fahrer wartete auf das Startzeichen, um mit 12 km/h über die mit einem Dutzend Holzbohlen gepflasterte 30 Meter lange Teststrecke zu »brettern«. Während unten die Räder über die einzelnen Bohlen zappelten, blieb oben am Traktor alles ruhig. Erst als der Fahrer die Achse abschaltete, was nur an diesem Testfahrzeug möglich war, schüttete der Frontlader mit jedem Stoß einen Teil seiner Ladung auf die Fahrbahn, und das bereits bei einer Geschwindigkeit von 8 km/h.

Besonderes Merkmal: Die neue Allradachse blieb ständig zugeschaltet – bei schwersten Frontladerarbeiten wie bei Transportfahrten. Bei Pflugarbeiten ergänzte die Allradachsenregelung die Kraftheberregelungen; jedoch arbeiteten beide Systeme unabhängig voneinander. Die TLS-Allradachse mit gefederter Dreilenkeraufhängung kontrollierte sowohl die Vertikal- und Horizontalkräfte als auch die Längsbewegungen der Achse. Zwei doppelt wirkende hydropneumatische Zylinder verhalfen zu einem Federweg von insgesamt 100 mm. Diese waren einerseits mit zwei Stickstoffakkumulatoren, andererseits über einen Steuerventilblock mit dem Hydrauliksystem des Traktors verbunden. Zusätzlich war noch ein Gegendruckakkumulator installiert, der eine weiche Federung auch bei geringer Frontballastierung garantierte. Dank dieser Technik blieb die (ideale) Mittelposition der Achse unter allen Lastbedingungen erhalten, ohne dabei den 11° Pendelwinkel einzuschränken. Die Zylinder sorgten ferner dafür, dass die Reifen stets in Bodenkontakt blieben und der Schlupf geringer war als bei allen Traktormodellen ohne TLS-Allradachse. Der Fahrer konnte mit höherer Arbeitsgeschwindigkeit fahren bei gleichzeitig geringerer Bodenverdichtung. Die beiden Schwenkbegrenzer schließlich dienten zum Schutz vor extrem einseitigen Belastungen, wie sie z.B. beim Überfahren eines Hindernisses mit nur einem Rad auftreten konnten. Auch das gefürchtete »power hopping« – das auftritt, bevor sich der Traktor festfährt – wurde durch das TLS-System wirksam gedämpft.

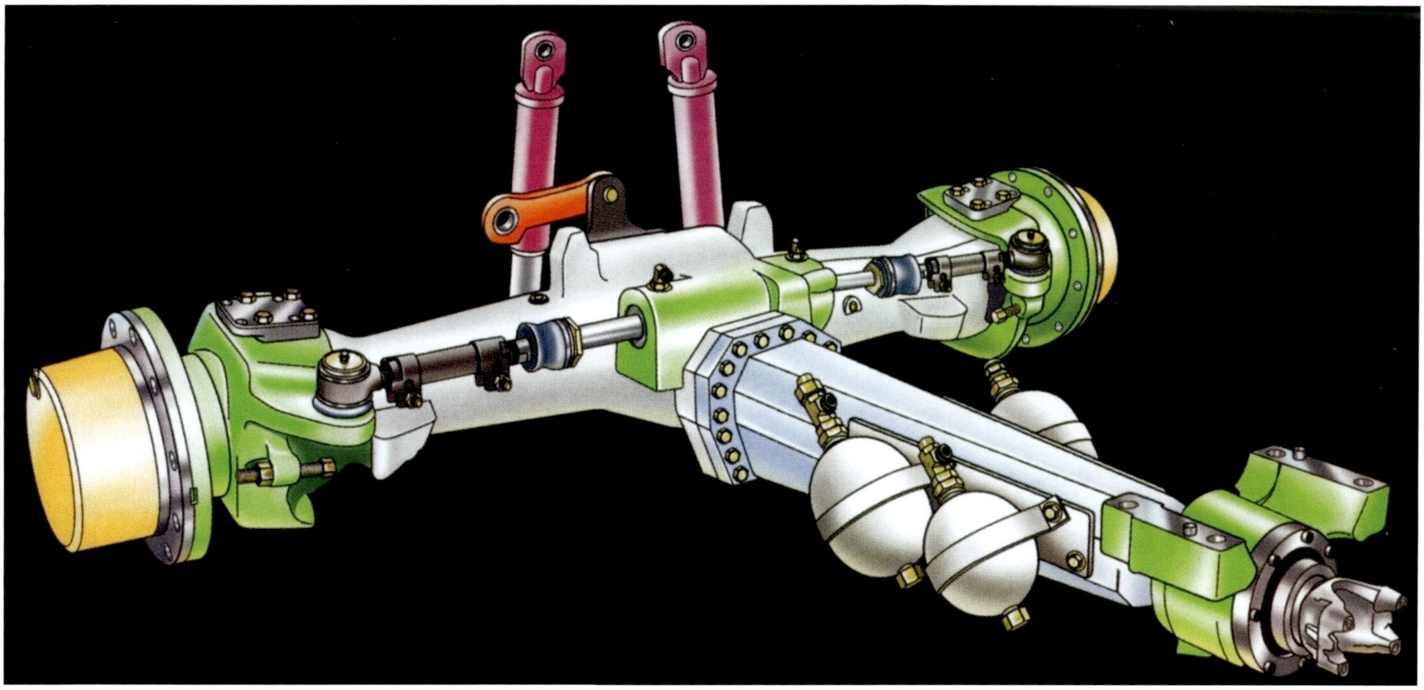

Die neue TLS-Allrad-Vorderachse (Code 0350) konnte als Wahlausrüstung für die 4-Zylinder-Modelle für DM 6150.-- geordert werden. Bei den 6-Zylindern war sie für 6550.-- zu bekommen.

In spezieller Kommunalausrüstung wurde der John Deere Allrad-Traktor Typ 6210 (Code 592 KR) zu einem Grundpreis von DM 106592.-- angeboten.

Das Federungskonzept der TLS-Allradachse ergänzte sich ideal mit der Rahmenbauweise der John Deere Traktoren. Der mit dem Rahmen verbundene zentrale Längslenker übertrug die von der Frontachse ausgehenden Schub- und Zugkräfte in den Mittelpunkt des Traktors. Auf diese Weise wurde jegliche Längsbewegung der Achse verhindert, womit ein wesentlich höherer Fahrkomfort und eine größere Laufruhe verbunden waren. Das machte sich vor allem bei Transportfahrten bezahlt. Dritte Komponente war der sog. »Panhardstab«, der die Seitenkräfte der Achse einschränkte. Auf diese Weise »beruhigte« sich der Traktor bei Transportfahrten mit schweren Heckanbaugeräten, die zum Pendeln neigten.

Diese Achse schonte den Fahrer durch erhöhten Arbeitskomfort, ermöglichte höhere Transportgeschwindigkeiten, sorgte für zusätzliche Stabilität und damit längere Lebensdauer. Im Zuge einer ständigen Modellpflege gab es seit 1999 auch die Modelle 6110 und 6210 mit der gefederten TLS-Allradachse. Das AutoQuad-Getriebe mit Schaltautomatik und »Tempomat«-Funktion erhielt eine Schalttafel (AutoQuad II) zur Auswahl zwischen eher leistungsorientierter oder eher wirtschaftlich sparsamer Arbeitsweise.

Nachdem die John Deere Werke Mannheim mit der Einführung der 6010er Baureihe zwei neue Getriebevarianten mit teil- bzw. vollautomatischen Schaltvorgängen vorgestellt hatten, das PowrQuad Plus und das AutoQuad, bot John Deere für seine Modelle 6810 und 6910 künftig das bewährte PowerShift-Getriebe an und hob gleichzeitig die Nennleistung des hubraumstarken 6,8-Liter-Turbo-PowerTech Motors im Spitzenmodell 6910 auf 140 PS (103 kW) an. Damit war John Deere der bislang einzige Hersteller, der seinen Kunden volllastschaltbare Getriebe bis hinunter zum Leistungsniveau von 125 PS anbot. Das neue 18/7-Gang-PowerShift-Getriebe basierte auf dem gleichen Konzept wie das der US-Großtraktoren der Baureihe 7010. Seine Planetenbauweise bot die Kombination aus langzeitbeständigen, mechanischen Baugruppen, hohem Wirkungsgrad und Geschwindigkeitswechsel ohne Leistungsunterbrechung. Insgesamt fünf Planetensätze sorgten für die Umsetzung der 18 Vorwärtsgänge und 7 Rückwärtsgänge. Die Schrägverzahnung der Planetenradsätze sorgte für eine große Kontaktfläche der im Eingriff stehenden Zahnräder und damit für ein Höchstmaß an Belastbarkeit, wobei eine Druck-Umlaufschmierung für den besonders leichten Lauf sorgte.

Gangwechsel und Schaltmodulation erfolgten mittels vier großdimensionierter, ölgekühlter Mehrscheiben-Kupplungen und fünf ölgekühlter Mehrscheiben-Bremsen. Da die Schaltmodulation in Abhängigkeit von der Motorauslastung bzw. dem Abgasdruck erfolgte, wurden die entsprechenden Kupplungen und Bremsen im Teillastbereich mit weniger Druck beaufschlagt als etwa bei der schweren Bodenbearbeitung. Damit konnte der Gangwechsel weich und ruckfrei ohne Leistungsunterbrechung direkt erfolgen. Die Direktschaltung ermöglichte dem Fahrer im Bereich zwischen dem 16. Vorwärtsgang und dem 6. Rückwärtsgang ohne jede Verzögerung einen beliebigen Gangwechsel vorzunehmen. Der Bereich von 1,7 km/h bis 4 km/h wurde durch drei Gänge abgedeckt, im Hauptarbeitsbereich standen dem Fahrer zwischen 4 km/h und 14 km/h insgesamt neun Gänge zur Verfügung, wobei der jeweils gewählte Gang mit der tatsächlichen Fahrgeschwindigkeit korrespondierte. Oberhalb der 14 km/h konnte die Geschwindigkeit 40 km/h mit nur sechs Gängen erreicht werden. Das erlaubte eine optimale Anpassung sowohl an die Lastverhältnisse als auch an die jeweiligen Verkehrsbedingungen. Sieben Rückwärtsgänge deckten den Bereich von 3.2 km/h bis 20,3 km/h ab und boten damit optimale Bedingungen für Rangierarbeiten, Wendemanöver oder den Frontladereinsatz. Alle Gänge wurden mit nur einem Schalthebel durchgeschaltet, ohne zu kuppeln. Zwischen Vorwärts- und Rückwärtsschaltgassen lag die Neutralposition mit Parksperre zur Sicherung des Traktors nach getaner Arbeit. Obwohl das John Deere PowerShift-Getriebe ohne Kupplung auskam, stand eine gut zu dosierende Fußkupplung zum Anfahren oder Rangieren bei Bedarf zur Verfügung. Eine spezielle Steuerung erlaubte darüber hinaus den Betrieb des Traktors auch bei Ausfall der elektronischen Getriebesteuerung.

Die lange Liste weiterer Optimierungen betraf im Wesentlichen die Qualität des Fahr- bzw. des Bedienungskomforts. So wurden für die TechCenter-Kabine der 6010er Serie, je nach Kunden-

Der John Deere Forsttraktor Typ 6310 mit spezieller Forstschutzausrüstung. Auch der Frontpolter, das Heckschild und die Heckseilwinde kamen von der Firma RITTER.

wunsch, zwei Instrumentierungsvarianten angeboten, die entweder analog oder digital Betriebsstunden, Fahrgeschwindigkeit, Motor- und Zapfwellendrehzahlen sowie den eingelegten Gang anzeigten bzw. Diagnosefunktionen wahrnahmen und sogar sprachbasierte Warnhinweise gaben. Eine interessante Verbesserung war die praktische Art der Auswahl und Betätigung der für die Arbeit benötigten Leuchten. Auf einem Monitor konnten die erforderlichen Leuchten ausgewählt und auf dem Anzeigefeld per Fingerdruck einzeln für einen sicheren und effektiven Einsatz bei Dunkelheit eingeschaltet werden. Auch ließen sich das Lenkrad und die an der Lenksäule montierte Armaturentafel auf eine für den Fahrer individuell optimale Position einstellen, zur bequemen Bedienung und für gute Sicht auf relevanten Fahrinformationen. Für Kunden, die im Rahmen ihrer Einsatzanforderungen eine Kabinenfederung wünschten, stand ab 1999 eine solche Lösung als separat erhältlicher Bausatz zur Verfügung.

Für optimalen Sitzkomfort sorgten eine Reihe verschiedener Sitzvarianten, unter anderem mit Luftfederung, Beckenstütze, Sitzheizung und bis 180 Grad drehbarem Sitz. Saubere Luft am Arbeitsplatz ermöglichten neben dem Staub- und Pollenfilter wahlweise erhältliche Spezialfilter für verschiedene Einsatzzwecke. Darüber hinaus wurden Luftführung und Klimatisierung weiter verbessert. Eine neue elektronische Hubwerkssteuerung mit Schnelleinzug und –aushub erleichterten die Betätigung der Hydraulikfunktionen durch optimale Position, kurzen Betätigungsweg und schnelle Reaktion. Sie wurde serienmäßig mit Schwingungstilgung geliefert. Neu war auch die integrierte Frontzapfwelle mit unabhängiger Hydraulik. Ihre Drehzahl lag bei 95% der Motordrehzahl. Ihr Antrieb erfolgte über eine ölgekühlte Lamellenkupplung.

Wie die bisherigen Traktoren der Baureihe 6000 verfügten auch die neuen Traktoren der Baureihe 6010 über eine Reihe umweltrelevanter Merkmale. Sie waren RME-tauglich, konnten mit biologisch abbaubaren Schmierstoffen versorgt werden und waren mit gekennzeichneten Kunststoffen für sortenreines Recycling ausgestattet.

Der Allrad-Traktor Typ 6310 »Premium« (Code 5929 R) in Vollausstattung gab es Ende 1999 zu einem Grundpreis von DM 102390.--.

Gegenüber dem Vorgänger um 10 PS erstarkt, gelang dem John Deere Typ 6310 Allrad-Traktor den Sprung in die 100-PS-Leistungsklasse.

Beim Typ 6410 war das 24/24 PowrQuad-Getriebe mit Reversierer für den Geschwindigkeitsbereich von 1,5 bis 40 km/h serienmäßiger Standard.

Allrad-Traktor Typ 6410 mit neuer integrierter Frontzapfwelle für den Einsatz schwerer Frontanbaugeräte.

Bei Pflugarbeiten ergänzte die TLS-Allradachsenregelung im John Deere Typ 6410 Allrad-Traktor die Kraftheberregelung, jedoch arbeiteten beide Systeme unabhängig voneinander.

John Deere 6010er Serie Typ 6010 SE (1999-2003)
John Deere 6010er Serie Typ 6110 SE (1999-2003)
John Deere 6010er Serie Typ 6210 SE (1999-2003)
John Deere 6010er Serie Typ 6310 SE (1999-2003)
John Deere 6010er Serie Typ 6410 SE (1999-2003)
John Deere 6010er Serie Typ 6510 SE (1999-2003)
John Deere 6010er Serie Typ 6610 SE (1999-2003)
John Deere 6010er Serie Typ 6910 S (2000-2003)

Trotz dem Trend zu leistungsstärkeren Komforttraktoren verlangte der aufgrund des anhaltenden Strukturwandels in der Landwirtschaft durch die ständig fallenden, niedrigen Weltmarktpreise für Agrarprodukte immer schwieriger werdende Markt nach preiswerteren Modellen. John Deere Mannheim beantwortete diesen Trend mit der SE-Modellreihe, die nach einer Anlaufphase mittlerweile ihren Platz im Markt gefunden hatte. Kunden, die nicht unbedingt modernste Technik und Elektronik, sondern eine zuverlässige Arbeitsmaschine zu einem günstigen Preis benötigten, machten diese Modellreihe dann zu einem Erfolg.

Zu den seit 1996 gebauten Modellen 6200 SE und 6400 SE aus der 6000er Serie stieß 1997 der Typ 6010 SE mit 75 PS hinzu. Ende 1998 nahm John Deere dann die beiden 6000er SE Modelle aus dem Programm und ergänzte um vier 4-Zylinder- und zwei 6-Zylindermodelle seine Baureihe 6010 SE. Die leistungsstarken Traktoren mit den klassischen Ausrüstungen waren geradezu ideal für den Einsatz in Grünlandbereichen und in kleineren landwirtschaftlichen Betrieben.

Den Anfang machte der 6010 SE mit einer Leistung von 75 PS, dessen Ausstattung, wie bei allen SE-Traktoren, auf die besonderen Bedürfnisse zugeschnitten war. So hatte die Kabine ein anderes Heiz- und Belüftungskonzept, die für Betriebe mit niedrigen Einfahrten auch als Niedrigprofil-Kabine zur Verfügung stand. Der 6010 SE wurde Ende 1999 zu einem Grundpreis von 76.368,-- angeboten.

Die »SE-Grünland« 4-Zylindertraktoren mit Abgasturbolader (6010 ohne Turbo) 6010 SE (75 PS), 6110 SE (80 PS), 6210 (90 PS), 6310 (100 PS) und 6410 mit 105 PS sowie die neuen 6-Zylinder SE-Traktoren 6510 SE und 6610 SE (105 bzw. 115 PS) waren mit abgaszertifizierbaren Powertech-Motoren ausgestattet. Die Verbindung zwischen Motor und Getriebe erfolgte über die Perma-Kupplung II, die weiches moduliertes Anfahren ermöglichte.

Für optimale Geschwindigkeitsabstufung der »SE-Grünland«-sorgte ein 16/16-Gang-PowrQuad-Getriebe mit lastschaltbarer Reversierschaltung. Bei den 6-Zylinder SE-Traktoren stand ein vollsynchronisiertes 16/16-Gang-Reversiergetriebe oder wahlweise ein 16/16-Gang PowrQuad-Getriebe mit lastschaltbarer Reversiereinrichtung links zur Auswahl. Damit eigneten sich die SE-Traktoren besonders für Frontlader-, Pflege- und Kommunalarbeiten.

Fahrern von SE-Traktoren kam auch der Komfort von Tech-Center-Kabinen zugute. Zur Auswahl stand ein mechanisch gefederter oder luftgefederter Komfortsitz, serienmäßig erhältlich war das verstellbare Lenkrad, bei 4-Zylindermodellen die ausstellbare Frontscheibe und ein leistungsfähiges Lüftungssystem im Kabinendach. Auf Wunsch war auch eine Klimaanlage lieferbar. Für Betriebe mit niedrigen Einfahrten stand für die 4-Zylindermodelle eine Niedrigprofil-Kabine zur Verfügung, mit der die Gesamthöhe von 2,5 m sogar noch unterschritten werden konnte.

John Deere SE-Traktoren arbeiteten mit einem druck- und mengengesteuerten Hydrauliksystem mit Konstantstrompumpe, das bei geringem Kraftbedarf hohe Leistung bereitstellte. Als Zapfwellen-Varianten bot John Deere für die »SE-Grünland« Modelle umschaltbare und umsteckbare 540/540E/1000er Zapfwellen an. Die 6-Zylinder SE-Traktoren waren wahlweise mit 540/1000er oder 540/540E/1000er Zapfwellen lieferbar. Beide Zapfwellenvarianten wurden elektrohydraulisch betätigt und liefen deshalb sanft an.

Für eine optimale Geschwindigkeitsabstufung sorgte im Typ 6410 SE Allrad-Traktor ein 16/16-Gang-PowrQuad-Getriebe. Damit eignete sich der SE-Traktor besonders für Frontlader-, Pflege- und Kommunalarbeiten.

Das kleinste Sechszylindermodell Typ 6510 Allrad-Traktor musste ohne Turbolader auskommen und leistete 105 PS. Vor allem für mittelgroße Ackerbaubetriebe gedacht, eignete er sich besonders für die Bodenbearbeitung und Feldbestellung.

Vielseitig ausrüstbare Forst- und Kommunaltraktoren

Die Vorteile der 1992 eingeführten Rahmen- und Modulbauweise ließen sich auch für Forst- und Kommunal-Traktoren voll nutzen, denn gerade hier war Vielseitigkeit bei universellem Einsatz besonders wichtig. Mit den Vierzylinder-Traktoren 6210 und 6310 sowie den beiden Sechszylindermodellen 6510 und 6610 präsentierten sich auch Vertreter der neuen 6010er Baureihe von John Deere Mannheim im »Forst- und im Kommunalgewand«. Die dank ihrer Rahmen- und Modulbauweise individuell ausrüstbaren Maschinen hatten sich besonders durch ihre Wendigkeit und Robustheit einen Namen gemacht. Als gut zugängliches Rückgrat konnte der Rahmen ohne zusätzliche Hilfskonstruktionen höchste Lasten aufnehmen. Die John Deere Forst- und Kommunaltraktoren konnten wahlweise mit fernsteuerbaren Doppeltrommel-Seilwinden für den Front- und Heckaufbau, Heck-Rückeschild, Frontpoltereinrichtungen, einem Stammholzrückekran, sowie einer Reihe spezieller Forstschutz- und Kommunalausrüstungen und Bereifungsvarianten ausgestattet werden.

Drehmomentstarke Konstantleistungsmotoren mit Extraleistung waren Standard und sorgten für hohe Durchzugskraft im Bestand und in hängigen Lagen. Das John Deere 24/24-Gang-PowrQuad-Getriebe mit Reversierschaltung und Neutralstellung ermöglichte vierfaches Schalten unter Last ohne Zugkraftunterbrechung. Für den schweren Einsatz mit Stammholzrückezange oder Frontpolter bot das druck- und mengengesteuerte Hydrauliksystem ein hohes Maß an hydraulischer Leistung. Gemäß dem John Deere Langzeitkonzept arbeiteten die hart beanspruchten Bauteile der Kraftübertragung wie die Perma-Kupplung II, die Zapfwellen- und Allradkupplung sowie die Differenzialsperre und Bremsen mit Ölkühlung und hielten damit höchsten Belastungen dauerhaft stand.

Wahlweise erhältlich war die neue gefederte John Deere TLS-Frontachse mit dreifacher Anlenkung, die sich automatisch lastabhängig einstellte und nicht abgeschaltet werden musste. Das geschlossene Hydrauliksystem mit 96 Liter Pumpenleistung war mit einem Einhebelsteuergerät ausgerüstet und speziell für den Forst- und Kommunaleinsatz vorbereitet. Für besonderen Fahrkomfort sorgte die TechCenter-Kabine aus dem Werk Bruchsal mit luftgefedertem, beheizbarem Beifahrersitz und wahlweiser Klimaanlage.

Mit dem Einsatz von John Deere Traktoren im Forst und bei den Kommunen ließ sich gleichzeitig eine umweltschonende Bringung realisieren. Die Maschinen waren für den Betrieb mit Biodiesel zugelassen und konnten biologisch abbaubare Schmierstoffe verwenden, wie sie mit Bio-Hy-Gard (Öl) und Bio-Grease-Gard (Fett) von John Deere angeboten wurden.

Enormer technischer Fortschritt im letzten Jahrzehnt

Weniger ernten mehr: Erstaunliche Dimensionen hatten die Konzentration und der technische Fortschritt in der deutschen Landwirtschaft an der Schwelle zur Jahrtausendwende erreicht. Der »Bauer 2000« trug zur Ernährung von 110 Menschen bei, vor 50 Jahren lautete das Verhältnis noch 1:10. Auch nahm die Zahl der kleineren Betriebe bis 30 Hektar weiter ab, die Zahl der Bauernhöfe über 30 Hektar nahm zu. Der Trend zu größeren Betrieben galt auch für die Nebenerwerbslandwirtschaft, denn moderne Maschinen und leistungsfähige, bessere und größere Traktoren machten es möglich, dass auch Landwirte, die nur noch im Nebenerwerb arbeiteten, immer größere Flächen bewirtschafteten. Mit dem Strukturwandel der Landwirtschaft zu immer leistungsfähigeren und größeren Betrieben erfuhr auch die Traktoren- und Erntemaschinentechnik im letzten Jahrzehnt einen massiven Entwicklungsschub. Als »Transportunternehmer wider Willen« mussten Landwirte vielfach weite Strecken zu ihren Feldern überwinden. Sie versuchten deshalb, mehrere Bearbeitungsgänge gleichzeitig zu absolvieren. Um dabei die Anforderungen an Fahrdynamik und Fahrkomfort eines Traktors erfüllen zu können, hatten sich die Hersteller einiges einfallen lassen.

Mitte der 1980er Jahre, nachdem integrierte Fahrerkabinen sich mehr und mehr zum Standard entwickelt hatten, wurden die ersten Traktoren mit 40 km/h-Version auf den Markt gebracht. Die üblicherweise in der klassischen Blockbauweise (Motor-Getriebe-Hinterachseinheit dienen gleichzeitig als tragende Struktur) ausgelegten Maschinen schützten den Fahrer bei schneller Fahrt lediglich über den Reifendruck und über den Fahrersitz vor den massiven Einwirkungen von Schwingungen. Mit Entwicklung der robusten Rahmenbauweise gelang es John Deere 1992, wesentliche Grundlagen für einen verbesserten Federungs- und Arbeitskomfort zu legen.

1995 entwickelte John Deere seine erste Schwingungstilgung. Sie sorgte dafür, dass sich der Traktor mit angehobenem Anbaugerät während der Straßenfahrt nicht »aufschaukeln« konnte und die Maschine dadurch jederzeit lenkbar blieb. Die elektronische Schwingungstilgung wurde beim Erreichen der Transportstellung aktiv und dämpfte einen erheblichen Teil der durch die Hebelwirkung des Anbaugerätes verursachten Kräfte.

Abhängig von der Schwingungsamplitude des Anbaugerätes wurde dabei ein Signal an die Steuereinheit der Dreipunkthydraulik gegeben, die durch Heben bzw. Senken der Auf- bzw. Abwärtsbewegung entgegenwirkte. Der Einsatz einer solchen

Zu einem Grundpreis von DM 117319.-- und in der 50 km/h-Ausführung DM 134094.-- bot John Deere den Typ 6610 Allrad-Traktor an, der zudem mit dem AutoQuad-Getriebe mit automatischer Schaltung ausgerüstet war.

Für die TLS-Allrad-Vorderachse im Typ 6810 sind auch schwere Front- oder Heckbelastungen kein Problem.

Schwingungstilgung war auch im Bereich des Frontkrafthebers möglich. Einen wesentlichen Fortschritt bei der Entwicklung stellte die gefederte Vorderachse dar, die seit Mitte der 1990er Jahre in verschiedenen Varianten angeboten wurde. John Deere arbeitete mit einer Drei-Lenker-Vorderachse und einem Federweg von bis zu +/- 50 mm bei 9 Grad Pendelwinkel. Die eigentliche Dämpfung der Achse erfolgte über zwei hydropneumatische Zylinder, ihre Anlenkung in der Chassismitte sorgte dabei für noch bessere Traktion bei der Feldarbeit, wobei sich der Traktor in der Scholle regelrecht »festkrallte«.

Zusätzlichen Fahrkomfort bot die Kabinenfederung. Sie war permanent aktiv und arbeitete mit Sensoren, die laufend die Position der Kabine erfassten und ihre Lage an eine zentrale Steuereinheit übermittelten. Über Stickstoffakkumulatoren und Hydraulikzylinder regelte die Steuereinheit dann die Lage der Kabine so, dass sie immer parallel zur Hinterachse gehalten wurde.

Nachdem der Fahrersitz das Rückgrat des Fahrers zunächst nur über eine passiv wirkende Federung und später durch die Luftfederung (deutlich komfortabler) schützen konnte, hatte John Deere mit dem »aktiven Sitz« eine neue Federungsvariante vorgestellt, die zunächst bei Großtraktoren zum Einsatz kam. Bis zu 200 Mal pro Sekunde maß dabei ein Sensor die Vertikalbeschleunigung der Sitzschale. Ein Rechner kompensierte mit Unterstützung eines Reglers bis zu 90% der Bewegungen über ein eigenes Hydrauliksystem und wirkte damit Schwingungen aktiv entgegen.

Abgesehen von drei wählbaren Komfortstufen ermöglichte dieser neue Fahrersitz auch eine automatische Anpassung an das Körpergewicht des Fahrers. Das Resultat: bis zu 20% höhere Arbeitsgeschwindigkeiten und deutlich geringere Belastung des Fahrers. Für dieses innovative Konzept erhielten die John Deere Konstrukteure eine Goldmedaille auf der »Agritechnica 2001« (der »IAA der Landtechnikindustrie«) in Hannover.

Eine beachtenswerte Entwicklung im Bereich der Fahrwerksfederung bei Traktoren war Anfang 2002 das Einzelradfederungssystem von John Deere, das für seinen innovativen Ansatz ebenfalls mit einer Goldmedaille ausgezeichnet wurde. Es vollzog die Entwicklung zum vollgefederten Traktorfahrwerk und bestand aus zwei Modulen: einer Einzelradfederung für die Vorderräder und einem Federungssystem für die Hinterräder. Die Vorderradfederung war ein Doppelquerlenker-System mit A-förmigen Armen und einer hydropneumatischen Federung (+/- 115 mm Federweg, TLS) mit Gasdruck-Akkumulatoren, dessen mechanische Bauteile links und rechts völlig unabhängig voneinander arbeiteten, hydraulisch aber so miteinander verbunden waren, dass quasi eine beidseitige Pendelung ermöglicht wurde. Das Hinterachs-Federungssystem mit +/- 65 mm Federweg wurde durch die Anlenkung der Radaufhängung über zwei Querträger und zwei Hydraulikzylinder an das Endantriebs- bzw. Differenzialgehäuse realisiert. Vorteile für den Praxiseinsatz ergaben sich durch das gefederte Fahrwerk vor allem aus dem verbesserten Schutz von Fahrer und Anbaugeräten gegenüber Schwingungsbelastungen, deutlich höhere Fahr- und Arbeitsgeschwindigkeiten, sowie verbesserte Traktion im Feldeinsatz und erhöhte Fahrsicherheit.

Jede Bauart hat ihre Eigenart

Zum Beginn der Erntezeit kommt es auf den Landstraßen der Republik zwangsläufig zu »unheimlichen Begegnungen der dritten Art« zwischen Pkw und Zweirädern auf der einen bzw. Landmaschinen auf der anderen Seite. An der Brisanz solcher Begegnungen hatten sowohl der Strukturwandel in der Landwirtschaft als auch der Technikfortschritt ihren Anteil: Der Strukturwandel in der Landwirtschaft brachte deutliche Veränderungen in der Mechanisierung mit sich, die sich auch auf den ländlichen Straßenverkehr auswirkten. Die einzelnen Betriebe wurden immer größer und bekamen neue Felder hinzu, die nicht notwendigerweise arrondiert waren. Damit wurden Landwirte unfreiwillig zu Transportunternehmern. Wegen der hohen Kosten für die Mechanisierung nutzten Betriebe zur Bewältigung von Arbeitsspitzen vielfach die Schlagkraft von Lohnunternehmen und Maschinenringen bei der Feldbestellung und Ernte. »Geballte Schlagkraft« bedeutete die Nutzung selbst des letzten genehmigten Breiten-, Höhen- oder Längen-Zentimeters einer Landmaschine. Auf voluminöse Technik hinter Kuppen und Kurven im ländlichen Raum mussten sich Autofahrer wie Biker also einstellen.

Moderne Traktoren verfügten Anfang der 2000er Jahre vielfach über eine gefederte Vorderachse, Kabinenfederung, einen luftgefederten Fahrersitz sowie stufenlose Getriebe und konnten damit vielfach 40 bzw. 50 km/h fahren, bauartbedingt in

Obwohl das volllastschaltbare PowerShift-Getriebe im Typ 6810 Allrad-Traktor ohne Kupplung auskam, stand eine gut zu dosierende Fußkupplung zum Anfahren oder Rangieren bei Bedarf zur Verfügung.

Standard waren beim John Deere Typ 6910 Allrad-Traktor die gefederte Vorderachse, Kabinenfederung, der luftgefederte Fahrersitz sowie das stufenlose Getriebe. Die Höchstgeschwindigkeit betrug 40 bzw. 50 km/h.

Einzelfällen sogar noch schneller. Waren sie leer mit zwei Hängern unterwegs und damit bis zu 18 Meter lang, benötigte man allein 100 Meter Strecke für den Überholvorgang, wenn man mindestens bei 40 km/h schneller fuhr – deutlich mehr als noch vor zwei Jahrzehnten, als Schlepper gemütlich übers Land »tuckerten«.

Hohe »Schlagkraft« bedeutete vielfach die vollständige Ausnutzung gesetzlicher Vorschriften. Die erlaubten bis zu 3 Meter Fahrzeugbreite bei Breitbereifung und maximal 12 Meter Gespannlänge bei der Fahrt mit Anbaugeräten. Immer leistungsfähigere Heck- und Fronthydrauliksysteme sowie elektronische Schwingungstilgung gestatteten dabei das schnelle Mitführen selbst tonnenschwerer Anbaugeräte. Vor allem beim Abbiegen beanspruchten solche Gespanne unvorhergesehen einen Gutteil der Gegenfahrbahn. Erheblicher Platzbedarf ergab sich auch beim Manövrieren mit bis zu zwei Anhängergeräten, mit denen ein solches Gespann bis zu 18 Meter lang werden konnte und über einen nicht gerade komfortablen Wenderadius verfügte.

Die starke Wetterabhängigkeit bei der Ernte erforderte besondere Schlagkraft, vor allem in Regionen mit Großbetrieben. Falls einem nicht gleich mehrere Mähdrescher oder Feldhäcksler begegneten, vermutlich aber die dazu gehörigen Transportfahrzeuge, die mit ausgefeilter Logistik für den Abtransport des Erntegutes sorgten. In der Regel waren das Traktoren mit schwer beladenen Anhängern. Während der Korntank des Mähdreschers nur alle 15 bis 20 Minuten einmal geleert werden musste, beschickte der Häcksler den parallel fahrenden Anhänger eines Traktors kontinuierlich. So dass für jeden eingesetzten Feldhäcksler gleich mehrere Traktoren unterwegs waren. Vielfach liegen auch Traktoren, die den nächsten Bearbeitungsgang unmittelbar nach der Ernte durchführen, bereits in Lauerstellung, mit Bodenbearbeitungsgeräten oder gar mit der Strohpresse.

Die Leistungssteigerung beim Typ 6910 erfolgte schrittweise: 1997 begann der 6910 mit einer Leistung von 135 PS, ab 12/1999 erhöhte sie sich auf 140 PS und mit dem 6910S verfügte das Flaggschiff der 6010er Serie über 150 PS und vollelektronischer Einspritzpumpe.

Wahlweise konnte der Allrad-Traktor Typ 6910 mit fünf verschiedenen Getriebevarianten, passend für jede Betriebsart, ausgerüstet werden.

Programmübersicht John Deere 6010er-Serie							
Typ Modell	Ausführung	Getriebe	Geschwindigkeit (km/h)	Motor			Bauzeit
				Hubraum (ccm)	Zyl.	PS (kW)	
6110	Allrad-Traktor	PowrQuad 16/16; 24/24; 12/12	30 / 40	4530	4 Turbo	80 (59)	1998-2001
6210	Allrad-Traktor	PowrQuad 16/16; 24/24; 12/12	30 / 40	4530	4 Turbo	90 (66)	1997-2003
6310	Allrad-Traktor	PowrQuad 16/16; 24/24; 12/12	30 / 40	4530	4 Turbo	100 (74)	1997-2003
6410	Allrad-Traktor	PowrQuad 16/16; 24/24; 12/12	30 / 40	4530	4 Turbo	105 (77)	1997-2003
6510	Allrad-Traktor	PowrQuad 16/16; 24/24; 12/12	40 / 50	6788	6	105 (77)	1997-2003
6610	Allrad-Traktor	PowrQuad 16/16; 24/24; 12/12	40 / 50	6788	6 Turbo	115 (84)	1997-2003
6810	Allrad-Traktor	PowrQuad 16/16; 24/24; 12/12	40 / 50	6788	6 Turbo	125 (92)	1997-2003
6910	Allrad-Traktor	PowrQuad 16/16; 20/20; 12/12	40 / 50	6788	6 Turbo	135/140 (99/103)	1997-2003
6910 S	Allrad-Traktor	AutoQuad II 20/20; 24/24; 12/12	40 / 50	6788	6 Turbo	150 (110)	2000-2003
6010 SE	Allrad-Traktor	PowrQuad 16/16;	30	4530	4	75 (55)	1999-2003
6110 SE	Allrad-Traktor	PowrQuad 16/16;	30	4530	4 Turbo	80 (59)	1999-2003
6210 SE	Allrad-Traktor	PowrQuad 16/16;	30	4530	4 Turbo	90 (66)	1999-2003
6310 SE	Allrad-Traktor	PowrQuad 16/16;	30	4530	4 Turbo	100 (74)	1999-2003
6410 SE	Allrad-Traktor	PowrQuad 16/16;	30	4530	4 Turbo	105 (77)	1999-2003
6510 SE	Allrad-Traktor	Reversier 16/16; PowrQuad 16/16	30	6788	6	105 (77)	1999-2003
6610 SE	Allrad-Traktor	Reversier 16/16; PowrQuad 16/16	30	6788	6 Turbo	115 (84)	1999-2003

	John Deere 6010er Serie Typ 6110 / 6110 Allrad 1997-2003	John Deere 6010er Serie Typ 6210 / 6210 Allrad 1997-2003	John Deere 6010er Serie Typ 6310 / 6310 Allrad 1997-2003
Motor			
Bauart:	John Deere 4-Zylinder-4-Takt-Diesel mit Abgasturbolader		
Bohrung x Hub (mm):	106,5 x 127	106,5 x 127	106,5 x 127
Hubraum (cm^3):	4530	4530	4530
Leistung (PS/kW):	80 / 59 bei 2300/min	90 / 66 bei 2300/min	100 / 74 bei 2300/min
Verdichtung:	17,2 : 1	17,2 : 1	17,2 : 1
Drehmoment, max. (Nm):	327	364,5	402,6
Drehmomentanstieg:	33,5 %	33,0 %	31 %
Spez. Kraftstoffverbrauch:	203 g/kW h	202 g/kW h	203 g/kW h
Gemischbereitung:	Direkteinspritzung mit Stabdüsen Mehrkolben-Verteilerpumpe		
Schmierung:	Druckumlaufschmierung; Motoröl-Inhalt 12 Liter		
Kühlung:	Flüssigkeitskühlung, geschlossen mit Expansionstank, wartungsfrei 13,5 Liter Kühlwasser-Inhalt		
Lüfter:	Mantellüfter, temperaturgesteuerter Viskoseantrieb, EcoVen, Trockenluftfilter mit Sicherheitselement		
Elektrische Anlage:	Drehstrom-Lichtmaschine 12 V, 90 A; Batterie 2 x 12V / 110Ah, Starter 4 PS		
Kraftübertragung			
Antrieb:	Hinterradantrieb mit zu- und abschaltbarem Allradantrieb, Zentralantrieb, 12° Nachlaufwinkel, 52° Lenkeinschlag		
Kupplung:	ölgekühlte Lamellenkupplung, automatische Allradbremse, Selbstsperrdifferenzial		
Endantriebe:	Planetenendantrieb		
Fahrkupplung:	Perma Kupplung II, ölgek. Lamellenkupplung, 225 mm Durchmesser, 3 Scheiben		
Getriebe:	PowrQuad-Getriebe mit 4-stufiger Lastschaltung und lastschaltbare Reversierschaltung m. Neutralposition 16/16 (30 km/h); 24/24 (40 km/h); zusätzl. Kriechgänge 12/12		PowrQuad-Getriebe 16/16 (30 km/h); 24/24 (40 km/h); Kriechgänge 12/12 PowrQuad Plus-Getriebe 24/24; 12/12 AutoQuad mit autom. Schaltung 24/24 (40 km/h); Kriechgänge 12/12
Differenzialsperre:	elektrohydr. Lamellenkupplung ölgek. 49/52 Liter Getriebe/Hydrauliksystem, 540/540E/1000/min,		
Inhalt:	Heckzapfwelle: umsteckbar und umschaltbar bei 2143/1684/2208/min		
Zapfwellenkupplung:	Lamellenkupplung, ölgekühlt, elektrohydraulisch; Frontzapfwelle:1000/min bei 2185/min		
Hydrauliksystem:	druck- und mengengesteuert, Pumpenförderleistung 60 Liter/min, Systemdruck: 30 bar (min), 200 bar (max.)		
3-Punkt-Hydraulik:	Kat. II mit Schnellkuppler, seitliche Stabilisierungsketten, automatische Stabilisierungsstreben, Fernbedienung		
Regelhydraulik:	elektronisch, Unterlenkerregelung, Zugkraft-, Lage- und Mischregelung		
Hubkraft (kN):	39,9 (abgesenkt); 31,6 (OECD)	45,9 (abgesenkt); 36,9 (OECD)	52,6 (abgesenkt); 42,3 (OECD)
Steuergeräte:	einfach und doppeltwirkende Schiebersteuergeräte, Neutral, Heben, Senken, Schwimmstellung, 60 Liter/min (Standard)		
Abreißkupplungen:	Standardkuppler, abkuppeln u. Druck	Standardkuppler, abkuppeln u. Druck	Standardkuppler, abkuppeln u. Druck
Fahrwerk			
Bauart:	Rahmenbauweise, Brückenrahmen, Baukastensystem		
Bremse:	hydr., ölgekühlte Scheibenbremsen, in Öl laufende Bandbremse, mech. Getriebesperre, Parksperre: Allradbremse		
Lenkung:	hydrostatisch		
Bereifung vorn:	7,50-18; 10,00-16;	7,50-18; 10,00-16;	7,50-18; 10,00-16;
Bereifung vorn (Allrad):	13.6R24; 11.2R28; 12,4R28; 14.9R24; 380/70R24; 420/70R24		13.6R24; 14.9R24; 420/70R24;
Bereifung hinten:	13,6R38; 16.9R34; 480/70R34; 18.4R34; 520/70R34; 14.9R38;	480/65R24; 13,6R28; 380/70R28 13,6R38; 16.9R34; 480/70R34;	380/70R28; 16,9R24; 480/70R24; 540/65R24; 14,9R28; 420/70R28;
Allgemeine Daten			
Radstand (mm):	2400	2400	2400
Länge (mm):	4575	4575	4575
Breite (mm):	2175	2179	2179
Höhe Kabine (mm):	2643	2693	2693
Bodenfreiheit (mm):	606; 490 (Allrad)	606; 520 (Allrad)	606; 520 (Allrad)
Spurweite vorn (mm):	1516 - 2112 (8-fach Verstellfelgen)	1516 - 2112 (8-fach Verstellfelgen)	1516 - 2112 (8-fach Verstellfelgen)
Spurweite hinten (mm):	1512 - 2138 (8-fach Verstellfelgen)	1512 - 2138 (8-fach Verstellfelgen)	1512 - 2138 (8-fach Verstellfelgen)
Wendekreis (Meter):	8,46 (o. Lenkbr.); 9,8 Allrad (o. Lenkbr.)	8,46 (o. Lenkbr.); 9,8 Allrad (o. Lenkbr.)	8,46 (o. Lenkbr.); 9,8 Allrad (o. Lenkbr.)
Gewicht (kg):	4017	4147	4167
zul. Gesamtgewicht (kg):	7000	7000	8000
Stützlast Zugpendel (kg):	1400	1400	1400
Stützlast Anh.kuppl.(kg):	1800; 3000 (pick-up hitch)	1800; 3000 (pick-up hitch)	1800; 3000 (pick-up hitch)
Höchstgeschw. (km/h):	30 / 40	30 / 40	30 / 40
Tankinhalt (Liter):	165	165	185

	John Deere 6010er Serie Typ 6410 / 6410 Allrad 1997-2003	John Deere 6010er Serie Typ 6510 Allrad 1997-2003	John Deere 6010er Serie Typ 6610 Allrad 1997-2003
Motor			
Bauart:	John Deere 4-Zylinder-4-Takt-Diesel mit Abgasturbolader	John Deere 6-Zylinder-4-Takt-Diesel	John Deere 6-Zylinder-4-Takt-Diesel mit Abgasturbolader
Bohrung x Hub (mm):	106,5 x 127	106,5 x 127	106,5 x 127
Hubraum (cm^3):	4530	6788	6788
Leistung (PS/kW):	105 / 77 bei 2300/min	105 / 77 bei 2300/min	115 / 84 bei 2300/min
Verdichtung:	17,2 : 1	17,2 : 1	17,2 : 1
Drehmoment, max. (Nm):	429,4	430	471
Drehmomentanstieg:	34,3 %	34,5 %	35 %
Spez. Kraftstoffverbrauch:	206 g/kW h	210 g/kW h	203 g/kW h
Gemischbereitung:	Direkteinspritzung mit Stabdüsen Mehrkolben (4)-Verteilerpumpe		
Schmierung:	Druckumlaufschmierung; Motoröl-Inhalt:14 Liter		
Kühlung:	Flüssigkeitskühlung, geschlossen mit (Expansionstank) Ausgleichsbehälter, wartungsfrei 13,5 Liter / 15,5 Liter		
Lüfter:	Mantellüfter, temperaturgesteuerter Viskoseantrieb, EcoVen, Trockenluftfilter mit Sicherheitselement		
Elektrische Anlage:	Drehstrom-Lichtmaschine 12 V, 90 A, Batterie 2 x 12V / (110) 154Ah, Starter (4) 4,6 PS		
Kraftübertragung			
Antrieb:	Allradantrieb, Zentralantrieb, 12° Nachlaufwinkel, 52° Lenkeinschlag, ölgekühlte Lamellenkupplung,		
Kupplung:	autom. Allradbremse, Selbstsperrdifferenzial, Planetenendantrieb, Dreilenkeraufhängung, hydro-pneumatisch		
Fahrkupplung:	Perma Kupplung II, ölgekühlte Lamellenkupplung, 225 mm Durchmesser, 3 Scheiben		
Getriebe:	PowrQuad-Getriebe 16/16 (30 km/h); 24/24 (40 km/h); Kriechgänge 12/12 PowrQuad Plus-Getriebe 24/24; 12/12; AutoQuad mit automatischer Schaltung, 24/24 (40 km/h); Kriechgänge 12/12		
Differenzialsperre:	elektrohydraulische Lamellenkupplung ölgekühlt (49/52) / 52/53 Liter Getriebe/Hydrauliksystem		
Heckzapfwelle:	540/540E/1000/min, umsteckbar und umschaltbar bei 2143/1684/2208/min		
Zapfwellenkupplung:	Lamellenkupplung, ölgek., elektrohydr.		
Frontzapfwelle:	1000/min bei 2185/min		
Hydrauliksystem:	druck- und mengengesteuert, Pumpenförderleistung 60 Liter/min, Systemdruck: 30 bar (min), 200 bar (max.)		
3-Punkt-Hydraulik:	Kat. II / III N mit Schnellkuppler, seitliche Stabilisierungsketten, automatische Stabilisierungsstreben, Fernbedienung		
Regelhydraulik:	elektr., Unterlenkerregelung, Zugkraft-, Lage- und Mischregelung; Hubkraft 59,0 / 66,6 (abgesenkt); 48,6 / 54,9 (OECD)		
Steuergeräte:	einfach und doppeltwirkende Schiebersteuergeräte; Neutral, Heben, Senken, Schwimmstellung; 60 Liter/min (Standard)		
entnehmbare Ölmenge:	max. 15 Liter bei fahrendem Traktor		
Abreißkupplungen:	Standardkuppler, abkuppeln unter Druck		
Fahrwerk			
Bauart:	Rahmenbauweise, Brückenrahmen, Baukastensystem		
Bremsen:	hydr., ölgekühlte Scheibenbremsen; in Öl laufende Bandbremse; Parksperre: mech. Getriebesperre, Allradbremse		
Lenkung:		hydrostatisch	
Bereifung vorn:	7,50-18; 10,00-16;	14.9R24; 420/70R24; 480/65R28;	14.9R24; 480/65R24; 12,4R28;
Bereifung vorn (Allrad):	14.9R24; 420/70R24; 480/65R28; 480/65R24; 12,4R28; 13,6R28;	480/65R24; 12,4R28; 13,6R28; 380/70R28; 16,9R24; 480/70R24;	13,6R28; 380/70R28; 16,9R24; 480/70R24; 540/65R24; 14,9R28;
Bereifung hinten:	380/70R28; 16,9R24; 480/70R24; 540/65R24; 14,9R28; 420/70R28; 14.9R38; 16,9R38; 480/70R38; 540/65R38; 18,4R38; 520/70R38; 600/65R38;	540/65R24; 14,9R28; 420/70R28; 16,9R38; 480/70R38; 540/65R38; 18,4R38; 520/70R38; 600/65R38;	420/70R28; 480/65R28; 16,9R38; 480/70R38; 540/65R38; 18,4R38; 520/70R38; 600/65R38;
Allgemeine Daten			
Radstand (mm):	2400	2650	2650
Länge (mm):	4575	4939	4939
Breite (mm):	2220	2320	2320
Höhe Kabine (mm):	2718	2808	2808
Bodenfreiheit (mm):	631; 550 (Allrad)	570	570
Spurweite vorn (mm):	1516 - 2112 (8-fach Verstellfelgen)	1516 - 2112 (8-fach Verstellfelgen)	1516 - 2112 (8-fach Verstellfelgen)
Spurweite hinten (mm):	1512 - 2138 (8-fach Verstellfelgen)	1512 - 2138 (8-fach Verstellfelgen)	1512 - 2138 (8-fach Verstellfelgen)
Wendekreis (Meter):	8,46 (o. Lenkbr.); 9,8 Allrad (o. Lenkbr.)	10,24 (o. Lenkbr.); 9,2 (m. Lenkbr.)	10,24 (o. Lenkbr.); 9,2 (m. Lenkbr.)
Gewicht (kg):	4277	4697	4717
zul. Gesamtgewicht (kg):	8000	8000	8500
Stützlast Zugpendel (kg):	1400	1600	1600
Stützlast Anh.kuppl.(kg):	1800; 3000 (pick-up hitch)	1800; 3000 (pick-up hitch)	1800; 3000 (pick-up hitch)
Höchstgeschw. (km/h):	30 / 40	30 / 40	30 / 40
Tankinhalt (Liter):	185	207	207

	John Deere 6010er Serie Typ 6810 / 6810 Allrad 1997-2003	John Deere 6010er Serie Typ 6910 / 6910 Allrad 1997-2003
Motor		
Bauart:	John Deere 6-Zylinder-4-Takt-Diesel mit Abgasturbolader	
Bohrung x Hub (mm):	106,5 x 127	106,5 x 127
Hubraum (cm^3):	6788	6788
Leistung (PS/kW):	125 / 92 bei 2100/min	135/99 (ab 12/99: 140/103) b. 2100/min
Verdichtung:	17,2 : 1	17,2 : 1
Drehmoment, max. (Nm):	560,7	605,5
Drehmomentanstieg:	34 %	34,5 %
Spez. Kraftstoffverbrauch:	204 g/kW h	206 g/kW h
Gemischbereitung:	Direkteinspritzung mit Stabdüsen Mehrkolben (4)-Verteilerpumpe	
Schmierung:	Druckumlaufschmierung, Motoröl-Inhalt:16 Liter	
Kühlung:	Flüssigkeitskühlung, geschlossen mit Ausgleichsbehälter, wartungsfrei, Kühlwasser-Inhalt: 15,5 Liter	
Lüfter:	Mantellüfter, temperaturgesteuerter Viskoseantrieb, EcoVen; Trockenluftfilter mit Sicherheitselement	
Elektrische Anlage:	Drehstrom-Lichtmaschine 12 V, 90 A, Batterie 2 x 12 V / 154 Ah, Starter 4,6 PS	
Kraftübertragung		
Antrieb:	Allradantrieb, Zentralantrieb, 12° Nachlaufwinkel, 52° Lenkeinschlag	
Kupplung:	ölgekühlte Lamellenkupplung, automatische Allradbremse, Selbstsperrdifferenzial; Planetenendantrieb	
TLS-Allradachse:	Dreilenkeraufhängung, hydro-pneumatische Zylinder (2 Stück), Federweg 100 mm,	
Fahrkupplung:	Perma Kupplung II, ölgekühlte Lamellenkupplung, 225 mm Durchmesser, 4 Scheiben	
Getriebe:	PowrQuad-Getriebe 16/16 (30 km/h); 20/20 (40 km/h); Kriechgänge 12/12 PowrQuad Plus-Getriebe 20/20; 12/12 AutoQuad mit automatische Schaltung, 20/20 (40 km/h); Kriechgänge 12/12	
Differenzialsperre:	elektrohydraulische Lamellenkupplung ölgekühlt, Inhalt: 56 Liter Getriebe/Hydrauliksystem	
Heckzapfwelle:	540/540E/1000/min, umsteckbar und umschaltbar bei 1995 / 1743 / 1995/min	
Zapfwellenkupplung:	Lamellenkupplung, ölgekühlt, elektrohydraulisch	
Frontzapfwelle:	1000/min bei 1995/min	
Hydrauliksystem:	druck- und mengengesteuert, Pumpenförderleistung 60 Liter/min, Systemdruck: 30 bar (min.), 200 bar (max.)	
3-Punkt-Hydraulik:	Kat. II / III N mit Schnellkuppler, seitl. Stabilisierungsketten, automatische Stabilisierungsstreben, Fernbedienung	
Regelhydraulik:	elektronisch, Unterlenkerregelung, Regelarten: Zugkraft-, Lage- und Mischregelung	
Hubkraft (kN):	65,6 (abgesenkt); 75,5 (OECD)	
Steuergeräte:	einfach und doppeltwirkende Schiebersteuergeräte, Ausführung Standard: Neutral, Heben, Senken, Schwimmstg.	
Durchflußmenge:	60 Liter/min (Standard), entnehmbare Ölmenge: max. 20 Liter bei fahrendem Traktor	
Abreißkupplungen:	Standardkuppler, abkuppeln unter Druck	
Fahrwerk		
Bauart:	Rahmenbauweise, Brückenrahmen, Baukastensystem	
Betriebsbremse:	hydr., ölgekühlte Scheibenbremsen, Feststellbremse: in Öl laufende Bandbremse	
Parksperre:	mechanische Getriebesperre, Allradbremse	
Lenkung:	hydrostatisch	hydrostatisch
Bereifung vorn (Allrad):	16,9R24; 480/70R24; 540/65R24; 14,9R28; 420/70R28; 480/65R28; 16,9R28; 480/R28; 540/65R28	
Bereifung hinten:	18,4R38; 520/70R38; 600/65R38; 20,8R38; 580/70R38; 650/65R38	
Allgemeine Daten		
Radstand (mm):	2650	2650
Länge (mm):	4969	4969
Breite (mm):	2362	2362
Höhe Kabine (mm):	2883	2883
Bodenfreiheit (mm):	600	600
Spurweite vorn (mm):	1618 - 2110 (16-fach Verstellfelgen)	1618 - 2110 (16-fach Verstellfelgen)
Spurweite hinten (mm):	1628 - 2028 (16-fach Verstellfelgen)	1628 - 2028 (16-fach Verstellfelgen)
Wendekreis (Meter):	10,24 (o. Lenkbr.); 9,2 (m. Lenkbr.)	10,24 (o. Lenkbr.); 9,2 (m. Lenkbr.)
Gewicht (kg):	5169	5389
zul. Gesamtgewicht (kg):	10000	10000
Stützlast Zugpendel (kg):	1800	1800
Stützlast Anh.kuppl.(kg):	1800; 3000 (pick-up hitch)	1800; 3000 (pick-up hitch)
Höchstgeschw. (km/h):	30 / 40	30 / 40
Tankinhalt (Liter):	207	250

Preise / Ausrüstungen Typ 6110 / 6210		
Grundpreis	Stand: 11/1999	
	Preise in DM ohne Mehrwertsteuer	
5899 R	Allrad-Traktor 6110 »Premium« in Vollausstattung	93.303,--
5898 R	Allrad-Traktor 6110 SE in Vollausstattung	79.478,--
0058 R	Allrad-Traktor 6010 SE in Vollausstattung	76.368,--
5909 R	Allrad-Traktor 6210 »Premium« in Vollausstattung	100.256,--
5908 R	Allrad-Traktor 6210 SE in Vollausstattung	83.920,--
	incl. Gebühr für Kfz.-Brief, Überführungskosten	
Wahlausrüstungen (auszugsweise)		
	Vorderachse	
0350	TLS-Allrad-Vorderachse	7.228,--
	Getriebe	
7034	24/24 PowrQuad+Revers. re. (40 km/h)	Minderpr. 843,--
7054	24/24 PowrQuad+Kriechg.+Revers. re. (40 km/h)	1.454,--
7064	24/24 PowrQuad+Kriechg.+Revers. li. (40 km/h)	2.298,--
7072	24/24 PowrQuad Plus+Revers. li. (40 km/h)	781,--
7077	24/24 PowrQuad Plus+Revers. li.+Kriechg. (40 km/h)	3.078,--
	Steuergeräte mit Schwimmstellung	
7213	1 dw. DeLuxe Steuerger. m. Stand.kupplern	Minderpr. 568,--
7225	2 dw. Super-DeLuxe Steuerger. m. Stand.kupplern	215,--
7226	2 dw. Super-DeLuxe Steuerger. m. Superkupplern	483,--
7230	2 dw. DeLuxe Steuergeräte m. Superkupplern	268,--
9303	3. dw. DeLuxe Steuergerät m. Standardkupplern	568,--
9304	3. dw. DeLuxe Steuergerät m. Superkupplern	702,--
9305	3. dw. Super-DeLuxe Steuergerät m. Stand.kuppl.	826,--
9306	3. dw. Super-DeLuxe Steuergerät m. Superkuppl.	960,--
9313	4. dw. DeLuxe Steuergerät m. Standardkupplern	1.633,--
9314	4. dw. DeLuxe Steuergerät m. Superkupplern	1.767,--
9315	4. dw. Super-DeLuxe Steuergerät m. Stand.kuppl.	1.742,--
9316	4. dw. Super-DeLuxe Steuergerät m. Superkuppl.	1.876,--
8801	Blocksteuergerät mech. m. 2 dw. hydr. Funktionen	2.564,--
8802	Blocksteuergerät elektr. m. 2 dw. hydr. Funktionen	3.865,--
8803	Blocksteuergerät elektr. m. 3 dw. hydr. Funktionen	4.696,--
	TechCenter-Kabine	
7503	TechCenter-Kabine m. Klimaanlage o. Hubdach	2.802,--
7504	TechCenter-Kabine m. Klimaanlage m. Hubdach	3.085,--
7621	Komfort-Sitz (Typ MSG 85/C1C)	Minderpr. 569,--
7644	luftgefed. SuperDeLuxe-Sitz (Typ MSG 95/D4C)	661,--
7645	luftgefed. SuperDeLuxe-Sitz (Typ MSG 95/DSC)	1.065,--
9231	gefederter Beifahrersitz	208,--
9240	Sicherheitsgurt für Fahrersitz	108,--
9235	Sicherheitsgurt für Beifahrersitz	170,--
9215	Thermo-Box	145,--
9100	Heckscheibenwischer mit Waschanlage	272,--
8743	Analog-/Digitalanzeige Digital-Plus DeLuxe	263,--
9140	DIN-Signalsteckdose 7-polig	57,--
9146	6-fach Multinorm-Steckdose 12 Volt	70,--
9125	Elektronische Fahrunterstützung HMS	916,--
9135	Leistungsmonitor	1.023,--
9220	Mobiler Dokumentenkoffer	255,--
	Grundgewicht oder Frontzapfwelle	
8777	Frontzapfwelle mit 6-Nutenprofil	5.213,--
	Kotflügelverbreiterung hinten	
8902	Kotfl.verbreiterung 230 mm u. Kotfl.verlängerung	361,--
	Arbeitsscheinwerfer	
9039	4 ASW H3 vorn, 4 ASW H3 hinten, 2 Eckscheinw.	104,--
9046	4 ASW H3 vorn, 2 ASW Xenon hi., 2 Eckscheinw.	1.527,--
9080	Rundumwarnleuchte	213,--
9070	2 verstellbare Frontfahrscheinw. H4 a. Kab.rahmen	289,--

Preise / Ausrüstungen Typ 6310 / 6410		
Grundpreis	Stand: 11/1999	
	Preise in DM ohne Mehrwertsteuer	
5929 R	Allrad-Traktor 6310 »Premium« in Vollausstattung	102.390,--
592 HR	dto. mit AutoQuad II Getriebe in 50 km/h-Ausf.	120.864,--
5928 R	Allrad-Traktor 6310 SE in Vollausstattung	86.580,--
6029 R	Allrad-Traktor 6410 »Premium« in Vollausstattung	109.770,--
602 HR	dto. mit AutoQuad II Getriebe in 50 km/h-Ausf.	126.057,--
6028 R	Allrad-Traktor 6410 SE in Vollausstattung	94.170,--
	incl. Gebühr für Kfz.-Brief, Überführungskosten	
Wahlausrüstungen (auszugsweise)		
	Vorderachse	
0350	TLS-Allrad-Vorderachse	6.150,--
	Getriebe	
7034	24/24 PowrQuad+Revers. re. (40 km/h)	Minderpr. 843,--
7054	24/24 PowrQuad+Kriechg.+Revers. re. (40 km/h)	1.454,--
7064	24/24 PowrQuad+Kriechg.+Revers. li. (40 km/h)	2.298,--
7072	24/24 PowrQuad Plus+Revers. li. (40 km/h)	781,--
7077	24/24 PowrQuad Plus+Revers. li.+Kriechg. (40 km/h)	3.078,--
7082	24/24 AutoQuad II+Revers. links (40 km/h)	2.029,--
7087	24/24 AutoQuad II+Kriechg.+Revers. Li. (40 km/h)	4.327,--
	Steuergeräte mit Schwimmstellung	
7213	1 dw. DeLuxe Steuerger. m. Stand.kupplern	Minderpr. 568,--
7225	2 dw. Super-DeLuxe Steuerger. m. Stand.kupplern	215,--
7226	2 dw. Super-DeLuxe Steuerger. m. Superkupplern	483,--
7230	2 dw. DeLuxe Steuergeräte m. Superkupplern	268,--
9303	3. dw. DeLuxe Steuergerät m. Standardkupplern	568,--
9304	3. dw. DeLuxe Steuergerät m. Superkupplern	702,--
9305	3. dw. Super-DeLuxe Steuergerät m. Stand.kuppl.	826,--
9306	3. dw. Super-DeLuxe Steuergerät m. Superkuppl.	960,--
9313	4. dw. DeLuxe Steuergerät m. Standardkupplern	1.633,--
9314	4. dw. DeLuxe Steuergerät m. Superkupplern	1.767,--
9315	4. dw. Super-DeLuxe Steuergerät m. Stand.kuppl.	1.742,--
9316	4. dw. Super-DeLuxe Steuergerät m. Superkuppl.	1.876,--
8801	Blocksteuergerät mech. m. 2 dw. hydr. Funktionen	2.564,--
8802	Blocksteuergerät elektr. m. 2 dw. hydr. Funktionen	3.865,--
8803	Blocksteuergerät elektr. m. 3 dw. hydr. Funktionen	4.696,--
	TechCenter-Kabine	
7503	TechCenter-Kabine m. Klimaanlage o. Hubdach	2.802,--
7504	TechCenter-Kabine m. Klimaanlage m. Hubdach	3.085,--
7621	Komfort-Sitz (Typ MSG 85/C1C)	Minderpr. 569,--
7644	luftgefed. SuperDeLuxe-Sitz (Typ MSG 95/D4C)	661,--
7645	luftgefed. SuperDeLuxe-Sitz (Typ MSG 95/DSC)	1.065,--
9231	gefederter Beifahrersitz	208,--
9240	Sicherheitsgurt für Fahrersitz	108,--
9235	Sicherheitsgurt für Beifahrersitz	170,--
9215	Thermo-Box	145,--
9100	Heckscheibenwischer mit Waschanlage	272,--
8743	Analog-/Digitalanzeige Digital-Plus DeLuxe	263,--
9140	DIN-Signalsteckdose 7-polig	57,--
9146	6-fach Multinorm-Steckdose 12 Volt	70,--
9125	Elektronische Fahrunterstützung HMS	916,--
9135	Leistungsmonitor	1.023,--
9220	Mobiler Dokumentenkoffer	255,--
	Hydraulikpumpe	
8753	Hydraulikpumpe 96 Liter/min	345,--
	Grundgewicht oder Frontzapfwelle	
8777	Frontzapfwelle mit 6-Nutenprofil	5.213,--
	Kotflügelverbreiterung hinten	
8902	Kotfl.verbreiterung 230 mm u. Kotfl.verlängerung	361,--

Preise / Ausrüstungen Typ 6510 / 6610		
Grundpreis		Stand: 11/1999
		Preise in DM ohne Mehrwertsteuer
6069 R	Allrad-Traktor 6510 »Premium« in Vollausstattung	112.099,--
606 HR	dto. mit AutoQuad II Getriebe in 50 km/h-Ausf.	128.786,--
6068 R	Allrad-Traktor 6510 SE in Vollausstattung	98.937,--
6079 R	Allrad-Traktor 6610 »Premium« in Vollausstattung	117.319,--
607 HR	dto. mit AutoQuad II Getriebe in 50 km/h-Ausf.	134.094,--
6078 R	Allrad-Traktor 6610 SE in Vollausstattung	103.647,--
	incl. Gebühr für Kfz.-Brief, Überführungskosten	
Wahlausrüstungen (auszugsweise)		
	Vorderachse	
0350	TLS-Allrad-Vorderachse	6.550,--
	Getriebe	
7034	24/24 PowrQuad+Revers. re. (40 km/h)	Minderpr. 843,--
7054	24/24 PowrQuad+Kriechg.+Revers. re. (40 km/h)	1.454,--
7064	24/24 PowrQuad+Kriechg.+Revers. li. (40 km/h)	2.298,--
7072	24/24 PowrQuad Plus+Revers. li. (40 km/h)	781,--
7077	24/24 PowrQuad Plus+Revers. li.+Kriechg. (40 km/h)	3.078,--
7082	24/24 AutoQuad II+Revers. links (40 km/h)	2.029,--
7087	24/24 AutoQuad II+Kriechg.+Revers. Li. (40 km/h)	4.327,--
	Hydraulikpumpe	
8753	Hydraulikpumpe 96 Liter/min	345,--
	Grundgewicht oder Frontzapfwelle	
8777	Frontzapfwelle mit 6-Nutenprofil	5.213,--
	Kotflügelverbreiterung hinten	
8902	Kotfl.verbreiterung 230 mm u. Kotfl.verlängerung	361,--
	Arbeitsscheinwerfer	
9039	4 ASW H3 vorn, 4 ASW H3 hinten, 2 Eckscheinw.	104,--
9046	4 ASW H3 vorn, 2 ASW Xenon hi., 2 Eckscheinw.	1.527,--
9080	Rundumwarnleuchte	213,--
9070	2 verstellbare Frontfahrscheinw. H4 a. Kab.rahmen	289,--
	Anhängevorrichtung	
9403	Anh.vorr. automatisch 2 Pos. Kat. III	Minderpr. 824,--
9420	Anh.vorr. mechanisch 9 Positionen	Minderpr. 565,--
9422	Anh.vorr. automatisch 9 Pos. m. 38 mm-Bolzen	126,--
9430	John Deere Pick-Up Hitch	4.881,--
	Zusatz-Frontgewichte	
9501	6 Frontgewichte á 50 kg	735,--
9502	8 Frontgewichte á 50 kg	979,--
9503	10 Frontgewichte á 50 kg	1.226,--
9504	12 Frontgewichte á 50 kg	1.472,--
9505	14 Frontgewichte á 50 kg	1.716,--
9506	16 Frontgewichte á 50 kg	1.959,--
9507	18 Frontgewichte á 50 kg	2.207,--
9508	Pick-Up Gewicht 900 kg	2.392,--
9515	Halter für Pick-Up Gewicht (Oberlenkerkoppelpkt.)	181,--
	Verschiedenes	
9476	kurze Ackerschiene Kat. II	249,--
9477	lange Ackerschiene Kat. II	485,--
9441	Zugpendel, seitlich schwenkbar	693,--
9447	Zugpendel für John Deere Pick-Up Hitch	495,--
9355	Druckluftanlage	5.008,--
8895	Hydraulikölzusatztank 10 Liter	576,--
8875	Bodenschutz für Kraftstofftank	179,--
9025	Kraftstoffvorwärmer	113,--
9030	Kühlwasservorwärmer mit 650 Watt-Heizstab	323,--
9015	Batterie-Hauptschalter	154,--
9010	Batterie 174 Ah	203,--
97AA	Bio-Hy-Gard Getriebe- und Hydrauliköl	312,--

Preise / Ausrüstungen Typ 6810 / 6910		
Grundpreis		Stand: 11/1999
		Preise in DM ohne Mehrwertsteuer
6089 R	Allrad-Traktor 6810 »Premium« in Vollausstattung	126.360,--
608 NR	dto. mit PowrShift-Getriebe	144.980,--
608 HR	dto. mit AutoQuad II Getriebe in 50 km/h-Ausf.	143.047,--
6095 R	Allrad-Traktor 6910 »Premium« in Vollausstattung	138.584,--
609 NR	dto. mit PowrShift-Getriebe	157.204,--
609 HR	dto. mit AutoQuad II Getriebe in 50 km/h-Ausf.	155.271,--
	incl. Gebühr für Kfz.-Brief, Überführungskosten	
Wahlausrüstungen (auszugsweise)		
	Vorderachse	
0350	TLS-Allrad-Vorderachse	6.550,--
	Getriebe	
7033	20/20 PowrQuad+Revers. re. (40 km/h)	Minder. 843,--
7053	20/20 PowrQuad+Kriechg.+Revers. re. (40 km/h)	1.454,--
7063	20/20 PowrQuad+Kriechg.+Revers. li. (40 km/h)	2.298,--
7071	20/20 PowrQuad Plus+Revers. li. (40 km/h)	781,--
7076	20/20 PowrQuad Plus+Revers. li.+Kriechg. (40 km/h)	3.078,--
7081	20/20 AutoQuad II+Revers. links (40 km/h)	2.029,--
7086	20/20 AutoQuad II+Kriechg.+Revers. Li. (40 km/h)	4.327,--
	Hydraulikpumpe	
8753	Hydraulikpumpe 96 Liter/min	345,--
	Grundgewicht oder Frontzapfwelle	
8777	Frontzapfwelle mit 6-Nutenprofil	5.213,--
	Kotflügelverbreiterung hinten	
8902	Kotfl.verbreiterung 230 mm u. Kotfl.verlängerung	361,--
	Arbeitsscheinwerfer	
9039	4 ASW H3 vorn, 4 ASW H3 hinten, 2 Eckscheinw.	104,--
9046	4 ASW H3 vorn, 2 ASW Xenon hi., 2 Eckscheinw.	1.527,--
9080	Rundumwarnleuchte	213,--
9070	2 verstellbare Frontfahrscheinw. H4 a. Kab.rahmen	289,--
	Zusatz-Frontgewichte	
9501	6 Frontgewichte á 50 kg	735,--
9502	8 Frontgewichte á 50 kg	979,--
9503	10 Frontgewichte á 50 kg	1.226,--
9504	12 Frontgewichte á 50 kg	1.472,--
9505	14 Frontgewichte á 50 kg	1.716,--
9506	16 Frontgewichte á 50 kg	1.959,--
9507	18 Frontgewichte á 50 kg	2.207,--
9500	8x20=160 kg Unterflurgewichte	905,--
9508	Pick-Up Gewicht 900 kg	2.392,--
9515	Halter für Pick-Up Gewicht (Oberlenkerkoppelpkt.)	181,--
	Hinterräder Bereifung	
1424	18.4 R 38 (146 A8)	4.569,--
1444	520 / 70 R 38 (150 A8)	5.885,--
1464	600 / 65 R 38 (147 A8)	6.652,--
1484	20.8 R 38 (153 A8)	6.478,--
1504	580 / 70 R 38 (155 A8) (empfohlene)	8.292,--
1524	650 / 65 R 38 (154 A8)	9.178,--
	Vorderräder Bereifung	
4364	16.9 R 24 (134 A8)	2.730,--
4384	480 / 70 R 24 (138 A8)	3.109,--
4404	540 / 65 R 24 (137 A8)	4.082,--
4424	14.9 R 28 (128 A8)	2.346,--
4444	420 / 70 R 28 (133 A8)	2.831,--
4464	480 / 65 R 28 (129 A8)	3.711,--
4524	16.9 R 28 (136 A8)	3.257,--
4564	480 / 70 R 28 (140 A8) (empfohlene)	3.398,--
4584	540 / 65 R 28 (137 A8)	4.156,--

Preise / Ausrüstungen 6010er Serie in Forstausrüstung		
Grundpreis		Stand: 11/1999
	Preise in DM ohne Mehrwertsteuer	
590 BR	Allrad-Traktor 6210 mit Forstvorbereitung	84.585,--
592 BR	Allrad-Traktor 6310 mit Forstvorbereitung	87.392,--
606 BR	Allrad-Traktor 6510 mit Forstvorbereitung	94.307,--
607 BR	Allrad-Traktor 6610 mit Forstvorbereitung	99.524,--
	incl. Gebühr für Kfz.-Brief, Überführungskosten	
Wahlausrüstungen Typ 6210, 6310, 6510, 6610		
	Vorderachse	
0250	Allradachse Standard	Serie
0350	TLS-Allrad-Vorderachse	6.550,--
	Getriebe	
7034	24/24 PowrQuad+Revers. re. (40 km/h)	Minderpr. 843,--
7044	24/24 PowrQuad+Revers. links (40 km/h)	Serie
7054	24/24 PowrQuad+Kriechg.+Revers. re. (40 km/h)	1.454,--
7064	24/24 PowrQuad+Kriechg.+Revers. li. (40 km/h)	2.298,--
7072	24/24 PowrQuad Plus+Revers. li. (40 km/h)	781,--
7077	24/24 PowrQuad Plus+Revers. li.+Kriechg. (40 km/h)	3.078,--
7082	24/24 AutoQuad II+Reversierhebel li. (40 km/h)	2.029,--
7087	24/24 AutoQuad II+Kriechg.+Revers. li. (40 km/h)	4.327,--
	Hydraulikpumpe (nur für 6510 und 6610)	
8753	Hydraulikpumpe 96 Liter/min	Serie
8750	Hydraulikpumpe 110 Liter/min	229,--
	TechCenter-Kabine	
7502	TechCenter-Kabine mit Heizung und Hubdach	Serie
7504	TechCenter-Kabine m. Klimaanlage und Hubdach	3.085,--
	Fahrersitz	
7622	Komfort-Sitz mit Dreheinrichtung	Serie
7644	luftgefed. SuperDeLuxe-Sitz (Typ MSG 95/D4C)	945,--
7645	luftgefed. SuperDeLuxe-Sitz (Typ MSG 95/DSC)	1.349,--
Zusatzausrüstungen 6210, 6310, 6510, 6610		
9355	Druckluftbeschaffungsanlage inkl. Bremse	5.008,--
8918	spezielle Kabinenrückwand f. Heckarbeiten	348,--
8771	Grundgewicht 110 kg	545,--
8777	Frontzapfwelle mit 6-Nutenprofil	5.213,--
97AA	Bio-HyGard Getriebe- und Hydrauliköl	312,--
8780	JD-Industriegelb Lackierung	1.132,--
9220	Tragbarer Dokumentenkoffer	255,--
9231	gefederter Beifahrersitz	606,--
9035	Rundumkennleuchte	213,--
8846	2 Unterlegkeile	250,--
Zusatzausrüstungen Kommunalausrüstung (auszugsweise) Typ 6110, 6210, 6310, 6510, 6610		
9501	6 Frontgewichte á 50 kg	735,--
9502	8 Frontgewichte á 50 kg	979,--
9503	10 Frontgewichte á 50 kg	1.226,--
9504	12 Frontgewichte á 50 kg	1.472,--
	Steuergeräte mit Schwimmstellung	
9303	3. dw. DeLuxe Steuergerät m. Standardkupplern	568,--
9305	3. dw. Super-DeLuxe Steuergerät m. Stand.kuppl.	826,--
	Verschiedenes	
9025	Kraftstoffvorwärmer	113,--
9030	Kühlwasservorwärmer mit 650 Watt-Heizstab	323,--
9476	kurze Ackerschiene Kat. II	249,--
9355	Druckluftbeschaffungsanlage inkl. Bremse	5.008,--
97AA	Bio-HyGard Getriebe- und Hydrauliköl	312,--
8895	Hydraulikölzusatztank 10 Liter	576,--

Preise / Ausrüstungen 6010er Serie in Kommunalausrüstung		
Grundpreis		Stand: 11/1999
	Preise in DM ohne Mehrwertsteuer	
589 KR	Allrad-Traktor 6110 in Kommunalausstattung	97.869,--
590 KR	Allrad-Traktor 6210 in Kommunalausstattung	102.766,--
592 KR	Allrad-Traktor 6310 in Kommunalausstattung	106.592,--
606 KR	Allrad-Traktor 6510 in Kommunalausstattung	115.650,--
607 KR	Allrad-Traktor 6610 in Kommunalausstattung	120.867,--
	incl. Gebühr für Kfz.-Brief, Überführungskosten	
Wahlausrüstungen Typ 6110, 6210, 6310, 6510, 6610		
	Vorderachse	
0250	Allradachse Standard	Serie
0350	TLS-Allrad-Vorderachse (6110, 6210)	7.228,--
0350	TLS-Allrad-Vorderachse (6310)	6.150,--
0350	TLS-Allrad-Vorderachse (6510, 6610)	6.550,--
	Bereifung Hinterräder (Empf.)	
320K	16,9R34 141 A8 Kleber Traker (6110, 6210)	3.219,--
328K	18,4R34 144 A8 Kleber Super G (6310)	3.951,--
342K	18,4R38 148 A8 Kleber Traker (6510, 6610)	4.569,--
	Bereifung Vorderräder (Empf.)	
6164	13,6R24 129 A8 Kleber Super G (6110, 6210, 6310)	1.912,--
644K	420/70R28 133 A8 Kleber 130B S8L (6510, 6610)	2.831,--
	Getriebe	
7034	24/24 PowrQuad+Revers. re. (40 km/h)	Minderpr. 843,--
7044	24/24 PowrQuad+Revers. links (40 km/h)	Serie
7064	24/24 PowrQuad+Kriechg.+Revers. li. (40 km/h)	2.298,--
7072	24/24 PowrQuad Plus+Revers. li. (40 km/h)	781,--
7077	24/24 PowrQuad Plus+Revers. li.+Kriechg. (40 km/h)	3.078,--
	Blocksteuergeräte	
8801	mech. mit 2 dw. hydr. Funktionen	Serie
8802	elektr. mit 2 dw. hydr. Funktionen	1.301,--
8803	elektr. mit 3 dw. hydr. Funktionen	2.132,--
	Hydraulikpumpe	
8753	Hydraulikpumpe 96 Liter/min	Serie
8750	Hydraulikpumpe 110 Liter/min	229,--
	TechCenter-Kabine	
7502	TechCenter-Kabine mit Heizung und Hubdach	Serie
7504	TechCenter-Kabine m. Klimaanlage und Hubdach	3.085,--
	Fahrersitz	
7641	luftgefed. Komfort-Sitz (Typ MSG 95/D1C)	Serie
7644	luftgefed. SuperDeLuxe-Sitz (Typ MSG 95/D4C)	661,--
7645	luftgefed. SuperDeLuxe-Sitz (Typ MSG 95/DSC)	1.065,--
	Grundgewichte oder Frontzapfwelle	
8777	Frontzapfwelle mit 6-Nutenprofil	5.213,--
8770	Grundgewicht 70 kg (6110, 6210); 80 kg (6310)	Serie
8771	Grundgewicht 110 kg (6510, 6610)	Serie
	Arbeitsscheinwerfer	
9034	4 ASW H3 vorn, 2 ASW H3 hinten, 2 Eckscheinw.	Serie
9039	4 ASW H3 vorn, 4 ASW H3 hinten, 2 Eckscheinw.	160,--
9046	4 ASW H3 vorn, 2 ASW Xenon hi., 2 Eckscheinw.	1.527,--
	Anhängevorrichtung	
9402	Anh.vorr. automatisch 2 Positionen	Serie
9411	Anh.vorr. automatisch, höhenverstb. 4 Positionen	430,--
9412	Anh.vorr. autom., höhenverst. 4 Pos., 38 mm-Bolzen	711,--
9421	Anh.vorr. automatisch, höhenverstb. 9 Positionen	824,--
9422	Anh.vorr. autom., höhenverst. 9 Pos., 38 mm-Bolzen	950,--

John Deere 6020er Serie Typ 6120 (2003-2007)
John Deere 6020er Serie Typ 6220 (2003-2007)
John Deere 6020er Serie Typ 6320 (2003-2007)
John Deere 6020er Serie Typ 6420 (2003-2007)
John Deere 6020er Serie Typ 6520 (2003-2007)
John Deere 6020er Serie Typ 6620 (2003-2007)
John Deere 6020er Serie Typ 6820 (2003-2007)
John Deere 6020er Serie Typ 6920 (2003-2007)

Im September 2001 wurden im spanischen Sevilla bei einer aufwändigen Produktvorstellung, den John Deere Partnern insgesamt 63 neue Produkte präsentiert. Dabei war die Serie 6020 ein wesentlicher Teil dieser Einführungsveranstaltung. Mit seiner neuen Traktorenbaureihe 6020, die insgesamt 10 Grundmodelle mit einer Vielzahl von Ausstattungsvarianten umfasste, erschloss John Deere neue Dimensionen in punkto Technologie, Kundennutzen, Fahrkomfort, Ausrüstungsvielfalt und Leistungsfähigkeit. Dabei nutzte das Unternehmen auch weiterhin konsequent die vielfältigen Möglichkeiten der Rahmen- und Modulbauweise. Die technische Weiterentwicklung war revolutionär zu nen-

Die John Deere Allrad-Traktoren der 6020er Serie gab es in zwei Ausstattungslinien, »Premium« und »PremiumPlus« sowie als SE-Modellreihe.

Großen Wert legte John Deere auf den Wartungskomfort: Die einteilige Kunststoff-Motorhaube ließ sich weit aufklappen und ermöglichte damit einen einfachen Zugang zu Motor, Kühler und Lüfter.

Arbeitseinsatz bis spät in die Abendstunden: Mit Xenon-Licht, wahlweise für DM 899.--, konnte die Leuchtkraft beim John Deere Allrad-Traktor Typ 6220 erhöht werden.

nen und bot optimale Lösungen für alle landwirtschaftlichen Einsatzbedingungen zukunftsorientierter Kunden. Das Entwicklungsziel, den Fahrer durch wesentliche Vereinfachung der Bedienung zu entlasten und den Maschineneinsatz zu optimieren, wurde durch eine moderne, zuverlässige Elektronik erreicht. Vollkommen neue »PowerTech«-Motoren, die Maßstäbe setzten, garantierten höchste Leistungsfähigkeit, minimalen Kraftstoffverbrauch und hohe Zuverlässigkeit.

Fünf Vierzylindermodelle deckten den Leistungsbereich von 80-120 PS ab. Kleinstes Modell war der 6120, dessen 4,53-Liter-Vierzylindermotor 2V-DE 10 mit Abgasturbolader eine Leistung von 80 PS aufwies. Der 6220 brachte es auf 90 PS. Zusätzlich ausgestattet mit einem Ladeluftkühler, erhöhte sich die Leistung des 6320 auf 100 PS, beim 6420 auf 110 PS und beim 6420S sogar auf 120 PS.

Das Leistungssegment von 110-160 PS war den ebenfalls fünf Sechszylindermaschinen vorbehalten: So der 6520 mit 110 PS, der 6620 (125 PS), der 135 PS starke 6820, der 6920 mit einer Leistung von 150 PS und als neues Mannheimer Flaggschiff der 6920S, der es auf 160 PS brachte.

Grundsätzlich wurde zwischen zwei Ausstattungslinien unterschieden, und zwar zwischen »Premium-« und »PremiumPlus«-Modellen. Während die Premium-Modelle serienmäßig auf hohe Nennleistung, emissionsarme bzw. sparsame Motoren ausgelegt waren, drei verschiedene Getriebevarianten und wahlweise die hydraulische Kabinenfederung HSC boten, waren die »PremiumPlus«-Modelle serienmäßig mit stufenlosem AutoPowr-Getriebe, einer CommandARM Bedieneinheit sowie zeit- und mengengesteuerten elektrischen Zusatzsteuergeräten und Kabinenfederung ausgestattet.

Hinsichtlich des Fahrkomforts ließ die PremiumPlus-Variante der 6020er Traktoren keine Wünsche offen. Getriebesteuerung, Handgas, bis zu vier Steuergeräte sowie die Bedienung der Front- und Heckzapfwelle und der Dreipunkthydraulik waren griffgünstig in der neuen CommandArm-Bedienung in der rechten Armlehne des Fahrersitzes untergebracht. Bis zu 10 verschiedene Funktionen ließen sich bequem ausführen, ohne dass ein Umgreifen erforderlich wurde. Ein integriertes elektrohydraulisches Steuerventil ermöglichte die Kontrolle von bis zu fünf Hydraulik-Funktionen. Die Premium-Traktoren verfügten über den bewährten Bedienkomfort der TechCenter-Kabine mit dem in der Neigung verstellbaren Armaturenbrett und höhenverstellbarem Lenkrad, 310 Grad Rundumsicht, hoher Sitzposition, schmal ausgeführten Kabinenpfosten und vorbildlicher Geräuschdämmung von nur 72 dB(A).

In beiden Kabinenvarianten sorgte eine übersichtliche Bedienkonsole für die problemlose Betätigung des Allradantriebes, der Arbeitsscheinwerfer, der Hydraulik und des Hubwerkmanagementsystems HMS II. Mit diesem System automatisierte der Fahrer das Ein- und Ausschalten der Zapfwelle, des Allradantriebs, der Differenzialsperre und des Heckhubwerkes. Der luftgefederte Sitz verfügte über neue Komfortmerkmale wie vertikal- und Horizontalfederung, pneumatische Lendenwirbelstütze und eine integrierte Sitzheizung. Für optimales Klima in der Kabine sorgten ein vierstufiges Gebläse, Heizung und wahlweise eine Klimaanlage mit Entfeuchtung. Xenon-Scheinwerfer mit hoher Lebensdauer sorgten dafür, dass der Traktor die Nacht zum Tag machen konnte, falls in der Dunkelheit gearbeitet werden musste. Alle Scheinwerfer ließen sich zentral ein- und ausschalten. Über ein Display konnte man dabei bequem kontrollieren, welche Scheinwerfer gerade aktiv waren.

Neue Wege beschritt John Deere mit seinem Kabinenfederungssystem HCS. Es war permanent aktiv und arbeitete mit Sensoren, die laufend die Position der Kabine erfassten und sie an eine zentrale Steuereinheit übermittelten. Über Stickstoffakkumulatoren und Hydraulikzylinder regelte die Steuereinheit dann die Lage der Kabine so, dass sie immer parallel zur Hinterachse gehalten wurde. Mit der hydraulischen Kabinenfederung (HCS) konnte der Fahr-/Bedienungskomfort auf neue Höchstwerte gesteigert werden. Im Zusammenwirken von Kabinenfederung, der weiterentwickelten TLS II-Allradachse und des Niederfrequenz-Sitzes setzten diese Traktoren damit neue Maßstäbe.

Weiterentwickelte PowerTech-Motoren

Die durchzugsstarken 6,8 Liter John Deere PowerTech-Motoren der Sechszylindermodelle und die 4,5 Liter PowerTech-Motoren der Vierzylinder verfügten je nach Modell über Drehmomentanstiege zwischen 25% und 40% und einen Konstantleistungsbereich, der sich über bis zu 460/min erstreckte. Bis zu 7,5 PS Extraleistung entwickelten die Motoren unter Last. Sie verfügten

Auch das Vierzylindermodell Typ 6420 profitierte 2004 von den innovativen Weiterentwicklungen der Mannheimer John Deere Ingenieuren.

Satelliten lenken den modernen Traktor: Die Allrad-Modelle 6520 bis 6920S profitierten von den Neuerungen »Greenstar« und »Autotrac«.

über eine Reihe von neuen Merkmalen, die sich spürbar auf den Kraftstoffverbrauch auswirkten und der Umwelt zugute kamen. Ein neuer Ladeluftkühler, das innovative DTC-Kühlsystem mit temperaturgesteuertem Viscolüfter und zwei Kühlkreisläufen sowie das elektronische Einspritzsystem im Zusammenwirken mit dem AutoQuad II Getriebe sorgten für bestmögliche Motorleistung und geringen Kraftstoffverbrauch. Die Kraftübertragung vom Motor auf das Getriebe übernahm die neue Generation der ölgekühlten Perma-Kupplung, deren Kupplungsscheiben mit bis zu 225 mm Durchmesser über eine besonders lange Lebensdauer verfügten.

Für die Traktoren der 6020er Baureihe hatte John Deere je nach Modell eine breite Auswahl an Getriebevarianten vorgesehen: Das 20/20 oder 24/24 PowrQuad-Plus-Getriebe mit Einhebelbedienung und vier Lastschaltstufen, automatischer Ganganpassung und lastschaltbarem Reversierhebel links, wahlweise mit 1:10 Kriechgangausrüstung. Mit den AutoQuad II Varianten 20/20 oder 24/24 konnten auf Wunsch Geschwindigkeiten bis zu 50 km/h erreicht werden. In Abhängigkeit von Motordrehzahl und Last schaltete dieses Getriebe die vier Lastschaltstufen automatisch hoch bzw. herunter und bot damit den Schaltkomfort eines Pkw-Automatikgetriebes. Die Geschwindigkeitsautomatik »Tempomat« hielt dabei die vom Fahrer vorgewählte Arbeits- und Zapfwellengeschwindigkeit konstant ein. Parallel dazu sorgte die ECO-Automatik dafür, dass das Getriebe beim Beschleunigungsvorgang »rechtzeitig« in die nächst höhere Stufe schaltete, um so zusätzlich Kraftstoff zu sparen. Auch dieses Getriebe war mit 12/12 Kriechgangausrüstung kombinierbar. Als drittes Angebot verband das AutoPowr-Getriebe ab Modell 6620 die Kraft eines mechanischen Getriebes mit dem Fahrkomfort eines hydrostatischen Getriebes, wobei Motor und Getriebe über ein CAN-Bus-System miteinander »kommunizierten«. Per »Daumendreh« bestimmte der Fahrer dabei seine Arbeitsgeschwindigkeit metergenau. Die vorgewählte Geschwindigkeit wurde über eine rote Nadel auf dem Tachometer angezeigt. Zwei vorgewählte Vorwärts- und Rückwärtsgeschwindigkeiten waren einfach über eine Tempomat-Funktion abrufbar. Neben der 40 km/h-Variante bot John Deere für die Vierzylinder ab 6420S und die Sechszylinder ab 6620 außerdem die stufenlose Schaltung mit bis zu 50 km/h Geschwindigkeit an. Für Frontladerarbeiten war ein innovativer Power-Reversierer integriert, für welchen unterschiedliche Vorwärts- und Rückwärtsgeschwindigkeiten eingestellt werden konnten. Das Anhalten bzw. Anfahren des Traktors mit Anbau- oder Anhängergeräten wurde durch die aktive Stillstandsregelung auch an Steigungen ohne Betätigung von Kupplung und Bremse problemlos möglich. Zum zentimetergenauen Rangieren konnte der Fahrer, wie beim Pkw mit Automatik-Getriebe, das Bremspedal nutzen.

Typ 6220 Allrad-Traktor. Mit der neuen Traktorenbaureihe 6020 von 2003 versprach John Deere, neue Dimensionen in punkto Technologie, Kundennutzen, Fahrkomfort, Ausstattungsvielfalt und Leistung zu erschließen.

Hydrauliksystem

Egal, ob Durchflussmenge und Druckbedarf hoch oder niedrig sind: Das druck- und mengengesteuerte Hydrauliksystem mit max. 200 bar Systemdruck erkannte, wie viel Leistung gefordert wurde und setzte diese Forderung bedarfsgerecht um. Wurde kein Öl benötigt, schaltete das System auf einen Stand-by-Modus um. Dies senkte den Kraftstoffverbrauch. Die Steuerung erfolgte je nach Ausstattungslinie über einen mechanischen Kreuzsteuerhebel oder per Fingertipp (PremiumPlus).

Bis zu 15% höhere Anhängelasten bewältigte der Heckkraftheber durch die optimierte Hubwerksgeometrie. Dieser Tatsache trug das erhöhte zulässige Gesamtgewicht der Traktoren Rechnung. Bei schnellen Transportfahrten entlastete die serienmäßige Schwingungstilgung die Anbaugeräte sowie den Traktor und stabilisierte das Fahrzeug. Für Arbeiten mit der Front- und Heckzapfwelle bot John Deere unterschiedliche Varianten an. (z.B.: 540/540E und 1000/min sowie umsteckbarem Zapfwellenstummel mit 6 bzw. 21 Nuten für die Heckzapfwelle und 1000/min an der Frontzapfwelle)

CAN-BUS Technologie

Um Datenmengen künftiger Anwendungen wie der teilflächen-spezifischen Landwirtschaft bzw. Agrarmanagement-Systemen bewältigen zu können, wurde eine leistungsfähige Informations- und Datenverarbeitung erforderlich. Auf Basis des CAN-BUS-Systems bot John Deere mit dem Starfire System dazu alle notwendigen Voraussetzungen. Das System ließ sich problemlos in die Elektronik der 6020er Traktoren integrieren. Eine ISO-fähige Schnittstelle mit 29 bit sorgte für die schnelle und standardisierte Datenübertragung.

Großen Wert wurde auf den Wartungskomfort gelegt. Die einteilige Kunststoff-Motorhaube ließ sich weit aufklappen und ermöglichte damit den einfachen Zugang zum Motor, Kühler und Luftfilter. Für Diagnosezwecke stand das tragbare John Deere ServiceAdvisor-System bereit, das an den CAN-BUS angeschlossen werden konnte. Falls erforderlich, konnte auch die Kabine seitlich gekippt werden

Innovativ, aber nicht kompliziert

Mit insgesamt 24 Neuerungen starteten die Traktoren der Baureihe 6020 in die neue Verkaufssaison 2004. Die zahlreichen Aufwertungen rund um die Maschinen verfolgten vor allem drei Ziele: Nachhaltige Senkung des Kraftstoffverbrauchs angesichts steigender Kosten für Dieselkraftstoff, Steigerung der Produktivität und Verbesserung des Fahrkomforts.

Mit den beiden neuen Getriebevarianten AutoQuadPlus und ECO-Shift ließen sich bis zu 15% Kraftstoff einsparen, da elektronische Motor- und Getriebesteuerung nun auch bei Schaltgetrieben Fahrstrategien zur optimalen Auslastung des Traktors ermöglichten. Die automatische Schaltung der Lastschaltstufen durch AutoQuadPlus bot gegenüber dem bekannten AutoQuad II-Getriebe gleich vier entscheidende Weiterentwicklungen:

- Schaltautomatik wird über einen im Schalthebel integrierten Taster aktiviert,
- freie Einstellung der Motordrehzahl, bei der die Lastschaltstufen automatisch hoch- bzw. runtergeschaltet werden,
- Vorwahl der höchsten Lastschaltstufe, bis zu der automatisch hochgeschaltet werden soll, sowie
- die Vorprogrammierung der gewünschten Lastschaltstufe beim Richtungswechsel.

Bei Nutzung der AutoQuadPlus Schaltstrategien war nur noch das aktive Schalten beim Gruppenwechsel notwendig, ansonsten ließ sich der Traktor komfortabel nur über Fuß- bzw. Handgas fahren. Der Traktor arbeitete automatisch immer im optimalen Verhältnis von Drehzahl und Drehmoment und je nach gewählter Einstellung betont Kraftstoff sparend. Für gleich bleibend gute Arbeitsergebnisse besonders mit zapfwellengetriebenen Geräten stand die elektronische Drehzahlregulierung CruiseControl serienmäßig zur Verfügung. Die freie Programmie-

Basismodell der neuen Sechszylindermaschinen war der John Deere Typ 6520 Allrad-Traktor mit 115 PS und dem 6,8-Liter PowerTech-Vierventiler, der über ein um rund 40% höheres Drehmoment verfügte.

Auch beim John Deere Typ 6520 Allrad-Traktor übernahm die neueste Generation der ölgekühlten Perma-Kupplung, deren Kupplungsscheiben einen bis zu 225 mm Durchmesser aufwiesen, die Kraftübertragung vom Motor auf das Getriebe.

rung der Lastschaltstufen beim Reversieren optimierte vor allem die Arbeit im Frontladerbetrieb oder bei häufigem Richtungswechsel auf dem Vorgewende.

Zusätzlich zum AutoQuadPlus bot John Deere für seine 6020er Traktoren das neue EcoShift-Getriebe an, mit dem Transportgeschwindigkeiten bis zu 42 km/h bei deutlich reduzierter Motordrehzahl erzielt werden konnten. Die Endgeschwindigkeit wurde in der letzten Schaltgruppe bereits in der 3. Lastschaltstufe bei Nenndrehzahl erreicht. Wurde nicht die volle Motorleistung benötigt, schaltete der Traktor in der Automatikstufe selbstständig in die 4. Lastschaltstufe, wobei die Motordrehzahl um 400/min reduziert, die Höchstgeschwindigkeit aber beibehalten wurde. Durch diese Drehzahlreduzierung ließen sich durchschnittlich 15% Kraftstoff im Transport sparen, zusätzlich sank das ohnehin moderate Kabineninnengeräusch nochmals um 2 dB(A) ab.

Die deutlichste Reduzierung des Kraftstoffverbrauches wurde jedoch durch den Einsatz der turboaufgeladenen 4-Ventil-Common-Rail-Motoren mit Ladeluftkühlung erzielt. Über diese innovative Motorentechnik verfügten die John Deere Traktoren der Baureihe 6020 ab dem Modell 6320 bereits seit Produktionsstart im Januar 2003. Zusammen mit dem leistungssparenden Zweikreis-Kühlsystem Dual-Cooling schaffte es diese moderne Motorengeneration, die EU-Abgasnormen problemlos zu erfüllen und mehr als 10% Kraftstoff gegenüber Motoren mit herkömmlichen Einspritz- und Kühlungssystemen zu sparen.

Effizienter und produktiver arbeiten

Geringer Kraftstoffverbrauch und der bei den großen Modellen 6820, 6920 und 6920S auf 325 Liter gewachsene Kraftstofftank erlaubten nun bis zu 30% mehr Betriebsstunden im Feld zwischen den Tankstops. Das neue GPS-gesteuerte automatische Lenksystem AutoTrac, das ab 2004 für die 6020er Traktoren zur Verfügung stand, ließ sie komfortabler, effizienter und Kraftstoff sparender arbeiten. Auf Knopfdruck steuerte sich der Traktor vollkommen selbstständig und reduzierte dabei die Überlappung selbst breitester Arbeitsgeräte, unabhängig von den Sichtverhältnissen auf max. +/- 10 Zentimeter. Der Fahrer konnte sich während der Arbeit voll auf das Anbaugerät konzentrieren und holte ohne Ermüdungserscheinungen immer die volle Leistung aus der Traktor-Geräte-Kombination heraus. Im Bereich des Frontladereinsatzes sorgte ein neuer Joystick zur Betätigung des Frontladers für weitere Produktivitätssteigerung. Über in den Joystick integrierte Taster ließ sich nun die Lastschaltstufe des Traktors ohne umzugreifen hoch- und runterschalten, was zu einer deutlichen Verkürzung der Ladezyklen beitrug.

Mehr Komfort bei Straßenfahrt und Feldarbeit

Zur Steigerung des Schaltkomforts wurde die Kulisse der Einhebelschaltung näher an den Fahrer herangezogen und der Winkel der Schaltgassen in seiner Ergonomie optimiert. Ergänzt wurde der neue Gruppenschalthebel durch die automatische Zentrierung beim Herausnehmen der Gruppe. Insgesamt wurde die Schaltung deutlich leichtgängiger und komfortabler.

Mit Hilfe der exklusiven Soft-Shift Schaltung war nun der Wechsel der Lastschaltstufen unabhängig vom Belastungszustand der Maschine nicht mehr spürbar. Die gemeinsame Motor-Getriebesteuerung sorgte für eine kurzfristige Anpassung der Motordrehzahl beim Schaltvorgang, so dass der Fahrer oder die Schaltautomatik den Wechsel der Lastschaltstufe vollkommen ruckfrei bewältigte.

In Zeiten mit extremer Witterung, wie dies im Sommer 2003 der Fall war, bot die bordeigene Klimaautomatik zusätzlichen Arbeitskomfort. Die Kabinentemperatur ließ sich damit vorwählen und absolut konstant halten, zudem konnte die Luftverteilung in der Kabine automatisiert werden. Ein Feuchtsensor an der Windschutzscheibe sorgte bei der Gefahr von beschlagenen Scheiben automatisch dafür, dass der Trockenluftstrom zu 100% auf die Scheibe umgelenkt wurde, so dass man immer freie Sicht hatte.

Eine Schmalspur-Vorderachse (Code 0240) reduzierte die Gesamtbreite des Typ 6320 auf 1570 mm und machte so den Einsatz im Hopfenanbau möglich.

Mit einem mächtigen Sicherheits-Überrollbügel anstelle der komfortablen TechCenter-Kabine aus Bruchsaler Produktion ausgestattet, konnte der Typ 6320 auch als niedriger OpenStation-Traktor (OOS) geliefert werden.

Bei ISO-Norm die Nase vorn

Testergebnissen der DLG-Prüfstelle Potsdam-Bornim zufolge waren John Deere Traktoren der Baureihe 6020 sowie das John Deere ISOBUS Display die ersten Produkte, die den ISO Standard 11783 nachweislich erfüllten. Deshalb hatte die Deutsche Landwirtschaftsgesellschaft für diese Produkte das ISOBUS Prüfsiegel 2003 erteilt.

Im Rahmen der von der DLG durchgeführten Prüfungen wurden verschiedene Anbaugeräte und Traktoren miteinander kombiniert, wobei primär ihre elektrischen und elektronischen Systeme auf Kompatibilität getestet wurden. Der ISO Standard 11783 (ISOBUS) normiert schwerpunktmäßig die elektrische und elektronische Verbindung zwischen Traktor und Anbaugerät. Darum galt es bei dieser Prüfung, volle Kompatibilität zwischen Traktor und Anbaugerät festzustellen. Kunden mit Traktoren der 6020er Baureihe konnten davon ausgehen, dass alle gängigen und künftig gleichermaßen zertifizierten Anbaugeräte mit diesen Traktoren betrieben werden konnten. Zusätzlich konnten diese gleichermaßen zertifizierten Anbaugeräte mit dem John Deere ISO Display betrieben werden, was den Kauf mehrerer spezifischer Anbaugerätedisplays auf einem landwirtschaftlichen Betrieb in den meisten Fällen überflüssig machte. Ab Januar 2004 bot John Deere für seine Traktoren der Baureihe 6020 wahlweise diese ISOBUS-Option an, die die Verbindung zwischen den CAN-BUS-Daten des Traktors und dem CAN-BUS-System des Anbaugerätes sicherstellte.

Gleichzeitig bot John Deere Anfang 2004 seine AutoTrac-Lenkautomatik für alle Traktoren der Serie 6020 von 110 bis 160 PS ab Werk an und damit erstmals auch für Mittelklassetraktoren. Die DGPS-gesteuerte AutoTrac Lenkautomatik steuerte den Traktor selbstständig auf exakt parallelen Spuren, ohne dass der Fahrer in die Lenkung eingreifen musste. AutoTrac reduzierte Überlappungen um bis zu 90% und vermied unbearbeitete

tete Streifen. Felder konnten in parallele Teilschläge unterteilt und ohne Reststreifen fertig bearbeitet werden. AutoTrac gesteuerte Maschinen erreichten mit dem John Deere eigenen Zweifrequenz DGPS-Empfänger StarFire und dem Referenzsignal »SF2« beim direkten Anschlussfahren Genauigkeiten von +/- 10 Zentimeter.

Mit Verfügbarkeit dieser Technik erstmals auch für die Mittelklasse-Traktoren ab 110 PS eröffneten sich nun neue Einsatzbereiche wie z.B. Aussaat, Pflege- und Mäharbeiten sowie Dünge- und Pflanzenschutzmaßnahmen. Diese Arbeiten erforderten alle möglichst gleich bleibende Spurabstände, die AutoTrac jetzt mit höherer Genauigkeit durchführen konnte. Das steigerte die Flächenleistung und reduzierte den Aufwand an Kraftstoff, Pflanzenschutz- und Düngemitteln um bis zu 10%. Der Fahrer wurde wirkungsvoll entlastet und blieb fit, weil der Fahrkomfort stieg.

AutoTrac wurde einfach über einen Kippschalter aktiviert. Mit jedem Eingreifen in die Lenkung schaltete die Lenkautomatik ab, dann kontrollierte der Fahrer wieder voll das Steuer, um z.B. einem Hindernis auszuweichen. Die AutoTrac Komponenten (StarFire-Empfänger, GreenStar-Monitor und mobiler Rechner) ließen sich schnell auf andere Maschinen umbauen. Sie konnten wirtschaftlich auch für andere Funktionen eingesetzt werden, z.B. das manuelle Parallelfahren auf beliebigen Fahrzeugen oder die automatische Dokumentation und Flächenvermessung. John Deere Maschinen, die mit AutoTrac geliefert wurden, verfügten über eine werksseitige TÜV-Zulassung. AutoTrac-Kunden stand neben dem John Deere Vertriebspartnernetz die deutschsprachige Internetseite www.stellarsupport.com für die kostenlose Aktualisierung der GreenStar Software zur Verfügung. So blieben Systeme immer auf dem neuesten Stand.

Leistungsstärkstes Vierzylindermodell der neuen 6020er Serie war der Typ 6420 Allrad-Traktor mit einer Leistung von 110 PS, beim 6420 S waren es sogar 120 PS.

Auch den Typ 6420 gab es als OpenStation-Traktor mit mächtigem Sicherheits-Überrollbügel.

Der John Deere Typ 6420 Allrad-Traktor im Grünlandeinsatz. Der Grundpreis betrug für die »Premium«-Version (0528 R) betrug DM 60208.--.

John Deere 6020er Serie Typ 6020 SE (2003-2007)
John Deere 6020er Serie Typ 6120 SE (2003-2007)
John Deere 6020er Serie Typ 6220 SE (2003-2007)
John Deere 6020er Serie Typ 6320 SE (2003-2007)
John Deere 6020er Serie Typ 6420 SE (2003-2007)
John Deere 6020er Serie Typ 6520 SE (2003-2007)
John Deere 6020er Serie Typ 6620 SE (2003-2007)

Premium-Design zu einem attraktiven Preis: die SE-Serie

Ergänzend zu den fünf Vier- und fünf Sechszylinder-Premium-Modellen stand die SE-Modellreihe mit fünf Vierzylinder- und zwei Sechszylinder-Traktoren zur Verfügung, die sich, wie ihre Vorgänger, als zuverlässige Arbeitsmaschinen am Markt behaupteten. Die SE-Palette bestand aus den Modellen 6020 SE (75 PS), 6120 SE (80 PS), 6220 SE (90 PS), 6320 SE (100 PS),

Das integrierte elektrohydraulische Steuerventil im John Deere Typ 6420 Allrad-Traktor ermöglichte die Kontrolle von bis zu fünf Hydraulik-Funktionen.

John Deere bot eine breite Auswahl an Getriebevarianten: Serienstandard im Typ 6420 Allrad-Traktor war das 24/24 PowrQuad-Plus-Getriebe mit Einhebelbedienung und vier Lastschaltstufen.

6420 SE (110 PS), 6520 SE (115 PS) und dem 6620 SE, der 125 PS leistete.

Die neuen Traktoren der Serie 6020 SE erhielten die bewährte John Deere Zuverlässigkeit und Langlebigkeit in einem Komplettpaket zu einem erstaunlich günstigen Preis. Zu einem Grundpreis von 41.114.-- Euro avancierte der 75 PS starke 6020 SE zum idealen Einsteigermodell. Mit einem Grundpreis von 42.543,-- Euro war der 80 PS starke 6120 SE um 8.600.-- Euro preiswerter als die Premium-Version, die mit 51.172,-- Euro in den Preislisten geführt wurde. Eine noch größere Preisdifferenz wies das mit einem Grundpreis in Höhe von 54.177.-- Euro leistungsstärkste SE-Modell 6620 auf, das ganze 22.300.-- Euro weniger kostete, als die 6620 PremiumPlus-Version, die für 76.478.-- Euro angeboten wurde.

Die Traktoren der Serie 6020 SE mit 75 bis 125 PS waren serienmäßig ausgestattet mit dem PowerReversier-Getriebe 16/16, wahlweise konnte auch das PowQuad-Getriebe mit vier Lastschaltstufen eingebaut werden. Für die Modelle 6520 SE und 6620 SE stand ein 24/24 PowQuad-Getriebe zur Verfügung. Der Fahrersitz mit mechanischer Federung oder Luftfederung und die geräumige Kabine, mit logisch und ergonomisch angeordneten Bedienungselementen, sorgten für Komfort an langen Arbeitstagen. Auch eine Niedrigkabine war verfügbar.

Weitere Merkmale waren das neue, innovative DTC-Kühlsystem, bei dem die Temperaturen des Kühlmittels für den Getriebeöl- und Ladeluftkühler auf 60 Grad, während das Kühlmittel des Motorkreislaufes bei 90 Grad gekühlt wird. Dank des druck- und mengengesteuerten Hydrauliksystems ließen sich mehrere Hydraulikfunktionen gleichzeitig bedienen, ideal für Frontladerarbeiten. Auch bei den Modellen der SE-Serie bot das neue Design ausgezeichnete Rundumsicht und leichten Zugang zu den wichtigsten Wartungspunkten.

Während die 6020er Premium-Modelle Anfang November 2006 durch die dritte Generation der 6000er-Serie, der Baureihe 6030, abgelöst wurden, blieben die 6020 SE-Modelle noch weiter im Programm der Mannheimer John Deere Produktion.

Der John Deere Typ 6420 Allrad-Traktor mit der komfortablen TechCenter-Kabine aus dem John Deere-Kabinenwerk in Bruchsal.

John Deere Typ 6520 als Openair-Traktor: Anstelle der komfortablen TechCenter-Kabine aus Bruchsaler John Deere-Produktion trat ein mächtiger Sicherheits-Überrollbügel.

Ein neuer Ladeluftkühler, das innovative DTC-Kühlsystem mit temperaturgesteuertem Viscolüfter und zwei Kühlkreisläufen sowie das elektronische CommonRail-Einspritzsystem sorgten im Typ 6520 für bestmögliche Motorleistung und geringen Kraftstoffverbrauch.

Für Frontladerarbeiten war beim Typ 6620 ein innovativer Power-Reversierer integriert worden, für welchen unterschiedliche Vorwärts- und Rückwärtsgeschwindigkeiten eingestellt werden konnten.

Neben der 40-km/h-Variante bot John Deere auch den Typ 6620 Allrad-Traktor außerdem die stufenlose Schaltung mit bis zu 50 km/h an. Das wahlweiseangebotene AutoPowr-Getriebe (DM 7208.--) verband die Kraft eines mechanischen Getriebes mit dem Fahrkomfort eines hydrostatischen Getriebes.

Auch beim John Deere Typ 6820 Allrad-Traktor erleichterte ein Joystick Frontladereinsätze. Auch ließ sich nun die Lastschaltstufe des Traktors über in den Bedienhebel integrierte Taster ohne umgreifen zu müssen runterschalten.

Geringer Kraftstoffverbrauch und der auch beim Typ 6820 auf 325 Liter gewachsene Kraftstofftank erlaubten nun bis zu einem Drittel mehr Betriebsstunden im Feld zwischen den Tankstopps.

Versandbereit: Produzierte Traktoren der 6020er Serie warten auf den Transport zum Handel in aller Welt.

Mit einer Leistung von 160 PS war der Typ 6920 S »Premium« das Flaggschiff der Traktoren-Familie aus Mannheimer John Deere Produktion bis zum Jahre 2006.

Als neues Mannheimer Flaggschiff brachte es der Typ 6920 S »Premium« (€ 78390.--) auf eine Leistung von 160 PS. Die DGPS-gesteuerte AutoTrac Lenkautomatik reduzierte Überlappungen und vermied unbearbeitete Streifen.

4,5 Liter Vierzylinder »PowerTech«-Motor mit Turbolader und Ladeluftkühler.

6,8 Liter Sechszylinder »PowerTech«-Motor mit Turbolader und Ladeluftkühler.

Kraft der Innovation: Leistungsstarkes John Deere Sechszylinder-Turbotriebwerk mit Vierventil- und CommonRail-Technik.

Programmübersicht John Deere 6020er-Serie							
Typ Modell	Ausführung	Getriebe	Geschwindigkeit (km/h)	Motor			Bauzeit
				Hubraum ccm	Zylinder	PS (kW)	
6020	SE	Synchro Plus 12/4; Reverser 16/16	30 / 40	4530	4 Turbo	75 (55)	2003 - 2007
6120	Premium	PowrQuadPlus 16/16; 24/24; 12/12	40	4530	4 Turbo	80 (59)	2003 - 2006
6120	SE	Synchro Plus 12/4; Reverser 16/16	30 / 40	4530	4 Turbo	80 (59)	2003 - 2007
6220	Premium	PowrQuadPlus 16/16; 24/24; 12/12	40	4530	4 Turbo	90 (66)	2003 - 2006
6220	SE	Synchro Plus 12/4; Reverser 16/16	30 / 40	4530	4 Turbo	90 (66)	2003 - 2007
6320	Premium	PowrQuadPlus 16/16; 24/24; 12/12	40 / 50	4530	4 Turbo/Ladeluft	100 (74)	2003 - 2006
6320	Premium Plus	AutoPowr stufenlos	40 / 50	4530	4 Turbo/Ladeluft	100 (74)	2003 - 2006
6320	SE	Synchro Plus 12/4; Reverser 16/16	30 / 40	4530	4 Turbo/Ladeluft	100 (74)	2003 - 2007
6420	Premium	PowrQuadPlus 16/16; 24/24; 12/12	40 / 50	4530	4 Turbo/Ladeluft	110 (81)	2003 - 2006
6420	Premium S	AutoQuad II 24/24	40	4530	4 Turbo/Ladeluft	120 (88)	2003 - 2006
6420	Premium Plus	AutoPowr stufenlos	40 / 50	4530	4 Turbo/Ladeluft	110 (81)	2003 - 2006
6420	SE	Synchro Plus 12/4; Reverser 16/16	30 / 40	4530	4 Turbo/Ladeluft	110 (81)	2003 - 2007
6520	Premium	PowrQuadPlus 16/16; 24/24; 12/12	40 / 50	6788	6 Turbo/Ladeluft	115 (85)	2003 - 2006
6520	Premium Plus	AutoPowr stufenlos	40 / 50	6788	6 Turbo/Ladeluft	115 (85)	2003 - 2006
6520	SE	Synchro Plus 12/4; Reverser 16/16	30 / 40	6788	6 Turbo/Ladeluft	115 (85)	2003 - 2007
6620	Premium	PowrQuadPlus 16/16; 24/24; 12/12	40 / 50	6788	6 Turbo/Ladeluft	125 (92)	2003 - 2006
6620	Premium Plus	AutoPowr stufenlos	40 / 50	6788	6 Turbo/Ladeluft	125 (92)	2003 - 2006
6620	SE	Synchro Plus 12/4; Reverser 16/16	30 / 40	6788	6 Turbo/Ladeluft	125 (92)	2003 - 2007
6820	Premium	PowrQuadPlus 20/20; 12/12	40 / 50	6788	6 Turbo/Ladeluft	135 (99)	2003 - 2006
6820	Premium Plus	AutoPowr stufenlos	40 / 50	6788	6 Turbo/Ladeluft	135 (99)	2003 - 2006
6920	Premium	PowrQuadPlus 20/20; 12/12	40 / 50	6788	6 Turbo/Ladeluft	150 (11)	2003 - 2006
6920	Premium S	AutoQuad 20/20	40	6788	6 Turbo/Ladeluft	160 (118)	2003 - 2006
6920	Premium Plus	AutoPowr stufenlos	40 / 50	6788	6 Turbo/Ladeluft	150 (11)	2003 - 2006

	John Deere 6020er Serie Typ 6120 Allrad-Traktor 2003-2006/07	John Deere 6020er Serie Typ 6220 Allrad-Traktor 2003-2006/07	John Deere 6020er Serie Typ 6320 Allrad-Traktor 2003-2006/07
Motor			
Bauart:	John Deere 4-Zylinder-4-Takt-Diesel mit Abgasturbolader, 2V-DE 10		John Deere 4-Zylinder-4-Takt-Diesel, Turbolader und Ladeluftkühler, 4V-CR
Bohrung x Hub (mm):	106,5 x 127	106,5 x 127	106,5 x 127
Hubraum (cm³):	4530	4530	4530
Leistung (PS/kW):	80 / 59 bei 2300/min	90 / 66 bei 2300/min	100 / 74 bei 2300/min
Verdichtung:	17,2 : 1	17,2 : 1	17,2 : 1
Drehmoment, max. (Nm):	331	370	418
Drehmomentanstieg:	35 %	35 %	36 %
Gemischbereitung:	Mehrkolbenverteilerpumpe DE 10, vollelektronisches Motormanagement		4 Ventil Hochdruckcommonrail vollelektronisches Motormanagement
Schmierung:	Druckölschmierung mit gekühlt und gefilterten Öl, 16 Liter Motoröl-Inhalt		
Kühlsystem:	geschlossenes Zweikreiskühlsystem, Doppeltemperaturkühlung, 24 Liter Kühlsystem-Inhalt		
Lüfter:	temperaturgesteuerter Viskoselüfter Power Core, Luftfilter mit Spiralrohren und Ansaugschlauch		
Elektrische Anlage:	Drehstrom-Lichtmaschine 12 V, 90 A; Batterie 2 x 12V / 110 Ah		
Kraftübertragung			
Antrieb:	Allradantrieb zuschaltbar, mittiges Differenzial, 12° Nachlaufwinkel, 52° Lenkeinschlag, Selbstsperrdifferenzial		
Kupplung:	ölgekühlte Mehrscheibenbauart, automatische Allradbremse, Planetenradgetriebe		
TLS-Allradachse:	Dreilenkeraufhängung, elektro-hydraulische 11° Achsverschränkung		
Fahrkupplung:	Perma Kupplung II, ölgekühlte Lamellenkupplung, 225 mm Mehrfachscheiben		
Getriebe:	PowrQuad Plus, 4 lastschaltb. Gänge, 16/16 (40 km/h); 24/24 (40 km/h), Kriechgänge 12/12 (Untersetzg. 1:10)		
	AutoQuad Plus, 4 lastschaltb. Gänge, 24/24 (40 km/h); Kriechgänge 12/12 AutoQuad Plus »Eco Shift«, 24/24 (40)		24/24 (40+50 km/h); Kriechg. 12/12 AutoPowr, stufenlos, (40 + 50 km/h)
Differenzialsperre:	elektrohydraulisch, ölgekühlt, Mehrscheibentyp		
Heckzapfwelle:	540/540E/1000/min, umsteckbar und umschaltbar bei 2143/1684/2208/min; Frontzapfwelle:1000/min bei 2185/min		
Zapfwellenkupplung:	Mehrscheibenkupplung, ölgekühlt, elektrohydraulisch		
Hydrauliksystem:	druck- und mengengesteuert (PFC) mit Konstantstrompumpe load-sensing; 60 oder 96 Liter/min bei 200 bar		
Dreipunktanbau:	Kat. II, (6320: Kat. II / III N) seitl. Stabilisierung durch Schwingungstilgungsblöcke, Stabilisierungsstreben, Fernbedienung		
System/Regelung:	System: elektronische Unterlenkerregelung; Regelung: Lage- Zugkraft-und Mischregelung, Schwimmstellung		
Hubkraft (kN):	45,6 (Unterlenker); 36,9 (OECD)	51,0 (Unterlenker); 42,5 (OECD)	59,0 (Unterlenker); 48,6 (OECD)
Steuerventile:	Schiebersteuergeräte, einfach + doppeltwirkend, Neutral, Heben, Senken, Schwimmstellung, 60/96/96 Liter/min		
Fahrwerk			
Bauart:	Durchgehender Brückenstahlrahmen, Motorlagerung durch 4 Selentblöcke		
Fußbremse:	hydr., ölgekühlte Scheibenbremsen		
Feststellbremse:	in Öl laufende Bandbremse		
Parksperre:	Getriebeparksperre		
Allradbremse:	automatische Allradzuschaltung		
Lenkung:	hydrostatisch		
Bereifung vorn:	13.6R24; (Wahlausrüstung vorhanden)	14.9R24; (Wahlausrüstung vorhanden)	14.9R24; (Wahlausrüstung vorhanden)
Bereifung hinten:	16.9R34; (Wahlausrüstung vorhanden)	16.9R34; (Wahlausrüstung vorhanden)	16.9R38; (Wahlausrüstung vorhanden)
Allgemeine Daten			
Radstand (mm):	2400	2400	2400
Länge (mm):	4289	4289	4289
Breite (mm):	2275	2275	2275
Höhe Kabine (mm):	2653	2714	2714
Bodenfreiheit (mm):	490	520	520
Spurweite vorn (mm):	1522 - 2014	1522 - 2014	1522 - 2014
Spurweite hinten (mm):	1468 - 1916	1468 - 1916	1468 - 1916
Wendekreis (Meter):	8,82 (Allrad aus); 9,8 (Allrad ein)	8,82 (Allrad aus); 9,8 (Allrad ein)	8,82 (Allrad aus); 9,8 (Allrad ein)
Gewicht (kg):	4350	4390	4540
zul. Gesamtgewicht (kg):	7000	7000	8200
Zuladung (kg):	2650	2650	3660
Stützlast Ackerschiene:	1600 kg (Straße); 2250 kg (Acker)	1600 kg (Straße); 2250 kg (Acker)	1600 kg (Straße); 2250 kg (Acker)
Stützlast Anh.kuppl.(kg):	2000; 3000 (pick-up hitch)	2000; 3000 (pick-up hitch)	2000; 3000 (pick-up hitch)
Höchstgeschw. (km/h):	40	40	40 / 50
Tankinhalt (Liter):	165	165	185

	John Deere 6020er Serie Typ 6420 / 6420 S 2003-2006/07	John Deere 6020er Serie Typ 6520 Allrad-Traktor 2003-2006/07	John Deere 6020er Serie Typ 6620 Allrad-Traktor 2003-2006/07
Motor			
Bauart:	John Deere 4-Zylinder-4-Takt-Diesel, Turbolader und Ladeluftkühler, 4V-CR	John Deere 6-Zylinder-4-Takt-Diesel, Turbolader und Ladeluftkühler, 4V-CR	John Deere 6-Zylinder-4-Takt-Diesel, Turbolader und Ladeluftkühler, 4V-CR
Bohrung x Hub (mm):	106,5 x 127	106,5 x 127	106,5 x 127
Hubraum (cm^3):	4530	6788	6788
Leistung (PS/kW):	110/81; S: 120/88 bei 2300/min	115 / 85 bei 2300/min	125 / 92 bei 2300/min
Verdichtung:	17,2 : 1	17,2 : 1	17,2 : 1
Drehmoment, max. (Nm):	457	494	535
Drehmomentanstieg:	36 %	40 %	40 %
Gemischbereitung:	4 Ventil Hochdruck-CommonRail vollelektronisches Motormanagement		
Schmierung:	Druckölschmierung mit gekühltem und gefilterten Öl; Motoröl-Inhalt: (6420:16 Liter), 19,5 Liter		
Kühlsystem:	geschlossenes Zweikreiskühlsystem, Doppeltemperaturkühlung, Kühlsystem-Inhalt: (6420: 24 Liter), 28 Liter		
Lüfter:	temperaturgesteuerter Viskoselüfter, Power Core Luftfilter mit Spiralrohren und Ansaugschlauch		
Elektrische Anlage:	Drehstrom-Lichtmaschine 12 V, 90 A, (6420: Batterie 2 x 12 V / 110 Ah), Batterie 2 x 12 V / 154 Ah		
Kraftübertragung			
Antrieb:	Allradantrieb zuschaltbar, mittiges Differenzial, 12° Nachlaufwinkel, 52° Lenkeinschlag, Selbstsperrdifferenzial		
Kupplung:	ölgekühlte Mehrscheibenbauart, automatische Allradbremse, Planetenradgetriebe		
TLS-Allradachse:	Dreilenkeraufhängung, elektro-hydraulische 11° Achsverschränkung		
Fahrkupplung:	Perma Kupplung II, ölgekühlte Lamellenkupplung, 225 mm Mehrfachscheiben		
Getriebe:	PowrQuad Plus, 4 lastschaltb. Gänge, 16/16 (40 km/h); 24/24 (40 km/h),		
			elektrohydr. linksseitiger Reversierer
	Kriechgänge 12/12 (Untersetzg. 1:10), AutoQuad Plus, 4 lastschaltb. Gänge, 24/24 (40+50 km/h); Kriechg. 12/12, AutoQuad Plus »Eco Shift«, 24/24 (40), AutoPowr, stufenlos, (40 + 50 km/h)		
Differenzialsperre:		elektrohydraulisch, ölgekühlt, Mehrscheibentyp	
Heckzapfwelle:	540/540E/1000/min, umsteckbar und umschaltbar bei 2143/1684/2208/min, Frontzapfwelle: 1000/min bei 2185/min		
Zapfwellenkupplung:	Mehrscheibenkupplung, ölgekühlt, elektrohydraulisch		
Hydrauliksystem:	druck- und mengengesteuert (PFC) mit Konstantstrompumpe load-sensing, 60 oder 96 Liter/min bei 200 bar		
Dreipunktanbau:	Kat. II / III N, seitl. Stabilisierung durch Schwingungstilgungsblöcke, Stabilisierungsstreben, Fernbedienung		
System/Regelung:	elektronische Unterlenkerregelung, Lage- Zugkraft-und Mischregelung, Schwimmstellung		
Hubkraft (kN):	59,0 (Unterlenker); 48,6 (OECD)	66,2 (Unterlenker); 54,9 (OECD)	74,2 (Unterlenker); 61,6 (OECD)
Steuerventile:	Schiebersteuergeräte, einfach + doppeltwirkend, Neutral, Heben, Senken, Schwimmstellung, 60/96 Liter/min		
Fahrwerk			
Bauart:	Durchgehender Brückenstahlrahmen, Motorlagerung durch 4 Selentblöcke		
Fußbremse:	hydr., ölgekühlte Scheibenbremsen		
Feststellbremse:	in Öl laufende Bandbremse		
Parksperre:	Getriebeparksperre		
Allradbremse:	automatische Allradzuschaltung		
Lenkung:	hydrostatisch		
Bereifung vorn:	16.9R24; (Wahlausrüstung vorhanden)	420/70R28; (Wahlausrüstung vorh.)	420/70R28; (Wahlausrüstung vorh.)
Bereifung hinten:	18,4R38; (Wahlausrüstung vorhanden)	18,4R38; (Wahlausrüstung vorhanden)	18,4R38; (Wahlausrüstung vorhanden)
Allgemeine Daten			
Radstand (mm):	2400	2650	2650
Länge (mm):	4289	4728	4728
Breite (mm):	2316	2316	2316
Höhe Kabine (mm):	2742	2858	2858
Bodenfreiheit (mm):	550	570	570
Spurweite vorn (mm):	1522 - 2014	1618 - 2110	1618 - 2110
Spurweite hinten (mm):	1468 - 1916	1558 - 2028	1558 - 2028
Wendekreis (Meter):	8,82 (Allrad aus); 9,8 (Allrad ein)	10,1 (Allrad aus); 11,36 (Allrad ein)	10,1 (Allrad aus); 11,36 (Allrad ein)
Gewicht (kg):	4750	5080	5230
zul. Gesamtgewicht (kg):	8200	8500	9500
Zuladung (kg):	3450	3420	4270
Stützlast Ackerschiene:	1600 kg (Straße); 2250 kg (Acker)	1600 kg (Straße); 2250 kg (Acker)	1600 kg (Straße); 2250 kg (Acker)
Stützlast Anh.kuppl.(kg):	2000; 3000 (pick-up hitch)	2000; 3000 (pick-up hitch)	2000; 3000 (pick-up hitch)
Höchstgeschw. (km/h):	40 / 50	40 / 50	40 / 50
Tankinhalt (Liter):	185	207	207

	John Deere 6020er Serie Typ 6820 Allrad-Traktor 2003-2006	John Deere 6020er Serie Typ 6920 Allrad-Traktor 2003-2006
Motor		
Bauart:	John Deere 6-Zylinder-4-Takt-Diesel, Turbolader und Ladeluftkühler, 4V-CR	
Bohrung x Hub (mm):	106,5 x 127	106,5 x 127
Hubraum (cm³):	6788	6788
Leistung (PS/kW):	135 / 99 bei 2300/min	150/110; S: 160/118 bei 2300/min
Verdichtung:	17,2 : 1	17,2 : 1
Drehmoment, max. (Nm):	621	690
Drehmomentanstieg:	38 %	38 %
Gemischbereitung:	4 Ventil Hochdruck-CommonRail, vollelektronisches Motormanagement	
Schmierung:	Druckölschmierung mit gekühltem und gefilterten Öl, 19,5 Liter Motoröl-Inhalt	
Kühlsystem:	geschlossenes Zweikreiskühlsystem, Doppeltemperaturkühlung, 28 Liter Kühlsystem-Inhalt	
Lüfter:	temperaturgesteuerter Viskoselüfter, Power Core Luftfilter mit Spiralrohren und Ansaugschlauch	
Elektrische Anlage:	Drehstrom-Lichtmaschine 12 V, 90 A, Batterie 2 x 12 V / 154 Ah	
Kraftübertragung		
Antrieb:	Allradantrieb zuschaltbar, mittiges Differenzial, 12° Nachlaufwinkel, 52° Lenkeinschlag, Selbstsperrdifferenzial	
Kupplung:	ölgekühlte Mehrscheibenbauart, automatische Allradbremse	
Endantriebe:	Planetenradgetriebe	
TLS-Allradachse:	Dreilenkeraufhängung, elektro-hydraulisch, 11° Achsverschränkung	
Fahrkupplung:	Perma Kupplung II, ölgekühlte Lamellenkupplung, 225 mm Mehrfachscheiben	
Getriebe:	PowrQuad Plus, 4 lastschaltb. Gänge, elektrohydr. linksseitiger Reversierer, 20/20 (40 km/h), Kriechgänge 12/12 AutoQuad Plus, 4 lastschaltb. Gänge, 20/20 (40+50 km/h); Kriechg. 12/12 AutoQuad Plus »Eco Shift«, 20/20 (40), AutoPowr, stufenlos, (40 + 50 km/h)	
Differenzialsperre:	elektrohydraulisch, ölgekühlt, Mehrscheibentyp	
Heckzapfwelle:	540/540E/1000/min, umsteckbar und umschaltbar bei 2143/1684/2208/min	
Frontzapfwelle:	1000/min bei 2185/min	
Zapfwellenkupplung:	Mehrscheibenkupplung, ölgekühlt, elektrohydraulisch	
Hydrauliksystem:	druck- und mengengesteuert (PFC), mit Konstantstrompumpe load-sensing	
Pumpenleistung:	60 oder 96 Liter/min bei 200 bar	
Dreipunktanbau:	Kat. II / III N, seitl. Stabilisierung durch Schwingungstilgungsblöcke, Stabilisierungsstreben, Fernbedienung	
System/Regelung:	elektronische Unterlenkerregelung: Lage- Zugkraft-und Mischregelung, Schwimmstellung	
Hubkraft (kN):	84,0 (Unterlenker); 84,0 (OECD)	
Steuerventile:	Schiebersteuergeräte, einfach + doppeltwirkend, Neutral, Heben, Senken, Schwimmstellung	
Durchflußmenge:	60/96 Liter/min (100/200/300 Serie); max. 15 Liter bei laufendem Motor	
Fahrwerk		
Bauart:	Durchgehender Brückenstahlrahmen, Motorlagerung durch 4 Selentblöcke	
Fußbremse:	hydr., ölgekühlte Scheibenbremsen; Feststellbremse: in Öl laufende Bandbremse	
Parksperre:	Getriebeparksperre	
Allradbremse:	automatische Allradzuschaltung	
Lenkung:	hydrostatisch	
Bereifung vorn:	16,9R28; (Wahlausrüstung vorhanden)	
Bereifung hinten:	20,8R38; (Wahlausrüstung vorhanden)	
Allgemeine Daten		
Radstand (mm):	2650	2650
Länge (mm):	4758	4758
Breite (mm):	2382	2382
Höhe Kabine (mm):	2906	2906
Bodenfreiheit (mm):	600	600
Spurweite vorn (mm):	1618 - 2110	1618 - 2110
Spurweite hinten (mm):	1558 - 2028	1558 - 2028
Wendekreis (Meter):	10,1 (Allrad aus); 11,36 (Allrad ein)	10,1 (Allrad aus); 11,36 (Allrad ein)
Gewicht (kg):	5580	5880
zul. Gesamtgewicht (kg):	10500	11000
Zuladung (kg):	4920	5120
Stützlast Ackerschiene:	1600 kg (Straße); 2250 kg (Acker)	1600 kg (Straße); 2250 kg (Acker)
Stützlast Anh.kuppl.(kg):	2000; 3000 (pick-up hitch)	2000; 3000 (pick-up hitch)
Höchstgeschw. (km/h):	40 / 50	40 / 50
Tankinhalt (Liter):	207 (Wunsch: 250 / 325)	250 (Wunsch: 325)

John Deere 5020er Serie Typ 5620 (2003-2008)
John Deere 5020er Serie Typ 5720 (2003-2008)
John Deere 5020er Serie Typ 5820 (2003-2008)

Bei der Entwicklung der neuen 5020er Traktorenbaureihe arbeitete John Deere Mannheim mit seinen Kunden Hand in Hand. »Kaum jemals haben wir Kunden so intensiv in die Entwicklung einer neuen Traktorenbaureihe einbezogen wie diesmal«, so der für die Entwicklung der 5020er Traktorenbaureihe zuständige Projektleiter August Altherr.

Wie kaum ein anderes Marktsegment in Europa war der Traktorenmarkt Anfang der 2000er Jahre im Leistungsbereich zwischen 40 und 90 PS breit diversifiziert. Die Maschinen mussten Anforderungen kleiner und mittlerer Ackerbaubetriebe, von Viehzucht- und Milchviehbetrieben, Gemüseanbauern und Dauerkulturbetrieben erfüllen können. »Nachdem wir alle Wettbewerbsprodukte analysiert hatten, wurde uns schnell klar, dass wir mit dem 5020 für dieses Segment ein völlig neues Produkt auf den Markt bringen mussten. Wir haben uns am Konzept der Baureihe 6020 orientiert und dabei insbesondere die Anforderungen der Kunden an Funktionalität, Qualität, Vielseitigkeit im Einsatz bzw. Wartungsfreundlichkeit berücksichtigt. Gleichzeitig demonstrieren wir Technologieführerschaft durch den modularen Aufbau des Traktors, den separat eingebauten Motor und das lastschaltbare Getriebe« so August Altherr.

Das Ergebnis war die leichte Traktorenbaureihe 5020 mit enormer Hubkraft, einem Ganzstahlrahmen und verschiedenen Varianten des PowrQuad Getriebes mit bis zu 32/32 Gängen. Diese Traktoren verfügten außerdem über einen mechanischen Frontantrieb, eine geräumige und mit 75 dB(A) leise Fahrerkabine, bis zu drei Hydrauliksteuergeräte und werksseitig erhältlicher Frontzapfwelle, Frontkraftheber bzw. Vorbereitung zum Anbau eines Frontladers.

Der Typ 5820 mit 88 PS als Spitzenmodell der 5020er John Deere Kompakt-Traktoren ist spritzig auf der Straße und kraftvoll auf dem Feld.

»Um diesem Produkt zum Erfolg zu verhelfen, haben wir in Mannheim ein Kompetenzzentrum eingerichtet und uns aller verfügbaren Entwicklungs- und Fertigungsressourcen bedient«, so Altherr. »Unsere Konstrukteure haben mit »ProEngineer« gearbeitet und bereits bewährte Komponenten anderer weltweit verfügbaren John Deere Traktorenbaureihen verwendet. Dazu gehörten die Seitenteile des Traktorrahmens vom 6020, Hinter- und Vorderachsen von anderen aktuellen 5000er Traktoren und eine weltweit eingesetzte Kabine, die weitgehend baugleich mit der des knickgelenkten Teleskopladers ist«. Kunden aus zehn europäischen Ländern hatten dann bei der Feinarbeit in der weiteren Entwicklung einen wertvollen Beitrag geleistet, sei es bei der passenden »Konfektionierung«, der Detailentwicklung oder während der verschiedenen Testphasen. Ihre praktische Erfahrung ermöglichte die exakte Spezifizierung der Kabinenabmessungen, der Hebelanordnung, der Hydraulikleistung, der Zapfwellenschaltung und der Anforderung an das Bremssystem.

Anschließend wurden ihre Vorschläge aufgegriffen und durch eine Reihe von Tests ergänzt, wie z.B. durch den OECD-Test für Fahrerkabinen, Belastungstests für den Rahmen und die Komponenten bzw. durch Kompatibilitätstests für die Heck- und Frontanbaugeräte sowie Dichtigkeitstests.

Nachdem alle Anregungen umgesetzt worden waren, begannen intensive Feldtests auf den landwirtschaftlichen Betrieben. »Wir haben in dieser Phase natürlich ganz intensiv auf die Betriebskosten unseres neuen Produktes geachtet. Dabei hatten wir uns selbst das Ziel gesetzt, die Wartungsintervalle zu verlängern und die Betriebskosten ebenso wie die Kosten für Betriebsstoffe und Ersatzteile zu reduzieren. Immerhin gelang uns, die Betriebskosten eines namhaften Wettbewerbes um 30% zu unterschreiten«, so August Altherr.

Mit der 5020er Serie feierte Ende Februar 2003 in Paris auf dem Internationalen Landmaschinensalon SIMA eine neue Traktorenbaureihe aus den John Deere Werken Mannheim ihre Weltpremiere, die als kompromissloses Traktoren-Konzept für die landwirtschaftlichen Betriebe mit Viehhaltung drei Modelle umfasste: Die Traktoren 5620 mit 72 PS, 5720 mit 80 PS und 5820 mit 88 PS.

Mit der neuen vielseitig einsetzbaren Traktorenbaureihe 5020 bot John Deere seinen Kunden jetzt die Leistungs- und Komfortmerkmale der bewährten 6000er Traktoren auch im Leistungsbereich von 72-88 PS nach ECE-R24 an. Sie schloss damit die Lücke zwischen den robusten Traktoren der 5010er Serie und den SE-Modellen der Mannheimer 6000er Baureihe und nutzte ebenso wie die größeren Mannheimer 6020er Traktoren (75 –

Bei der 5020er Baureihe ist der 4-Zylinder John Deere »PowerTech«-Motor schwingungsentkoppelt über vier Silentblöcke auf dem Brückenstahlrahmen montiert.

Die umfangreiche Liste der Wahlausrüstungen für den Typ 5720 Allrad-Traktor reichte von einer verstärkten Lichtmaschine über das 16/16 PowrQuad Plus-Getriebe bis hin zur Sonderlackierung in Kommunalorange.

160 PS) die Vorteile der Rahmen- und Modulbauweise, die den flexiblen Einsatz verschiedener Getriebevarianten ermöglichte. Im Mai 2003, drei Jahre nach der »Produkt-Definition«, war der Produktionsstart für die neue 5020er Baureihe, die sich vor allem an Kunden technisch anspruchsvoller Betriebe kleinerer und mittlerer Größe wendete.

Die 5020er Traktoren verfügten über eine neu entwickelte Fahrerkabine aus den John Deere Werken Bruchsal, wie sie in einer ähnlichen Form bereits bei Teleskopladern des Unternehmens eingesetzt wurde. Für die entsprechende Erweiterung seiner Montagekapazität hatte das Bruchsaler Werk rund 5,7 Millionen Euro aufgewendet und beschäftigte zu dieser Zeit in seinen drei Unternehmensteilen am Standort Bruchsal über 900 Mitarbeiter.

Ebenso wie die 6000er Modelle verfügten auch die neuen John Deere Traktoren 5620, 5720 und 5820 über einen stabilen Brücken-Stahlrahmen und waren damit so vielseitig ausrüstbar wie die Mannheimer Premium-Traktoren. Sie eigneten sich damit in erster Linie für den Einsatz in technisch anspruchsvollen kleineren und mittleren Betrieben, in Lohnunternehmen sowie überall dort, wo auf engstem Raum manövriert werden musste.

Als Antriebsaggregate setzte John Deere 4,5 Liter-Vierzylinder-PowerTech-Motoren ein, die bei 34% Drehmomentanstieg über einen weiten Konstantleistungsbereich hinweg je nach Modell bis zu 3 ½ PS (2 kW) Extraleistung boten. Sie erfüllten die Vorgaben der EU-Abgasrichtlinie der Stufe 2.

Dank der stabilen Rahmenbauweise brachten diese kompakten Traktoren nur 3,7 Tonnen Eigengewicht auf die Waage.

Sie erreichten beim Anbau von Geräten ihr zulässiges Gesamtgewicht aber erst bei 6,1 Tonnen, wobei ausschließlich der Stahlrahmen sämtliche Kräfte aufnimmt.

Als Getriebe für die 5020er Traktoren bot John Deere zwei Versionen des bereits vielfach bewährten 16/16 PowrQuad mit 40 km/h an. Es verfügte über vier Lastschaltstufen sowie über eine unter Last schaltbare Reversiereinrichtung mit Neutralstellung links am Lenkrad. Dank deren Modulation ließen sich die Traktoren vor allem bei Frontladerarbeiten ohne Einsatz der Kupplung bequem manövrieren.

Die Geschwindigkeitsanpassung des wahlweise ebenfalls angebotenen PowQuad Plus Getriebes wurde beim Wechsel in den nächsten Fahrbereich über den Schalthebel automatisch vorgenommen. Wahlweise standen darüber hinaus 16 Kriechgänge zur Verfügung, mit denen sich die Fahrgeschwindigkeiten auf bis zu 1,5 km/h reduzieren ließen.

Das Hydrauliksystem der 5020er Traktoren arbeitete mit Drucksteuerung (Loadsensing) und verfügte über eine Pumpenleistung von 56 bzw. 65 Liter/min. Damit konnte es problemlos Geräte der Kategorie II heben, d.h. bis zu 4,2 Tonnen. Die ebenfalls erhältliche elektronische Schwingungstilgung und das Hubwerks-Managementsystem HMS II sorgten dabei für hohen Fahr- und Arbeitskomfort.

Fronthydraulik und Frontzapfwelle für die 5020er Traktoren waren bereits ab Werk Mannheim erhältlich. Zum Serienumfang gehörten unter anderem auch der während der Fahrt elektrohy-

Im Gegensatz zum kleineren 5620 wird die Leistung des 4-Zylindermotors im mittleren Modell 5720 durch einen Abgasturbolader auf 80 PS angehoben.

Sehr kompakt gehalten, standen je nach betrieblichen Erfordernissen beim Typ 5820 eine Standard- und eine Niedrigprofilkabine (maximale Maschinenhöhe 2545 mm) zur Verfügung, mit der der Traktor durch niedrige Stalleinfahrten fahren konnte.

Beim John Deere Typ 5820 Allrad-Traktor wurde eine Vielzahl von Komfortmerkmalen von den 6020er Modellen übernommen: der luftgefederte Komfortsitz, ein ausklappbarer Beifahrersitz sowie die ergonomische Anordnung der Bedienelemente.

Mit einem Grundpreis von 39741 Euro stand der 72 PS starke Typ 5620 Allrad-Traktor als die kleinste und preiswertigste Version der 5020er Serie im Juni 2006 in den Preislisten der deutschen John Deere-Händler.

draulisch zuschaltbare Allradantrieb mit nur 3,95 Metern Wenderadius, ein 131 Liter fassender Kraftstofftank und ein Wartungsintervall von 500 Stunden für den Motor.

Die neuen 5020er Traktoren hatten einen kompletten »Arbeitsplatz« erhalten, bei dem auf Geräumigkeit und gute Rundumsicht besonders Wert gelegt wurde. Zur besseren Sicht auf den Frontlader war ein Kabinendach mit Glasscheibe erhältlich. Außerdem wurde eine Vielzahl von Komfortmerkmalen von den 6020er Modellen übernommen: der luftgefederte Komfortsitz, ein ausklappbarer Beifahrersitz sowie die ergonomische Anordnung der Bedienungselemente.

Mit nur 75 dB(A) verfügte die Kabine über einen besonders niedrigen Geräuschpegel. Sehr kompakt gehalten, standen je nach betrieblichen Erfordernissen eine Standard- und eine Niedrigprofilkabine zur Verfügung, mit der der Traktor durch niedrige Stalleinfahrten, wie sie in Europa häufig vorhanden sind, fahren konnte. Bei einer Bereifung von 16.9R-30 ergab sich eine maximale Maschinenhöhe von 2545 mm bzw. 2495 mm.

Mit einem Grundpreis von 39.741,-- Euro stand der Allrad-Traktor 5620 als die preiswerteste Version der 5020er Serie im Juni 2006 in den Preislisten der deutschen John Deere Händler. Auf Euro 41.916,-- brachte es der 5720, während das größte Modell dieser neuen Baureihe, der 5820 für 44.288.-- Euro angeboten wurde. Für alle drei Modelle konnte auf Wunsch die ComfortCenter-Kabine mit Klimaanlage zu einem Aufpreis von 1.735,-- Euro geordert werden. Die umfangreiche Liste der Wahlausrüstungen reichte von einer verstärkten Lichtmaschine mit 115 Ampere für 47.-- Euro, über das 16/16 PowrQuad Plus Getriebe 1,4-40 km/h mit elektrischem Reversierer links und 16/16 Kriechganggetriebe zum Preis von 1.300,-- Euro bis hin zur Sonderlackierung in Kommunalorange RAL 2011, die unter dem Bestell-Code 8781 für Euro 1.610,-- angeboten wurde.

Für kleinere und mittlere Betriebe gedacht, ist die Kompakt-Traktoren Baureihe 5020 seit Mai 2003 auf dem Markt. Die 5020er überzeugen mit der Technologie der »Großen«.

Auch der John Deere Typ 5820 Allrad-Traktor verfügte über die neue Fahrerkabine aus dem Werk Bruchsal und glänzte mit einem besonders niedrigen Geräuschpegel von nur 75 dB(A).

Programmübersicht John Deere 5020er-Serie							
Typ	Ausführung	Getriebe	Geschwindigkeit (km/h)	Motor			Bauzeit
Modell				Hubraum ccm	Zylinder	PS (kW)	
5620	Allrad-Traktor	PowrQuad 16/16	40	4530	4	72 (53)	2003-2008
5720	Allrad-Traktor	PowrQuad 16/16	40	4530	4 Turbo	80 (59)	2003-2008
5820	Allrad-Traktor	PowrQuad 16/16	40	4530	4 Turbo	88 (65)	2003-2008

	John Deere 5020er Serie Typ 5620 2003-2008	John Deere 5020er Serie Typ 5720 2003-2008	John Deere 5020er Serie Typ 5820 2003-2008
Motor			
Bauart:	John Deere 4-Zylinder-4-Takt-Diesel	John Deere 4-Zylinder-4-Takt-Diesel mit Turbolader	
Bohrung x Hub (mm):	106,5 x 127	106,5 x 127	106,5 x 127
Hubraum (cm^3):	4530	4530	4530
Leistung (PS/kW):	72 / 53 bei 2300/min	80 / 59 bei 2300/min	88 / 65 bei 2300/min
Verdichtung:	17,2 : 1	17,2 : 1	17,2 : 1
Drehmomentanstieg:	34 %	34 %	34 %
Gemischbereitung:	2-Kolben Verteiler-Einspritzpumpe	4-Kolben Verteiler-Einspritzpumpe mit Stabdüsen	
Schmierung:	Druckumlaufschmierung mit gekühltem und gereinigten Öl		
Motorölkühler:	Plattenölkühler, Motoröl-Inhalt: 12 Liter (Wechselintervall 500 h)		
Kühlsystem:	geschl., wartungsfreies Kühlsystem mit Ausgleichsbehälter, Kühlsystem-Inhalt: 16 Liter		
Lüfter:	Mantellüfter, temp.gest. Viscolüfter	Mantellüfter, temp.gest. Viscolüfter	Mantellüfter, temp.gest. Viscolüfter
Filter:	Trockenluftfilter mit Sicherheitselement und Servicewarnleuchte		
Elektrische Anlage:	Drehstrom-Lichtmaschine 12 V, 90 A, Batterie 2 x 12V / 110 Ah; Starter 4 PS		
Kraftübertragung			
Antrieb:	Allradantrieb zuschaltb., Zentralantrieb, 6° Nachlaufwinkel, 52° Lenkeinschlag, Selbstsperrdifferenzial		
Kupplung:	ölgekühlte Mehrscheibenbauart, automatische Allradbremse, Planetenendantriebe, 11° Pendelwinkel der Achse		
Fahrkupplung:	Perma Kupplung II, ölgekühlte Mehrscheibenkupplung, 225 mm, 3 Scheiben		
Getriebe:	PowrQuad, 4 Lastschaltstufen, 16/16 (40 km/h); 32/32 (40 km/h) mit Reduziergetriebe		
	PowrQuad Plus, 4 Lastschaltstufen, 16/16 (40 km/h); 32/32 (40 km/h) mit Reduziergetriebe		
Endantrieb:	Planetenradantriebe mit 3 Rädern, Differenzialsperre: elektrohydr., ölgek., Mehrscheibentyp, 55 (Wechselintervall 1500 h)		
Heckzapfwelle:	540/540E/1000/min, umsteckbar und umschaltbar bei 2097/1697/2074/min, Frontzapfwelle: 1000/min bei 2100/min		
Zapfwellenkupplung:	Mehrscheibenkupplung, ölgekühlt, elektrohydraulisch		
Hydrauliksystem:	druck- und mengengesteuert (PFC) mit Konstantstrompumpe load-sensing, 56 oder 65 Liter/min bei 200 bar		
Dreipunktanbau:	Kat. II, seitl. Stabilisierung: Standard oder automatische Stabilisierungsstreben, Schnellkuppler, Fernbedienung		
System:	elektronische Unterlenkerregelung, Regelung: Lage- Zugkraft-und Mischregelung , Schwimmstellung		
Hubkraft (kN):	37,0 (Koppelpunkt); 29,2 (OECD), Typ 5820: 42,0 (Koppelpunkt); 33,8 (OECD), Schiebersteuergeräte, einf. + doppeltw.		
Ausführung 205 Serie:	Neutral, Heben, Senken, Schwimmstellung, Durchflußmenge: 65 Liter/min (105/205/305 Serie), max. 10 Liter lfd. Motor		
Fahrwerk			
Bauart:	Durchgehender Brückenstahlrahmen, Baukastenkonzept		
Fußbremse:	hydr., ölgek. Mehrscheibenbremse	hydr., ölgek. Mehrscheibenbremse	hydr., ölgek. Mehrscheibenbremse
Feststellbremse:	in Öl laufende Bandbremse	in Öl laufende Bandbremse	in Öl laufende Bandbremse
Lenkung:	hydrostatisch	hydrostatisch	hydrostatisch
Bereifung vorn:	12,4R24; (Wahlausrüstung vorhanden)	13,6R24; (Wahlausrüstung vorhanden)	11,2R28; (Wahlausrüstung vorhanden)
Bereifung hinten:	16.9R30; (Wahlausrüstung vorhanden)	16.9R34; (Wahlausrüstung vorhanden)	13,6R38; (Wahlausrüstung vorhanden)
Allgemeine Daten			
Radstand (mm):	2250	2250	2250
Länge (mm):	3950	3950	3950
Breite (mm):	2175	2175	2175
Höhe Kabine (mm):	2545 (Standard); 2495 (Niedrigdach)	2595 (Standard); 2545 (Niedrigdach)	2595 (Standard); 2545 (Niedrigdach)
Bodenfreiheit (mm):	410	430	430
Spurweite vorn (mm):	1423 - 1926	1423 - 1926	1423 - 1926
Spurweite hinten (mm):	1412 - 1912	1412 - 1912	1412 - 1912
Gewicht (kg):	3550	3700	3700
zul. Gesamtgewicht (kg):	6100	6100	6100
Zuladung (kg):	2550	2400	2400
Stützlast (kg):	1400 (Straße); 1100 (Acker)	1400 (Straße); 1100 (Acker)	1400 (Straße); 1100 (Acker)
Stützlast Anh.kuppl.(kg):	2000; 3000 (pick-up hitch)	2000; 3000 (pick-up hitch)	2000; 3000 (pick-up hitch)
Höchstgeschw. (km/h):	40	40	40
Tankinhalt (Liter):	131	131	131

Preise / Ausrüstungen Typ 5620 / 5720 / 5820					
Grundpreis	Stand: 06/2006		Grundpreis	Stand: 06/2006	
	Preise in Euro ohne Mehrwertsteuer			Preise in Euro ohne Mehrwertsteuer	
2268 R	Allrad-Traktor 5620, Grundmaschine ohne Räder	39.741,--	2278 R	Allrad-Traktor 5720, Grundmaschine ohne Räder	41.916,--
	incl. Gebühr für Kfz.-Brief, Überführungskosten		2288 R	Allrad-Traktor 5820, Grundmaschine ohne Räder	44.288,--
				incl. Gebühr für Kfz.-Brief, Überführungskosten	
Wahlausrüstungen Typ 5620 (auszugsweise)					
9005	Lichtmaschine 14 Volt / 115 Ampere	47,--	9048	2 ASW H3 vorn, 4 ASW H3 hinten am Kab.Dach	68,--
8757	Auspuff am Kabineneckpfosten	436,--	9049	4 ASW H3 vorn, 4 ASW H3 hinten am Kab.Dach	136,--
7045	16/16 PowrQuad+mech. Rev. li. (40 km/h)	Minderpr. 1.042,--	8748	Hydraulikpumpe 65 Liter/min	160,--
7046	16/16 PowrQuad Plus u. elektr. Rev. li. (40 km/h)	258,--	7104	540/540E/1000/min umschaltbar, umsteckbar	370,--
7056	16/16 PowrQuad Plus u. elektr. Rev. li. (40 km/h)		7412	autom. Stabilisierungsstreben (Walterscheid) links	168,--
	und 16/16 Reduziergetriebe	1.300,--	8760	Verstellbare Hubstreben links und rechts	68,--
1103	16,9 - 30 & 420 / 85 R 30	1.440,--	7352	Oberlenker mit Fangarm Kat. II	90,--
1133	540 / 65 R 30	2.793,--	7381	Hydraulischer Oberlenker Kat. II	324,--
1143	13,6 - 38	1.459,--	9130	Fernbedienung für 3-Punkt, links und rechts	52,--
1203	16,9 - 34 & 420 / 85 R 34	1.480,--	7252	1 dw. SVC (105) und 1 dw. SVC (205)	48,--
1223	480 / 70 R 34	1.756,--	7254	1 dw. SVC (205) und 1 dw. SVC (205)	95,--
1663	480 / 70 R 30	1.997,--	7255	1 dw. SVC (205) und 1 dw. SVC (305)	426,--
1683	540 / 65 R 34	2.860,--	7256	1 dw. SVC (105)+1 dw. SVC (105)+1 dw. SVC (105)	236,--
1823	14,9 R 30	1.429,--	7257	1 dw. SVC (205)+1 dw. SVC (205)+1 dw. SVC (205)	378,--
1843	12,4 R 36	1.402,--	7258	1 dw. SVC (205)+1 dw. SVC (205)+1 dw. SVC (305)	709,--
8842	schwenkbare Vorderradkotflügel	152,--	7259	1 dw. SVC (205)+1 dw. SVC (305)+1 dw. SVC (305)	987,--
4123	375 / 70 R 20	881,--	9427	Anhängevorrichtung mechanisch 8 Pos.	91,--
4133	11,2 R 24 & 280 / 85 R 24	750,--	9418	Anhängevorr. autom. 6 Pos. m. 38 mm-Bolzen	166,--
4143	12,4 - 24 & 320 / 85 R 24	783,--	9428	Anhängevorr. autom. 8 Pos. m. 38 mm-Bolzen	342,--
4153	320 / 70 R 24	761,--	9432	John Deere Pick-Up Hitch	1.837,--
4163	13,6 - 24 & 340 / 85 R 24	887,--	8777	Frontzapfwelle mit 6-Nutenprofil	2.467,--
4183	380 / 70 R 24	1.031,--	9501	6 Frontgewichte á 50 kg, gesamt 300 kg	427,--
4203	11,2 - 28 & 280 / 85 R 28	821,--	9502	8 Frontgewichte á 50 kg, gesamt 400 kg	571,--
4233	14,9 LR 20	897,--	9503	10 Frontgewichte á 50 kg, gesamt 500 kg	712,--
4273	420 / 65 R 24	1.018,--	9504	12 Frontgewichte á 50 kg, gesamt 600 kg	853,--
4553	360 / 70 R 24	964,--	9505	14 Frontgewichte á 50 kg, gesamt 700 kg	998,--
4683	440 / 65 R 24	1.037,--	9508	Pick-Up Gewicht 900 kg	1.404,--
7512	ComfortCenter-Kabine mit Klimaanlage	1.735,--	9515	Halter für Pick-Up Gewicht (Oberlenkerkoppelpkt.)	110,--
7582	Feste Frontscheibe	Minderpr. 202,--	9096	Einhebelbed. m. Schalter der Lastschaltstufen	97,--
7631	luftgefederter Komfort-Sitz (Typ E12C)	319,--	8815	Fronthydraulikpaket	1.063,--
7706	Teleskop-Außenspiegel li. + re. mech. verstellb.	104,--	8816	Fronthydraulik- / Frontladerpaket	3.032,--
9247	Glashubdach (klar) mit zweiteiligem Sonnenrollo	311,--	8817	Frontladerpaket	2.887,--
9248	Glashubdach (stark getönt)	261,--	9441	Zugpendel	394,--
9240	Sicherheitsgurt für Fahrersitz	64,--	9447	Zugpendel für John Deere Pick-Up Hitch	286,--
9230	Beifahrersitz	219,--	9460	Kugeln für Kat. II	52,--
9235	Sicherheitsgurt für Beifahrersitz	64,--	9356	Druckluftbeschaffungsanlage incl. Bremse	2.355,--
9150	Radio-Einbausatz inkl. Antenne und Lautsprecher	104,--	8820	Dreipunkt-Frontkraftheber	2.035,--
9100	Heckscheibenwischer mit Waschanlage	160,--	8875	Bodenschutz für Kraftstofftank	107,--
9145	3-polige Steckdose 25 A	17,--	9025	Kraftstoffvorwärmer	68,--
9146	6-fach Multinorm-Steckdose 12 Volt / 30 A	43,--	9022	Kühlwasservorwärmer mit 750 Watt-Heizstab	166,--
9125	HMS II, Elektronische Fahrerunterstützung	673,--	9023	Getriebeheizung	83,--
9135	Leistungsmonitor	578,--	9481	Zugleine zur Fernbedienung der Walterscheid-Ku.	83,--
9220	Mobiler Dokumentenkoffer	152,--	9132	Fernbedienung für Zapfwellenschaltung, links	118,--
9080	Rundumwarnleuchte	118,--	9133	Fernbedienung für Zapfwellenschaltung, li. + re.	168,--
9070	2 verstellbare Frontfahrscheinw. H4 a. Kab.rahmen	142,--	9320	Leckölbehälter für Steuergeräte	16,--
9071	2 verstellbare Frontfahrscheinw. H3 a. Kab.rahmen	100,--	8845	1 Unterlegkeil	77,--
8724	H4 Farm Frontfahrscheinwerfer m. Eckscheinwerf.	59,--	98FC	Bio-Hy-Gard Getriebe- und Hydrauliköl	337,--
			8781	Kommunalorange RAL 2011	1.610,--

John Deere 6030er Serie Typ 6230 (2007-2012)
John Deere 6030er Serie Typ 6330 (2007-2012)
John Deere 6030er Serie Typ 6430 (2007-2012)
John Deere 6030er Serie Typ 6530 (2006-2008)
John Deere 6030er Serie Typ 6630 (2006-2011)
John Deere 6030er Serie Typ 6830 (2006-2011)
John Deere 6030er Serie Typ 6930 (2006-2011)
John Deere 6030er Serie Typ 6130 (2008-2016)
John Deere 6030er Serie Typ 6534 (2009-2011)

50 Jahre John Deere in Deutschland – auch 50 Jahre in Europa. Unter diesem Motto präsentierte John Deere in einer rasanten Auftaktveranstaltung im September 2006 im Warschauer Messezentrum neben neuen Rundballenpressen, einer neuen 800er Feldspritze, neuen 7030er Traktoren aus Waterloo und darunter auch die neuen Traktoren der Serien 6030 Premium und 7030 Premium aus Mannheim. Beide Modellreihen verfügen über innovative Motorentechnologie, um die Emissionsnorm der Stufe II unter Beibehaltung exzellenter Motorcharakteristik und Effizienz zu erfüllen. Die Maschinen sind mit zweistufiger Ladeluftkühlung, gekühlter Abgas-Rückführung, variabler Turbolader-Geometrie sowie Vierventil-Commonrail-Einspritzung ausgestattet. Darüber hinaus haben alle Modelle der neuen Baureihe das intelligente Leistungsmanagement (IPM), das für Transport- und Zapfwellenarbeiten bis zu 25 PS zusätzlich bereitstellt.

Zu den wichtigsten Innovationen der neuen TechCenter-Kabine gehörten die nach dem Vorbild der Automobilindustrie gestaltete Armaturentafel und das benutzerfreundliche CommandCenter-Bedienterminal.

Nach Sevilla im Jahr 2001 brachte John Deere, um auch die Bedeutung der expandierenden Märkte in Osteuropa zu betonen, nun in Warschau die nächste technische Innovationswelle auf den Weg. Proklamiertes Ziel der John Deere Unternehmensführung: Im Jahr 2008 sollten 95 Prozent aller Landtechnik-Produkte jünger als drei Jahre sein. Die Zielmarke für den Marktanteil im

Den Einstieg in die neue Familie markierte der Vierzylinder Typ 6230 Premium, dessen 4,5 Liter Motor anfangs 105 PS, später 115 PS leistete.

Auch für den 125 PS starken Typ 6330 Premium standen neben den bewährten PowrQuad Plus und AutoQuad Plus-Getrieben auch die stufenlosen Auto-Power-Getriebe mit 40 bzw. 50 km/h zur Auswahl.

Landmaschinenmarkt des Jahres 2010 lautete 30 Prozent.

Insgesamt neun neue Traktorenmodelle aus den John Deere Werken Mannheim im Leistungsbereich von 105-195 PS (ECE R24) kombinierten neueste Motorentechnologie mit intelligenter Motorsteuerung, bewährte Leistungsmerkmale und zahlreichen Weiterentwicklungen beim Fahrkomfort.

Die neuen Maschinen der Baureihe 6030 ersetzten die Traktoren der 6020er Serie. Erweitert wurde das Angebot aus Mannheim um zwei zusätzliche Modelle der 7030er Serie. Alle Traktoren behielten die bewährte Rahmen- und Modulbauweise bei und mit Komponenten ausgerüstet, die auf die Lebensdauer der Maschinen ausgelegt waren.

Die neuen Mannheimer Traktorenmodelle der Serie 6030 mit 4-Zylinder-4,5 Liter PowerTechPlus Motoren: 6230 mit 105 PS, 6330 mit 115 PS, 6430 mit 125 PS, sowie mit 6-Zylinder-6,8 Liter PowerTechPlus Motoren: 6530 mit 135 PS, 6630 mit 145 PS, 6830 mit 160 PS und 6930 mit 175 PS.

Je nach Einsatzbedingungen bot John Deere eine Reihe verschiedener Getriebevarianten für die neuen Mannheimer Traktoren an. Zur Auswahl standen neben den bewährten PowrQuad Plus und AutoQuad Plus-Getrieben auch die stufenlosen Auto-Power-Getriebe mit 40 bzw. 50 km/h.

Das neue Erscheinungsbild der 6030er Traktoren fügte sich dank der kürzer wirkenden Motorhaube nahtlos in die Reihe der Traktoren der 7000er und 8000er Serie ein. Für eine optimale Ausleuchtung der Umgebung bei Nachtarbeit sorgten die leistungsstarken Xenon-Arbeitsscheinwerfer.

Die Kabine der neuen 6030er Traktoren wurde komplett neu gestaltet. So wurden z.B. der Reversierhebel auf der linken Seite und die Hebel für den Scheibenwischer bzw. den Blinker so in das Armaturenbrett integriert, dass sie zusammen mit dem Lenkrad schwenken und in der Höhe verstellt werden können. Zu den wichtigsten Innovationen der neuen TechCenter-Kabine gehörten die nach dem Vorbild der Automobilindustrie gestaltete Armaturentafel und das benutzerfreundliche Command-Center-Bedienterminal. Die neue Bedienkonsole auf der rechten Seite bot neue, weiter verbesserte Instrumente. Unabhängig von der Getriebevariante des Traktors standen wahlweise mechanische oder elektrische Steuergeräte zur Verfügung. Auch die Zapfwellenschaltung und die Betätigung des Vorgewendemanagements wurden ergonomisch günstiger platziert.

Das neue CommandCenter Farbdisplay auf den 6030er Premium-Traktoren war eine Kombination aus Informations-Display und Einstellmonitor. Alle gängigen Einstellungen von Hubwerk,

Motor, Getriebe, Vorgewendemanagement und elektrischen Steuergeräten können mit Hilfe von Knöpfen am Monitor vorgenommen werden. Diese Einstellungen ließen sich bequem verändern. Einstellungen, die weniger häufig verändert werden müssen, werden auf einer Menüseite angezeigt und können über einen Knopf bzw. einen Selektor angesteuert werden. Spezielle Einstellungen können über frei progammierbare »Hotkeys«oben am Monitor vorgenommen werden.

So konnte der Fahrer über die Menüseite zum Beispiel für die gefederte Vorderachse drei verschiedene Einstellungen wählen: »Auto«, »Maximal« und »Manuell«. Je nach Einstellung passte das TLS Plus System mit seinem verstärkten Panhardstab die Federung der Vorderachse den jeweiligen Arbeitsbedingungen an. So wird in Stellung »Max« ein maximaler Druck aufgebaut der dazu führt, dass sich die Vorderachsfederung versteift. Gerade bei Frontladerarbeit z.B. mit Paletten ermöglicht dieses ein noch genaueres Arbeiten. Der Modus »Manuell« ermöglicht ein manuelles Aus- und Einfahren der Hydraulikzylinder der Achse, so können Front- und Heckanbaugeräte noch leichter angebaut oder angehängt werden.

Deutlich mehr Arbeitskomfort bot auch die neue CommandArm-Zentralsteuerung der 6030er Premium Traktorenbaureihe, in die der Fahrhebel für das stufenlose Getriebe bzw. Funktionen der rechten Konsole integriert sind.

Durch Lagerung der Kabine auf neuen Silentblöcken und die Weiterentwicklung der hydraulischen Kabinenfederung wurde der Geräuschpegel der 6030er Traktoren weiter gesenkt. Wer auf besonderen Sitzkomfort Wert legte, konnte seinen Traktor auf Wunsch auch mit Ledersitz und lederbezogenem Lenkrad erhalten.

Zu den weiteren Komfortmerkmalen zählten größere Ablagen, die automatische Klimasteuerung ClimaTrak, Antibeschlag Sensor und eine stufenlose elektromagnetische Temperaturregelung.

Das neue elektrische System der 6030er Traktoren kam mit weniger Sicherungen und Relais aus. Gegenüber früheren Baureihen wurde auch die Verlegung der Kabelbäume wesentlich vereinfacht. Das bedeutete mehr Zuverlässigkeit des elektrischen Systems selbst unter härtesten Arbeitsbedingungen.

Mehr Leistung bei weniger Verbrauch

Die jüngste Generation der John Deere Motoren, die die Abgasnorm III erfüllten, bot mehr Leistung bei gleich guten oder deutlich besseren Verbrauchswerten. Angesichts der immer strenger werdenden Abgasnormen und rasch steigender Kraftstoffpreise hatte das Leistungsvermögen von John Deere Motoren deutliche Fortschritte gemacht. Im Vergleich zu einem 4,5 Liter Motor aus dem Jahr 1993 mit 99 PS leistet ein neuer 4,5 Liter Tier III Motor rund 30% mehr PS (129 PS). Die neuen John Deere Po-

Als weitere Variante gab es 2007 den Typ 6330 Allrad-Traktor auch mit offener Fahrerplattform (empfohlener Listenpreis € 56335.--) als 6330 OpenStation (OOS).

Durch den Einsatz des Vorgewendemanagementsystem HMS Plus wurde auch für den 125 PS starken John Deere Typ 6430 Allrad-Traktor die Feldarbeit einfacher und produktiver.

werTech Motoren mit 40% weniger Stickoxidausstoß waren in zwei Varianten erhältlich: Die PowerTechPlus Dieselmotoren mit 4,5 Liter und mit 6,8 Liter Hubraum für die neuen John Deere 6030er und 7030 Traktoren arbeiteten mit einer 4-Ventil CommonRail-Einspritzung und waren mit einem variablen Turbolader, externer Abgasrückführung und einer elektronischen Steuereinheit ausgerüstet.

Um den Verbrennungsprozess zu verbessern, sorgte die 4-Ventiltechnik für bessere Luftzufuhr und zentrale Einspritzung. Dabei verbesserte die CommonRail-Einspritzung die Kaltstarteigenschaften und reduzierte den Geräuschpegel. Zur Verbesserung der Leistung trug vor allem der variable Turbolader bei, der sich wechselnden Anforderungen schneller anpassen konnte. Gleichzeitig ermöglichte die externe Abgasrückführung, die den Verbrennungsprozess durch Reduzierung des Sauerstoffgehaltes des Kraftstoff/Luftgemisches »abkühlt«, eine Verringerung der Stickoxid-Werte.

Mit einer Nenndrehzahl von 2300 bzw. 2100 Umdrehungen pro Minute erreichten die neuen 4,5 und 6,8 Liter PowerTech-Plus-Motoren bis zu 40% Drehmomentanstieg und erreichen ihr maximales Drehmoment bei 1600 Umdrehungen pro Minute. Das Drehmoment stieg schneller an als bei den Vorgängermodellen. Damit stieg die Durchzugskraft dieser Motoren unter schwierigen Bedingungen, es musste weniger oft geschaltet werden und die Transportgeschwindigkeiten konnten selbst unter wechselnden Steigungen beibehalten oder schnell wieder erreicht werden. Die aus den 2-Ventil 6,8 Liter Motoren weiter entwickelten 4-Ventil CommonRail-Motoren zeichneten sich darüber hinaus durch Zuverlässigkeit und Langlebigkeit aus.

Das intelligente Power Management System (IPM) war wahlweise verfügbar und stellte bei Transport- bzw. Zapfwellenarbeiten dann zusätzliche Leistung bereit, wenn sie benötigt wurde. Je nach Traktorbaureihe konnte durch IPM bis zu 35 PS mehr Leistung bereitgestellt werden. Die Zusatzleistung wurde dann abgerufen, wenn sie auch gebraucht wurde – das sparte Kraftstoff, da nicht immer unnötige Leistung zur Verfügung gestellt werden musste. Durch den Einsatz von IPM konnte der Fahrer seine Arbeit im Feld wie auf der Straße schneller erledigen. Die Aktivierung des Systems wurde dabei auf dem CommandCenter-Display angezeigt.

Bei seiner Markteinführung Ende 2006, am 6. November war der Produktionsstart, wurde das neue Mannheimer Flaggschiff, der 6930, für 84.142,-- Euro in der 40 km/h-Version und in der 50 km/h-Variante sogar für 93.728,-- Euro angeboten.

Mit einem Grundpreis von 59.170,-- Euro incl. der empfohlenen Reifengröße war dagegen der 6230 das preiswerteste Modell der neuen »30er« Baureihe von John Deere Mannheim. Die lange Liste der Wahlausrüstungen ermöglichte es, den John Deere Allrad-Traktor der 6030er Serie individuell auszurüsten. Sie reichte von der Premium-Kabine mit CommandArm für Euro

961,-- über die verstärkte Hydraulikpumpe mit 110 Liter/min für 143,-- Euro bis zur Klimaautomatik »KlimaTrac« für 760,-- Euro.

Mit einer Goldmedaille auf der SIMA 2007 in Paris erweiterte John Deere die lange Reihe seiner Auszeichnungen für innovative Produkte auf den großen europäischen Landtechnik-Ausstellungen. Diesmal standen Agrarmanagement-Systemlösungen im Vordergrund der Prämierung. Die SIMA-Goldmedaille erhielt John Deere für sein automatisches Vorgewende-Management-Stystem »iTecPro«, das auf den 6030er Traktoren mit AutoTrac Lenkautomatik zum Einsatz kam. »iTecPro« kombinierte ein automatisches, satellitengestütztes Lenksystem mit einem aktiven Vorgewendemanagement. Dabei übernahm das System am Feldende den gesamten Wendevorgang und die komplette Gerätebedienung, einschließlich Zapfwellen-, Hydraulik- und Differenzialsperren-Betätigung. Auch Lenkeinschlag und Geschwindigkeitsverlauf konnten dabei einprogrammiert werden, und das sowohl mit Heck- als auch mit Frontanbaugerät. Der Fahrer konnte entweder unmittelbar die nächste Anschlussspur suchen lassen oder »Beet« fahren, d. h. jeweils eine Spur auslassen um Wendezeit zu sparen und dann bei der nächsten Überfahrt die »Lücke« schließen.

Auf der Agritechnica im November 2007 stellte das Mannheimer Werk die neue John Deere Traktoren Serie 6030 vor und ergänzten mit acht Modellen (vier 4-Zylindermaschinen von 80-110 PS und vier 6-Zylindertraktoren mit Leistungen von 115-150 PS) das bisherige 6030er Premium-Angebot. Neben bestimmten Ausstattungs-Merkmalen unterscheiden sie sich vor allem durch turbogeladene 2-Ventil Motoren mit 4,5 Litern (4-Zylindermodelle) bzw. 6,8 Litern (6-Zylindermodelle) Hubraum. Sie arbeiten mit CommonRail-Technik, Zweibereichs-Ladeluftkühlung und einem Zweikreis-Kühlsystem. Die durchzugsstarken Dieselmotoren verfügen über einen hohen Drehmomentanstieg und genügend Extra-Power, um auch schwierigste Aufgaben meistern zu können. Zur Bewältigung besonders langer Arbeitstage stehen je nach Modell extra große Kraftstofftanks zur Verfügung, so z.B. bis zu 350 Liter Tankinhalt beim 6930. Die neuen Traktoren sind eine wirtschaftliche Alternative zu den Modellen der 6030 Premium Serie. Für einige Länder sind diese Maschinen auch mit offener Fahrerplattform erhältlich. Waren bislang die gefederten TLS-Vorderachsen ausschließlich den 6030er Premium Traktoren aus Mannheim vorbehalten, wurden sie ab Ende 2008 auch an den 6030er Traktoren verfügbar.

Zum Einstiegsmodell der neuen Traktorenbaureihe aus Mannheim avancierte das 85 PS starke 4-Zylindermodell 6130, das sparsam und preiswert, zu einem Grundpreis von € 47.360,-- angeboten wurde. Serienmäßiger Standard war das 16/16-Gang PowerReverser-Getriebe als 40 km/h-Version, das druckgesteuerte Load Sensing Hydrauliksystem mit lastabhängiger Zahnradpumpe (65 Liter Öl/min) und Dreipunkthydraulik mit 37,4 kN Hubkraft. Eine Reihe von Zusatzausrüstungen wie verschließ-

Systemlösung für die Heu- und Strohernte: Durch das intelligente Power Management stellt auch beim Typ 6430 bis zu 25 PS zusätzliche Leistung zum Ballenpressen zur Verfügung.

Für den Vortrieb der kleineren 6030er-Modellen sorgt der John Deere 4-Zylinder-4,5 Liter Turbomotor mit Ladeluftkühler. Im Allrad-Traktor Typ 6430 bringt er es auf 125 PS.

bare Ablagen, Aktenkoffer, Beifahrersitz, Flaschenhalter und Kühlbox erfüllen den Komfortbedarf.

Wie alle bisher angebotenen 6000er Modellreihen wurde auch die neue 6030er Serie die klassische Rahmen- und Modulbauweise beibehalten. Im Design lehnten sich die 6030er eng an die 2006 vorgestellten Premium-Traktoren an, jedoch unterschieden sie sich anhand bestimmter Merkmale von diesen.

Dank der Rahmen- und Modulbauweise kann John Deere seinen Kunden für die neuen 6030er Modelle eine Vielzahl verschiedener Getriebeausstattungen anbieten: Das 16/16-Gang PowerReverser-Getriebe als 40 km/h-Version als Grundausstattung, sowie die 16/16-Gang, 20/20- und 24/24-Gang PowrQuad-Plus-Getriebe in 40 km/h-Ausführung mit 4-fach Lastschaltung. Alle Getriebe verfügen über den elektrischen Fahrtrichtungswechsel link am Lenkrad. Vor allem für den Einsatz in Sonderkulturen steht wahlweise für die PowerReverser und PowrQuad-Plus-Getriebe eine Kriechganguntersetzung zur Verfügung.

Bei den Lastschaltgetrieben, die serienmäßig mit SoftShift-Funktion und automatischer Anpassung der Lastschaltstufen beim Gangwechsel arbeiten, schaltet der Fahrer lediglich mit einem Hebel und betätigt die Lastschaltung über Druckknöpfe am Schalthebel oder alternativ über einen Wippschalter an der Hubwerksbedienung. Die gewählte Lastschaltstufe wird dabei auf der Bedienkonsole angezeigt. Damit entfällt lästiges Umgreifen währen der Feldarbeit.

Das druckgesteuerte Load Sensing Hydrauliksystem arbeitet mit einer lastabhängigen Zahnradpumpe, die je nach Modell bis zu 63 Liter Öl/min fördert. Je nach betrieblichen Anforderungen kann die Dreipunkthydraulik bis zu 66 kN ausheben.

Hinsichtlich des Arbeits- und Bedienungskomforts lehnen sich die neuen 6030er Traktoren eng an die Premiumausführungen an. Die TechCenter-Kabinen der 6030er Serie mit niedrigem Geräuschpegel von maximal 72 dB(A) verfügen über ein in Höhe und Neigung verstellbares Lenkrad mit schwenkbarem Armaturenbrett. Die Bedienung von Klimaanlage und Heizung erfolgt rechts auf der Konsole. Je nach Kundenwunsch kann die wahlweise verfügbare Dachluke vorn oder hinten angeschlagen werden. Bei Auswahl eines Glasdaches (z.B. für Frontladerarbeiten) steht ein Sonnenrollo zur Verfügung.

Die übersichtlich angeordneten Bedienungselemente auf der rechten Konsole erleichtern die Handhabung der Maschinen. Eine Reihe von Zusatzausrüstungen wie verschließbare Ablagen, Aktenkoffer, Beifahrersitz, Flaschenhalter und Kühlbox erfüllen den Komfortbedarf vor allem an langen Arbeitstagen.

Das Sechszylindermodell 6530 bei der Heu- und Strohernte. Ein zusätzliches Plus war das neue System zum Ändern der Zapfwellendrehzahl, das den Arbeitsgerätewechsel einfach und bequem über das CommandCenter per Tastendruck ermöglichte.

Für die Arbeit während der Dämmerung und der Abendstunden stehen serienmäßig Arbeitsscheinwerfer neben den Frontscheinwerfern am Grill der Motorhaube, optional je zwei Arbeitsscheinwerfer vorn und hinten am Kabinendach zur Verfügung.

Als weitere Zusatzausrüstungen bieten die John Deere Werke Mannheim für ihre neuen 6030er Traktoren eine hydraulische Oberlenkerbetätigung, eine Frontladervorbereitung ab Werk mit bis zu 3 unabhängigen Hydraulikfunktionen, eine extra leistungsfähige Lichtmaschine, Kaltstartpaket und eine Zapfwellen- bzw. Unterlenker-Fernbedienung an. Ein Vandalismus-Schutzpaket soll außerdem das Öffnen der Motorhaube sowie der Einfüllstutzen für Kraftstoff und Hydrauliköl verhindern.

Bislang waren die gefederten TLS-Vorderachsen ausschließlich den 6030er Premium-Traktoren aus Mannheim vorbehalten. Ende 2008 wurden sie auch an den 6030er Traktoren verfügbar. Auf Basis des TLS Plus-Designs ist die Vorderachse neben der Niveauregulierung auch mit einer exklusiven Lastanpassung ausgestattet, um sich wechselnden Lastbedingungen vollautomatisch anzupassen.

Dank ihrer besonderen Geometrie kann sich die Achse auf den Zugwiderstand einstellen und damit die Traktion der Maschinen deutlich verbessern. Das ermöglicht höhere Arbeitsgeschwindigkeiten, weniger Schlupf und damit zusätzliche Produktivität.

Gleichzeitig wird durch diese Konstruktion die vertikale und horizontale Bewegung des Fahrersitzes deutlich verringert. Auf diese Weise lassen sich höhere Transportgeschwindigkeiten erzielen, den Kraftstoffverbrauch senken und die Ermüdung des Fahrers verringern.

Die jüngste Generation der John Deere Motoren, die die Abgasnorm III erfüllen, bietet mehr Leistung bei gleich guten oder deutlich besseren Verbrauchswerten. Angesichts der immer stringenter werdenden Abgasnormen und rasch steigender Kraftstoffpreise hat das Leistungsvermögen von John Deere Motoren deutliche Fortschritte gemacht. Im Vergleich zu einem 4,5 Liter Motor aus dem Jahr 1993 mit 99 PS leistet ein neuer 4,5 Liter Tier III Motor rund 30% mehr PS (129 PS). Die neuen John Deere PowerTech Motoren mit 40% weniger Stickoxidausstoß sind in zwei Varianten erhältlich: Die PowerTechPlus Dieselmotoren mit 4,5 Liter und mit 6,8 Liter Hubraum für die neuen John Deere 6030er und 7030 Traktoren arbeiten mit einer 4-Ventil CommonRail-Einspritzung und sind mit einem variablen Turbolader, externer Abgasrückführung und einer elektronischen Steuereinheit ausgerüstet.

Als weitere Neuheit stellte John Deere 2008/2009 die Traktoren 6534 und 6534 Premium vor. Sie sind mit einem 4-Zylinder-Motor auf einem 6-Zylinder-Chassis ausgestattet. Dadurch vereint diese Maschine die Vorteile des längeren Radstandes vom 6-Zylinder-Schlepper mit der höheren Kraftstoffeffizienz eines 4-Zylinder-Motors. Die Nennleistung der Premium-Ausführung beträgt 145 PS mit IPM. Ab Februar 2010 lösten dann die neuen John Deere Traktoren 6534 und 6534 Premium mit Vierzylindermotor von 145 PS Leistung (97/68 EC mit »Intelligent Power Management«, IPM) das bisherige Sechszylinder-Modell 6530 ab. Dank der Flexibilität der John Deere Rahmenbauweise verband dieser neue Traktor die Vorteile des ebenso »spritzigen« wie sparsamen 4-Zylinder PowerTech Plus-Motors mit den Vorteilen des 2,65 m langen 6-Zylinder Chassis: Dazu gehören eine höhere Fahrstabilität auf der Straße und am Seitenhang, eine höhere Zugkraftübertragung, ein größerer Kraftstofftank (bis zu 250 l), höhere Hubkraft (bis zu 64,6 kN) sowie mehr Flexibilität bei der Ausrüstung des Traktors mit Frontladern und Bereifungen. Als Traktor für Lohnunternehmen, Ackerbau- und Viehzuchtbetriebe sowie Betreiber von Biogas-Anlagen gleichermaßen geeignet, verbraucht der 6534 bis zu 6 % weniger Kraftstoff, leistet 10 PS mehr und eignet sich besonders für Transport-, Zapfwellen- und Frontladerarbeiten.

Ausgerüstet mit dem PowrQuad Plus-Getriebe wird beim John Deere Typ 6530 Allrad-Traktor beim Wechsel der Lastschaltstufe dank der Kommunikation zwischen Motor und Getriebe automatisch kurz Zwischengas gegeben.

Das kleinste Modell der Sechszylinder-Traktoren ist der Typ 6530 mit 135 PS, das man, wie alle anderen 6030er, zusätzlich mit einer TLS Plus Allrad-Vorderachse ausrüsten kann.

Systemlösung für die Aussaat: Auch der John Deere Typ 6530 Allrad-Traktor verfügt über das Vorgewendemanagementsystem HMS, mit dem man per Knopfdruck eine Vielzahl von Arbeitsprogrammen und Funktionen ausführen kann.

Mit Agrar-Management-System (AMS) zur Präzisionslandwirtschaft: Das GreenStar Systems ermöglicht das Parallel Tracking, das manuelle, satellitengesteuerte Parallelfahrsystem.

Effizienter Arbeitseinsatz: Der Typ 6630 in Parallelfahrt bei der Grünfutterernte.

Mehr Arbeitskomfort beim Typ 6630 Allrad-Traktor bot auch die neue CommandArm-Zentralsteuerung in die Fahrhebel für das stufenlose Getriebe bzw. Funktionen der rechten Konsole integriert sind. Der neue Kupplungsknopf auf dem Schalthebel ermöglichte ein Schalten der Gänge ohne die Kupplung zu treten.

John Deere Typ 6630 Allrad-Traktor. Mit dem serienmäßigen Revesierer links, dem integrierten Joystick und einer hervorragenden Rundumsicht lassen sich Ladearbeiten schnell und einfach durchführen.

Von Anfang an zeichnete sich auch der John Deere Typ 6630 Allrad-Traktor durch ein neues Design und verbessertem Arbeitskomfort aus.

Die neu gestaltete Kabine der Premium-Traktoren der 6030er Serie erhielt ein neues CommandCenter Farbdisplay, eine Kombination aus Informations-Display und Einstellmonitor.

Der John Deere Typ 6630 mit klappbarer Pflanzenschutz-Feldspritzeauf kombinierter Feld- und Straßenfahrt. Parallel Tracking und AutoTrac boten geringen Zeitaufwand, sparsamer Einsatz von Pflanzenschutzmitteln und weniger Überlappungen.

War der Typ 6630 Premium Allrad-Traktor bei seiner Markteinführung 2006 noch das zweite Sechszylindermodell, so avancierte er nach dem Auslaufen des 6530 im Jahr 2010 zum Einstiegsmodell in die 6030er-Sechszylinder-Klasse.

John Deere Typ 6630 Allrad-Traktor bei der Frühjahrsbestellung.

Das Ändern der Zapfwellendrehzahl beim John Deere Typ 6630 Allrad-Traktor erfolgt über das CommandCenter und erleichtert den Wechsel zwischen den Arbeitsgeräten.

Mit dem neuen CommandCenter Farbdisplay können alle gängigen Einstellungen von Hubwerk, Motor, Getriebe, Vorgewende-Management und elektrischen Steuergeräte mit Hilfe von Knöpfen am Monitor vorgenommen werden.

Modernes Styling kennzeichnet den John Deere Typ 6630 Allrad-Traktor. Verbesserte Scheinwerfer vorn, an der Kabine und am Dach.

Die dynamischen Belüftungsöffnungen in der Motorhaube tragen zur optimalen Kühlung bei. Motorhaube und Typenbezeichnung machen die Premiumserie 6030 unverwechselbar.

Auch das John Deere Typ 6830 Premium Modell (€ 80473.--) erhielt 2007 mit dem Typ 6830 (€ 65989.--) eine preiswertere Variante zur Seite, die sich durch bestimmte Ausstattungsmerkmale und durch aufgeladenen Zweiventil-Sechszylindermotor von 135 PS von der Premium-Version unterschied.

Auf dem Weg zur Präzisionslandwirtschaft erhält auch der Typ 6830 Unterstützungen durch die optionalen Agrar-Management-Systemlösungen.

Bei seiner Markteinführung am 6. November 2006 wurde das neue Mannheimer Flaggschiff, der Typ 6930 Premium Allrad-Traktor zu einem Grundpreis von € 84142.-- in der 40 km/h Version und in der 50 km/h-Variante 93728.-- Euro angeboten.

Die lange Liste an Wahlausrüstungen reichte beim Typ 6930 Premium von der Premium-Kabine mit CommandArm über die verstärkte Hydraulikpumpe mit 110 Liter/min. bis zur Klimaautomatik »KlimaTrac«.

2007 wurde der John Deere Typ 6930 Allrad-Traktor mit der SIMA-Goldmedaille für sein automatisches Vorgewende-Management-System »iTecPro« ausgezeichnet, das auf den 6030er Traktoren mit AutoTrac Lenkautomatik zum Einsatz kam.

Das prämierte automatisches Vorgewende-Management-System »iTecPro« im John Deere Typ 6930 Allrad-Traktor, übernimmt am Feldende den gesamten Wendevorgang und die komplette Gerätebedienung einschließlich Zapfwellen-, Hydraulik- und Differenzialsperre-Betätigung.

Setzt die Erfolge der Vorgänger fort: Die weiterentwickelte John Deere Traktorbaureihe 6030 mit .

Mit einer Leistung von 175 PS rundet der Typ 6930 die Sechszylindermodelle der 6030er Serie nach oben ab.

Ein Jahr nach der Markteinführung der neuen 6030er Traktoren ergänzte 2007 als Einstiegsmodell der 85 PS starke Typ 6130 mit turbogeladenen Zweiventil-Motor von 4,5-Liter Hubraum, das Premium-Programm von John Deere.

Ab Februar 2010 löste der Typ 6534 Premium mit Vierzylindermotor von 145 PS Leistung mit »Intelligent Power Management« das bisherige Sechszylinder-Modell 6530 ab.

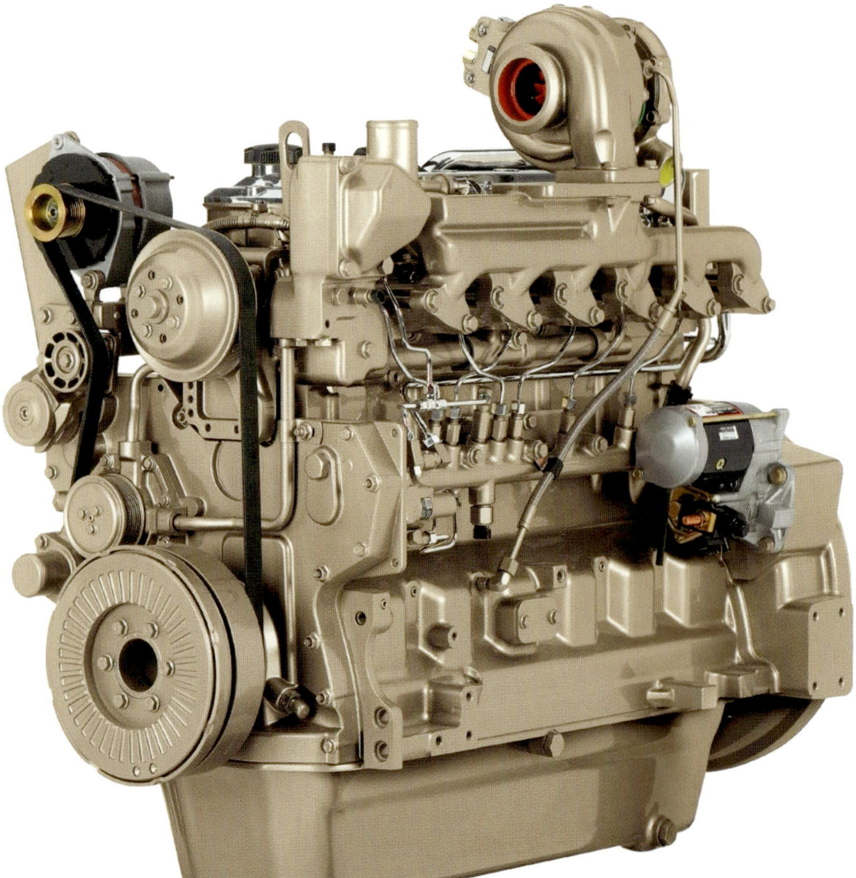

Zu den Vorzügen des Typ 6534 Premium gehörten eine Fahrstabilität auf der Straße und am Seitenhang, eine höhere Zugkraftübertragung, ein Größerer Kraftstofftank (bis zu 250 Liter), höhere Hubkraft sowie mehr Flexibilität bei der Ausrüstung des Traktors mit Frontladern und Bereifungen.

Setzte neue Maßstäbe: Das 6-Zylinder-Turbotriebwerk mit CommondRail-Hochdruckeinspritzung und Vierventiltechnik, Ladeluftkühler und Abgasrückführung.

Im neu gestalteten Kabineninnenraum der 6030er Serie lässt sich das neue Armaturenbrett samt Lenksäule und Reversierer wunschgerecht einstellen.

Mit den elektronischen Steuergeräten in der rechten Seitenkonsole lassen sich Arbeitsgeräte schnell und präzise steuern. Der neue Kupplungsknopf auf dem Schalthebel beim AutoQuad Plus-Getriebe ermöglicht das Hoch- und Herunterschalten ohne die Kupplung zu treten.

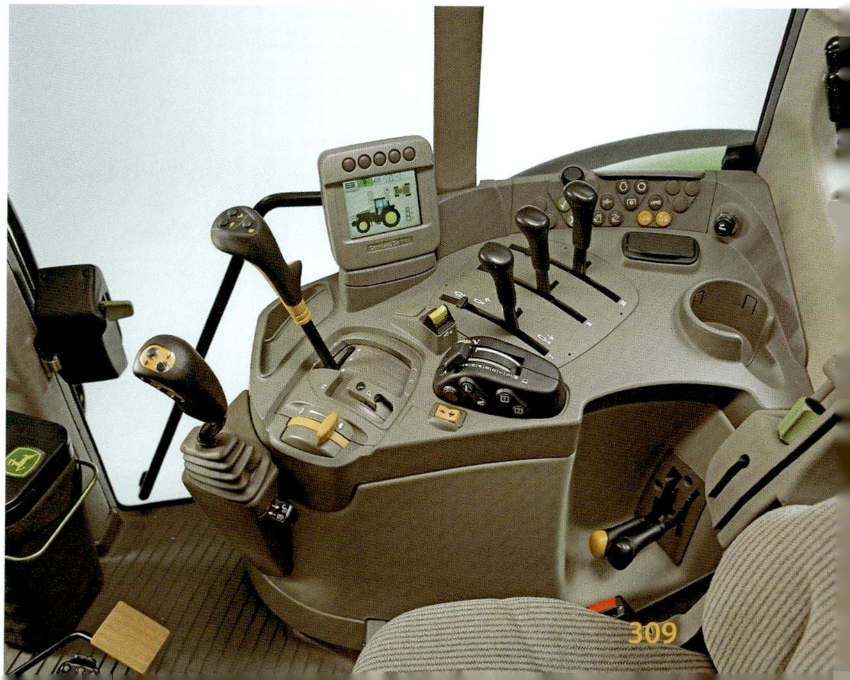

Traktor-Produktion der 6030er Serie im John Deere Werk Mannheim.

Programmübersicht John Deere 6030er-Serie							
Typ Modell	Ausführung	Getriebe	km/h	Motor			Bauzeit
				ccm	Zyl.	PS (kW)	
6230	Premium Allrad	PowrQuadPlus 24/24; AutoQuadPlus 24/24	40 / 50	4530	4 Turbo/Ladeluft 4V-CR	105 (77)	2007 - 2012
6330	Premium Allrad	PowrQuadPlus 24/24; AutoQuadPlus 24/24	40 / 50	4530	4 Turbo/Ladeluft 4V-CR	115 (85)	2007 - 2012
6430	Premium Allrad	PowrQuadPlus 24/24; AutoQuadPlus 24/24	40 / 50	4530	4 Turbo/Ladeluft 4V-CR	125 (92)	2007-2012
6530	Premium Allrad	PowrQuadPlus 24/24; AutoQuadPlus 24/24	40 / 50	6788	6 Turbo/Ladeluft 4V-CR	135 (99)	2006 - 2008
6630	Premium Allrad	PowrQuadPlus 24/24; AutoQuadPlus 24/24	40 / 50	6788	6 Turbo/Ladeluft 4V-CR	145 (107)	2006 - 2011
6830	Premium Allrad	PowrQuadPlus 20/20; AutoQuadPlus 20/20	40 / 50	6788	6 Turbo/Ladeluft 4V-CR	160 (118)	2006 - 2011
6930	Premium Allrad	PowrQuadPlus 20/20; AutoQuadPlus 20/20	40 / 50	6788	6 Turbo/Ladeluft 4V-CR	175 (129)	2006 - 2011
6130	Premium Allrad	PowrQuadPlus 24/24; AutoQuadPlus 24/24	40 / 50	4530	4 Turbo/Ladeluft 2V-CR	85 (63)	2008 - 2016
6534	Premium Allrad	PowrQuadPlus 24/24; AutoQuadPlus 24/24	40 / 50	4530	4 Turbo/Ladeluft 2V-CR	125 (92)	2009 - 2011

	John Deere 6030er Serie Typ 6230 2007-2012	John Deere 6030er Serie Typ 6330 2007-2012	John Deere 6030er Serie Typ 6430 2007-2012	John Deere 6030er Serie Typ 6530 2006-2008
Motor				
Bauart:	John Deere 4-Zylinder-4-Takt-Diesel, 4V-CR PowerTech Plus, 4-Ventiltechnik, CommonRail, Abgaszertifiziert IIIA			
Bohrung x Hub (mm):	106,5 x 127	106,5 x 127	106,5 x 127	106,5 x 127
Hubraum (cm³):	4530	4530	4530	4530
Leistung (PS/kW):	105 / 77 bei 2300/min	115 / 85 bei 2300/min	125 / 92 bei 2300/min	125 / 92 bei 2300/min
Drehmoment, max. (Nm):	416	455	518	518
Konstantleistungsbereich:	600/min	600/min	600/min	600/min
Drehmomentanstieg:	35 %	35 %	35 %	35 %
Ansaugung:	Variable Turboladergeometrie mit Zweibereichs-Ladeluftkühler und gekühlte, externe Abgasrückführung (EGR)			
Einspritzsystem:	Common Rail Hochdruckeinspritzung, temperaturgesteuerter Viscolüfter			
Schmierung:	Druckölschmierung mit gekühltem und gefilterten Öl			
Motoröl-Inhalt:	16 Liter; 500 h Wartungsintervall			
Kühlsystem:	geschlossenes Zweikreiskühlsystem, Doppeltemperaturkühlung, Inhalt: 24 Liter; 1500 h Wartungsintervall			
Filter:	Power Core Luftfilter mit Spiralrohren und Ansaugschlauch			
Elektrische Anlage:	Drehstrom-Lichtmaschine 14 V, 115 A, Batterie 2 x 12V / 110 Ah			
Kraftübertragung				
Antrieb:	Allradantrieb mit Selbstsperrdifferenzial			
TLS Plus-Allradachse:	hydropneumatisches 3-Lenker-System mit automatischer Niveauregelung, permanent aktiv, Federweg 100 mm			
Kupplung:	ölgekühlte Mehrscheibenbauart, automatische Allradbremse, Planetenendantriebe			
Fahrkupplung:	Perma Kupplung II, ölgekühlte Lamellenkupplung, 225 mm Mehrfachscheiben			
Getriebe:	PowrQuad Plus 24/24 (40 km/h), mit Reversierer links			
Wunsch:	PowrQuad Plus 24/24 u. Kriechgänge, AutoQuad Plus 24/24 (40 + 50 km/h) AutoQuad Plus »Eco Shift«, 24/24 (40), AutoQuad Plus 24/24 (50 km/h), AutoPowr (50 km/h)			
Differenzialsperre:	AutoPowr und Kriechgang (50 km/h), ölgekühlte Lamellen-Differenzialsperre			
Inhalt:	53 (62) Liter Getriebeöl (PowrQuad), 1500 h Wartungsintervall			
Heckzapfwelle:	540 / 540E / 1000/min, umsteckbar und umschaltbar bei 2143 / 1684 / 2208/min			
Frontzapfwelle:	1000/min bei 1825/min, 6-Nutenprofil, linksdrehend, elektrohydraulisch betätigte, ölgekühlte Lamellenkupplung			
Hydrauliksystem:	druck- und mengengesteuert (PFC), mit Axialkolbenpumpe (load-sensing), 60 l/min bei 200 bar (Wunsch: 110 l)			
Heckkraftheber:	Kat. II / III N	Kat. III N	Kat. III N	Kat. III N
Bauart:	elektronische Unterlenkerregelung, Lage-, Zugkraft- und Mischregelung, Schwimmstellung			
Hubkraft (kN):	51,0 / 59,0	59,0	59,0	66,2
Steuerventile:	2 dw DeLuxe-Steuerger. (Se. 200, Arretierung, Durchflussregul., Rückschlagventil, Kuppler b. geräteseit. Druck kuppelb.)			
Fahrwerk				
Bauart:	Durchgehender Brückenstahlrahmen, Motorlagerung durch 4 Selentblöcke			
Fußbremse:	hydr., ölgekühlte Scheibenbremsen, in Öl laufende Bandbremse, Getriebeparksperre, automatische Allradzuschaltung			
Lenkung:	hydrostatisch, Höhe / Neigung verstellbar			
Bereifung vorn:	14.9R24; (Wahlausrüstung vorhanden)		16.9R24; (Wahlausrüstung)	420/70R28; (Wahlausrüstung)
Bereifung hinten:	16.9R38; (Wahlausrüstung vorhanden)			
Kabine:	Premium-Kabine mit CommandCenter, kippbar, 310° Rundumsicht, Hubdach, Geräuschpegel 70,6 dB(A)			
Allgemeine Daten				
Radstand (mm):	2400	2400	2400	2650
Länge (mm):	4289	4289	4289	4728
Breite (mm):	2275	2275	2316	2316
Höhe Kabine (mm):	2714	2714	2742	2858
Bodenfreiheit (mm):	520	520	520	570
Spurweite vorn (mm):	1522 - 2014	1522 - 2014	1522 - 2014	1618 - 2110
Spurweite hinten (mm):	1468 - 1916	1468 - 1916	1468 - 1916	1558 - 2028
Wendekreis (Meter):	9,8	9,8	9,8	11,36
Gewicht (kg):	4390	4540	4750	5080
zul. Gesamtgewicht (kg):	8000	9000	9000	9500
Stützlast Ackerschiene:	1600 kg (Straße); 2250 kg (Acker)			
Stützlast Anh.kuppl.(kg):	2000; 3000 (pick-up hitch)			
Höchstgeschw. (km/h):	40 / 50	40 / 50	40 / 50	40 / 50
Tankinhalt (Liter):	185	185	185	207; Wunsch 250

	John Deere 6030erSerie Typ 6630 2006-2011	John Deere 6030erSerie Typ 6830 2006-2011	John Deere 6030erSerie Typ 6930 2006-2011
Motor			
Bauart:	John Deere 6-Zylinder-4-Takt-Diesel, 4V-CR PowerTech Plus, 4-Ventiltechnik, CommonRail, Abgaszertifiziert IIIA		
Bohrung x Hub (mm):	106,5 x 127	106,5 x 127	106,5 x 127
Hubraum (cm³):	6788	6788	6788
Leistung (PS/kW):	135 / 99 bei 2300/min	145 / 107 bei 2100/min	155 / 114 bei 2100/min
Drehmoment, max. (Nm):	557	657	700
Konstantleistungsbereich:	600/min	550/min	550/min
Drehmomentanstieg:	35 %	35 %	35 %
Ansaugung:	Variable Turboladergeometrie mit Ladeluftkühler und Abgasrückführung		
Einspritzsystem:	Common Rail Hochdruckeinspritzung		
Schmierung:	Druckölschmierung mit gekühltem und gefilterten Öl, 19,5 Liter; 500 h Wartungsintervall		
Kühlsystem:	geschlossenes Zweikreiskühlsystem, Doppeltemperaturkühlung, 28 Liter; 1500 h Wartungsintervall		
Lüfter:	temperaturgesteuerter Viskoselüfter, Filter: Power Core Luftfilter mit Spiralrohren und Ansaugschlauch		
Elektrische Anlage:	Drehstrom-Lichtmaschine 14 V, 115 A, Batterie 2 x 12V / 154 Ah		
Kraftübertragung			
Antrieb:	Allradantrieb mit Selbstsperrdifferenzial		
TLS Plus-Allradachse:	hydropneumatisches 3-Lenker-System mit automatischer Niveauregelung, permanent aktiv, Federweg 100 mm		
Kupplung:	ölgekühlte Mehrscheibenbauart, automatische Allradbremse, Planetenendantriebe		
Fahrkupplung:	Perma Kupplung II, ölgekühlte Lamellenkupplung, 225 mm Mehrfachscheiben		
Getriebe:	PowrQuad Plus 20/20 (40 km/h), mit Power Reversierer links		
Wunsch:	PowrQuad Plus 20/20 und Kriechgänge, AutoQuad Plus 20/20 (40 + 50 km/h) AutoQuad Plus »Eco Shift«, 20/20 (40), AutoQuad Plus 20/20 (50 km/h), AutoPowr (50 km/h)		
Differenzialsperre:	ölgekühlte Lamellen-Differenzialsperre, Inhalt: 56 (66) Liter Getriebeöl (PowrQuad), 1500 h Wartungsintervall		
Heckzapfwelle:	540/540E/1000/min, umsteckbar und		
	umschaltbar bei 2143/1684/2208/min		
Frontzapfwelle:	1000/min bei 1825/min		
	6-Nutenprofil, linksdrehend		
Bauart:	elektrohydraulisch betätigte, ölgekühlte Lamellenkupplung		
Hydrauliksystem:	druck- und mengengesteuert (PFC), mit Axialkolbenpumpe (load-sensing), Leistung: 60 l/min bei 200 bar (Wunsch: 110 l)		
Heckkraftheber:	Kat. III N, Bauart: elektronische Unterlenkerregelung, Lage-, Zugkraft- und Mischregelung, Schwimmstellung		
Hubkraft (kN):	74,2	84,0	84,0
Steuerventile:	2 dw DeLuxe-Steuergeräte (Serie 200, mit Arretierung, Durchflussregulierung, Rückschlagventil unten, Kuppler bei geräteseitigem Druck kuppelbar)		
Fahrwerk			
Bauart:	Durchgehender Brückenstahlrahmen, Motorlagerung durch 4 Selentblöcke		
Fußbremse:	hydr., ölgekühlte Scheibenbremsen, in Öl laufende Bandbremse		
Parksperre:	Getriebeparksperre, Allradbremse: automatische Allradzuschaltung		
Lenkung:	hydrostatisch, Höhe / Neigung verstellbar		
Bereifung vorn:	420/70R28; (Wahlausrüstung vorhand.)	16.9R28; (Wahlausrüstung vorhanden)	
Bereifung hinten:	18.4R38; (Wahlausrüstung vorhanden)	20.8R38; (Wahlausrüstung vorhanden)	
Kabine:	Premium-Kabine mit CommandCenter, kippbar, 310° Rundumsicht, Hubdach, Geräuschpegel 70,6 dB(A)		
Allgemeine Daten			
Radstand (mm):	2650	2650	2650
Länge (mm):	4728	4758	4758
Breite (mm):	2316	2382	2382
Höhe Kabine (mm):	2858	2906	2906
Bodenfreiheit (mm):	570	600	600
Spurweite vorn (mm):	1618 - 2110	1618 - 2110	1618 - 2110
Spurweite hinten (mm):	1558 - 2028	1558 - 2028	1558 - 2028
Wendekreis (Meter):	11,36	11,36	11,36
Gewicht (kg):	5230	5580	5880
zul. Gesamtgewicht (kg):	10000	10500	11000
Stützlast Ackerschiene:	1600 kg (Straße); 2250 kg (Acker)	1600 kg (Straße); 2250 kg (Acker)	1600 kg (Straße); 2250 kg (Acker)
Stützlast Anh.kuppl.(kg):	2000; 3000 (pick-up hitch)	2000; 3000 (pick-up hitch)	2000; 3000 (pick-up hitch)
Höchstgeschw. (km/h):	40 / 50	40 / 50	40 / 50
Tankinhalt (Liter):	207; Wunsch 250	207; Wunsch 250 oder 325	250; Wunsch 325

<table>
<tr><th></th><th>John Deere 6030er Serie
Typ 6130 2008-2016</th><th>John Deere 6030er Serie
Typ 6534 2009-2011</th></tr>
<tr><td colspan="3">Motor</td></tr>
<tr><td>Bauart:</td><td colspan="2"></td></tr>
<tr><td>Bohrung x Hub (mm):</td><td>106,5 x 127</td><td>106,5 x 127</td></tr>
<tr><td>Hubraum (cm³):</td><td>4530</td><td>4530</td></tr>
<tr><td>Leistung (PS/kW):</td><td>85 / 63 bei 2300/min</td><td>125 / 92 bei 2300/min</td></tr>
<tr><td>Konstantleistungsbereich:</td><td>500/min</td><td>500/min</td></tr>
<tr><td>Drehmomentanstieg:</td><td>33 %</td><td>33 %</td></tr>
<tr><td>Ansaugung:</td><td colspan="2">Variable Turboladergeometrie mit Ladeluftkühler und Abgasrückführung</td></tr>
<tr><td>Einspritzsystem:</td><td colspan="2">Common Rail Hochdruckeinspritzung (HPCR)</td></tr>
<tr><td>Schmierung:</td><td colspan="2">Druckölschmierung mit gekühltem und gefilterten Öl, 16 Liter; 500 h Wartungsintervall</td></tr>
<tr><td>Kühlsystem:</td><td colspan="2">geschlossenes Zweikreiskühlsystem (DTC), 24 Liter; 1500 h Wartungsintervall</td></tr>
<tr><td>Lüfter:</td><td colspan="2">temperaturgesteuerter Viskoselüfter</td></tr>
<tr><td>Filter:</td><td colspan="2">Power Core Luftfilter mit aktiver Vorreinigung</td></tr>
<tr><td>Elektrische Anlage:</td><td colspan="2">Drehstrom-Lichtmaschine 14 V, 90 A, Batterie 2 x 12V / 120 Ah</td></tr>
<tr><td colspan="3">Kraftübertragung</td></tr>
<tr><td>Antrieb:</td><td colspan="2">Allradantrieb mit Selbstsperrdifferenzial, TLS: hydropneum. 3-Lenker-System, autom. Niveauregelung, permanent akt.</td></tr>
<tr><td>Kupplung:</td><td colspan="2">ölgekühlte Perma-Kupplung II, 225 mm Durchmesser</td></tr>
<tr><td>Getriebe:</td><td colspan="2">PowrQuad Plus 24/24 (40 km/h), mit Reversierer links</td></tr>
<tr><td>Wunsch:</td><td colspan="2">AutoQuad Plus 24/24 (40 + 50 km/h),
AutoQuad Plus »Eco Shift«, 24/24 (40), AutoQuad Plus 24/24 (50 km/h)
AutoPowr und Kriechgang (50 km/h)</td></tr>
<tr><td>Differenzialsperre:</td><td colspan="2">ölgekühlte Lamellen-Differenzialsperre</td></tr>
<tr><td>Inhalt:</td><td colspan="2">53 Liter Getriebeöl (PowrQuad), 1500 h Wartungsintervall</td></tr>
<tr><td>Heckzapfwelle:</td><td colspan="2">540/540E/1000/min, umsteckbar und umschaltbar bei 2143/1684/2208/min</td></tr>
<tr><td>Frontzapfwelle:</td><td colspan="2">1000/min bei 1825/min, 6-Nutenprofil, linksdrehend</td></tr>
<tr><td>Bauart:</td><td colspan="2">elektrohydraulisch betätigte, ölgekühlte Lamellenkupplung</td></tr>
<tr><td>Hydrauliksystem:</td><td colspan="2">druck- und mengengesteuert (PFC), mit Axialkolbenpumpe (load-sensing)</td></tr>
<tr><td>Pumpenleistung:</td><td colspan="2">60 l/min bei 200 bar (Wunsch: 110 l)</td></tr>
<tr><td>Heckkraftheber:</td><td>Kat. II / III N</td><td>Kat. III N</td></tr>
<tr><td>Bauart:</td><td colspan="2">elektronische Unterlenkerregelung, Lage-, Zugkraft- und Mischregelung, Schwimmstellung</td></tr>
<tr><td>Hubkraft (kN):</td><td>51,0 / 59,0</td><td>59,0</td></tr>
<tr><td>Steuerventile:</td><td colspan="2">2 dw DeLuxe-Steuergeräte (Serie 200, mit Arretierung, Durchflussregulierung,
Rückschlagventil unten, Kuppler bei geräteseitigem Druck kuppelbar)</td></tr>
<tr><td colspan="3">Fahrwerk</td></tr>
<tr><td>Bauart:</td><td colspan="2">Durchgehender Brückenstahlrahmen, Motorlagerung durch 4 Selentblöcke</td></tr>
<tr><td>Fußbremse:</td><td colspan="2">hydr., ölgekühlte Scheibenbremsen, Feststellbremse: in Öl laufende Bandbremse</td></tr>
<tr><td>Parksperre:</td><td colspan="2">Getriebeparksperre, Allradbremse: automatische Allradzuschaltung</td></tr>
<tr><td>Lenkung:</td><td colspan="2">hydrostatisch, Höhe/Neigung verstellbar</td></tr>
<tr><td>Bereifung vorn:</td><td colspan="2">14.9R24; (Wahlausrüstung vorhanden)</td></tr>
<tr><td>Bereifung hinten:</td><td colspan="2">16.9R38; (Wahlausrüstung vorhanden)</td></tr>
<tr><td>Kabine:</td><td colspan="2">Premium-Kabine mit CommandCenter, kippbar, 310° Rundumsicht, Hubdach, Geräuschpegel 70,6 dB(A)</td></tr>
<tr><td colspan="3">Allgemeine Daten</td></tr>
<tr><td>Radstand (mm):</td><td>2400</td><td>2400</td></tr>
<tr><td>Länge (mm):</td><td>4289</td><td>4289</td></tr>
<tr><td>Breite (mm):</td><td>2275</td><td>2275</td></tr>
<tr><td>Höhe Kabine (mm):</td><td>2714</td><td>2714</td></tr>
<tr><td>Bodenfreiheit (mm):</td><td>520</td><td>520</td></tr>
<tr><td>Spurweite vorn (mm):</td><td>1522 - 2014</td><td>1522 - 2014</td></tr>
<tr><td>Spurweite hinten (mm):</td><td>1468 - 1916</td><td>1468 - 1916</td></tr>
<tr><td>Wendekreis (Meter):</td><td>9,8</td><td>9,8</td></tr>
<tr><td>Gewicht (kg):</td><td>4390</td><td>4540</td></tr>
<tr><td>zul. Gesamtgewicht (kg):</td><td>8000</td><td>9000</td></tr>
<tr><td>Stützlast Ackerschiene:</td><td>1600 kg (Straße); 2250 kg (Acker)</td><td>1600 kg (Straße); 2250 kg (Acker)</td></tr>
<tr><td>Stützlast Anh.kuppl.(kg):</td><td>2000; 3000 (pick-up hitch)</td><td>2000; 3000 (pick-up hitch)</td></tr>
<tr><td>Höchstgeschw. (km/h):</td><td>40 / 50</td><td>40 / 50</td></tr>
<tr><td>Tankinhalt (Liter):</td><td>185</td><td>185</td></tr>
</table>

Preise / Ausrüstungen Typ 6230 / 6330			
Grundpreis	Stand: 09/2006		
	Preise in Euro ohne Mehrwertsteuer		
		40 km/h	50 km/h
3118 R	6230 »Premium« ohne Räder	56.406,--	65.004,--
	Allradantrieb, 24/24 PowrQuad Plus		
	24/24 AutoQuad Plus (50 km/h)		745,--
	Hinterräder 480/70R34	1.768,--	1.768,--
	Vorderräder 380/70R24	996,--	996,--
	Grundpreis mit empf. Rädergröße	59.170,--	68.513,--
3128 R	6330 »Premium« ohne Räder	60.148,--	68.746,--
	Allradantrieb, 24/24 PowrQuad Plus		
	24/24 AutoQuad Plus (50 km/h)		745,--
	Hinterräder 520/70R38	3.083,--	3.083,--
	Vorderräder 420/70R28	1.635,--	1.635,--
	Grundpreis mit empf. Rädergröße	64.866,--	74.209,--
Wahlausrüstungen Typ 6230 (auszugsweise)			
9005	Lichtmaschine 14 Volt / 115 Ampere	Serie	
9007	Lichtmaschine 14 Volt / 150 Ampere	208,--	
0250	Standard-Allrad-Vorderachse	Serie	
0350	TLS PLUS Allrad-Vorderachse	3.741,--	
0360	TLS PLUS Allrad-Vorderachse + Bremsen (50 km/h)	5.455,--	
7072	24/24 PowrQuad Plus (40 km/h) m. Rev. links	Serie	
7077	24/24 PowrQuad Plus (40 km/h), Rev. li., Kriechg.	1.351,--	
6962	24/24 AutoQuad Plus (40 km/h) mit Rev. links	745,--	
6982	dto. mit Eco-Shift	1.754,--	
6987	dto. mit Eco-Shift und Kriechgang	3.105,--	
6991	24/24 AutoQuad Plus (50 km/h) mit Rev. links	745,--	
6993	dto. mit Kriechgang	2.615,--	
1222	Scheibenhinterräder 480 / 70 R 34 (Empfehlung)	1.768,--	
4182	Scheibenvorderräder 380 / 70 R 24 (Empfehlung)	996,--	
8841	Standard-Vorderradkotflügel	Serie	
8842	Schwenkb. Vorderradkotflügel f. kl. Wenderadius	398,--	
7502	TechCenter-Kabine mit Heizung und Hubdach	Serie	
7503	TechCenter-Kabine mit Klimaanlage o. Hubdach	1.685,--	
7504	TechCenter-Kabine mit Klimaanlage u. Hubdach	1.906,--	
8914	TechCenter-Kabine m. hydr.-pneum. Federung	1.973,--	
7574	Ausstellbare Frontscheibe	Serie	
7582	Feste Panorama-Frontscheibe	Minderpreis 102,--	
7706	2 Teleskop-Außenspiegel, mechanisch ausfahrbar	Serie	
7716	2 Teleskop-Außenspiegel, elektrisch ausfahrbar	442,--	
7662	luftgefederter Komfort-Sitz (MSG 95/D12C)	Serie	
7663	luftgefederter SuperDeLuxe-Sitz (MSG 95/D22C)	500,--	
7665	luftgefederter SuperDeLuxe-Sitz (MSG 95/D42C)	727,--	
9230	Beifahrersitz	Serie	
9231	gefederter Beifahrersitz	314,--	
9031	2 ASW H3 vorn, 2 ASW H3 hi., 2 Eckscheinw.	Serie	
9032	4 ASW H3 vorn, 4 ASW H3 hi., 2 Eckscheinw.	180,--	
9033	4 ASW H3 vorn, 2 ASW Xenon hi., 2 Eckscheinw.	932,--	
8750	Hydraulikpumpe 110 Liter/min	143,--	
7362	Oberlenker mit Fangarm Kat. III / II	Serie	
7382	hydr. Oberlenker mit Fangarm Kat. III / II	358,--	
7411	mech. Stabilisierungsstreben re.+li.	Minderpreis 193,--	
7405	autom. Stabilisierungsstrebe (Walterscheid)	Serie	
7406	hydr. feststb. Stabilisierungsstreben (Waltersch.)	837,--	
7229	2 dw. DeLuxe Steuerger. (200) m. Stand.kuppl.	Serie	
7230	2 dw. DeLuxe Steuerger. (200) m. Superkupplern	69,--	
7226	2 dw. Super-DeLuxe Steuerger.(300) m. Superk.	384,--	
7231	2 dw. elektr. DeLuxe Steuerger. m. Superkupplern	1.065,--	

Preise / Ausrüstungen Typ 6430 / 6530			
Grundpreis	Stand: 09/2006		
	Preise in Euro ohne Mehrwertsteuer		
		40 km/h	50 km/h
3138 R	6430 »Premium« ohne Räder	63.580,--	72.178,--
	Allradantrieb, 24/24 PowrQuad Plus		
	24/24 AutoQuad Plus (50 km/h)		745,--
	Hinterräder 520/70R38	3.083,--	3.083,--
	Vorderräder 420/70R28	1.635,--	1.635,--
	Grundpreis mit empf. Rädergröße	68.298,--	77.641,--
3148 R	6530 »Premium« ohne Räder	65.767,--	74.608,--
	Allradantrieb, 24/24 PowrQuad Plus		
	24/24 AutoQuad Plus (50 km/h)		745,--
	Hinterräder 20.8R38 bzw. 520/85R38	3.550,--	3.550,--
	Vorderräder 480/70R28	2.005,--	2.005,--
	Grundpreis mit empf. Rädergröße	71.322,--	80.908,--
Wahlausrüstungen Typ 6230 (auszugsweise)			
9411	Anhängevorr. autom. 4 Pos. m. 30 mm-Bo.	Minderpr. 234,--	
9412	Anhängevorr. autom. 4 Pos. m. 38 mm-Bo.	Minderpr. 66,--	
9421	Anhängevorr. autom. 4 Pos. m. 30 mm-Bolzen	Serie	
8770	Grundgewicht 70 kg	Serie	
8770	Grundgewicht 110 kg	257,--	
8777	Frontzapfwelle mit 6-Nutenprofil	4.370,--	
9272	Stromversorgungskabel für GreenStar Display	507,--	
9370	ISOBUS/GreenStar Vorbereitung	1.030,--	
9371	GreenStar Display 2100 (ISOBUS)	5.067,--	
9372	GreenStar Display 2100 (ISOBUS) mit AutoTrac	15.460,--	
9501	6 Frontgewichte á 50 kg, gesamt 300 kg	478,--	
9502	8 Frontgewichte á 50 kg, gesamt 400 kg	637,--	
9503	10 Frontgewichte á 50 kg, gesamt 500 kg	797,--	
9504	12 Frontgewichte á 50 kg, gesamt 600 kg	956,--	
9508	Pick-Up Gewicht 900 kg	1.840,--	
9515	Oberlenkerkoppelpunkt für Pick-Up Gewicht	92,--	
9303	3. dw. DeLuxe Steuergerät (200) m. Standardkuppl.	552,--	
9304	3. dw. DeLuxe Steuergerät (200) m. Superkupplern	587,--	
9306	3. dw. Super-DeLuxe Steuerger. (300) m. Superku.	745,--	
9307	3. dw. elektr. Super-DeLuxe St.ger. (300) m. Su.ku.	952,--	
9313	4. dw. DeLuxe Steuerger. (200) m. Standardkuppl.	552,--	
9314	4. dw. DeLuxe Steuerger. (200) m. Superkupplern	587,--	
9316	4. dw. Super-DeLuxe Steuerger. (300) m. Superku.	745,--	
9317	4. dw. elektr. Super-DeLuxe St.ger. (300) m. Su.ku.	952,--	
8810	Blocksteuergerät mech. für. 2 dw. hydr. Funkt.	1.628,--	
8802	Blocksteuergerät elektr. für 2 dw. hydr. Funktionen	3.261,--	
8803	Blocksteuergerät elektr. für 3 dw. hydr. Funktionen	3.824,--	
8806	Blocksteuergerät mech. für 2 dw. hydr. Funktionen	3.117,--	
8804	Blocksteuergerät mech. für 3 dw. hydr. Funktionen	3.862,--	
9096	Bedienung der Lastschaltung auf FL.-Einhebelbed.	104,--	
8805	Blocksteuergerät elektron. für 2 dw. hydr. Funkt.	4.762,--	
8808	Blocksteuergerät elektron. für 3 dw. hydr. Funkt.	5.369,--	
9028	KlimaTrac (Klimaautomatik)	760,--	
9100	Heckscheibenwischer mit Waschanlage	187,--	
9104	heizbare Kabinenheckscheibe	297,--	
9210	Sonnenschutzrollo f. Kabinenfront- u. Heckscheibe	216,--	
9246	Hubdach mit Glasfenster und Sonnenschutz	148,--	
9217	Kühlschrank	312,--	
9216	Flaschenhalter unten links neben Fahrersitz	21,--	
9218	Getränkehalter rechts	21,--	
9240	Sicherheitsgurt für Fahrersitz	67,--	
9235	Sicherheitsgurt für Beifahrersitz	97,--	

Preise / Ausrüstungen Typ 6630 / 6830 / 6930								
Grundpreis								Stand: 09/2006
								Preise in Euro ohne Mehrwertsteuer
		40 km/h	50 km/h				40 km/h	50 km/h
3158 R	6630 »Premium« ohne Räder	69.009,--	77.850,--			Hinterräder 20.8R38 bzw. 520/85R38	3.550,--	3.550,--
	Allradantrieb, 24/24 PowrQuad Plus					Vorderräder 480/70R28	2.005,--	2.005,--
	24/24 AutoQuad Plus (50 km/h)		745,--			Grundpreis mit empf. Rädergröße	79.545,--	89.131,--
	Hinterräder 20.8R38 bzw. 520/85R38	3.550,--	3.550,--		3178 R	6930 »Premium« ohne Räder	78.587,--	87.428,--
	Vorderräder 480/70R28	2.005,--	2.005,--			Allradantrieb, 20/20 PowrQuad Plus		
	Grundpreis mit empf. Rädergröße	74.564,--	84.150,--			20/20 AutoQuad Plus (50 km/h)		745,--
3168 R	6830 »Premium« ohne Räder	73.990,--	82.831,--			Hinterräder 20.8R38 bzw. 520/85R38	3.550,--	3.550,--
	Allradantrieb, 20/20 PowrQuad Plus					Vorderräder 480/70R28	2.005,--	2.005,--
	20/20 AutoQuad Plus (50 km/h)		745,--			Grundpreis mit empf. Rädergröße	84.142,--	93.728,--
Wahlausrüstungen Typ 6630 (auszugsweise)								
0170	Premium-Kabine	Serie			9421	Anhängevorr. autom. 4 Pos. m. 30 mm-Bolzen	Serie	
0171	Premium-Kabine mit CommandARM	961,--			8771	Grundgewicht 110 kg	Serie	
9005	Lichtmaschine 14 Volt / 115 Ampere	Serie			8777	Frontzapfwelle mit 6-Nutenprofil	4.370,--	
9007	Lichtmaschine 14 Volt / 150 Ampere	208,--			9272	Stromversorgungskabel für GreenStar Display	507,--	
9008	Lichtmaschine 14 Volt / 200 Ampere	260,--			9281	AutoTrac Vorbereitung ohne Aktivierung	3.498,--	
0250	Standard-Allrad-Vorderachse	Serie			9280	AutoTrac Vorbereitung mit Aktivierung	10.302,--	
0350	TLS PLUS Allrad-Vorderachse	3.983,--			9370	ISOBUS/GreenStar Vorbereitung	1.030,--	
0360	TLS PLUS Allrad-Vorderachse + Bremsen (50 km/h)	5.698,--			9371	GreenStar Display 2100 (ISOBUS)	5.067,--	
7072	24/24 PowrQuad Plus (40 km/h) m. Rev. links	Serie			9372	GreenStar Display 2100 (ISOBUS) mit AutoTrac	15.460,--	
7077	24/24 PowrQuad Plus (40 km/h), Rev. li., Kriechg.	1.351,--			9501	6 Frontgewichte á 50 kg, gesamt 300 kg	478,--	
6962	24/24 AutoQuad Plus (40 km/h) mit Rev. links	745,--			9502	8 Frontgewichte á 50 kg, gesamt 400 kg	637,--	
6982	dto. mit Eco-Shift	1.754,--			9503	10 Frontgewichte á 50 kg, gesamt 500 kg	797,--	
6967	24/24 AutoQuad Plus (40 km/h), Rev. li., Kriechg.	2.095,--			9504	12 Frontgewichte á 50 kg, gesamt 600 kg	956,--	
6987	dto. mit Eco-Shift	3.105,--			9505	14 Frontgewichte á 50 kg, gesamt 700 kg	1.115,--	
6935	Autopowr-Getriebe stufenlos (40 km/h)	7.204,--			9506	16 Frontgewichte á 50 kg, gesamt 800 kg	1.275,--	
6991	24/24 AutoQuad Plus (50 km/h) mit Rev. links	745,--			9507	18 Frontgewichte á 50 kg, gesamt 900 kg	1.434,--	
6993	dto. mit Kriechgang	2.615,--			9508	Pick-Up Gewicht 900 kg	1.840,--	
6936	Autopowr-Getriebe stufenlos (50 km/h)	7.204,--			9510	Pick-Up Gewicht 1150 kg	2.944,--	
1482	Scheibenhinterräder 20.8R38 bzw. 520/85R38 Empf.	3.550,--			9515	Oberlenkerkoppelpunkt für Pick-Up Gewicht	92,--	
4462	Scheibenvorderräder 480/70R28 (Empfehlung)	2.005,--			9303	3. dw. DeLuxe Steuergerät (200) m. Standardkuppl.	552,--	
8841	Standard-Vorderradkotflügel	Serie			9304	3. dw. DeLuxe Steuergerät (200) m. Superkupplern	587,--	
8842	Schwenkb. Vorderradkotflügel f. kl. Wenderadius	398,--			9306	3. dw. Super-DeLuxe Steuerger. (300) m. Superku.	745,--	
7502	TechCenter-Kabine mit Heizung und Hubdach	Serie			9307	3. dw. elektr. Super-DeLuxe St.ger. (300) m. Su.ku.	952,--	
7503	TechCenter-Kabine mit Klimaanlage o. Hubdach	1.685,--			9313	4. dw. DeLuxe Steuerger. (200) m. Standardkuppl.	552,--	
7504	TechCenter-Kabine mit Klimaanlage u. Hubdach	1.906,--			9314	4. dw. DeLuxe Steuerger. (200) m. Superkupplern	587,--	
8914	TechCenter-Kabine m. hydr.-pneum. Federung	1.973,--			9316	4. dw. Super-DeLuxe Steuerger. (300) m. Superku.	745,--	
7574	Ausstellbare Frontscheibe	Serie			9317	4. dw. elektr. Super-DeLuxe St.ger. (300) m. Su.ku.	952,--	
7582	Feste Panorama-Frontscheibe	Minderpreis 102,--			8810	Blocksteuergerät mech. für 2 dw. hydr. Funktionen	1.628,--	
7706	2 Teleskop-Außenspiegel, mechanisch ausfahrbar	Serie			8802	Blocksteuergerät elektr. für 2 dw. hydr. Funktionen	3.261,--	
7716	2 Teleskop-Außenspiegel, elektrisch ausfahrbar	442,--			8803	Blocksteuergerät elektr. für 3 dw. hydr. Funktionen	3.824,--	
7662	luftgefederter Komfort-Sitz (MSG 95/D12C)	Serie			8806	Blocksteuergerät mech. für 2 dw. hydr. Funktionen	3.290,--	
7663	luftgefederter SuperDeLuxe-Sitz (MSG 95/D22C)	500,--			8804	Blocksteuergerät mech. für 3 dw. hydr. Funktionen	4.035,--	
7664	luftgefederter SuperDeLuxe-Sitz (MSG 95/D32C)	658,--			9096	Bedienung der Lastschaltung auf FL.-Einhebelbed.	104,--	
7665	luftgefederter SuperDeLuxe-Sitz (MSG 95/D42C)	727,--			8805	Blocksteuergerät elektron. für 2 dw. hydr. Funkt.	4.936,--	
9230	Beifahrersitz	Serie			8808	Blocksteuergerät elektron. für 3 dw. hydr. Funkt.	5.542,--	
9231	gefederter Beifahrersitz	314,--			9028	KlimaTrac (Klimaautomatik)	760,--	
9031	2 ASW H3 vorn, 2 ASW H3 hi., 2 Eckscheinw.	Serie			9100	Heckscheibenwischer mit Waschanlage	187,--	
9032	4 ASW H3 vorn, 4 ASW H3 hi., 2 Eckscheinw.	180,--			9104	heizbare Kabinenheckscheibe	297,--	
9033	4 ASW H3 vorn, 2 ASW Xenon hi., 2 Eckscheinw.	932,--			9210	Sonnenschutzrollo f. Kabinenfront- u. Heckscheibe	216,--	
8750	Hydraulikpumpe 110 Liter/min	143,--			9246	Hubdach mit Glasfenster und Sonnenschutz	148,--	
7362	Oberlenker mit Fangarm Kat. III / II	Serie			9217	Kühlschrank	312,--	
7382	hydr. Oberlenker mit Fangarm Kat. III / II	312,--			9216	Flaschenhalter unten links neben Fahrersitz	21,--	
7411	mech. Stabilisierungsstreben re.+li.	Minderpreis 193,--			9218	Getränkehalter rechts	21,--	
7405	autom. Stabilisierungsstrebe (Walterscheid)	Serie			9240	Sicherheitsgurt für Fahrersitz	67,--	
7406	hydr. feststb. Stabilisierungsstreben (Walterscheid)	837,--			9235	Sicherheitsgurt für Beifahrersitz	97,--	
7229	2 dw. DeLuxe Steuergeräte (200) m. Stand.kuppl.	Serie			9140	DIN-Signalsteckdose 7-polig	21,--	
7230	2 dw. DeLuxe Steuergeräte (200) m. Superkupplern	69,--			9146	6-fach Multinorm-Steckdose 12 Volt	45,--	
7226	2 dw. Super-DeLuxe Steuerger.(300) m. Superkuppl.	384,--			9125	Vorgewende-Management HMS	629,--	
7231	2 dw. elektr. DeLuxe Steuerger. m. Superkupplern	1.065,--			9220	Mobiler Dokumentenkoffer	208,--	

John Deere 7030er Serie Typ 7430 (2007-2011)
John Deere 7030er Serie Typ 7530 (2007-2011)

Ende Januar 2007 haben die John Deere Werke Mannheim die Serienfertigung ihrer beiden neuen, im September 2006 im Warschauer Messezentrum vorgestellten, Topmodelle 7430 und 7530 mit 190 bzw. 201 PS maximaler Leistung aufgenommen. Mit den Modellen 7430 Premium und 7530 Premium entsprach das Werk Mannheim dem Wunsch besonders europäischer Kunden, nach einem leichten, kompakten Traktor mit hoher Motorleistung. Damit erweiterte das Mannheimer Traktorenwerk sein Produktangebot in der bewährten Rahmen- und Modulbauweise von bisher 17 Modellen von 72 – 160 PS auf jetzt insgesamt 19 Modellen bis 201 PS Leistung. Mit dem Modell 7530 lieferte das Werk Mannheim zum ersten Mal in der Unternehmensgeschichte einen Traktor mit über 200 PS aus der Quadratestadt.

Das neue Mannheimer Flaggschiff, der 7530, wurde für 104.958,-- Euro in der 50 km/h-Version mit 20/20 AutoQuad Plus und mit Hinterrädern 650/75R38 und Vorderrädern 600/65R28 angeboten. Die 40 km/h Variante kostete 95.372,-- Euro. Zum gleichen Aufpreis bei allen 6-Zylinder-Modellen der neuen »30er« Baureihe stand die TLS Plus Allrad-Vorderachse mit Euro 3.983,-- in der Preisliste für Wahlausrüstungen. Auf 5.689,-- kommt die TLS Plus Allradachse mit Bremse und Druckluftbeschaffungsanlage für die 50 km/h-Version.

Die neuen Traktoren 7430 und 7530 ergänzten die Mannheimer 6030er Serie nach oben und komplettierten damit die Modellaufstellung im Bereich 180 bis 200 PS. Die beiden neuen Maschinen wurden speziell für dieses Wachstumssegment der leichteren 180 PS Traktoren entwickelt. Die 7030er Modelle aus Mannheim mit 6-Zylinder-6,8 Liter PowerTech Plus Motoren: 7430 mit 185 PS und 7530 mit 195 PS. Beide Modelle sind für höhere Zuladung mit einem größeren Stahlrahmen ausgerüstet als die 6000er 6-Zylin-

Eine hilfreiche Erleichterung bei Lade- und Umschlagsarbeiten oder Paletten präzise stapeln bietet der integrierte Joystick rechts und Reversierer links an der Lenksäule des Typs 7430 Premium. Dabei bildet der in den Traktorenrahmen integrierte Frontlader mit dem Traktor eine funktionelle Einheit.

Beim neuen Getriebekonzept des John Deere Typ 7430 Premium Allrad-Traktor stehen drei Getriebebauarten zur Verfügung: Das Lastschaltgetriebe PowrQuad Plus, AutoQuad Plus mit Eco Shift und das stufenlose AutoPowr-Getriebe.

dertraktoren. Bei Bereifung mit 42 Zoll Rädern können diese beiden Traktoren außerdem mehr Kraft auf den Boden bringen. Mit nur 30 kg/PS erreichen sie in dieser Klasse ein ausgezeichnetes Leistungsgewicht. Dabei sorgt das Intelligent Power Management dafür, dass diese beiden Maschinen bei Zapfwellen- und bei Transportarbeiten problemlos zusätzliche Kraftreserven mobilisieren können. Ebenso wie der 385 Liter fassende Kraftstofftank ist das um 20% größere Kühlsystem auf lange Arbeitstage ausgelegt.

Die neuen John Deere Traktoren der 7030er Serie aus Mannheim arbeiten mit 6,8 Liter PowerTechPlus Motoren, die exklusiv mit der neuesten Motorentechnologie ausgestattet sind, um bei Einhaltung der neuen Abgasnorm Tier III noch sparsamer zu arbeiten. Die Kombination von 4-Ventil CommonRail mit variablem Turbolader und externer Abgasrückführung stellen z. Zt. den höchsten Stand an Motorentechnologie in der Landtechnik dar. Nur so ist es möglich den Kraftstoffverbrauch um 2-5% zu senken und gleichzeitig einen Drehmomentanstieg von bis zu 38% zu gewährleisten.

Das neue Intelligent Power Management verbessert nicht nur die Leistung und Effizienz des Traktors, sondern passt automatisch das Leistungsgewicht des Traktors an die jeweilige Arbeit an. Dadurch werden die neuen 7030er Traktoren noch flexibler einsetzbar, da die Leistung bedarfsgerecht zur Verfügung gestellt wird. Dieses wird auch unterstützt durch die neuen Getriebekonzepte.

Als Getriebevarianten stehen für diese beiden Traktoren Lastschaltgetriebe PowrQuad Plus, AutoQuadPlus mit Eco Shift und die stufenlosen AutoPowr-Getriebe zur Verfügung. Diese neue Eco Shift Ausführung des AutoQuad Plus Getriebes ermöglicht eine Fahrgeschwindigkeit von 42 km/h bei reduzierter Motordrehzahl. Damit spart man Kraftstoff, verringert den Geräuschpegel und erhöht den Fahrkomfort.

Für die neuen 7030er aus Mannheim steht wahlweise ein neuer hydraulischer Oberlenker zur Verfügung, mit dem sich Geräte schnell und einfach ausheben lassen. Die Hubkraft der Heckhydraulik von 90 kN, ermöglicht auch das Heben von schwersten Anbaugeräten

Die Kabine der 7030er Traktoren bietet sehr gute Sicht, geringsten Geräuschpegel und eine Premiumausstattung, bei Verarbeitung und Bedienung. Das neue CommandCenter macht die Traktorbedienung, samt aller Funktionen, wie Hydraulik-, Motor- und Getriebeeinstellung zum Kinderspiel. Sämtliche Funktionen lassen sich bequem über Funktionstasten bedienen. Alle wichtigen gängigen Funktionen sind über Direktwahltasten aufrufbar. Darüber hinaus hat der Fahrer die Möglichkeit weitere Funktionen auf frei definierbaren Tasten zu hinterlegen.

Schon der mehrfach ausgezeichnete Active Seat und das automatische Lenksystem AutoTrac sorgen für hohen Fahrkomfort. Dabei wurden Raum für Ablagen als auch die Lichtleistung ebenso erhöht wie die Leistung der Schalldämmung im Kabinendach.

Unabhängig von der Getriebevariante kann man zwischen elektrischen und mechanischen Hydrauliksteuergeräten wählen. Diese lassen sich vor allem beim Einsatz im Ackerbau mit Hilfe des neuen Vorgewende-Managementsystems HMS Plus so bequem programmieren, dass selbst komplexe Abläufe mit nur einem Knopfdruck gesetzt werden können. Die Programmierung des HMS Plus ist jetzt durch die grafische Ausgabe über den CommandCenter Monitor noch einfacher geworden. Änderungen mitten im Programmablauf, jetzt überhaupt kein Problem.

Um die Maschinen besser bedienen und dabei mehr Produktivität erzielen zu können, sind alle 7030er Traktoren für GreenStar und ISO-Bus-Anwendungen vorbereitet, so dass GreenStar Lenksysteme und Dokumentation sowie ISO-kompatible Anbaugeräte problemlos eingesetzt werden können. Beide Anwendungsarten können bequem mit Hilfe von GreenStar 2-Monitoren überwacht werden. Diese Monitore übernehmen die Überwachung folgender Funktionen:

- Leistungsdaten der Traktoren (Kraftstoff, Flächenleistung, Geschwindigkeit, etc.)
- Steuerung der ISO-kompatiblen Anbaugeräte
- Informationsverarbeitung der GreenStar-Anwendungen einschließlich automatischer Lenksysteme (AutoTrac)
- Dokumentation (FieldDoc)

Durch die Zusammenfassung von Funktionen auf nur einem ergonomisch günstigen Monitor bietet GreenStar 2 Landwirten und Lohnunternehmern die Möglichkeit, auf unterschiedliche Monitore und Steuerungen zu verzichten. Mit den GreenStar 2 (2100 und 2600) lassen sich sowohl die Produktivität des Traktors als auch des gesamten Betriebes beim Einsatz der Agrarmanagement-Systemlösungen deutlich verbessern. Mit ihren zahlreichen Verbesserungen bieten die neuen 7030er Traktoren ein Plus an Produktivität und Kraftstoffersparnis und ermöglichen damit einen besonders wirtschaftlichen Betrieb.

Das neue Erscheinungsbild der 7030er Traktoren fügt sich dank der kürzer wirkenden Motorhaube nahtlos in die Reihe der Traktoren der 7000er und 8000er Serie ein. Für eine optimale Ausleuchtung der Umgebung bei Nachtarbeit sorgen die leistungsstarken Xenon-Arbeitsscheinwerfer.

Das neue CommandCenter Farbdisplay auf den 7030er Premium-Traktoren ist eine Kombination aus Informations-Display und Einstellmonitor. Alle gängigen Einstellungen von Hubwerk, Motor, Getriebe, Vorgewendemanagement und elektrischen

Seit Januar 2007 haben die John Deere Werke Mannheim die Serienfertigung des Traktormodells 7430 aufgenommen.

Steuergeräten können mit Hilfe von Knöpfen am Monitor vorgenommen werden. Diese Einstellungen lassen sich bequem verändern. Einstellungen, die weniger häufig verändert werden müssen, werden auf einer Menüseite angezeigt und können über einen Knopf bzw. einen Selektor angesteuert werden. Spezielle Einstellungen können über frei programmierbare »Hotkeys« oben am Monitor vorgenommen werden.

So kann der Fahrer über die Menüseite zum Beispiel für die gefederte Vorderachse drei verschiedene Einstellungen wählen: »Auto«, »Maximal« und »Manuell«. Je nach Einstellung passt das TLS Plus System mit seinem verstärkten Panhardstab die Federung der Vorderachse den jeweiligen Arbeitsbedingungen an. So wird in Stellung »Max« ein maximaler Druck aufgebaut der dazu führt, dass sich die Vorderachsfederung versteift. Gerade bei Frontladerarbeit z.B. mit Paletten ermöglicht dieses ein noch genaueres Arbeiten. Der Modus »Manuell« ermöglicht ein manuelles Aus- und Einfahren der Hydraulikzylinder der Achse, so können Front- und Heckanbaugeräte noch leichter angebaut oder angehängt werden.

Deutlich mehr Arbeitskomfort bietet auch die neue Command Arm-Zentralsteuerung der 7030er Premium Traktorenbaureihe, in die der Fahrhebel für das stufenlose Getriebe bzw. Funktionen der rechten Konsole integriert sind.

Durch Lagerung der Kabine auf neuen Silentblöcken und die Weiterentwicklung der hydraulischen Kabinenfederung wurde der Geräuschpegel der 7030er Traktoren weiter gesenkt. Wer auf besonderen Sitzkomfort Wert legt, kann seinen Traktor auf Wunsch auch mit Ledersitz und lederbezogenem Lenkrad erhalten.

Zu den weiteren Komfortmerkmalen zählen größere Ablagen, die automatische Klimasteuerung ClimaTrak, Antibeschlag Sensor und eine stufenlose elektromagnetische Temperaturregelung.

Das neue elektrische System der 7030er Traktoren kommt mit weniger Sicherungen und Relais aus. Gegenüber früheren Baureihen wurde auch die Verlegung der Kabelbäume wesentlich vereinfacht. Das bedeutet mehr Zuverlässigkeit des elektrischen Systems selbst unter härtesten Arbeitsbedingungen.

Die jüngste Generation der John Deere Motoren, die die Ab-

Besonderes Merkmals des Typ 7430 Premium war der 6,8 Liter Common Rail-Diesel mit 195 PS, das optimale Leistungsgewicht, die großen Hubkräfte und wegen der gefederten Vorderachse TLS Plus die enorme Zugkraft auf dem Acker und der automobile Fahrkomfort auf der Straße.

Im Jahr 2009 folgte Typ 7430 E Premium der Einstieg in die Hybridtechnik. Ausgestattet mit einem integrierten System zur Erzeugung und Verteilung von elektrischer Leistung (Microhybridbauweise), erzeugt ein Kurbelwellengenerator elektrische Energie.

Optimales Leistungsgewicht: Speziell auf den Einsatz großer Bereifung ausgelegt, ist der Typ 7430 Premium Allrad-Traktor flexibel für schwerste Arbeiten ausgelegt. Das Intelligent Power Management sorgt für zusätzliche Kraftreserven bei Zapfwellen- und bei Transportarbeiten.

Der John Deere Typ 7430 Premium Allrad-Traktor mit klappbarer Pflanzenschutz-Feldspritze auf kombinierter Feld- und Straßenfahrt.

gasnorm III erfüllen, bietet mehr Leistung bei gleich guten oder deutlich besseren Verbrauchswerten. Angesichts der immer stringenter werdenden Abgasnormen und rasch steigender Kraftstoffpreise hat das Leistungsvermögen von John Deere Motoren deutliche Fortschritte gemacht. Im Vergleich zu einem 4,5 Liter Motor aus dem Jahr 1993 mit 99 PS leistet ein neuer 4,5 Liter Tier III Motor rund 30% mehr PS (129 PS). Die neuen John Deere PowerTech Motoren mit 40% weniger Stickoxidausstoß sind in zwei Varianten erhältlich: Die PowerTechPlus Dieselmotoren mit 4,5 Liter und mit 6,8 Liter Hubraum für die neuen John Deere 7030 Traktoren arbeiten mit einer 4-Ventil CommonRail-Einspritzung und sind mit einem variablen Turbolader, externer Abgasrückführung und einer elektronischen Steuereinheit ausgerüstet.

Um den Verbrennungsprozess zu verbessern, sorgt die 4-Ventiltechnik für bessere Luftzufuhr und zentrale Einspritzung. Dabei verbessert die CommonRail-Einspritzung die Kaltstarteigenschaften und reduziert den Geräuschpegel. Zur Verbesserung der Leistung trägt vor allem der variable Turbolader bei, der sich wechselnden Anforderungen schneller anpassen kann. Gleichzeitig ermöglicht die externe Abgasrückführung, die den Verbrennungsprozess durch Reduzierung des Sauerstoffgehaltes des Kraftstoff/Luftgemisches »abkühlt«, eine Verringerung der Stickoxid-Werte.

Mit einer Nenndrehzahl von 2300 bzw. 2100 Umdrehungen pro Minute erreichen die neuen 4,5 und 6,8 Liter PowerTech-Plus-Motoren bis zu 40% Drehmomentanstieg und erreichen ihr maximales Drehmoment bei 1600 Umdrehungen pro Minute. Das Drehmoment steigt schneller an als bei den Vorgängermodellen. Damit steigt die Durchzugskraft dieser Motoren unter schwierigen Bedingungen, es muss weniger oft geschaltet werden und die Transportgeschwindigkeiten können selbst unter wechselnden Steigungen beibehalten oder schnell wieder erreicht werden. Die aus den 2-Ventil 6,8 Liter Motoren weiter entwickelten 4-Ventil CommonRail-Motoren zeichnen sich darüber hinaus durch Zuverlässigkeit und Langlebigkeit aus.

»Mit der Erweiterung unseres Produktangebotes tragen wir der Marktentwicklung Rechnung. Der Markt für Traktoren zwischen 160 und 200 PS ist allein in Deutschland im vergangenen Jahr um 30% angewachsen. Mit den beiden neuen Mannheimer Traktoren bieten wir leistungsstarke Traktoren mit einem optimalen Leistungsgewicht, die dank der Rahmenbauweise über große Hubkräfte und wegen der gefederten Vorderachse TLS Plus über enorme Zugkraft auf dem Acker und automobilen Fahrkomfort auf der Straße verfügen«, so John Deere Geschäftsführer Christoph Wigger.

Von den mit 6,8 Liter-CommonRail-Diesel-Motoren ausgerüsteten Flaggschiffen will das Mannheimer Werk im ersten Jahr mehrere Tausend Einheiten produzieren. Für die Umstellung und Vorbereitung auf die neuen Baureihen 6030 und 7030 hatte John Deere im Jahr 2006 einen dreistelligen Millionenbetrag investiert.

Erstmals auf einer Landtechnikmesse zeigte John Deere im September 2007 seine neuen E-Premium-Traktoren 7430 und 7530 aus dem John Deere Werk Mannheim. Als eine besondere Innovation der Mannheimer Ingenieure wurden die beiden neuen Traktorenmodelle der Serie 7030 E-Premium mit einer DLG-Goldmedaille ausgezeichnet.

Mit den beiden E-Premium-Modellen weisen John Deere Traktoren erstmals ein integriertes System zur Erzeugung und Verteilung hoher elektrischer Leistung (20 kW) auf. Im E-Premium Traktor steht zusätzlich zu dem konventionellen elektrischen Bordnetz ein weiteres Versorgungssystem mit höherer Spannung zur Verfügung. Die hierfür notwendige elektrische Energie wird mittels eines vom Motor direkt angetriebenen Kurbelwellen-Generators erzeugt und dann einer Umrichteinheit zugeführt. Von hier aus wird die Energie an die einzelnen Verbraucher bedarfsgerecht verteilt.

Der Kurbelwellen-Generator liefert die elektrische Antriebsleistung für die sonst üblicherweise mechanisch vom Motor direkt angetriebenen Nebenaggregate (Lüfterantrieb, Klima- und Druckluftkompressor). Diese Art des Antriebs führt zu einer deutlichen Effizienzverbesserung und damit Kraftstoffeinsparung. Schon bei niedrigen Motordrehzahlen wird z.B. Druckluft sehr zügig bereitgestellt und eine hohe Kühlleistung erzielt. Darüber hinaus speist der Generator das 12 V / 300 A-Hochleistungsbordnetz und stellt an zwei Steckdosen 230V bzw. 400V für den Betrieb handelsüblicher Elektrogeräte- und Werkzeuge zur Verfügung. Darüber hinaus ermöglicht die manuelle aktivierbare Reversierfunktion des Lüfters eine Reinigung des Kühlergrills. Dieser Zusatznutzen macht die neuen E-Premium-Traktoren der 7030er Serie aus Mannheim für den Einsatz auch außerhalb der Landwirtschaft, z.B. in der Industrie, im Straßenbau und im Kommunalbereich interessant.

Beim Einsatz dieser neuen Antriebstechnik lässt sich bis zu 5% Kraftstoff einsparen, vor allem, wenn der Traktor im Teillastbereich läuft. Außerdem wird die Beschleunigung bei Transportarbeiten auf der Straße und an der Zapfwelle im Feldeinsatz deutlich verbessert. Die E-Premium Modelle werden weiterhin gegenüber den Premium Modellen bis zu 10 PS zusätzliche IPM Leistung zur Verfügung stellen können, womit diese eine maximale Leistung von 200 PS (7430 E-Premium) bzw. 211 PS (7530 E-Premium) bekommen. Weiterhin ist IPM bei diesen Modellen bis zu einer Motordrehzahl von 1250 U/min aktiv und ermöglicht damit eine noch bessere Nutzung der Zusatzleistung. Auch die Klimaanlage arbeitet noch besser, weil ihr Betrieb unabhängig von der Motordrehzahl erfolgt. Insgesamt ermöglicht das E-Konzept also einen effizienteren aber auch leistungsstärkeren Traktor.

Die E Premium Traktoren sind der Einstieg in die landtechnische Hybridtechnik, um mit dem Einsatz elektrischer Energie

Mit dem Vorgewendemanagementsystem HMS Plus können beim Typ 7430 Premium Allrad-Traktor viele Handgriffe eingespart werden, die man auf einer Taste hinterlegt hat. Ein Tastendruck ersetzte so zahlreiche Handgriffe. Jetzt konnte man für bis zu 5 verschiedene Geräte je zwei Sequenzen speichern, die bis zu 20 Operationen enthalten.

Ausgerüstet für höhere Zuladung mit einem größeren Stahlrahmen, bringt der John Deere Typ 7530 Premium Allrad-Traktor bei einer Bereifung mit 42-Zoll-Rädern außerdem mehr Kraft auf den Boden.

die Wirtschaftlichkeit von Maschinen zu steigern. Der große Vorteil liegt im hohen Wirkungsgrad bei voller Regelbarkeit, so dass man Energie nur dann zur Verfügung stellt, wenn sie an den einzelnen Komponenten wirklich benötigt wird. So wird etwa die Geschwindigkeit des Lüfterflügels der Motorkühlung exakt anhand der tatsächlichen Motortemperatur stufenlos geregelt. Damit steht z.B. selbst bei niedrigeren Motordrehzahlen mehr Leistung zur Verfügung, wodurch sich der Kraftstoffverbrauch verringert. Auch kann der Lüfterflügel rückwärts drehen, um Verschmutzungen im Kühlerbereich einfach zu beseitigen. Ebenso kann der Kompressor das Reservoir für die Luftdruckbremse selbst bei langsam laufendem Motor jederzeit wieder schnell auffüllen. An besonders heißen Tagen sorgt der Kompressor der Klimaanlage aufgrund der elektrischen Versorgung unabhängig von der Motordrehzahl durch ein eher schnelles Ansprechverhalten für gutes »Arbeitsklima«.

Weitere Vorteile ergeben sich durch das intelligente Power Management System (IPM), das bis zu 10 PS Mehrleistung bereitstellt. Die Beschleunigung des Traktors bei Straßenfahrten setzt neue Maßstäbe und ermöglicht eine schnellere Reaktion des Traktors auf Laständerungen.

Mit dem Typ 7530 ging Anfang 2007 zum ersten Mal in der Unternehmensgeschichte ein Traktor mit über 200 PS in die Mannheimer Fertigung.

Mit einem Leistungsgewicht von nur 30 kg/PS, einem 385 Liter fassenden Kraftstofftank und einem um ein Fünftel größeren Kühlsystem ist der John Deere Typ 7530 Premium Allrad-Traktor auf lange Arbeitstage ausgelegt.

Ab 2009 ist auch die Ausführung 7530 E Premium mit Microhybrid und 180 statt 205 PS lieferbar. Dieses System steigert die Effizienz, der Gesamtkraftstoffverbrauch sinkt um etwa sechs Prozent.

Mit der Funktion »Aktiver Stillstand« kann der Typ 7530 Premium Traktor exakt in seiner Position gehalten werden ohne die Bremse zu betätigen. Um den Traktor beim Transport zum Stillstand zu bringen muss nur das Bremspedal getreten werden, die Kupplung ist hier integriert und der Traktor kuppelt bei Stillstand automatisch aus.

Das neue Mannheimer Flaggschiff, der Typ 7530 Premium Allrad-Traktor, wurde für € 104958.-- in der 50 km/h-Version mit 20/20 AutoQuad Plus-Getriebe und mit der empfohlenen Reifengröße (Vorderräder 600/65R28 und Hinterräder 650/75R38) angeboten. Die 40 km/h-Variante kostete € 95372.--.

Das überragende Leistungsgewicht verhilft dem John Deere Typ 7530 Premium Allrad-Traktor zu einer verzögerungsfreien Reaktion auf Lastwechsel bei Zapfwellenarbeiten auf dem Acker und bessere Beschleunigung bei Transportfahrten.

John Deere Typ 7530 Premium Allrad-Traktor. Modernes Styling kennzeichnet den John Deere Typ 7530 Allrad-Traktor. Verbesserte Scheinwerfer vorn, an der Kabine und am Dach. Die dynamischen Belüftungsöffnungen in der Motorhaube tragen zur optimalen Kühlung bei. Motorhaube und Typenbezeichnung machen die Premiumserie 7030 unverwechselbar.

Die neuen Traktoren der 7030er-Baureihe komplettieren das John Deere Modellprogramm im Bereich des Wachstumssegement der leichteren180 bis 200 PS Traktoren.

Programmübersicht John Deere 7030er-Serie							
Typ Modell	Ausführung	Getriebe	km/h	Motor			Bauzeit
				ccm	Zyl.	PS (kW)	
7430	Premium Allrad	AutoQuadPlus 20/20	40 / 50	6788	6 Turbo/Ladeluft 4V-CR	185 (136)	2007-2011
7530	Premium Allrad	AutoQuadPlus 20/20	40 / 50	6788	6 Turbo/Ladeluft 4V-CR	195 (143)	2007-2011

	John Deere 7030er Serie Typ 7430 2006-2011	John Deere 7030er Serie Typ 7530 2006-2011
Motor		
Bauart:	John Deere 6-Zylinder-4-Takt-Diesel, 4V-CR PowerTech Plus, 4-Ventiltechnik, CommonRail, Abgaszertifiziert IIIA	
Bohrung x Hub (mm):	106,5 x 127	106,5 x 127
Hubraum (cm³):	6788	6788
Leistung (PS/kW):	185 / 136 bei 2100/min	195 / 143 bei 2100/min
Drehmoment, max. (Nm):	760	828
Konstantleistungsbereich:	525/min	525/min
Drehmomentanstieg:	38 %	38 %
Ansaugung:	Variable Turboladergeometrie mit Ladeluftkühler und Abgasrückführung, Common Rail Hochdruckeinspritzung	
Schmierung:	Druckölschmierung mit gekühlt und gefilterten Öl, Motoröl-Inhalt: 19,5 Liter; 500 h Wartungsintervall	
Kühlsystem:	geschlossenes Zweikreiskühlsystem, Doppeltemperaturkühlung, Kühlsystem-Inhalt: 28 Liter; 1500 h Wartungsintervall	
Lüfter:	temperaturgesteuerter Viskoselüfter, Filter: Power Core Luftfilter mit Spiralrohren und Ansaugschlauch	
Elektrische Anlage:	Drehstrom-Lichtmaschine 14 V, 115 A, Batterie 2 x 12V / 154 Ah	
Kraftübertragung		
Antrieb:	Allradantrieb mit Selbstsperrdifferenzial	
TLS Plus-Allradachse:	hydropneumatisches 3-Lenker-System mit automatischer Niveauregelung, permanent aktiv, Federweg 100 mm	
Kupplung:	ölgekühlte Mehrscheibenbauart, automatische Allradbremse, Planetenendantriebe	
Fahrkupplung:	Perma Kupplung II, ölgek. Lamellenkupplung, 225 mm Mehrfachscheiben	
Getriebe:	PowrQuad Plus 20/20 (40 km/h) mit Power Reversierer links	
Wunsch:	PowrQuad Plus 20/20 u. Kriechgänge, AutoQuad Plus 20/20 (40 + 50 km/h) AutoQuad Plus »Eco Shift«, 20/20 (40), AutoQuad Plus 20/20 (50 km/h), AutoPowr (50 km/h)	
Differenzialsperre:	ölgekühlte Lamellen-Differenzialsperre, Inhalt: 56 (66) Liter Getriebeöl (PowrQuad), 1500 h Wartungsintervall	
Heckzapfwelle:	540/540E/1000/min, umsteckbar und umschaltbar bei 1778/1950/1733/min	
Frontzapfwelle:	1000/min bei 1995/min, 6-Nutenprofil, linksdrehend	
Bauart:	elektrohydraulisch betätigte, ölgekühlte Lamellenkupplung	
Hydrauliksystem:	druck- und mengengesteuert (PFC) mit Axialkolbenpumpe (load-sensing), Pumpenleistung: 110 l/min bei 200 bar	
Heckkraftheber:	Kategorie III	
Bauart:	elektronische Unterlenkerregelung, Lage-, Zugkraft- und Mischregelung, Schwimmstellung, Hubkraft (kN): 90,0	
Steuerventile:	2 dw DeLuxe-Steuergeräte (Serie 200) mit Arretierung, Durchflussregulierung, Rückschlagventil unten, Kuppler bei geräteseitigem Druck kuppelbar	
Fahrwerk		
Bauart:	Durchgehender Brückenstahlrahmen, Motorlagerung durch 4 Selentblöcke	
Fußbremse:	hydraulische, ölgekühlte Scheibenbremsen	
Feststellbremse:	in Öl laufende Bandbremse	
Parksperre:	Getriebeparksperre	
Allradbremse:	automatische Allradzuschaltung	
Lenkung:	hydrostatisch, Höhe / Neigung verstellbar	
Bereifung vorn:	16.9R30; (Wahlausrüstung vorhanden)	
Bereifung hinten:	20.8R42; (Wahlausrüstung vorhanden)	
Kabine:	Premium-Kabine mit CommandCenter, kippbar, 310° Rundumsicht, Hubdach, Geräuschpegel 70,6 dB(A)	
Allgemeine Daten		
Radstand (mm):	2685	2685
Länge (mm):	4798	4798
Breite (mm):	2382	2382
Höhe Kabine (mm):	3045	3045
Bodenfreiheit (mm):	600	600
Spurweite vorn (mm):	1618 - 2110	1618 - 2110
Spurweite hinten (mm):	1558 - 2028	1558 - 2028
Wendekreis (Meter):	11,36	11,36
Gewicht (kg):	6620	6620
zul. Gesamtgewicht (kg):	12300	12300
Stützlast Ackerschiene:	1600 kg (Straße); 2250 kg (Acker)	1600 kg (Straße); 2250 kg (Acker)
Stützlast Anh.kuppl.(kg):	2000; 3000 (pick-up hitch)	2000; 3000 (pick-up hitch)
Höchstgeschw. (km/h):	40 / 50	40 / 50
Tankinhalt (Liter):	385	385

Preise / Ausrüstungen Typ 7430 / 7530

Grundpreis							
							Stand: 09/2006
							Preise in Euro ohne Mehrwertsteuer
		40 km/h	50 km/h			40 km/h	50 km/h
3188 R	7430 »Premium« ohne Räder	82.516,--	91.357,--	3198 R	7530 »Premium« ohne Räder	87.310,--	96.151,--
	Allradantrieb, 20/20 AutoQuad Plus 40 km/h				Allradantrieb, 20/20 AutoQuad Plus 40 km/h		
	20/20 AutoQuad Plus 50 km/h		745,--		20/20 AutoQuad Plus 50 km/h		745,--
	Hinterräder 650/75R38	5.291,--	5.291,--		Hinterräder 650/75R38	5.291,--	5.291,--
	Vorderräder 600/65R28	2.771,--	2.771,--		Vorderräder 600/65R28	2.771,--	2.771,--
	Grundpreis mit empf. Rädergröße	90.578,--	100.164,--		Grundpreis mit empf. Rädergröße	95.372,--	104.958,--

Wahlausrüstungen Typ 6630 (auszugsweise)

0170	Premium-Kabine	Serie	9281	AutoTrac Vorbereitung ohne Aktivierung	3.498,--
0171	Premium-Kabine mit CommandARM	961,--	9280	AutoTrac Vorbereitung mit Aktivierung	10.302,--
9005	Lichtmaschine 14 Volt / 115 Ampere	Serie	9370	ISOBUS/GreenStar Vorbereitung	1.030,--
9007	Lichtmaschine 14 Volt / 150 Ampere	208,--	9371	GreenStar Display 2100 (ISOBUS)	5.067,--
9008	Lichtmaschine 14 Volt / 200 Ampere	260,--	9372	GreenStar Display 2100 (ISOBUS) mit AutoTrac	15.460,--
0250	Standard-Allrad-Vorderachse	Serie	9501	6 Frontgewichte á 50 kg, gesamt 300 kg	478,--
0350	TLS PLUS Allrad-Vorderachse	3.983,--	9502	8 Frontgewichte á 50 kg, gesamt 400 kg	637,--
0360	TLS PLUS Allrad-Vorderachse + Bremsen (50 km/h)	5.698,--	9503	10 Frontgewichte á 50 kg, gesamt 500 kg	797,--
7071	20/20 PowrQuad Plus (40 km/h) m. Rev. links	Serie	9504	12 Frontgewichte á 50 kg, gesamt 600 kg	956,--
6961	20/20 AutoQuad Plus (40 km/h) mit Rev. links	745,--	9505	14 Frontgewichte á 50 kg, gesamt 700 kg	1.115,--
6981	dto. mit Eco-Shift	1.754,--	9506	16 Frontgewichte á 50 kg, gesamt 800 kg	1.275,--
6935	Autopowr-Getriebe stufenlos (40 km/h)	7.204,--	9507	18 Frontgewichte á 50 kg, gesamt 900 kg	1.434,--
6990	20/20 AutoQuad Plus (50 km/h) mit Rev. links	745,--	9508	Pick-Up Gewicht 900 kg	1.840,--
6936	Autopowr-Getriebe stufenlos (50 km/h)	7.204,--	9510	Pick-Up Gewicht 1150 kg	2.944,--
1112	Scheibenhinterräder 650/75R38 (Empf.)	5.291,--	9515	Oberlenkerkoppelpunkt für Pick-Up Gewicht	92,--
4192	Scheibenvorderräder 600/65R28 (Empfehlung)	2.771,--	9303	3. dw. DeLuxe Steuergerät (200) m. Standardkuppl.	552,--
7502	TechCenter-Kabine mit Heizung und Hubdach	Serie	9304	3. dw. DeLuxe Steuergerät (200) m. Superkupplern	587,--
7503	TechCenter-Kabine mit Klimaanlage o. Hubdach	1.685,--	9306	3. dw. Super-DeLuxe Steuerger. (300) m. Superku.	745,--
7504	TechCenter-Kabine mit Klimaanlage u. Hubdach	1.906,--	9307	3. dw. elektr. Super-DeLuxe St.ger. (300) m. Su.ku.	952,--
8914	TechCenter-Kabine m. hydr.-pneum. Federung	1.973,--	9313	4. dw. DeLuxe Steuerger. (200) m. Standardkuppl.	552,--
7574	Ausstellbare Frontscheibe	Serie	9314	4. dw. DeLuxe Steuerger. (200) m. Superkupplern	587,--
7582	Feste Panorama-Frontscheibe	Minderpreis 102,--	9316	4. dw. Super-DeLuxe Steuerger. (300) m. Superku.	745,--
7706	2 Teleskop-Außenspiegel, mechanisch ausfahrbar	Serie	9317	4. dw. elektr. Super-DeLuxe St.ger. (300) m. Su.ku.	952,--
7716	2 Teleskop-Außenspiegel, elektrisch ausfahrbar	442,--	8810	Blocksteuergerät mech. für 2 dw. hydr. Funktionen	1.628,--
7662	luftgefederter Komfort-Sitz (MSG 95/D12C)	Serie	8802	Blocksteuergerät elektr. für 2 dw. hydr. Funktionen	3.261,--
7663	luftgefederter SuperDeLuxe-Sitz (MSG 95/D22C)	500,--	8803	Blocksteuergerät elektr. für 3 dw. hydr. Funktionen	3.824,--
7664	luftgefederter SuperDeLuxe-Sitz (MSG 95/D32C)	658,--	8806	Blocksteuergerät mech. für 2 dw. hydr. Funktionen	3.464,--
7665	luftgefederter SuperDeLuxe-Sitz (MSG 95/D42C)	727,--	8804	Blocksteuergerät mech. für 3 dw. hydr. Funktionen	4.208,--
9230	Beifahrersitz	Serie	9096	Bedienung der Lastschaltung auf FL.-Einhebelbed.	104,--
9231	gefederter Beifahrersitz	314,--	8805	Blocksteuergerät elektron. für 2 dw. hydr. Funkt.	5.109,--
9031	2 ASW H3 vorn, 2 ASW H3 hi., 2 Eckscheinw.	Serie	8808	Blocksteuergerät elektron. für 3 dw. hydr. Funkt.	5.715,--
9032	4 ASW H3 vorn, 4 ASW H3 hi., 2 Eckscheinw.	180,--	9028	KlimaTrac (Klimaautomatik)	760,--
9033	4 ASW H3 vorn, 2 ASW Xenon hi., 2 Eckscheinw.	932,--	9100	Heckscheibenwischer mit Waschanlage	187,--
8750	Hydraulikpumpe 110 Liter/min	143,--	9104	heizbare Kabinenheckscheibe	297,--
7362	Oberlenker mit Fangarm Kat. III / II	Serie	9210	Sonnenschutzrollo f. Kabinenfront- u. Heckscheibe	216,--
7382	hydr. Oberlenker mit Fangarm Kat. III / II	312,--	9246	Hubdach mit Glasfenster und Sonnenschutz	148,--
7405	autom. Stabilisierungsstrebe (Walterscheid)	Serie	9217	Kühlschrank	312,--
7406	hydr. feststb. Stabilisierungsstreben (Walterscheid)	837,--	9216	Flaschenhalter unten links neben Fahrersitz	21,--
7229	2 dw. DeLuxe Steuergeräte (200) m. Stand.kuppl.	Serie	9218	Getränkehalter rechts	21,--
7230	2 dw. DeLuxe Steuergeräte (200) m. Superkupplern	69,--	9240	Sicherheitsgurt für Fahrersitz	67,--
7226	2 dw. Super-DeLuxe Steuerger.(300) m. Superkuppl.	384,--	9235	Sicherheitsgurt für Beifahrersitz	97,--
7231	2 dw. elektr. DeLuxe Steuerger. m. Superkupplern	1.065,--	9140	DIN-Signalsteckdose 7-polig	21,--
9411	Anhängevorr. autom. 4 Pos. m. 30 mm-Bo.	Minus 234,--	9146	6-fach Multinorm-Steckdose 12 Volt	45,--
9412	Anhängevorr. autom. 4 Pos. m. 38 mm-Bo.	Minus 66,--	9125	Vorgewende-Management HMS	629,--
9421	Anhängevorr. autom. 4 Pos. m. 30 mm-Bolzen	Serie	9220	Mobiler Dokumentenkoffer	208,--
8771	Grundgewicht 110 kg	Serie	9063	Beleuchtung für Kabinenaufstieg	107,--
8777	Frontzapfwelle mit 6-Nutenprofil	4.370,--	9071	2 H3-Arbeitsscheinwerfer vorn am Kabinenrahmen	130,--
9272	Stromversorgungskabel für GreenStar Display	507,--	9072	2 Xennon-Arbeitsscheinwerfer vo. am Kabinenrah.	841,--

John Deere 5er Baureihe Typ 5080R (2009-2016)
John Deere 5er Baureihe Typ 5090R (2009-2016)
John Deere 5er Baureihe Typ 5100R (2009-2017)
John Deere 5er Baureihe Typ 5115R (2016-2017)
John Deere 5er Baureihe Typ 5125R (2016-2017)

Mit der Vorstellung seiner neuen 5R Traktoren änderte John Deere im November 2008 das System der Modellbezeichnungen für seine künftigen Traktorenbaureihen. Das neue System soll die Identifizierung der Baureihe, der Motorleistung und der Ausstattung vereinfachen, indem all diese Informationen die Modellbezeichnung an der Motorhaube einfließen. Die erste Ziffer der Modellbezeichnung (z.B. »5«) steht für die Baureihe. Die nächsten drei Ziffern (z.B. »100«) geben die Motorleistung bei Nenndrehzahl gemäß 97/68/EC-Standard an, in diesem Falle 100 PS. Die Modellbezeichnung wird abschließend mit einem Buchstaben (z.B. »R«) versehen, der über das Ausstattungspaket des Traktors Auskunft gibt. Je weiter hinten der Buchstabe im Alphabet angesiedelt ist, umso hochwertiger ist die Ausstattung der Maschine. Für eine Reihe von Spezialmodellen wird ein zweiter Buchstabe hinzugestellt. So weist der Buchstabe »N« darauf hin, dass es sich um einen Schmalspurtraktor handelt, der Buchstabe »F« steht für den Einsatz im Obstbau und der Buchstabe »V« für den Einsatz im Weinbau.

2008 präsentierten die John Deere Werke Mannheim mit der Serie 5R eine neue Baureihe mit Traktoren von 80 bis 100 PS. Die drei Modelle boten Premium-Technologie in der Kompaktklasse und sind für mittelgroße Gemischbetriebe, kleinere Ackerbaubetriebe und Spezialbetriebe. Auf Basis der bewährten Brückenstahlrahmen-Bauweise bieten diese neuen Premium Traktoren mit 80, 90 und 100 PS gegenüber ihren Vorgängern mehr Leistung, höhere Nutzlast, zusätzlichen Fahrkomfort, verbesserte Ergonomie und noch mehr Wirtschaftlichkeit. Dank elektronisch geregelter John Deere PowerTech Motoren mit Com-

Ersetzte den 88 PS starken Typ 5820 von 2003: der Premium-Traktor Typ 5090R mit neuer Modellbezeichnung und einer Leistung von 90 PS.

Der elektrische Power-Reversierer an den Getriebevarianten erleichtert dem Fahrer den Einsatz des Traktors vor allem bei Frontladerarbeiten. Als besonders benutzerfreundlich erweist sich auch der Kupplungsknopf am Schalthebel, der vor allem bei Straßenfahrt bequemes Schalten von Hand ermöglicht und damit den Verzicht auf die Nutzung des Kupplungspedals.

monrail-Einspritzung erfüllten diese Schlepper die Abgasnorm der Stufe III bei geringem Verbrauch. Eine besondere Innovation dieser Baureihe ist der elektronisch angetriebene separate Lüfter des Ladeluftkühlers. Für den Einsatz in Plantagen und Weinbergen ist mit der Serie 5RN auch eine Schmalspurvariante verfügbar. Diese Serie umfasst drei Modelle mit 4-Zylinder-Motor und 4,5 Liter Hubraum.

Kleinstes Modell ist der Typ 5080R Premium als Nachfolger der seit 2003 in Mannheim gebauten 5020er Serie mit einer Leistung von 80 PS, der nun den Typ 5720 ablöste. Für kraftvollen Vortrieb sorgt der turbogeladene 2-Ventil John Deere PowerTech-Motor mit 4,5 Litern Hubraum, der bereits seit 2007 erfolgreich in der 6030er Serie eingebaut wird. Der Vierzylinder-Diesel arbeitet mit CommonRail-Technik, Zweibereichs-Ladeluftkühlung und Zweikreis-Kühlsystem.

Der Premium-Traktor Typ 5090 R mit neuer Modellbezeichnung und einer Leistung von 90 PS ersetzte den 88 PS starken Typ 5820 der seit 2003 gebauten 5020er Serie, der auch als Schmalspurversion 5090RN für den Einsatz im Obst- und Weinbau als Allzwecktraktor für den Einsatz auf kleineren und mittleren Viehbetrieben erhältlich ist. Wie alle neuen John Deere 5R-Traktoren, kann auch der 5090 R mit drei unterschiedlichen Frontladervarianten ausgerüstet werden und ist damit für eine Vielzahl von Aufgaben einsetzbar. Durch die Rahmenbauweise, das Loadsensing Hydrauliksystem und die kompakten Abmessungen mit sehr guter Übersichtlichkeit sind die 5R-Traktoren prädestiniert für den professionellen Frontladereinsatz. Passend dazu setzten die neuen HSL Lader mit hydraulischer Parallelführung neue Maßstäbe hinsichtlich Übersichtlichkeit und Leistungsfähigkeit. Bei seiner Premiere Ende 2008 wurde der Premium-Traktor 5090R zu einem Grundpreis (ohne Räder) von € 49.716,-- angeboten.

Mit einer Motorleistung von 100 PS und Premium-Ausstattung »R« ist der 5100R das neue Spitzenmodell der 5er Baureihe. Als Schmalspurtraktor trägt er die Bezeichnung 5100RN, als Allzwecktraktor 5100M. Gegenüber der Vorgängerserie wurde für den Einsatz schwerer Arbeitsgeräte das maximal zulässige Gesamtgewicht auf 6.600 kg und die maximale Zuladung um 500 kg erhöht. Damit verfügt das Loadsensing-Hydrauliksystem bei allen Modellen über eine maximale Hubkraft von 4,3 Tonnen. Die neu gestylte TechCenter-Kabine ist kippbar, innen hell aus-

Anlässlich der Agritechnica 2009 stellte John Deere die Traktoren 5M vor. Diese neuen Kompakttraktoren aus Mannheim rundeten das Angebot im mittleren Ausstattungssegment ab. Aufgrund ihres günstigen Preis-Leistungs-Verhältnisses sind die Schlepper besonders für kleinere Betriebe oder einfachere Arbeiten interessant.

gestattet und bietet 310 Grad Rundumsicht. Die Klimaanlage und ein neuer, komfortabler Deluxe-Sitz mit horizontaler und vertikaler Luftfederung sorgen bei nur 74 db(A) unter Volllast für ein hohes Maß an Fahrkomfort. Ebenfalls für besseren Komfort sorgen die in Höhe und Neigung verstellbare Lenksäule und der neu gestaltete Schalthebel. Zu den weiteren Komfortmerkmalen gehören das schwenkbare Armaturenbrett, die Anzeigen im B-Pfosten der Kabine, ein bequemer Beifahrersitz, Glashubdach, ausstellbare Frontscheibe und je zwei Arbeitsscheinwerfer vorn bzw. am Heck des Traktors.

Der durchgehende Brückenstahlrahmen der neuen John Deere 5R-Traktoren aus Mannheim gestattet gegenüber den Vorgängermodellen der Baureihe 5020 eine um 20% höhere Zuladung und damit den Anbau schwererer Geräte. Bezogen auf die Arbeitskosten pro Hektar arbeiten diese Traktoren damit wirtschaftlicher. Wahlweise sind die 5R-Traktoren bereits ab Werk mit Frontkraftheber, Frontzapfwelle und verschiedenen Frontladerausstattungen lieferbar. Der Stahlrahmen übernimmt dabei die gesamte Last von Frontlader und Kraftheber, was die anderen Traktorenkomponenten entsprechend entlastet. Für den Einsatz schwerer Arbeitsgeräte wurde das maximal zulässige Gesamtgewicht auf 6.600 kg erhöht. Das niedrige Leistungsgewicht setzt in der 100PS-Klasse neue Maßstäbe.

Die neuen John Deere 5R-Traktoren wurden von durchzugsstarken 4,5 Liter PowerTechE-Motoren angetrieben, die die Abgasnorm IIIa erfüllen. Diese leistungsstarken 2-Ventil-Common-Rail-Diesel Maschinen kommen auch in der 6030er Baureihe zum Einsatz und zeichnen sich durch ein Mehr an nutzbarer Motorleistung und geringen Kraftstoffverbrauch aus. Um die Kraftstoffverbrennung zu optimieren, verfügen diese Motoren über eine elektronische Einspritzung und eine aktive Ladeluftkühlung. Auch der leicht ausziehbare Kühler und der Tempomat tragen auf ihre Weise zum sparsamen Verbrauch und zu verbesserten Motorleistungsdaten bei. Mit 8% mehr Motorleistung bieten diese Antriebsaggregate doppelt so viel Extrapower wie ihre Vorgängermodelle und einen mit über 550/min um 20% breiteren Konstantleistungsbereich. Dank ihres hohen Anfahr-Drehmomentes und des 30%-igen Drehmomentanstieges werden diese Motoren schwierigsten Anforderungen gerecht.

Als Getriebevarianten bot John Deere für die 5R Traktoren die Versionen PowrQuad Plus und AutoQuad. Beide arbeiten mit vier Gängen und jeweils vierstufiger Lastschaltung. Die Grundversion 16/16 PowrQuad Plus ermöglicht Arbeitsgeschwindigkeiten von 3,3 - 40 km/h. Diese Version ist auch mit 16/16 Reduziergetriebe für den Betrieb ab 1,4 km/h erhältlich. Das etwas

Je nach Einsatzspektrum bietet John Deere für die 5M Traktoren drei unterschiedliche Getriebevarianten an: Das 32/16-Gang PowerReverserPlus-Getriebe mit 2-stufiger Lastschaltung, welche ohne Betätigung der Kupplung unter voller Last eingesetzt werden kann. Das 16/16-Gang PowrReverser-Getriebe sowie ein 16/16-Gang Synchrongetriebe.

Typenpflege und Weiterentwicklung kennzeichnete die neue Generation der 5er Baureihe, die John Deere im September 2016 mit landwirtschaftlichen Kompakttraktoren, die auf die Anforderungen von kleinen und mittleren Ackerbau-, Milch- und Viehbetrieben abgestimmt sind, präsentierte.

Die neue Serie 5R knüpft an die Stärken ihrer Vorgängermodelle an und bietet einen erhöhten Grad an Komfort, Kompaktheit und Leistung. Durch den einteiligen, geschwungenen Rahmen und den niedrigen Schwerpunkt kann der Frontlader ohne großen Aufwand montiert werden.

komfortabler ausgestattete 16/16-AutoQuadPlus-Getriebe arbeitet mit den gleichen Geschwindigkeiten und ist ebenfalls mit 16/16-Reduziergetriebe erhältlich. Diese Variante ermöglicht die Einsparung von Kraftstoff durch die Vorwahl des optimalen Schaltzeitpunktes je nach Arbeitsaufgabe und damit den Betrieb im jeweils optimalen Gang.

Der elektrische Power-Reversierer an beiden Getriebevarianten erleichtert dem Fahrer den Einsatz des Traktors vor allem bei Frontladerarbeiten. Als besonders benutzerfreundlich erweist sich auch der Kupplungsknopf am Schalthebel, der vor allem bei Straßenfahrt bequemes Schalten von Hand ermöglicht und damit den Verzicht auf die Nutzung des Kupplungspedals. Weitere Komfortmerkmale der 5R-Traktoren sind die Einhebel-Bedienung des Getriebes mit »Softshift«-Funktion und Geschwindigkeitsanpassung sowie integrierter Parksperre.

Zum besonderen und optischen Merkmal avancierte die neu gestylte TechCenter-Kabine der 5R-Traktoren. Sie ist kippbar, innen hell ausgestattet und besitzt eine 310 Grad Rundumsicht . Die Klimaanlage und ein neuer, komfortabler Deluxe-Sitz mit horizontaler und vertikaler Luftfederung sorgen bei nur 74 db(A) unter Volllast für ein hohes Maß an Fahrkomfort. Ebenfalls für besseren Komfort sorgen die in Höhe und Neigung verstellbare Lenksäule und der neu gestaltete Schalthebel. Zu den weiteren Komfortmerkmalen gehören das schwenkbare Armaturenbrett, die Anzeigen im B-Pfosten der Kabine, ein bequemer Beifahrersitz, Glashubdach, ausstellbare Frontscheibe und je zwei Arbeitsscheinwerfer vorn bzw. am Heck des Traktors. Zusätzlich sorgen genügend Staumöglichkeiten und ein wahlweise verfügbares Feldbüro für ein großes Platzangebot.

Die maximale Zuladung der 5R-Traktoren wurde um 500 kg erhöht. Damit verfügt das Loadsensing-Hydrauliksystem bei allen Modellen über eine maximale Hubkraft von 4,3 Tonnen. Das Hydrauliksystem stellt dabei die für eine Aufgabe erforderliche Ölmenge bereit. Das spart Kraftstoff und erhöht die Arbeitsgeschwindigkeit. Zur Bedienung von Geräten am Heck des Traktors oder von mittig angebauten Geräten sind drei bzw. zwei Steuergeräte vorgesehen. Um auch im Frontanbau schwere Geräte aufnehmen zu können, erreicht der Frontkraftheber eine max. Hubkraft von nahezu 3 Tonnen.

Sowohl die Heck- als auch die Frontzapfwelle werden über eine ölgekühlte Mehrscheibenkupplung elektro-hydraulisch weich zugeschaltet, die auf hohe Lebensdauer ausgelegt ist.

Die Heckzapfwelle läuft in der Standardversion mit 540/540E und auswechselbarem Zapfwellenstummel, wahlweise auch mit Geschwindigkeiten von 540/540E und 1000 Umdrehungen. Die Frontzapfwelle läuft mit 1000 U/min.

Die neuen John Deere 5R-Traktoren können mit drei unterschiedlichen Frontladervarianten ausgerüstet werden und sind damit für eine Vielzahl von Aufgaben einsetzbar. Durch die Rahmenbauweise, das Loadsensing Hydrauliksystem und die kompakten Abmessungen mit sehr guter Übersichtlichkeit sind die 5R-Traktoren prädestiniert für den professionellen Frontladereinsatz. Passend dazu setzten die neuen HSL Lader mit hydraulischer Parallelführung neue Maßstäbe hinsichtlich Übersichtlichkeit und Leistungsfähigkeit.

Typenpflege und Weiterentwicklung kennzeichnete die neue Generation der 5er Baureihe, die John Deere im September 2016 mit landwirtschaftlichen Kompakttraktoren, die auf die Anforderungen von kleinen und mittleren Ackerbau-, Milch- und Viehbetrieben abgestimmt sind, präsentierte. Die neue Serie 5R knüpft an die Stärken ihrer Vorgängermodelle an und bietet einen erhöhten Grad an Komfort, Kompaktheit und Leistung. Durch den einteiligen, geschwungenen Rahmen und den niedrigen Schwerpunkt kann der Frontlader ohne großen Aufwand montiert werden. Gleichzeitig verfügten die neuen 5R-Modelle über einen optimierten Radstand von 2,25 m, der den Traktor zu einem Wendekreis von nur 3,75 m mit bestmöglicher Manövrierbarkeit, auch bei angebautem Frontlader verhalf.

Die neuen Modelle 5090R mit 90 PS, 5100R mit 100 PS, 5115R mit 115 PS und 5125R mit 125 PS sind mit sparsamen John Deere PWX 4,5-Liter-Motoren gemäß Abgasstufe IIIB/iT4 ausgestattet. Durch das Transport Power Management (ähnlich IPM für reine Transportarbeiten) liefern diese Nur-Diesel-Vierzylindermotoren bei Transporteinsätze 10 PS zusätzlich.

Auch kann man zwischen drei Getriebevarianten wählen. So gibt es beim Einstiegsmodell das 16/16 Gang CommandQuad-Schaltgetriebe, das über vier Schaltgruppen und vier Lastschaltstufen in jeder Gruppe verfügt. Außerdem werden ein 16/16 CommandQuad sowie ein 32/16 Command8-Getriebe mit acht Lastschaltstufen und einem ECO-Modus angeboten, das bei einer Motordrehzahl von nur 1759 U/min eine Höchstgeschwindigkeit von 40 km/h ermöglicht.

Alle Getriebe verfügen über eine vollautomatische Kupplung, individuelle Anfahrgänge, individuell einstellbare Drehzahlen und eine elektrische Parksperre. Für das 32/16 CommandQuad8-Getriebe der Premiumklasse ist außerdem eine automatische Schaltfunktion als Standard enthalten. Diese Funktion ist beim 16/16 CommandQuad-Getriebe optional verfügbar.

Die neuen Traktoren der Serie 5R haben ein Leergewicht von 4,3 Tonnen und können bis zu 4,7 Tonnen und optional sogar bis 5,3 Tonnen heben. Das offene Hydrauliksystem besitzt eine Standardpumpe mit einer Förderleistung von 96 l/min und ist auch mit einer druck- und mengengesteuerten PFC-Hydraulik mit einer Förderleistung von 117 l/min erhältlich. Vier Zusatzsteuergeräte, die mechanisch oder elektronisch gesteuert werden können, gewährleisten schnelle Zykluszeiten. Sie bieten besonders in schwierigem Gelände erhöhten Fahrkomfort und sind mit einer Vorderachsfederung mit unabhängigen Armen und einer stufenlosen Einstellung von +/- 45 mm ausgestattet, die bei Bedarf komplett deaktiviert werden kann.

Das neue Modell 5125R mit 125 PS ist mit sparsamem John Deere PWX 4,5-Liter-Motor gemäß Abgasstufe IIIB/iT4 ausgestattet. Durch das Transport Power Management (ähnlich IPM für reine Transportarbeiten) liefert dieser Nur-Diesel-Vierzylindermotor bei Transporteinsätze 10 PS zusätzlich. Auch kann man zwischen drei Getriebevarianten wählen.

Vier verschiedene Versionen mit Standard-Kabine, Niedrigdach-Kabine, offener Fahrerplattform und extra schmaler Ausführung sind verfügbar. Die Kabine wurde nochmals deutlich aufgewertet. Zu den Neuerungen zählt die verbesserte Innenverkleidung, der optional lieferbare luftgefederte Sitz und das neue Armaturenbrett. Der Schalthebel ist ebenfalls überarbeitet worden.

Für die Traktoren der Serie 5R wurde eine neue Kabine mit neigungsverstellbarer Lenksäule, Eckpfostendisplay PDU+, Panoramafrontscheibe und ergonomischem Bedienfeld konstruiert. Frontladerarbeiten können per Multifunktionshebel gesteuert werden, der direkt mit dem Fahrersitz verbunden ist. John Deere bietet hier die Wahl zwischen einem mechanischem Bedienhebel und dem neuen E-Joystick. Optional ist eine wartungsfreie mechanische Kabinenfederung erhältlich, bei der mit zwei einstellbaren Stoßdämpfern letztlich auch der luftgefederte Grammer-Sitz entsprechend stabilisiert wird. Dieser Sitz gehört normalerweise bei Traktoren der Serie 6R zur Serienausstattung und ist um 5 bis 15 Grad schwenkbar. Er verfügt über eine verstellbare Lendenwirbelstütze und auf Wunsch auch über eine Sitzheizung.

Kompakttraktoren haben große Entwicklungsschritte vollzogen. Der neue 5R ist ein reich ausgestattetes Kraftpaket für vielseitige Verwendung und optimalen Fahrkomfort und geeignet für alle erdenklichen Anwendungen. Er besticht als ein leichter und wendiger Traktor, mit dem auch alle schweren Lasten am Heck und an der Traktorfront bewegt werden können. Der 5R ist extrem vielseitig, kann mühelos mit einem Frontlader der R-Serie ausgerüstet werden und ist auf Straße und Feld gleichermaßen leistungsstark. Er zeichnet sich durch hohe Leistung bei sparsamem Kraftstoffverbrauch aus. Dabei bietet er einen maximalen Grad an Komfort und Bedienfreundlichkeit mit einem klaren Fokus auf Effizienz, um sämtliche Arbeiten schneller, besser und in größerem Umfang zu bewältigen.

Außerdem bietet der neue Frontlader 543R eine automatische Schwingen- und Werkzeugverriegelung, eine um 10 Prozent erhöhte Hubleistung, eine höhere Losreißkraft und einen größeren Ankippwinkel. Je nach Anwendung, können die Frontlader 543R und 603R mit verschiedenen Parallelführungsvarianten ausgestattet werden. Für enge Reihenkulturen, andere Sonderkulturen und Weingüter sind die neuen Traktoren der Serie 5RN mit ihrer geringen Breite von nur 1,7 m besonders geeignet. Sie verfügen über eine schmale Kabine und einen mechanischen Frontantrieb.

In der Klasse der Kompakttraktoren und Traktoren unter 150 PS erzielte der Schlepper beim sehr anspruchsvollen Powermix-Test einen neuen Niedrigrekord. Bei der Maschine mit Nur-Diesel-Technologie hat die DLG in allen Feld-Zyklen des Tests einen Kraftstoffverbrauch von nur 265 g/kWh ermittelt. Vergleichbare Traktoren in der Leistungsklasse verbrauchen zwischen 284 g/kWh (273 g Diesel einschließlich Regeneration + 11 g Harnstoff) und289 g/kWh. Dank der sehr günstigen Verbrauchswerte der neuen 5R-Traktoren können die Ausgaben für Betriebsstoffe deutlich reduziert werden.

John Deere 5er Baureihe Typ 5075M (2009-2013)
John Deere 5er Baureihe Typ 5090M (2009-2017)
John Deere 5er Baureihe Typ 5100M (2009-2017)
John Deere 5er Baureihe Typ 5115M (2012-2017)

Anlässlich der Agritechnica 2009 stellte John Deere die Traktoren 5M vor. Diese neuen Kompakttraktoren aus Mannheim rundeten das Angebot im mittleren Ausstattungssegment ab. Aufgrund ihres günstigen Preis-Leistungs-Verhältnisses sind die Schlepper besonders für kleinere Betriebe oder einfachere Arbeiten interessant. Alle Traktoren der Serie 5M sind mit einem zuverlässigen und effizienten John Deere PowerTech-Motor mit Ladeluftkühlung ausgestattet. Der Hubraum der 4-Zylinder-Aggregate liegt bei 4,5 Liter. Optional können diese Traktoren mit einer Wegezapfwelle zum Antrieb von Triebachs-Anhängern ausgestattet werden, wie sie in einigen Gebirgsregionen verbreitet sind.

Dank vielfältiger Ausrüstungsmöglichkeiten eignet sich der 5070M Traktor besonders bei der Futterverteilung, Frontladerarbeiten, Mäharbeiten, Ballenpressen, Transportarbeiten oder beim Düngerstreuen auf kleineren und mittleren Viehbetrieben. Sein 4,5 Liter Motor leistet 70 PS, erfüllt die Abgasnorm der Stufe IIIA, ist mit mechanischer Einspritzung, Turbolader und Ladeluftkühlung ausgerüstet und dank des herausziehbaren Kondensators für die Klimaanlage und klappbarem Kühler außerdem besonders wartungsfreundlich. Je nach Einsatzspektrum bietet John Deere drei unterschiedliche Getriebevarianten an. Wahlweise ist auch ein Kriechganggetriebe verfügbar, ölgekühlte Kupplungen und eine Parksperre sind serienmäßiger Standard. Neben ausgezeichneter Rundumsicht bietet die Fahrerkabine eine angenehm helle Innenausstattung, ein neu entwickeltes Armaturenbrett und ergonomisch angeordnete Bedienhebel.

Die neuen 5M-Traktoren arbeiten mit 4,5 Liter John Deere PowerTech M Motoren mit Leistungen von 70-100 PS (97/68 EC), die die Abgasnorm der Stufe IIIA erfüllen. Diese Antriebsaggregate sind mit mechanischer Einspritzung, Turbolader und Ladeluftkühlung ausgerüstet. Abgesehen von reduzierten Abgaswerten und niedrigem Kraftstoffverbrauch warten diese Kraftpakete mit 2%

2017 gehörten die John Deere Traktoren der 5M-Serie zu den meistverkauften Maschinen in Europa. Sie erfüllen die Kundenanforderungen – vom Viehhaltungs-, Ackerbau-, Misch- bis zum Spezialbetrieb. Basieren auf dem Erfolg wurde die Baureihe ergänzt und der Komfort, die Leistung und die Effizienz weiter gesteigert.

Überleistung und einem Drehmomentanstieg von 28% auf. Damit sind sie für besonders anspruchsvolle Arbeiten gerüstet. Dank des herausziehbaren Kondensators für die Klimaanlage und klappbarem Kühler sind sie außerdem besonders wartungsfreundlich.

Je nach Einsatzspektrum bietet John Deere drei unterschiedliche Getriebevarianten an: Das 32/16-Gang PowerReverser-Plus-Getriebe mit 2-stufiger Lastschaltung, welche ohne Betätigung der Kupplung unter voller Last eingesetzt werden kann. Der Reversier-Hebel befindet sich unmittelbar an der Lenksäule und wird jeweils mit deren Neigungsverstellung in Position gebracht. Das 16/16-Gang PowrReverser-Getriebe sowie ein 16/16-Gang Synchrongetriebe. Bei diesem nicht unter Last reversierbaren Getriebe ist der Reversierhebel in das Armaturenbrett eingebaut.

Im John Deere Karosserie-Werk Bruchsal produziert, avancierte die neu gestylte TechCenter-Kabine zum besonderen und optischen Merkmal der 5R-Traktoren. Sie ist kippbar, innen hell ausgestattet und besitzt eine 310 Grad Rundumsicht

Wahlweise sind für die 5M-Traktoren auch ein Kriechganggetriebe (Minimalgeschwindigkeit bei Nenndrehzahl 300 m/h) verfügbar, ölgekühlte Kupplungen und eine Parksperre sind serienmäßig erhältlich. Für den Dauereinsatz von Frontlader verfügen die 5M Traktoren über einen robusten Stahlrahmen.

Das offene Hydrauliksystem der 5M-Traktoren arbeitet mit einer leistungsstarken Tandempumpe mit bis zu 74 l/min Leistung, die eine schnelle Reaktion der Anbaugeräte sicherstellt, wahlweise ist eine Pumpe mit 94 l/min verfügbar. Je nach Anforderung stehen 2 oder 3 Steuergeräte zur Verfügung. Weiterhin bietet John Deere zwei verschiedene Frontladerpakete an.

Ebenso kann man zwischen einer elektro-hydraulischen und einer mechanischen Steuerung der 3-Punkt-Hydraulik wählen, deren Hubleistung 3,6 Tonnen erreicht und damit eine Vielzahl von Anbaugeräten tragen kann. Neu im Programm ist die 540/540E/Wegzapfwelle, mit der sich die Geschwindigkeit von Anhängern mit Antriebsachse an steilen Passagen besser anpassen lässt. Außerdem sind die Zapfwellenvarianten 540/540E und 540/540E71000er Zapfwelle für die Serie 5M verfügbar. Wahlweise lassen sich die Traktoren auch mit Frontkraftheber und John Deere Frontzapfwelle ausrüsten.

Neben ausgezeichneter Rundumsicht bietet die Fahrerkabine der 5M-Traktoren eine angenehm helle Innenausstattung, ein neu entwickeltes Armaturenbrett, ergonomisch angeordnete Bedienhebel, einschließlich der in Höhe und Neigung verstellbaren Lenksäule, sowie verschiedene Sitzkonfigurationen und Beleuchtungsvarianten.

2017 gehörten die John Deere Traktoren der 5M-Serie zu den meistverkauften Maschinen in Europa. Sie erfüllen die Anforderungen vom Viehhaltungs-, Ackerbau-, Misch- bis zum Spezialbetrieb. Basieren auf dem Erfolg wurde die Baureihe ergänzt und der Komfort, die Leistung und die Effizienz weiter gesteigert.

Die bisherigen Modelle der M-Serie (5100M und 5115M) werden durch den neuen 5090M ergänzt, der den bisherigen 5085M ablöst. Alle Traktoren werden von John Deere PWX 4,5-Liter-Motoren angetrieben. Sie erfüllen die Abgasnorm Tier IIIB und sind dank der CommonRail-Einspritzung umweltfreundlich und sparsam zugleich.

Vier verschiedene Versionen mit Standard-Kabine, Niedrigdach-Kabine, offener Fahrerplattform und extra schmaler Ausführung sind verfügbar. Die Kabine wurde nochmals deutlich aufgewertet. Zu den Neuerungen zählten die verbesserte Innenverkleidung, der optional lieferbare luftgefederte Sitz und das neue Armaturenbrett. Der Schalthebel ist ebenfalls überarbeitet worden.

Äußerlich sind die neuen Modelle an den größeren Räder (vorne bis 480/65R24 und hinten bis 540/65R38) und am neuen Styling erkennbar. Trotz der größeren Räder konnte der Wendekreis der Maschine auf 4 Meter verringert werden. Die flachere Haube ermöglicht eine bessere Sicht.

Auch Leistungsmäßig wurden die Traktoren weiterentwickelt. Die Dreipunkt-Hydraulik bietet eine Hubkraft von 4,4 Tonnen. Gleichzeitig wurde die Zuladung auf 7,5 Tonnen erhöht, so dass schwerere Maschinen eingesetzt werden können.

Mit über 6600 Mitarbeiter auf dem Mannheimer Campus, davon 3000 in der Traktorenfabrik ist das John Deere Werk Mannheim die größte John Deere Fertigungsstätte außerhalb Nordamerikas. Weltweit gehören unzählige Produktionsstandorte zur John Deere & Company. Im Zuge einer Umstrukturierung verlagerte John Deere die Produktion der 5er Traktorenbaureihe vom Werk Mannheim in das Nordamerikanische John Deere Stammwerk nach Augusta. So kam 2017, knapp zehn Jahre nach seiner Premiere, für die weiterentwickelte und zu den meistverkauften Maschinen in Europa zählende 5er-Serie das Produktionsende in Mannheim, um am neuen Produktionsstandort in Augusta ihre große Karriere fortzusetzen. Im Werk Mannheim geblieben ist jedoch der Vertrieb und Verkauf in alle Welt.

Foto: © Ralf Weinreich

Programmübersicht John Deere 5er-Serie							
Typ Modell	Ausführung	Getriebe	km/h	Motor			Bauzeit
				ccm	Zyl.	PS (kW)	
5080 R	Allrad-Traktor	PowrQuad Plus 16/16	40	4525	4 Turbo/Ladeluft	80 (59)	2009-2016
5090 R	Allrad-Traktor	PowrQuad Plus 16/16	40	4525	4 Turbo/Ladeluft	90 (66)	2009-2016
5100 R	Allrad-Traktor	PowrQuad Plus 16/16	40	4525	4 Turbo/Ladeluft	100 (74)	2009-2016
5115 R	Allrad-Traktor	PowrQuad Plus 16/16	40	4525	4 Turbo/Ladeluft	115 (xx)	2016-2017
5125 R	Allrad-Traktor	PowrQuad Plus 16/16	40	4525	4 Turbo/Ladeluft	125 (xx)	2016-2017
5070 M	Hinterrad/Allrad	PowrReverser 16/16	40	4500	3 Turbo/Ladeluft	70 (51)	2009-2013
5075 M	Hinterrad/Allrad	PowrReverser 16/16	40	4500	3 Turbo/Ladeluft	75 (55)	2008-2017
5080 M	Hinterrad/Allrad	PowrReverser 16/16	40	4500	4 Turbo/Ladeluft	80 (59)	2009-2017
5090 M	Hinterrad/Allrad	PowrReverser 16/16	40	4500	4 Turbo/Ladeluft	90 (66)	2009-2017
5100 M	Hinterrad/Allrad	PowrReverser 16/16	40	4500	4 Turbo/Ladeluft	100 (74)	2009-2017
5115 M	Hinterrad/Allrad	PowrReverser 16/16	40	4500	4 Turbo/Ladeluft	115 (85)	2012-2017

	John Deere 5er Serie Typ 5075M 2008-2017	John Deere 5er Serie Typ 5090M 2009-2017	John Deere 5er Serie Typ 5100M 2009-2017	John Deere 5er Serie Typ 5115M 2012-2017
Motor				
Bauart	3-Zylinder, Turbo, Ladeluft	John Deere PowerTech E-4-Zylinder mit Turbolader und Ladeluftkühler		
Leistung (PS/kW)	75 / 55	90 / 66	100 / 74	115 / 85
Hubraum (cm^3)	2900	4500	4500	4500
Ventile pro Zylinder	2	4	4	4
max. Drehmoment (Nm)	304 bei 1600 U/min	376 bei 1600 U/min	418 bei 1600 U/min	480 bei 1600 U/min
Drehmomentanstieg (%)	27	30	30	30
Kühlung	Wasserkühlung	Wasserkühlung	Wasserkühlung	Wasserkühlung
Einspritzsystem	Common-Rail-Hochdruckeinspritzung			
Tankvolumen (Liter)	198	153/ 198	153/ 198	153/ 198
Getriebe				
Serienmäßiges Getriebe	16 V / 16 R bzw. 32 V / 16 R PowrReverser			
Kupplung	ölgekühlte Kupplung			
max. Geschwindigkeit	40 km/h	40 km/h	40 km/h	40 km/h
Bremsen	hydraulische, ölgekühlte Scheibenbremsen			
Differenzialsperre	elektrohydraulisch betätigt			
Zapfwelle				
Kupplung	Elektrohydraulisch	Elektrohydraulisch	Elektrohydraulisch	Elektrohydraulisch
Serie	540 / 540E oder 540 / 540E / 1000			
Hydrauliksystem				
Bauart	offenes Hydrauliksystem mit Betätigung der Steuergeräte durch Hebel			
Pumpennennleistung	Lenkpumpe 24 l/min; Hauptpumpe 70 l/min: ges. Förderleistung 94 l/min			
Hydraulikdruck (bar)	200	200	200	200
max. Hubkraft (kg)	3062	3062	3062	3062
Zugwiderstandsregelung	Oberlenkerregelung; 3 Hecksteuergeräte; 2 Zwischenachssteuergeräte			
Fahrerplattform				
Ausstattung	Fahrerplattform flach mit Überrollbügel: auch mit Kabine verfügbar, Geräuschpegel 77 dbA; mech. oder luftgefederte Sitzfederung (optional beheizt)			
Ganghebel	Reversierer links, Gangschalthebel rechts			
Arbeitsscheinwerfer	2 hinten; optional: 4, Rundumleuchte			
Hinterradantrieb				
Radstand (mm)	2300	2300	2300	2300
Spurweite vorn (mm)	1488 - 2070	1488 - 2070	1488 - 2070	1488 - 2070
Spurweite hinten (mm)	1660 - 1907	1660 - 1907	1660 - 1907	1660 - 1907
Wenderadius (m)	4	4	4	4
Gesamtbreite (mm)	1725	1725	1725	1725
Bodenfreiheit (mm)	480	480	480	480
Gesamthöhe (mm)	2590	2590	2590	2590
Leergewicht (kg)	3600	3600	3600	3600
zul. Gesamtgewicht (kg)	6000	6000	6000	6000
Bereifung vorn	11L-15 F3	11L-15 F3	11L-15 F3	11L-15 F3
Bereifung hinten	420/85R30	420/85R30	420/85R30	420/85R30
Allradantrieb				
Radstand (mm)	2300	2300	2300	2300
Spurweite vorn (mm)	1451 - 2005	1451 - 2005	1451 - 2005	1451 - 2005
Spurweite hinten (mm)	1660 - 1907	1660 - 1907	1660 - 1907	1660 - 1907
Wenderadius (m)	4,6	4,6	4,6	4,6
Gesamtbreite (mm)	1723	1723	1723	1723
Bodenfreiheit (mm)	435	435	435	435
Gesamthöhe (mm)	2590	2590	2590	2590
Leergewicht (kg)	3900	3900	3900	3900
zul. Gesamtgewicht (kg)	7500	7500	7500	7500
Bereifung vorn	320/85R24	320/85R24	320/85R24	320/85R24
Bereifung hinten	420/85R30	420/85R30	420/85R30	420/85R30

	John Deere 5er Serie Typ 5080R 2009-2016	John Deere 5er Serie Typ 5090R 2009-2016	John Deere 5er Serie Typ 5100R 2009-2016	John Deere 5er Serie Typ 5115R 2017	John Deere 5er Serie Typ 5125R 2017
Motor					
Bauart:	4-Zylinder PowerTech PWX mit Ladeluftkühlung				
Abgasnachbehandlung	gekühlte Abgasrückführung (EGR), Dieseloxidationskatalysator (DOC), Dieselpartikelfilter (DPF)				
Ansaugung	Wastegate Turbolader				
Hubraum (cm³):	4525	4525	4525	4525	4525
Leistung (PS/kW):	80 / 59	90 / 66	100 / 74	115 / 85	125 / 92
Drehmomentanstieg (%)	36	36	36	36	36
max. Drehmoment bei 1500 U/min	334 Nm	393 Nm	437 Nm	437 Nm	437 Nm
Kühlung	Wasserkühlung	Wasserkühlung	Wasserkühlung	Wasserkühlung	Wasserkühlung
Einspritzsystem	Hochdruck-CommonRail-Einspritzung, elektronisch gesteuert				
Getriebe					
CommandQuad Schaltgetr.	16/16, 2,3-40 km/h (nur Schaltgetriebe); 4 Schaltgruppen; 2 Anfahrgänge				
CommandQuad	16/16, 2,3-40 km/h (mit Auto-Funktion); 4 Schaltgruppen; 2 Anfahrgänge; 2 voreingest. Geschwindigk.				
Command8	32/16, 2,3-40 km/h; Auto- und ECO-Funktion; 4 Schaltgr.; 2 Anfahrgänge; 2 voreingest. Geschwindigk., Kriechgang nur mit Command8				
Achsen					
Bauart	gefederte Vorderachse				
Zuschaltung Differenzialsperre vorn	Standardachse: Differenzialsperre, Gefederte Vorderachse: elektrohydraulisch				
Zuschaltung Differenzialsperre hinten	elektrohydraulisch				
Hinterachse	Flanschachse				
Lenkung					
Bauart	hydraulisch	hydraulisch	hydraulisch	hydraulisch	hydraulisch
Hydrauliksystem					
Bauart:	Open Center-Hydrauliksystem / geschlossenes druck- und mengengesteuerte System mit Load Sensing Durchflussrate 96/117 Liter/min; Anzahl Zusatzsteuergeräte: bis zu 4+3; Optional: Power Beyond				
Heckkraftheber Bauart	Elektronische Hubwerksregelung: Lage-, Zugkraft- und Mischregelung; Kategorie: II				
Hubkraft:	an Fanghaken: 4691 kg / Option 5394 kg; hinter Koppelpunkten: 2753 kg / Option 3080 kg				
Frontkraftheber Bauart (Option)	über Hecksteuergerät betätigter Frontkraftheber; Kategorie: II				
Hubkraft:	an Fanghaken: max. 3262 kg / durchgehend 2854 kg				
Heckzapfwelle Bauart	Elektrohydraulische Zuschaltung				
Frontzapfwelle Bauart (Option)	Elektrohydraulische Zuschaltung; Motordrehzahl 2000 U/min				
Kabine					
Ausstattung	Standard- oder Panoramadach; mechanische Federung; 74 dB(A); PDU + Display am Kabinenckpfosten				
Allgemeine Daten					
Bereifung vorn / hinten	480/65R24 / 540/65R38				
Radstand (mm)	2250	2250	2250	2250	2250
Breite / Höhe / Länge (mm)	2150 x 2695 x 3653				
Wenderadius (Meter)	3,75	3,75	3,75	3,75	3,75
Leergewicht (kg)	4300	4300	4300	4300	4300
zul. Gesamtgewicht (kg)	8600	8600	8600	8600	8600
Kraftstofftank (Liter)	178	178	178	178	178

John Deere 6er Baureihe Typ 6105R (2012-2016)
John Deere 6er Baureihe Typ 6115R (2012-2016)
John Deere 6er Baureihe Typ 6125R (2012-2016)
John Deere 6er Baureihe Typ 6130R (2012-2016)
John Deere 6er Baureihe Typ 6140R (2012-2016)
John Deere 6er Baureihe Typ 6150R (2012-2016)
John Deere 6er Baureihe Typ 6170R (2011-2014)
John Deere 6er Baureihe Typ 6190R (2011-2014)
John Deere 6er Baureihe Typ 6210R (2011-2014)

Zur geplanten Einführung der neuen 6R-Schleppermodelle im Jahre 2011 wurden einige Umbaumaßnahmen in der Traktoren-Montage im John Deere Werk Mannheim vorgenommen. Eine neue Roboter-Anlage montiert alle Chassis-Rahmen vollautomatisch. Damit werden erstmals 20 mm-Schrauben von einem Roboter geschraubt. Ein neues mittels elektronischer Induktion gesteuertes Förderband transportiert den Zusammenbau aus Chassis und Getriebe zum Endmontageband. Auf dem Weg dorthin werden Komponenten wie Ölleitungen und Kabinenfederung vormontiert. Auf einem weiteren Fördersystem mit Induktionssteuerung findet die Motorenvormontage statt. Hier werden Nebenaggregate, wie z.B. der Ladeluftkühler, Par-

Bei dem John Deere Typ 6110 RC Allrad-Traktor wurden die bekannten Leistungs- und Funktionsmerkmale größerer Traktoren zu einem kompakten und wendigen Traktor zusammengeschnürt.

Unverwechselbares Erkennungsmerkmal des Typ 6RC-Traktors ist neben der vollverglasten Kabine seine modern gestaltete Motorhaube, die an den größeren 6R Traktor erinnert.

tikelfilter mit Diesel-Oxydationskatalysator und das Kühlerpaket mit dem Motorblock verbaut. Anschließend erfolgt die Montage der kompletten Motorbaugruppe auf dem Chassis-Rahmen des Traktors.

Auf der Agritechnica 2011 präsentierte John Deere dann die neuen Mannheimer Premium-Traktoren der Serie 6R. Aufgrund des Partikelfilters und der gekühlten Abgasrückführung erfüllen die Traktoren die aktuelle Abgasnorm der Stufe IIIb. Ein großer Vorteil dieser Technik: Die Motoren haben sehr gute Motoreigenschaften und eine hohe Kraftstoffeffizienz, ohne das Harnstoff als zusätzlicher Betriebsstoff notwendig ist. Darüber bieten die neuen Traktoren eine um 20% größere Panorama-Kabine mit besserer Rundumsicht, optimal mit neuer adaptiver Federung und Panorama-Dach für Frontladerarbeiten.

Ab November 2011 wurden die drei großen 6-Zylinder-Modelle mit 6,8 Liter Hubraum produziert. Zusätzlich zur Nennleistung liefern die neuen John Deere PowerTech PVX-Motoren 22 kW (30 PS) bei Zapfwellen- und Transportarbeiten.

Im Frühjahr 2012 wurde die 6R-Serie um sechs zusätzliche Modelle im Leistungsbereich von 105 PS bis 150 PS erweitert. Alle Traktoren waren mit modernsten John Deere PowerTech PVX-Motoren ausgestattet. Zur Verfügung standen vier neue 4-Zylinder-Modelle mit 4,5 Liter-Hubraum und zwei Modelle mit 6-Zylinder-Motor und 6,8 Liter-Hubraum. Dank des intelligenten Leistungsmanagements stehen bei Transport- und Zapfwellenarbeiten zusätzlich 15 kW (20 PS) zur Verfügung.

Zur besseren Übertragung der Zugkräfte verfügt das Modell 6130R über das längere Chassis der 6-Zylinder-Traktoren, während die Modelle 6140R und 6150R mit einem 6-Zylinder-Motor ausgestattet sind.

Anlässlich der Agritechnica 2009 stellte John Deere die Traktorenserie 5M vor. Diese neuen Kompakttraktoren aus Mannheim rundeten das Angebot im mittleren Ausstattungssegment ab.

John Deere 6er Baureihe Typ 6110R (2015-)
John Deere 6er Baureihe Typ 6120R (2015-)
John Deere 6er Baureihe Typ 6130R (2015-)
John Deere 6er Baureihe Typ 6135R (2015-)
John Deere 6er Baureihe Typ 6145R (2015-)
John Deere 6er Baureihe Typ 6155R (2015-)

Zur Erweiterung der Produktpalette an mittelgroßen Traktoren der Serie 6R von John Deere wurden ab Sommer 2015 insgesamt 6 neue Vier- und Sechszylinder-Modelle der Abgasstufe IV / Final Tier 4 von 110 bis 155 PS die aktuellen Modelle der Abgasstufe III B / interim Tier 4 ersetzen. Die ab August 2015 bestellbaren 6R-Traktoren mit durchgehendem Brückenstahlrahmen bieten verbesserte Wendigkeit, erhöhten Fahrkomfort, eine breite Auswahl an Getriebevarianten, bis zu sechs Zusatzsteuergeräte und als Option einen Premium-Frontkraftheber.

Die neuen Vierzylinder-Premium-Traktoren der Serie 6R werden von 4,5 Liter John Deere PowerTech PSS Motoren angetrieben, die 110 bis 135 PS (6110R, 6120R, 6130R, 6135R) Nennleistung liefern (nach 97/68 EC). Die Sechszylinder-Modelle sind mit 6,8 Liter John Deere PowerTech PVS Motoren ausgestattet, die 145 und 155 PS (6145R, 6155R) Nennleistung liefern (nach 97/68 EC). Alle neuen Traktoren der Serie 6R sind mit dem Intelligenten Power Management (IPM) von John Deere ausgestattet, wodurch bei den Vierzylinder-Modellen 15 bis 31 PS und bei den Sechszylinder-Modellen 47 PS zusätzliche Leistung erreicht werden.

Alle John Deere PowerTech PSS Motoren verfügen über Reihenturbolader, Dieselpartikelfilter (DPF) und Dieselemissionsflüssigkeits-Systeme (DEF), um die Anforderungen der Abgasstufe IV / Final Tier 4 zu erfüllen. Sie sind darauf optimiert, die Betriebskosten so niedrig wie möglich zu halten, aber gleichzeitig das bestmögliche Ansprechverhalten bei Lastwechseln zu bieten. Um die Betriebskosten noch weiter zu reduzieren, sind die neuen Motoren der Abgasstufe IV / Final Tier 4 mit einem auf die Lebensdauer des Motors ausgelegten Dieselpartikelfilter ausgestattet und das Motorölwechselintervall der Modelle 6145R und 6155R beträgt nun 750 Betriebsstunden.

Die ab November 2015 weiterentwickelten 6M-Traktoren mit durchgehendem Brückenstahlrahmen boten verbesserte Wendigkeit, erhöhten Fahrkomfort, eine breite Auswahl an Getriebevarianten, bis zu vier Zusatzsteuergeräte und als Option einen Frontkraftheber.

Zur Erweiterung der Produktpalette an mittelgroßen Traktoren der Serie 6M von John Deere wurden ab Sommer 2015 neue Modelle vorgestellt. Die ab August 2015 bestellbaren 6M-Traktoren mit durchgehendem Brückenstahlrahmen bieten verbesserte Wendigkeit, erhöhten Fahrkomfort, eine breite Auswahl an Getriebevarianten, bis zu sechs Zusatzsteuergeräte und als Option einen Premium-Frontkraftheber.

Durch seinen hochbelastbaren Brückenstahlrahmen ist der 6R für schwere Frontladerarbeiten wie geschaffen. Zudem verfügt jeder 6R über eine großdimensionierte, langlebige und ölgekühlte Perma 2 Kupplung für den bequemen und bei Frontladereinsätzen nicht seltenen Fahrtrichtungswechsel.

Die breite Auswahl an Getriebevarianten macht die John Deere Traktoren der Serie 6R zu vielseitigen Arbeitspferden für Ackerbau-, Viehhaltungs- und Mischbetriebe sowie für Lohnunternehmer. Je nach Modell sind die Traktoren der Serie 6R mit dem bewährten PowrQuad Plus oder AutoQuad Plus EcoShift Getriebe, dem stufenlosen AutoPowr Getriebe oder dem modernen DirectDrive Doppelkupplungsgetriebe erhältlich.

Die neuen Modelle der Serie 6R setzen neue Standards beim Bedienkomfort – mit den CommandARM Bedienelementen, einem programmierbaren elektronischen Joystick für Hydraulikanwendungen und dem neuen CommandCenter Touchscreen-Display der vierten Generation, welches für noch intuitivere Bedienung über Finger-Wischfunktionen verfügt. Die überarbeitete Vorderachsfederung TLS+ in dieser Produktreihe sorgt für verbessertes Lenk- und Fahrverhalten auf der Straße.

Die Traktoren der Serie 6R bieten optional bis zu sechs Zusatzsteuergeräte mit eigenen Druckentlastungshebeln und einem Premium-Frontkraftheber, zusätzlich sind drei Zwischenachs-Steuergeräte erhältlich, um eine schnelle und gut ansprechende Bedienung der Anbaugeräte und Frontlader zu gewährleisten. Das Power Beyond Hydrauliksystem wird zur Druckerzeugung für weitere Funktionen mit unabhängigen Steuerventilen eingesetzt. Zur Steuerung der neuen John Deere Frontlader der Serie R steht den Traktoren ein elektronischer Joystick zur Verfügung.

Die 6R-Traktoren sind gezielt darauf konstruiert, diese vielseitigen neuen Frontlader anzubauen, die über neue Anbaukonsolen und Haubenschutz-Lösungen verfügen und einfach anzubringen und zu bedienen sind.

Einfacher An- und Abbau, ruckfreie, schnelle und präzise Steuerung, höhere Umschlagkapazitäten und maximale Vielseitigkeit kennzeichnen die R-Frontlader der jüngsten Generation, mit denen John Deere neue Produktivitätsmaßstäbe in Europas landwirtschaftlichen Betrieben setzen will.

Diese speziell für John Deere Traktoren mit Final Tier 4 / Stufe IV-konformer Antriebstechnik entwickelte Frontlader-Serie eignet sich allerdings ebenso für ältere Traktoren der Abgasstufe III A und III B. Diese insbesondere für viehhaltende Kunden bestimmten neuen Frontlader werden die für Traktoren des mittleren Leistungssegments entwickelten Modelle der Serie H ablösen.

Gleichzeitig führt John Deere für seine Frontladermodelle in Anpassung an die Modellbezeichnungen seiner Traktoren-Serien ein neues Nummerierungssystem ein. Die zwei nächsten Ziffern geben Aufschluss über die Größe des Frontladers und der Buchstabe gibt Auskunft über das Ausstattungsniveau. Demnach eignet sich das Frontladermodell 623R für einen mit Premium-Leistungsmerkmalen ausgestatteten Traktor der 6M bzw. 6R des mittleren Leistungssegments.

Die Frontlader der Serie R sind perfekt auf das moderne Design der neuen Abgasstufe IV / Final Tier IV-konformen Traktoren 6R und 6M zugeschnitten. Durch ihre geschwungene Frontladerschwinge bieten sie eine bessere Sicht zur Seite und auf den Frontbereich sowie eine perfekte Ausleuchtung dank optimal positionierter Frontlader-Scheinwerfer. Ihre Konstruktion ist auf den vollen Erhalt des Pendelwegs der Vorderachse, maximale Einschlagwinkel, Kotflügel und große Reifendurchmesser ausgelegt.

Bei den ab November 2015 erhältlichen R-Frontladern wurde ebenfalls die Parallelführung überarbeitet, eine integrierte Parallelführung mit Z-Kinematik und versetzten Drehpunkten an

Während das Modell 6130R zur besseren Übertragung der Zugkräfte über das längere Chassis der 6-Zylinder-Traktoren verfügt, sind die Modelle 6140R und 6150R mit einem 6-Zylinder-Motor ausgestattet.

Aufgrund ihres günstigen Preis-Leistungs-Verhältnisses sind die neuen Kompakttraktoren der 5M-Serie besonders für kleinere Betriebe oder einfachere Arbeiten geeignet.

der Frontladerschwinge, optimierte Führungsbuchsen und ein vergrößerter Ankippwinkel sichern den neuen Modellen eine um bis zu 10% höhere Hubkraft. Zur Serienausstattung gehören ebenfalls optimierte Anbaukonsolen und eine automatische Schwingenverriegelung für den ebenso schnellen wie einfachen Anbau des Frontladers an den Traktor. Ebenso leicht – und bequem von der Kabine aus – lassen sich Schaufeln und sonstige Vorsatzwerkzeuge mit der automatischen Werkzeug-Verriegelung anbauen und mit der optionalen elektrohydraulischen Werkzeug-Entriegelung auch wieder abbauen.

Um allen Kundenanforderungen gerecht zu werden, hat John Deere verschiedene Parallelführungsvarianten im Angebot – es stehen Modelle ohne Parallelführung bzw. mit mechanischer oder hydraulischer Parallelführung zur Verfügung. Auf Wunsch sind die Modelle mit der aktualisierten Version der automatischen Positionsrückführung (RTP Plus) mit elektronischer Parallelführung zu haben, einer Exklusivität von John Deere, die bei Arbeiten mit allen Werkzeugen für höchste Präzision bürgt.

Silbermedaille für EZ Ballast Wheel System von John Deere auf der Agritechnica 2017. Das EZ Ballast Wheels System von John Deere ermöglicht eine perfekte Ballastierung des Traktors, ohne die Front- und Heckanbauräume zu blockieren. Durch die einfach veränderbare Gewichtsverteilung lassen sich die Traktoren verbessern und der Bodendruck verringern. Die Ballastierung des Traktors bei wechselnden Arbeiten unterbleibt oft, weil sie zu aufwändig ist. Mit dem neuen EZ Ballast Wheels System kann der Fahrer nun erstmalig Radgewichte sehr schnell und werkzeuglos an der Vorder- und Hinterachse an- bzw. abbauen. Die Montagezeit beträgt nur 5 Minuten pro Rad und eine zweite Person ist nicht notwendig.

In die Felgen der Vorderräder kann jeweils eine 250 kg schwere Gewichtsscheibe pro Rad angebracht werden. An den Hinterrädern lassen sich jeweils zwei 250 kg-Gewichtsscheiben montieren. Somit ist eine Aufballastierung um bis zu 1.500 kg möglich. Abhängig von den eingesetzten Front- und Heckgeräten kann der Fahrer das Gewicht und die Gewichtsverteilung sehr leicht anpassen, ohne die beiden Anbauräume zu blockieren. Unterstützt wird er dabei vom Ballastkalkulator (John Deere Ballast Assist). Nach der Auswahl der Anbaugeräte schlägt das System auf dem ConmmandCenter Monitor die passende Gewichtsverteilung und notwendigen Zusatzgewichte vor.

Auf dem Feld verringert das System die Bodenbelastung und verbessert die Traktion. Auf der Straße lässt sich unnötiger Ballast vermeiden. Dadurch sind Kraftstoffeinsparungen von bis zu 3% Kraftstoff möglich. Ferner ermöglicht die Verringerung des Schleppergewichtes eine höhere Zuladung bei den Anhängern. Dadurch lässt sich die Transportleistung um bis zu 9% steigern.

John Deere 6er Baureihe Typ 6105M (2013-2015)
John Deere 6er Baureihe Typ 6115M (2013-2015)
John Deere 6er Baureihe Typ 6125M (2013-2015)
John Deere 6er Baureihe Typ 6140M (2013-2015)
John Deere 6er Baureihe Typ 6150M (2013-2015)
John Deere 6er Baureihe Typ 6170M (2013-2015)
John Deere 6er Baureihe Typ 6130M (2015-)
John Deere 6er Baureihe Typ 6155M (2015-)
John Deere 6er Baureihe Typ 6175M (2013-)
John Deere 6er Baureihe Typ 6195M (2013-)

Zur Erweiterung der Produktpalette an mittelgroßen Traktoren der Serie 6M von John Deere werden ab Winter 2015 insgesamt 8 neue Vier- und Sechszylinder-Modelle mit Motoren der Abgasstufe IV / Final Tier 4 von 116 bis 206 PS die aktuellen Modellen der Abgasstufe III B / interim Tier 4 ersetzen. Die ab November 2015 bestellbaren 6M-Traktoren mit durchgehendem Brückenstahlrahmen bieten verbesserte Wendigkeit, erhöhten Fahrkomfort, eine breite Auswahl an Getriebevarianten, bis zu vier Zusatzsteuergeräte und als Option einen Frontkraftheber. Die breite Auswahl an Getriebevarianten macht die John Deere Traktoren der Serie 6M zu vielseitigen Arbeitspferden für Ackerbau-, Viehhaltungs- und Mischbetriebe sowie für Lohnunternehmer.

Die neuen Traktoren der Serie 6M von 110 bis 195 PS Nennleistung können wahlweise mit den Getriebevarianten PowrQuad Plus, AutoQuad Plus / CommandQuad Plus EcoShift ausgestattet werden. Für die Modelle dieser Produktreihe von 110 bis 155 PS Nennleistung wird wahlweise auch ein Kriechganggetriebe angeboten, um den Anforderungen von Sonderkulturbetrieben gerecht zu werden.

Diese Traktoren sind jetzt mit einer wartungsfreien mechanischen Kabinenfederung erhältlich, die Erschütterungen und Vibrationen mindert und eine Steigerung der Arbeitsgeschwindigkeit um 10% ermöglicht – selbst auf anspruchsvollem Gelände. Die überarbeitete Vorderachsfederung TLS+ bietet erhöhten Fahrkomfort und verbesserte Traktion unter schwierigen Arbeitsbedingungen.

Alle Traktoren der Serie 5M sind mit einem zuverlässigen und effizienten John Deere PowerTech-Motor mit Ladeluftkühlung ausgestattet und im Typ 6170 M Allrad-Traktor leistet er 170 PS.

Die breite Auswahl an Getriebevarianten macht auch den John Deere Typ 6175 M Allrad-Traktor zum vielseitigen Arbeitspferd für Ackerbau-, Viehhaltungs- und Mischbetriebe sowie für Lohnunternehmer.

Die neuen Modelle der Serie 6M können mit drei Hecksteuergeräten und Power Beyond ausgestattet werden, oder mit vier Hecksteuergeräten und drei Zwischenachs-Steuergeräten. Das Power Beyond Hydrauliksystem wird zur Druckerzeugung für weitere Funktionen mit unabhängigen Steuerventilen eingesetzt. Zur Steuerung der neuen John Deere Frontlader der Serie 6R steht den 6M Traktoren nun außerdem ein elektronischer Joystick zur Verfügung.

Die 6M-Traktoren sind gezielt darauf konstruiert, diese vielseitigen neuen Frontlader anzubauen, die über neue Anbaukonsolen und Haubenschutz-Lösungen verfügen und einfach anzubringen und zu bedienen sind.

Auch der John Deere Typ 6195 M Allrad-Traktor mit einer Nennleistung von 195 PS kann wahlweise mit den Getriebevarianten PowrQuad Plus, AutoQuad Plus / CommandQuad Plus EcoShift ausgestattet werden.

John Deere 6er Baureihe Typ 6175R (2015-)
John Deere 6er Baureihe Typ 6195R (2015-)
John Deere 6er Baureihe Typ 6215R (2015-)
John Deere 6er Baureihe Typ 6230R (2016-)
John Deere 6er Baureihe Typ 6250R (2016-)

John Deere stellt 2016 zwei neue Modelle in der 6-Zylinderklasse mit 230 und 250 PS (97/68 EC) vor, die vor allem für Lohnunternehmer und Ackerbaubetriebe interessant sind. Der 6230R und 6250R ergänzen die 6R-Baureihe ab 2017.

Beide Traktoren setzen neue Maßstäbe hinsichtlich Leistung, Leistungsgewicht und intelligenter Bedienung. Dank des Boost-Systems (Intelligent Power Management – IPM) liefert das Spitzenmodell 6250R zusätzlich 40 PS und damit eine maximale Leistung von 300 PS. Mit einem Leergewicht von 9,3 t bietet der 6250R ein unschlagbares Leistungsgewicht von 31 kg/PS. Das sehr hohe zulässige Gesamtgewicht von 15 t ermöglicht eine Zuladung von 5,7 t. Somit bietet dieser Traktor ein ideales Transportkonzept und ermöglicht entsprechend hohe Zuladungen.

Ausgestattet mit dem integrierten Lenksystem AutoTrac ist der John Deere Typ 6195 M Allrad-Traktor besonders bei Lohnunternehmen ein Garant für die moderne Präzisionslandwirtschaft.

Beide Modelle werden von 6,8-Liter PowerTech PSS Motoren angetrieben und verfügen über zwei Turbolader. Die Kombination aus DPF und SCR Technologie reagiert sehr schnell auf Lastwechsel und führt zu einem geringeren Kraftstoffverbrauch. Gleichzeitig werden die strengen Abgasnormen FT4 eingehalten. Das optimierte AutoPowr-Getriebe erreicht eine sehr hohe Effizienz mit 100% mechanischer Kraftübertragung bei 3,5 km/h für schwere Zugarbeiten, 11 km/h für leichte Arbeiten, 22,5 km/h für schwere Straßentransporte und 47,2 km/h bei Transportfahrten. Bei maximaler Fahrgeschwindigkeit reduziert der Motor automatisch die Drehzahl. Die Geschwindigkeit von 50 km/h lässt sich mit 1630 U/min und die von 40 km/h mit 1300 U/min fahren. Dadurch sinkt der Kraftstoffverbrauch auf der Straße.

Neu ist der CommandPro Multifunktionshebel, der deutlich mehr Bedienkomfort und Vielseitigkeit bietet. Die maximale Fahrgeschwindigkeit lässt mit nur einer Hebelbewegung ansteuern. Zusätzlich zu allen wichtigen Traktorfunktionen können auch ISOBUS Anbaugeräte mit CommandPRO bedient werden. Jeder Fahrer hat die Möglichkeit 11 verschiedene Tasten frei zu programmieren und diese Einstellungen dank des Setting Managers zu speichern. Bei Bedarf kann der Traktor durch einfache Be-

Durch eine angemessene Ballastierung kann auch beim John Deere Typ 6195 M Allrad-Traktor die Kraftübertragung, die Traktion und den Fahrkomfort optimiert und zudem der Kraftstoffverbrauch gesenkt werden.

tätigung des Hebels zwischen der maximalen Geschwindigkeit und Stillstand gesteuert werden. Der einzigartige Rangiermodus ermöglicht eine feine Steuerung zwischen 0 und 2 km/h, um z.B. Anbaugeräte entsprechend vorsichtig ankuppeln zu können. Der Pedal- als auch der Fahrhebel-Modus können gleichzeitig genutzt werden, eine manuelle Auswahl des Modus ist nicht notwendig.

Die neuen 6R-Traktoren sind mit dem druck- und mengengesteuerten Hydrauliksystem ausgestattet, das eine große Ölmenge von bis zu 160 l/min bei 1500 Motorumdrehungen liefert. Dadurch lässt sich der Kraftstoffverbrauch bei Hydraulikarbeiten deutlich reduzieren. Bis zu 6 Steuerventile mit Druckentlastungshebeln sind leicht zugänglich im Traktorheck angeordnet. Das Heckhubwerk hat eine Hubkraft von 10,4 t und Fronthydraulik von 5 t.

Die beiden Traktoren bieten einen hohen Fahrkomfort. Die intelligente hydro-pneumatische Kabinenfederung (HCF Plus) erhöht den Komfort und ist hervorragend gegen Lärm und Vibrationen isoliert. Die Vorderachse verfügt über das neue selbstjustierende TLS Plus Federungssystem (Triple Link System). Damit lässt sich die Traktion deutlich erhöhen und die Zugkraftübertragung um bis zu 10% steigern. Die Lenkung verfügt über das Variable Ratio Steering (VRS) System. Damit lässt sich die Anzahl der Lenkradumdrehungen verringern, um den Wendevorgang z.B. am Vorgewende zu beschleunigen. Das System kann über das CommandCenter aktiviert und deaktiviert werden.

Weitere Optionen bietet das Connectivity Paket. Zu den Optionen gehören unter anderem MyJobsConnect und MyJobsManager. Damit kann der Fahrer zu erledigende Arbeiten auf dem Smartphone oder Tablet PC ansehen und ausführen. John Deere bietet außerdem als erster Landmaschinenhersteller ein Navigationssystem und ein System zur Optimierung der Logistik für die Landwirtschaft an. Das intelligente Navigations- und Flotten Logistik System hat alle landwirtschaftlichen Wege gespeichert und bietet zusätzlich eine Übersicht über die Maschinenflotte. Der Fahrer kann damit den schnellsten und sichersten Weg zum Feld finden. Beim Häckseln oder Mähdreschen können die Fahrer der Transportfahrzeuge außerdem zwischen dem Betrieb und der Erntemaschine geleitet werden. Somit werden die Mähdrescher und Feldhäcksler leicht gefunden, wenn diese von Feld zu Feld wechseln.

Die John Deere Geräte-Automatisierung ermöglicht nicht nur stress- und ermüdungsfreies Arbeiten, auch dank ISOBUS-Standard die Kommunikation zwischen Traktor und Anbaugerät, um sämtliche Hubwerks- und Hydraulikfunktionen, die Geschwindigkeit, Lenkung, Zapfwelle automatisch einzustellen.

Ab November 2011 wurde das große 6-Zylinder-Modell Typ 6210R mit 6,8 Liter Hubraum produziert. Zusätzlich zur Nennleistung lieferte der neue John Deere PowerTech PVX-Motor 22 kW (30 PS) bei Zapfwellen- und Transportarbeiten. So war er für den Pflanzenschutz im Ackerbau und im Sonderkulturanbau bestens geeignet.

Die wichtigsten Wartungsstellen der neuen 6R-Traktoren sind leicht zugänglich. Beide Modelle bieten lange Wechselintervalle von 750 Stunden für Ölfilter, Kraftstofffilter und Motoröl. Dadurch lassen sich die Wartungs- und Ersatzteilkosten deutlich verringern. Zusätzliche Einsparungen ergeben sich durch den lebenslang nutzbaren Partikelfilter (DPF) und den geringen Flüssigkeitsverbrauch zur Abgasnachbehandlung von 2 bis 3%.

Der CommandPRO-Joystick von John Deere ist ab Mitte 2018 für alle kleinen und mittelgroßen Traktoren der Serie 6R erhältlich. Diese Modelle sind auch mit dem neuen 4200 CommandCenter Display ausgestattet, das alle sechs AEF-zertifizierten ISOBUS-Funktionen bereitstellt (Agricultural Industry Electronic Foundation). Zudem erfüllen alle Modelle der Serie 6R über 130 PS bereits die Abgasnorm der Stufe V.

Das neue Bedienkonzept ist nun für alle Traktoren der Serie 6R in Kombination mit dem John Deere AutoPowr-Getriebe erhältlich. Beide Optionen gehören zur Serienausstattung der 6R Ultimate Edition. CommandPRO kann außerdem in Kombination mit dem 4600 CommandCenter Display oder mit dem neuen 4200 CommandCenter Display bestellt werden. Das 4200-Display verfügt über einen größeren 8,4-Zoll-Bildschirm und ersetzt das 4100-Display mit 7 Zoll. Dieses Terminal steuert AutoTrac, SectionControl, die Datendokumentation und andere Anwendungen. Es ist auch auf alle AEF-zertifizierten ISOBUSFunktionen wie Joystick-Bedienung und Datenübertragung zwischen Traktor und Anbaugerät vorbereitet.

Darüber hinaus können alle Traktoren der Serie 6R mit Variable Ratio Steering (VRS) ausgestattet werden. Aufgrund der variablen Lenkungsübersetzung sind weniger Lenkradumdrehungen und ein geringerer Kraftaufwand beim Lenken notwendig. Wendemanöver am Feldende können dadurch schneller und einfacher durchgeführt werden. Das System lässt sich über das CommandCenter Display aktivieren bzw. deaktivieren. Das Lederlenkrad sowie der neue Blinkerrücksteller sorgen für zusätzlichen Fahrkomfort.

Dank einer größeren Hydraulikpumpe bieten die Modelle 6145R und 6155R nun einen maximalen Durchfluss von 155 Liter/min. Das entspricht einem Anstieg von 23 Prozent im Vergleich zur bisherigen Pumpenleistung. Die größeren 6R-Modelle ab 130 PS Nennleistung sind mit Motoren der Abgasstufe V erhältlich. Damit erfüllte John Deere bereits jetzt die strenge Emissionsnorm, die erst ab dem 1. Januar 2019 für Traktoren mit über 170 PS in Kraft tritt.

Der neueste PowerMix Test in Deutschland zeigt eindeutig, dass es zwischen niedrigen Emissionswerten und Effizienz keinen Widerspruch gibt. Der 6250R hat im DLG Testzentrum in Groß-Umstadt einen neuen Maßstab beim Verbrauch gesetzt. Er erreichte in diesem Leistungssegment das beste Ergebnis mit einem Gesamtverbrauch von 364 g/kWh im Transportbetrieb.

Dank der breiten Auswahl an Getriebevarianten sind je nach Modell die Traktoren der Serie 6R mit dem bewährten PowrQuad Plus oder AutoQuad Plus EcoShift Getriebe, dem stufenlosen AutoPowr Getriebe oder dem modernen DirectDrive Doppelkupplungsgetriebe erhältlich.

Der John Deere Typ 6215 R Allrad-Traktor ist werkseitig mit einem erstklassischen Lichtpaket ausgestattet, denn Traktorarbeiten, das Pflügen, Säen und insbesondere die Ernte gehen nicht selten mit stundenlanger Nachtarbeit einher.

Die neuen Modelle der Serie 6R setzen neue Standards beim Bedienkomfort – mit den CommandARM Bedienelementen, einem programmierbaren elektronischen Joystick für Hydraulikanwendungen und dem neuen CommandCenter Touchscreen-Display der vierten Generation, welches für noch intuitivere Bedienung über Finger-Wischfunktionen verfügt.

John Deere stellt 2016 zwei neue Modelle in der 6-Zylinderklasse mit 230 und 250 PS (97/68 EC) vor, die vor allem für Lohnunternehmer und Ackerbaubetriebe interessant sind. Der 6230R und 6250R ergänzen die 6R-Baureihe ab 2017. Beide Traktoren setzen neue Maßstäbe hinsichtlich Leistung, Leistungsgewicht und intelligenter Bedienung.

JOHN DEERE

Das speziell für die 6R-Serie entwickelte DirectDrive Getriebe mit Auto-Clutch-Funktion und mit drei Gruppen und jeweils acht Lastschaltgängen eignet sich perfekt für anspruchsvolle landwirtschaftliche Anwendungen.

Dank des Boost-Systems (Intelligent Power Management – IPM) liefert das Spitzenmodell 6250R zusätzlich 40 PS und damit eine maximale Leistung von 300 PS.

Durch das John Deere Connectivity Paket lässt sich der 6250 R mit einer Reihe intelligenter Lösungen ausstatten. Zu den Optionen gehören unter anderem MyJobsConnect und MyJobsManager. Damit kann der Fahrer zu erledigende Arbeiten auf dem Smartphone oder Tablet PC ansehen und ausführen.

Die neue Anordnung der hydraulischen Steuergeräte mit ihren nach Funktionen zusammengefassten Komponenten vereinfacht die Bedienung. Dank der optimierten Anordnung hat der Fahrer ungehinderte Sicht auf den Heckkraftheber und die Anhängekupplung beim Ankuppeln des Anbaugerätes oder Anhänger.

Der mit 50 km/h-Getriebe ausgestattete John Deere Typ 6250 R Allrad-Traktor verfügt über zusätzliche Bremsscheiben in den Achsnaben der Vorderachsfederung TLS Plus und somit automatisch über mehr Bremskraft (optional auch bei 40 km/h).

Wendemanöver am Feldende können durch das variable Ratio Steering (VRS) schneller und einfacher durchgeführt werden. Aufgrund der variablen Lenkungsübersetzung sind weniger Lenkradumdrehungen und ein geringerer Kraftaufwand beim Lenken notwendig. Das System lässt sich über das CommandCenter Display aktivieren bzw. deaktivieren.

Der CommandPRO-Joystick von John Deere war ab Mitte 2018 für alle kleinen und mittelgroßen Traktoren der Serie 6R erhältlich. Diese Modelle sind auch mit dem neuen 4200 CommandCenter Display ausgestattet, das alle sechs AEF-zertifizierten ISOBUS-Funktionen bereit stellt. Zudem erfüllen alle Modelle der Serie 6R über 130 PS bereits die Abgasnorm der Stufe V.

Zur geplanten Einführung der neuen 6R-Schleppermodelle im Jahre 2011 wurden einige Umbaumaßnahmen in der Mannheimer Traktoren-Montage vorgenommen. Eine neue Roboter-Anlage montiert alle Chassis-Rahmen vollautomatisch. Ein neues mittels elektronischer Induktion gesteuertes Förderband transportiert den Zusammenbau aus Chassis und Getriebe zum Endmontageband.

Programmübersicht John Deere 5er-Serie							
Typ Modell	Ausführung	Getriebe	km/h	Motor			Bauzeit
				ccm	Zyl.	PS (kW)	
6110R	Allrad-Traktor	24/24; stufenlos	40 / 50	4500	4 Turbo/Ladeluft	110 (81)	2015-2016
6120R	Allrad-Traktor	24/24; stufenlos	40 / 50	4500	4 Turbo/Ladeluft	120 (88)	2015-2016
6130R	Allrad-Traktor	24/24; stufenlos	40 / 50	4500	4 Turbo/Ladeluft	130 (96)	2012-2016
6135R	Allrad-Traktor	24/24; stufenlos	40 / 50	4500	4 Turbo/Ladeluft	135 (99)	2012-2016
6145R	Allrad-Traktor	20/20; stufenlos	40 / 50	4500	6 Turbo/Ladeluft	145 (107)	2012-2016
6155R	Allrad-Traktor	20/20; stufenlos	40 / 50	6800	6 Turbo/Ladeluft	155 (114)	2012-2016
6175R	Allrad-Traktor	20/20; stufenlos	40 / 50	6800	6 Turbo/Ladeluft	175 (129)	2014-
6195R	Allrad-Traktor	20/20; stufenlos	40 / 50	6800	6 Turbo/Ladeluft	195 (143)	2014-
6215R	Allrad-Traktor	20/20; stufenlos	40 / 50	6800	6 Turbo/Ladeluft	215 (158)	2014-
6230R	Allrad-Traktor	20/20; stufenlos	40 / 50	6800	6 Turbo/Ladeluft	230 (169)	2016-
6250R	Allrad-Traktor	20/20; stufenlos	40 / 50	6800	6 Turbo/Ladeluft	250 (184)	2016-
6110M	Allrad-Traktor	16/16; 24/24	40	4500	4 Turbo	110 (81)	2015-
6120M	Allrad-Traktor	16/16; 24/24	40	4500	4 Turbo	120 (88)	2015-
6130M	Allrad-Traktor	16/16; 24/24	40	4500	4 Turbo	130 (96)	2015-
6135M	Allrad-Traktor	16/16; 24/24	40	4500	4 Turbo	135 (99)	2015-
6145M	Allrad-Traktor	16/16; 24/24	40	4500	4 Turbo	145 (107)	2015-
6155M	Allrad-Traktor	20/20	40	6800	6 Turbo	155 (114)	2015-
6175M	Allrad-Traktor	20/20	40	6800	6 Turbo	175 (129)	2015-
6195M	Allrad-Traktor	20/20	40	6800	6 Turbo	195 (143)	2015-

	John Deere 6er Serie Typ 6110R 2015-	John Deere 6er Serie Typ 6120R 2015-	John Deere 6er Serie Typ 6130R 2012-
Motor			
Nennleistung (PS/kW)	110 / 81	120 / 88	130 / 96
Drehmomentanstieg (%)	40	40	40
max. Drehmoment (Nm)	515	562	609
Nenndrehzahl (U/min)	2100	2100	2100
Bauart	John Deere 4-Zylinder mit Hochdruck-CommonRail-Einspritzung, elektronisch gesteuert		
Abgasnachbehandlung	Dieselpartikelfilter (DPF), Dieseloxidationskatalysator (DOC) und selektive katalytische Reduktion mit AdBlue		
Motorluftfilter	PowerCore G2 Luftfilter mit aktiver Zyklon-Vorabscheidung		
Ansaugung	Reihenturbolader - zwei Turbolader in serieller Anordnung mit fixer und variabler Turboladergeometrie		
Hubraum (ccm)	4500	4500	4500
Kühlung	Kühlsystem mit temperaturgesteuertem Viscolüfter für Ladeluftkühler		
Getriebe			
PowrQuadPlus	24 / 24 ; 2,5 - 40 km/h		
AutoQuadPlus	24 / 24 ; 1,4 - 40 km/h; 24 / 24 ; 1,9 - 50 km/h		
AutoQuadPlus EcoShift	24 / 24 ; 1,9 - 40 km/h		
AutoPowr	stufenlos; 0,05 - 40 km/h; stufenlos; 0,05 - 50 km/h		
DirectDrive			
Kriechgang	für die Quad-Getriebe		
Achsen			
Federungssystem (Option)	Vorderachsfederung TLS Plus - hydropneumatisches aktives Dreilenkersystem mit lastabhängiger Niveauregelung		
Federweg mit TLS Plus	100 mm	100 mm	100 mm
Differenzialsperre vorn	selbstsperrend	selbstsperrend	selbstsperrend
Differenzialsperre hinten		elektrohydraulische mit ölgekühlter Kupplung	
Hinterachse	Flanschachse	Flanschachse	Flanschachse
Lenkung	dynamisches Load Sensing, hydrostatische Servolenkung, Durchsatzmessung		
Hydrauliksystem			
Bauart	geschlossenes druck- und mengengesteuertes System (PFC) mit Load Sensing		
Durchflussrate (l/min)	80 / 114 (optional); Anzahl Steuergeräte: bis zu 5+3		
Ölmenge entnehmbar	ohne Zusatztank: 25 Liter: mit Zusatztank: 32 Liter		
Kraftheber			
Heckkraftheber Bauart	elektronische Hubwerksregelung: Lage-, Zugkraft- und Mischregelung, Schwimmstellung; Kategorie IIIN		
Hubkraft max. (kg)	5300 / 3350 / 2050	5300 / 3350 / 2050	6000 / 3850 / 2350
Frontkraftheber Bauart	Frontkraftheber Economy (Hubsteuergerät) oder Premium (eigenem Steuergerät u. elektr. Lageregelung); Kat. IIIN		
Hubkraft max. (kg)	4000 / 3300		
Heckzapfwelle Bauart	elektrohydraulischeZuschaltung über ölgekühlte Lamellenkupplung		
Motordrehzahl (U/min)	1967 / 1496 / 1962	1967 / 1496 / 1962	1967 / 1496 / 1962
Frontzapfwelle (Option)	elektrohydraulischeZuschaltung über ölgekühlte Lamellenkupplung; 1969 U/min		
Ausstattungen			
Kabine	ComfortView Kabine mit 2 Panoramatüren und Generation 4 CommandCenter Display; hydr. Kabinenfederung (op)		
Volumen	Kabinenvolumen: 3,33 m^3; Kabinenfensterfläche: 6,11 m^3; Geräuschpegel: 71 dB(A)		
Display	Generation 4 CommandCenter 4100 mit 7-Zoll- oder 4600 mit 10-Zoll-Touchscreen-Display		
Videoeingänge	1 Eingang beim 4100 mit 7-Zoll-Display; 2 Eingänge beim 4600 mit 10-Zoll-Display		
Optionen	ISOBUS-Anschluss; Wegfahrsperre; Anhängerbremse; pneumatische Anhängerbremse		
Allgemeine Daten			
Kraftstofftank (Liter)	225 / 195 (Option)	225 / 195 (Option)	225 / 195 (Option)
Kühlflüssigkeit (Liter)	22	22	22
Radstand (mm)	2580	2580	2580
Breite x Höhe x Länge (mm)	2430 x 2800 x 4540	2430 x 2800 x 4540	2430 x 2800 x 4540
Bodenfreiheit (mm)	481	481	481
Leergewicht (kg)	6000	6100	6200
zul. Gesamtgewicht (kg)	8950	9950	9950
Bereifung vorn	540/65R24	540/65R24	540/65R24
Bereifung hinten	600/65R38	600/65R38	600/65R38

	John Deere 6er Serie Typ 6135R 2015-	John Deere 6er Serie Typ 6145R 2015-	John Deere 6er Serie Typ 6155R 2015-
Motor			
Nennleistung (PS/kW)	135 / 95	145 / 107	155 / 114
Drehmomentanstieg (%)	40	40	40
max. Drehmoment (Nm)	632	677	724
Nenndrehzahl (U/min)	2100	2100	2100
Bauart	4-Zylinder, CommonRail-Einspritzung	6-Zylinder mit Hochdruck-CommonRail-Einspritzung, elektronisch gesteuert	
Abgasnachbehandlung	Dieselpartikelfilter (DPF), Dieseloxidationskatalysator (DOC) und selektive katalytische Reduktion mit AdBlue		
Motorluftfilter	PowerCore G2 Luftfilter mit aktiver Zyklon-Vorabscheidung		
Ansaugung	Reihenturbolader - zwei Turbolader in serieller Anordnung mit fixer und variabler Turboladergeometrie		
Hubraum (ccm)	4500	6800	6800
Kühlung	Kühlsystem mit temperaturgesteuertem Viscolüfter für Ladeluftkühler		
Getriebe			
PowrQuadPlus	24 / 24; 2,5 - 40 km/h		
AutoQuadPlus	24/24; 1,4-40 km/h // 24/24; 1,9-50 km/h	20/20; 2,5 - 40 km/h // 24/24; 1,4 - 40 km/h // 24/24; 1,9 - 50 km/h	
AutoQuadPlus EcoShift	24 / 24 ; 1,9 - 40 km/h	20 / 20 ; 2,5 - 40 km/h	
AutoPowr		stufenlos; 0,05 - 40 km/h; stufenlos; 0,05 - 50 km/h	
DirectDrive		24 / 24; 2,7 - 40 km/h // 24 / 24; 2,7 - 50 km/h	
Kriechgang		für die Quad-Getriebe	
Achsen			
Federungssystem (Option)	Vorderachsfederung TLS Plus - hydropneumatisches aktives Dreilenkersystem mit lastabhängiger Niveauregelung		
Federweg mit TLS Plus	100 mm	100 mm	100 mm
Differenzialsperre vorn	selbstsperrend	selbstsperrend	selbstsperrend
Differenzialsperre hinten	elektrohydraulische mit ölgekühlter Kupplung		
Hinterachse	Flanschachse	Flanschachse	Flanschachse
Lenkung	dynamisches Load Sensing, hydrostatische Servolenkung, Durchsatzmessung		
Hydrauliksystem			
Bauart	geschlossenes druck- und mengengesteuertes System (PFC) mit Load Sensing		
Durchflussrate (l/min)	80 / 114 (optional); Anzahl Steuergeräte: bis zu 5+3 (6135R); bis zu 6+3 (6145R/6155R)		
Ölmenge entnehmbar	ohne Zusatztank: 25 Liter: mit Zusatztank: 37 Liter (6135R) // 39 Liter mit / 45 Liter ohne Zusatztank)		
Kraftheber			
Heckkraftheber Bauart	elektr. Hubwerksregelung: Lage-, Zugkraft- und Mischregelung, Schwimmstellung; Kategorie IIIN (6135R) ; III		
Hubkraft max. (kg)	6800 / 4350 / 2660	8100 / 4200 / 3200	8100 / 4200 / 3200
Frontkraftheber Bauart	Frontkraftheber Economy (Hubsteuergerät) oder Premium (eigenem Steuergerät u. elektr. Lageregelung); Kat. IIIN		
Hubkraft max. (kg)	4000 / 3300		
Heckzapfwelle Bauart	elektrohydraulischeZuschaltung über ölgekühlte Lamellenkupplung		
Motordrehzahl (U/min)	1967 / 1496 / 1962	1987 / 1753 / 2000	
Frontzapfwelle (Option)	elektrohydraulischeZuschaltung über ölgekühlte Lamellenkupplung; 1969 U/min		
Ausstattungen			
Kabine	ComfortView Kabine mit 2 Panoramatüren und Generation 4 CommandCenter Display; hydr. Kabinenfederung (op)		
Volumen	Kabinenvolumen: 3,33 m^3; Kabinenfensterfläche: 6,11 m^3; Geräuschpegel: 71 dB(A)		
Display	Generation 4 CommandCenter 4100 mit 7-Zoll- oder 4600 mit 10-Zoll-Touchscreen-Display		
Videoeingänge	1 Eingang beim 4100 mit 7-Zoll-Display; 2 Eingänge beim 4600 mit 10-Zoll-Display		
Optionen	ISOBUS-Anschluss; Wegfahrsperre; Anhängerbremse; pneumatische Anhängerbremse		
Allgemeine Daten			
Kraftstofftank (Liter)	305 / 265 (Option)	312 / 270 (Option)	312 / 270 (Option)
Kühlflüssigkeit (Liter)	27	27	27
Radstand (mm)	2765	2765	2765
Breite x Höhe x Länge (mm)	2490 x 2950 x4930	2490 x 2950 x4930	2490 x 2950 x4930
Bodenfreiheit (mm)	528	553	553
Leergewicht (kg)	6400	6900	7100
zul. Gesamtgewicht (kg)	10450	11250	11750
Bereifung vorn	540/65R28	600/65R28	600/65R28
Bereifung hinten	650/65R38	710/70R38	710/70R38

	John Deere 6er Serie Typ 6175R 2014-	John Deere 6er Serie Typ 6195R 2014-	John Deere 6er Serie Typ 6215R 2014-	John Deere 6er Serie Typ 6230R 2016-	John Deere 6er Serie Typ 6250R 2016-
Motor					
Nennleistung (PS/kW)	175 / 129	195 / 143	215 / 158	230 / 169	250 / 184
Drehmomentanstieg (%)	40	40	40	40	40
max. Drehmoment (Nm)	817	910	1004	1074	1167
Nenndrehzahl (U/min)	2100	2100	2100	2100	2100
Bauart	John Deere 6-Zylinder mit Hochdruck-CommonRail-Einspritzung, elektronisch gesteuert				
Abgasnachbehandlung	Dieselpartikelfilter (DPF), Dieseloxidationskatalysator (DOC) und selektive katalytische Reduktion mit AdBlue				
Motorluftfilter	PowerCore G2 Luftfilter mit aktiver Zyklon-Vorabscheidung			Außenfilter, A-Säule, mitVorfilter	
Ansaugung	Turbolader mit variabler Geometrie			Reihenturbolader - zwei Turbolader in serieller Anordnung mit fixer/variabler Turboladergeometrie	
Hubraum (ccm)	6800	6800	6800	6800	6800
Kühlung	Kühlsystem mit temperaturgesteuertem Visco-Lüfter und unabhängigem Ladeluftkühler				
Getriebe					
PowrQuadPlus	20 / 20 ; 2,5 - 40 km/h				
AutoQuadPlus	20 / 20 ; 2,5 - 40 km/h // 20 / 20 ; 2,5 - 50 km/h				
AutoQuadPlus EcoShift	20 / 20 ; 2,5 - 40 km/h				
AutoPowr	stufenlos; 0,05 - 40 km/h // stufenlos; 0,05 - 50 km/h				
DirectDrive	2,7 - 40 km/h // 2,7 - 50 km/h				
Achsen					
Federungssystem	Vorderachsfederung TLS Plus - hydropneumatisches aktives Dreilenkersystem mit Niveauregelung			Vorderachsfederung TLS Plus mit Bremse - hydropn. aktives Dreilenkersystem Niveauregelung	
Federweg mit TLS Plus	100 mm	100 mm	100 mm	100 mm	100 mm
Differenzialsperre vorn	selbstsperrend; Vollsperrung (Option)			Vollsperrung	
Differenzialsp. hinten	Elektrohydraulisch mit ölgekühlter Kupplung				
Hinterachse	Flanschachse oder Verstellachse				
Lenkung	Dynamisches Load Sensing, hydrostatische Servolenkung, Durchsatzmessung				
Hydrauliksystem					
Bauart	geschlossenes druck- und mengengesteuertes System (PFC) mit Load Sensing				
Durchflussrate (l/min)	114 / 155 (optional); Anzahl Steuergeräte: bis zu 6+3			160	160
Ölmenge entnehmbar	mit Überfüllung: 42 Liter: mit Zusatztank: 55 Liter			mit Zusatztank: 80 Liter	
Kraftheber					
Heckkraftheber Bauart	Elektronische Hubwerksregelung: Lage-, Zugkraft- und Mischregelung, Schwimmstellung; Kategorie III / IIIN				
Hubkraft max. (kg)		9550 / 5450 / 3800			
Frontkraftheber Bauart	Frontkraftheber Economy (Hubsteuergerät) oder Premium (eigenem Steuergerät u. elektr. Lageregelung); Kat. IIIN			Premium Frontkraftheber über serienm. Steuergerät bedient	
Hubkraft max. (kg)	4000 / 3300			5000 / 4400	
Heckzapfwelle Bauart	ElektrohydraulischeZuschaltung über ölgekühlte Lamellenkupplung				
Motordrehzahl (U/min)	1950 / 1721 / 1950				
Frontzapfwelle (Option)	elektrohydraulische Zuschaltung über ölgekühlte Lamellenkupplung; 80 kW Leistung // 115 kW Leistung				
Ausstattungen					
Kabine	ComfortView Kabine mit 2 Panoramatüren bzw. B-Säulen-Version und Generation 4 CommandCenter Display				
Volumen	Kabinenvolumen: 3,33 m^3; Kabinenfensterfläche: 6,11 m^3; Geräuschpegel: 71 dB(A)				
Display	Generation 4 CommandCenter 4100 mit 7-Zoll- oder 4600 mit 10-Zoll-Touchscreen-Display				
Videoeingänge	1 Eingang beim 4100 mit 7-Zoll-Display; 2 Eingänge beim 4600 mit 10-Zoll-Display (Option)				
Optionen	ISOBUS-Anschluss; Wegfahrsperre; Anhängerbremse; pneumatische Anhängerbremse				
Allgemeine Daten					
Kraftstofftank (Liter)	395 / 335 (Option)			470 / 410 (Option)	
Kühlflüssigkeit (Liter)	28			29	
Radstand (mm)	2800			2900	
Breite x Höhe x Länge (mm)	2550 x 3160 x 5050			2550 x 3250 x 5190	
Wenderadius (m)	5,62			6,32	
Leergewicht (kg)	8300	8400	8500	9300	
zul. Gesamtgewicht (kg)	12700	13450	13450	15000	
Bereifung vorn	600/70R28			600/70R30	
Bereifung hinten	800/75R38			800/75R38	

	John Deere 6er Serie Typ 6110M 2015-	John Deere 6er Serie Typ 6120M 2015-	John Deere 6er Serie Typ 6130M 2015-	John Deere 6er Serie Typ 6135M 2015-	John Deere 6er Serie Typ 6145M 2015-
Motor					
Nennleistung (PS/kW)	110 / 81	120 / 88	130 / 96	135 / 99	145 / 107
Drehmomentanstieg (%)	35	35	35	35	35
max. Drehmoment (Nm)	497	542	587	610	655
Nenndrehzahl (U/min)	2100	2100	2100	2100	2100
Bauart	4-Zylinder mit Hochdruck-CommonRail-Einspritzung, elektronisch gesteuert				
Abgasnachbehandlung	Dieselpartikelfilter (DPF), Dieseloxidationskatalysator (DOC) und selektive katalytische Reduktion mit AdBlue				
Motorluftfilter	PowerCore G2 Luftfilter mit aktiver Zyklon-Vorabscheidung				
Ansaugung	Reihenturbolader - zwei Turbolader in serieller Anordnung mit fixer und variabler Turboladergeometrie				
Hubraum (ccm)	4500	4500	4500	4500	4500
Kühlung	Kühlsystem mit temperaturgesteuertem Viscolüfter				
Getriebe					
PowrQuadPlus	16 / 16; 2,4 - 30 km/h // 24 / 24; 1,4 - 40 km/h				
		16 / 16; 3,2 - 38 km/h			
AutoQuadPlus			24 / 24; 1,4 - 40 km/h		
AutoQuadPlus EcoShift			24 / 24 ; 1,4 - 40 km/h		
CommandQuadPlus			24 / 24 ; 1,4 - 40 km/h		
CommandQuadPlus EcoS-hift			24 / 24; 1,4 - 40 km/h		
Kriechgang	x	x	x	x	x
Achsen					
Federungssystem (Option)	Vorderachsfederung TLS Plus - hydropneumatisches aktives Dreilenkersystem mit Niveauregelung				
Federweg mit TLS Plus	100 mm	100 mm	100 mm	100 mm	100 mm
Differenzialsperre vorn	selbstsperrend	selbstsperrend	selbstsperrend	selbstsperrend	selbstsperrend
Differenzialsperre hinten	elektrohydraulische mit ölgekühlter Kupplung				
Hinterachse	Flanschachse	Flanschachse	Flanschachse	Flanschachse	Flanschachse
Lenkung	Dynamisches Load Sensing, hydrostatische Servolenkung, Durchsatzmessung				
Hydrauliksystem					
Bauart	Geschlossenes druck- und mengengesteuertes System (PFC) mit Load Sensing				
Durchflussrate (l/min)	80 / 114 (optional); Anzahl Steuergeräte: bis zu 4 oder 3 (Heck) /3 (Mitte)				
Ölmenge entnehmbar	mit Überfüllung: 25 Liter: mit Zusatztank: 37 Liter				
Kraftheber					
Heckkraftheber Bauart	elektr. Hubwerksregelung: Lage-, Zugkraft- und Mischregelung, Schwimmstellung; Kategorie IIIN				
Hubkraft max. (kg)	3950 / 2500 / 1550		4600 / 2900 / 1800	5300 / 3400 / 2100	6000 / 3800 / 2350
Frontkraftheber Bauart	Frontkraftheber (über Hecksteuergerät bedient) Kategorie IIIN				
Hubkraft max. (kg)	4000 / 3300				
Heckzapfwelle Bauart	elektrohydraulischeZuschaltung über ölgekühlte Lamellenkupplung				
Motordrehzahl (U/min)	1967 / 1496 / 1962				
Frontzapfwelle (Option)	elektrohydraulischeZuschaltung über ölgekühlte Lamellenkupplung; 1969 U/min				
Ausstattungen					
Kabine	310° Rundumsicht; in Höhe und Neigung verstellbare Lenksäule / Lenkrad; mech. Kabinenfederung (Option)				
Volumen	Kabinenfensterfläche: 4,79 m^3; Geräuschpegel: 71 dB(A)				
Display	Im Armaturenbrett integriert				
Sonstige Ausstattungen	Vorbereitung für Lenksystem AutoTrac, ISOBUS-Anschluss; Wegfahrsperre; Anhängerbremse (hydraulisches bzw. pneumatisches Bremssystem)				
Allgemeine Daten					
Kraftstofftank (Liter)	195	195	195	265	265
Kühlflüssigkeit (Liter)	22	22	22	27	27
Radstand (mm)	2580	2580	2580	2765	2765
Breite x Höhe x Länge (mm)		2490 x 2880 x4485		2490 x 2930 x 4690	2490 x 2930 x 4730
Bodenfreiheit (mm)	490	490	490	540	530
Leergewicht (kg)	5800	5800	5800	6200	6200
zul. Gesamtgewicht (kg)	8650	9150	9150	9950	10000
Bereifung vorn	540/65R24	540/65R24	540/65R24	540/65R28	540/65R28
Bereifung hinten	600/65R38	600/65R38	600/65R38	650/65R38	650/65R38

	John Deere 6er Serie Typ 6155M 2015-	John Deere 6er Serie Typ 6175M 2015-	John Deere 6er Serie Typ 6195M 2015-
Motor			
Nennleistung (PS/kW)	155 / 114	175 / 129	195 / 143
Drehmomentanstieg (%)	35	35	35
max. Drehmoment (Nm)	700	790	880
Nenndrehzahl (U/min)	2100	2100	2100
Bauart	6-Zylinder mit Hochdruck-CommonRail-Einspritzung, elektronisch gesteuert		
Abgasnachbehandlung	Dieselpartikelfilter (DPF), Dieseloxidationskatalysator (DOC) und selektive katalytische Reduktion mit AdBlue		
Motorluftfilter	PowerCore G2 Luftfilter mit aktiver Zyklon-Vorabscheidung		
Ansaugung	Turbolader mit variabler Geometrie		Reihenturbolader - zwei Turbolader in serieller Anordnung mit fixer und variabler Turboladergeometrie
Hubraum (ccm)	6800	6800	6800
Kühlung	Kühlsystem mit temperaturgesteuertem Viscolüfter		
Getriebe			
PowrQuadPlus	20 / 20; 2,5 - 40 km/h		
AutoQuadPlus	20 / 20; 2,5 - 40 km/h		
AutoQuadPlus EcoShift	20 / 20; 2,5 - 40 km/h		
CommandQuadPlus	20 / 20; 2,5 - 40 km/h		
CommandQuadPlus EcoShift	20 / 20; 2,5 - 40 km/h		
Kriechgang	x	-	-
Achsen			
Federungssystem (Option)	Vorderachsfederung TLS Plus - hydropneumatisches aktives Dreilenkersystem mit Niveauregelung		
Federweg mit TLS Plus	100 mm	100 mm	100 mm
Differenzialsperre vorn	selbstsperrend	selbstsperrend	selbstsperrend
Differenzialsperre hinten	elektrohydraulische mit ölgekühlter Kupplung		
Hinterachse	Flanschachse	Flanschachse	Flanschachse
Lenkung	Dynamisches Load Sensing, hydrostatische Servolenkung, Durchsatzmessung		
Hydrauliksystem			
Bauart	Geschlossenes druck- und mengengesteuertes System (PFC) mit Load Sensing		
Durchflussrate (l/min)	114; Anzahl Steuergeräte: bis zu 4 oder 3 (Heck) /3 (Mitte)		
Ölmenge entnehmbar	mit Überfüllung: 35 Liter: mit Zusatztank: 47 Liter		
Kraftheber			
Heckkraftheber Bauart	elektr. Hubwerksregelung: Lage-, Zugkraft- und Mischregelung, Schwimmstellung; Kategorie III		
Hubkraft max. (kg)	7200 / 3700 / 2800	8500 / 4850 / 3400	
Frontkraftheber Bauart	Frontkraftheber (über Hecksteuergerät bedient) Kategorie IIIN		
Hubkraft max. (kg)	4000 / 3300		
Heckzapfwelle Bauart	elektrohydraulischeZuschaltung über ölgekühlte Lamellenkupplung		
Motordrehzahl (U/min)	1987	1950	1950
Frontzapfwelle (Option)	elektrohydraulischeZuschaltung über ölgekühlte Lamellenkupplung; 1969 U/min		
Ausstattungen			
Kabine	310° Rundumsicht; in Höhe und Neigung verstellbare Lenksäule / Lenkrad; mech. Kabinenfederung (Option)		
Volumen	Kabinenfensterfläche: 4,79 m^3; Geräuschpegel: 71 dB(A)		
Display	Im Armaturenbrett integriert		
Sonstige Ausstattungen	Vorbereitung für Lenksystem AutoTrac, ISOBUS-Anschluss; Wegfahrsperre; Anhängerbremse (hydraulisches bzw. pneumatisches Bremssystem)		
Allgemeine Daten			
Kraftstofftank (Liter)	270	325	325
Kühlflüssigkeit (Liter)	27	28	28
Radstand (mm)	2765	2800	2800
Breite x Höhe x Länge (mm)	2490 x 2970 x 4730	2550 x 3100 x 4990	
Bodenfreiheit (mm)	530	545	545
Leergewicht (kg)	6700	7500	7500
zul. Gesamtgewicht (kg)	11000	12300	12300
Bereifung vorn	540/65R28	600/65R28	600/65R28
Bereifung hinten	650/65R38	710/70R38	710/70R38

WEITERE INTERESSANTE BÜCHER ZUM THEMA

Zu Beginn der 1970er Jahre mit dem MB-Trac auf Unimog-Basis ein Schlepper, der sich stark von den Mitbewerbern abhob. Peter Schneider bietet eine umfangreiche Zusammenstellung aller MB-Trac-Fahrzeuge und ihrer Eigenschaften.

176 Seiten, 350 Abb., 230 x 265 mm
ISBN: 978-3-613-04050-2
€ 34,90 | € (A) 35,90

Nach der Jahrhundertwende boomte der Landmaschinenbau in Deutschland. Die Autoren legen mit diesem Band eine umfassende, lückenlose Enzyklopädie der deutschen Landmaschinenhersteller vor, die seit Beginn der Mechanisierung das Leben der Landwirte erleichtern.

368 Seiten, 700 Abb., 230 x 265 mm
ISBN: 978-3-613-04204-9
€ 49,90 | € (A) 51,30

Wolfgang Gebhardt legt mit diesem Band eine völlige Neuausgabe seiner Traktoren-Enzyklopädie vor und beschreibt alle großen und kleinen Trekker-Firmen, die seit 1907 mithalfen, die deutsche Landwirtschaft zu motorisieren.

550 Seiten, 1000 Abb., 230 x 265 mm
ISBN: 978-3-613-04552-1
€ 56,– | € (A) 57,60

Als Teil der international agierenden AGCO-Gruppe zählt Fendt heute zu den weltweit führenden Traktorbauern. In diesem Band stellt Peter Schneider alle Fendt-Traktormodelle vor, die seit dem »Grasmäher« und dem »Dieselross« bis zu den aktuellen Modellen entstanden sind.

352 Seiten, 700 Abb., 230 x 265 mm
ISBN: 978-3-613-04286-5
€ 49,90 | € (A) 51,30

Leseproben zu allen Titeln auf unserer Internetseite

Stand Januar 2023
Änderungen in Preis und Lieferfähigkeit vorbehalten.

Überall, wo es Bücher gibt, oder unter
WWW.MOTORBUCH-VERSAND.DE
Service-Hotline: 0711 / 78 99 21 51
www.facebook.com/MotorbuchVerlag

Motor buch Verlag